国家自然科学基金项目
“滇中碳酸盐岩型铅锌矿床流体混合成矿机理研究”（41272111）资助

滇中碳酸盐岩型铅锌矿床地质与地球化学分析

高建国　编著

科学出版社
北京

内 容 简 介

滇中铅锌成矿区位于扬子地块西南缘，为川-滇-黔成矿带的重要组成部分，现已发现铅锌矿床（点）167 个，除少量风化淋滤型铅锌矿床外，其余铅锌矿床几乎赋存于碳酸盐岩中。本书优选碳酸盐岩中 6 个典型矿床进行剖析，通过典型铅锌矿床的成矿地质背景、矿床地质特征、流体包裹体特征、元素地球化学、同位素地球化学、同位素年代学等方面的研究，并结合铅锌矿床（点）的空间分布、赋矿层位、赋矿岩性、岩相古地理、构造等因素建立矿床的成矿模式，其理论成果支撑了该区矿产勘查并丰富了区域成矿理论。同时，通过区内成矿规律系统总结，提出 5 地铅锌成矿远景区，为区内铅锌多金属勘查区提供科学依据。

全书系统地分析了区内成矿地质背景与区域成矿环境，不同构造运动与地层建造、岩浆建造，区域成矿作用与矿产分布，成矿规律与成矿预测；剖析了典型矿床地质特征；分析了矿床地球化学特征；探讨成矿机制，建立了成矿模式。

本书可供矿床地质、矿产地质与勘查、矿床地球化学、区域成矿、矿山地质、矿产资源管理等专业的科研、生产人员及相关专业的本科生、研究生使用和参考。

图书在版编目（CIP）数据

滇中碳酸盐岩型铅锌矿床地质与地球化学分析 / 高建国编著. —北京：科学出版社，2016.9

ISBN 978-7-03-050022-9

Ⅰ. ①滇… Ⅱ. ①高… Ⅲ. ①碳酸盐岩–铅锌矿床–地球化学分析–云南. Ⅳ. ①P618.42 ②P618.43

中国版本图书馆 CIP 数据核字（2016）第 231960 号

责任编辑：张 析 / 责任校对：何艳萍
责任印制：肖 兴 / 封面设计：东方人华

科学出版社 出版
北京东黄城根北街 16 号
邮政编码：100717
http://www.sciencep.com

中国科学院印刷厂 印刷

科学出版社发行 各地新华书店经销

*

2016 年 9 月第 一 版 开本：787×1092 1/16
2016 年 9 月第 1 次印刷 印张：21 插页：10
字数：470 000

定价：138.00 元

（如有印装质量问题，我社负责调换）

序

滇中地区泛指云南中部的昆明市、玉溪地区、楚雄州及红河州所属的大部分地区。位居“康滇古陆”南段，元古代以来，历经了多期次的构造-岩浆作用，成矿条件优越，铁、铜、铅、锌、金、银等金属矿产资源丰富，找矿前景可观。滇中地区公路和铁路交通方便，是云南省政治、经济、文化中心，紧邻滇东煤矿产区，工业基础好，矿山建设的成本较低。铅、锌是重要的有色金属，广泛用于电气、机械、军事、冶金、化工等工业领域。滇中铅、锌矿产地质及找矿预测研究具有重要的理论及经济意义。

高建国教授编著的《滇中碳酸盐岩型铅锌矿床地质与地球化学分析》一书，是国家自然科学基金项目“滇中碳酸盐岩型铅锌矿床流体混合成矿机理研究”（41272111）的部分研究成果。项目研究历时 4 年，在前人工作的基础上，对滇中地区铅锌矿进行了广泛深入野外地质调研，素描、采样，岩矿样品的磨片鉴定，单矿物分离，制样，地球化学样品的化验测试，数据分析整理，野外宏观地质与室内微观地球化学相结合研究，从而获得了一批新的数据和资料，为撰写本书奠定了扎实的基础。

全书共分五章，内容丰富新颖。重点论述了滇中地区 6 个不同时代地层碳酸盐岩中典型铅锌矿床的地质地球化学，包括矿区地质、矿体特征、矿物组合、矿石组构，元素、硫铅同位素、流体包裹体地球化学等。在此基础上，结合区域地质背景，进行了成矿规律、矿床成因、成矿模式及找矿预测研究，提出 5 片铅锌成矿远景区。本书在矿床地质、地球化学方面有不少新的数据资料，在矿床成因规律分析方面有不少创新，对滇中地区进一步的地质研究、找矿勘查具有重要参考价值，值得同行阅读。愿本书的出版，有助于推动滇中地区铅锌找矿的重大突破。

秦德先

2016 年 9 月 9 日

前　言

铅锌矿是我国重要的战略性矿产资源，用途极其广泛，主要用于电气、机械、军事、冶金、化工、轻工业和医药业等领域，在有色金属工业中占有重要的地位。

世界范围内铅锌资源极为丰富，除南极洲未发现外，各大洲均有分布。截至 2014 年，世界已查明铅资源量超过 20 亿 t，储量 8700 万 t；锌资源量超过 19 亿 t，储量 23000 万 t。主要分布在澳大利亚、中国、秘鲁、墨西哥、美国、加拿大等国。我国铅锌矿产资源丰富，截至 2013 年，铅锌矿查明资源量仅次于澳大利亚，居世界第二位，铅为 6737.2 万 t，锌为 13737.7 万 t。铅锌矿在我国分布广泛，目前，已有 29 个省（区、市）发现并勘查了铅锌资源，但从富集程度和现保有储量来看，主要集中在云南、内蒙古、甘肃、广东、湖南、四川、广西等 7 个省区，合计约占全国的 66%。从三大经济地区分布来看，主要集中于中西部地区。从 21 片国家级重点成矿区（带）来看，最主要集中在川滇黔成矿带、西南三江成矿带、秦岭成矿带、南岭成矿带、大兴安岭成矿带、冈底斯成矿带及内蒙古狼山-渣尔泰山地区等。滇中铅锌成矿区处于扬子地块西南缘，为川-滇-黔铅锌成矿域的重要组成部分，其大地构造位置处于：全球两大构造域（环太平洋构造域和特提斯构造域）的结合部位，具有十分良好的成矿地质背景和形成大型、超大型矿床的地质条件。截止目前在川-滇-黔铅锌成矿带内已发现铅锌矿床（点）500 余处，其中大型铅锌矿床 7 处（会东大梁子、会理天宝山、小石房、会泽矿山厂、麒麟厂、巧家茂租、建水荒田），中型铅锌矿床 21 处，其中滇中铅锌成矿区内发育有铅锌矿床（点）100 余处，其中大型铅锌矿床 1 个（建水荒田铅锌矿床）、中型铅锌矿床 1 个（建水苏租-暮阳铅锌矿床）。

自 20 世纪 50 年代以来，大量的地质工作者围绕川-滇-黔铅锌成矿带进行了大量的地质研究工作（特别是川-滇-黔接壤区），其主要成果表现为：

1. 成矿时代

区域构造背景的研究、矿床地质特征的分析，结合矿床成矿时代的研究，确定矿床的形成过程，是现代研究矿床学的一般方法，因此对矿床成矿时代的研究是矿床成因理论研究中至关重要的问题，但目前对铅锌矿床成矿时代的研究仍然是一个国际性的难题，即使是研究程度较高的 MVT 型铅锌矿床也概莫能外。

对川-滇-黔成矿带内碳酸盐岩型铅锌矿床形成时代，众多地质学者采用不同的方法进行了探讨和研究，一些学者根据地质-构造特征认为成矿时代为海西期、印支-早燕山期、燕山期、晚二叠纪、海西晚期-燕山期，另外一些学者根据 Pb 同位素模式年龄的研究认为，铅锌矿床形成于燕山-喜山期；接近峨眉山玄武岩喷发年龄、三叠纪晚期-早侏罗世。还有部分学者持有多期次成矿的观点。

近年来随着分析测试技术的不断发展进步，越来越多新的测试分析方法被不断的应用于铅锌矿床成矿时代的厘定，我国学者也积极将这些可靠的分析测试方法应用于川-滇-黔成矿域铅锌成矿时代的研究，如：黄智龙等（2004a；2004b；2001）等首次将单矿物闪锌矿 Rb-Sr 等时线定年法应用于会泽铅锌矿床，认为会泽铅锌矿麒麟厂矿段 1、6、10 号矿体成矿时代分别为：225.9±1.1Ma、223.5±3.9Ma、226±6.4Ma；李文博等（2004a；2004b）应用脉石矿物（方解石）Sm-Nd 同位素法，分别对会泽铅锌矿矿山厂矿段 1 号矿体、麒麟厂矿段 6 号矿体的成矿年龄进行测定，认为其成矿时代分别为：225±38Ma、226±15Ma，并对麒麟厂矿段 6 号矿体两组同源硫化矿物 Rb-Sr 同位素进行测定，认为等时线年龄分别为 225.1±2.9Ma 和 225.9±3.1Ma；张长青等（2008；2005）分别对会泽铅锌矿床黏土矿物伊利石、大梁子铅锌矿床闪锌矿，进行了 K-Ar、Rb-Sr 同位素进行测定，认为会泽铅锌矿成矿年龄为 176.5±2.5Ma，大梁子铅锌矿床成矿年龄为 366.3±7.7Ma；蔺志永等(2010)报道了跑马铅锌矿床单矿物颗粒闪锌矿 Rb-Sr 等时线年龄为 200.1±4.0Ma；周家喜（2011）通过天桥铅锌矿床硫化物单矿物颗粒 Rb-Sr 测定，认为混合等时线年龄为 191.9±6.9Ma；张云新等（2014）通过乐红铅锌矿床单矿物颗粒闪锌矿 Rb-Sr 同位素研究，认为乐红铅锌矿床的成矿年龄为 200.9±8.3Ma；包广萍等（2013）通过对茂租铅锌矿床热液脉石矿物方解石 Sm-Nd 同位素的研究，认为茂租铅锌矿床的成矿年龄为 196±13Ma。

2. 成矿物质和成矿流体来源

矿床的成矿物质来源、成矿流体来源，是研究铅锌矿床成因的重要问题之一。

目前对铅锌矿床成矿物质来源的研究主要是通过矿床地质特征分析法、区域地质特征分析法、矿物学特征分析法、地球化学法等四种方法，或者四种方法相结合的方法。而现代对矿床成矿流体的研究主要通过地球化学同位素法、实验室地球化学法、元素地球化学法、岩石矿物学法等四种方法。

扬子地块西南缘铅锌矿床赋存于不同时代地层碳酸盐岩中，且区域上有大面积峨眉山玄武岩分布，因此前人对川-滇-黔成矿域内碳酸盐岩型铅锌矿床成矿物质、成矿流体来源进行了大量的研究，并取得了丰硕的研究成果。

肖宪国等（2012）通过对黔西北筲箕铅锌矿床铅同位素特征的研究认为：该矿床成矿物质来源以基底岩石为主，不同时代碳酸盐地层可能提供了成矿物质；周家喜等（2012a）通过对茂租铅锌矿脉石矿物的 C、O、S、Pb 等同位素特征的研究认为：茂租铅锌矿床成矿流体中不同组分来源不同，具有“多来源混合”特征，成矿物质主要由基底岩石提供。其成矿机制可以用“流体混合”模式来解释；袁波等（2014）对大梁子铅锌矿床的研究也证明了成矿流体具有多来源的特征；张云新等（2014）通过对乐红铅锌矿床闪锌矿单矿物颗粒初始锶同位素比值特征分析认为该矿床成矿金属物质为壳源，成矿物质主要来自于基底地层和沉积盖层，硫化物硫的来源为海水硫酸盐；章明（2003）的研究则表明：会泽铅锌矿床成矿物质主要来自上泥盆统及中-下石炭统地层中的碳酸盐岩，成矿溶液为大气降水，矿床的硫主要来自海水硫酸盐；李文博等（2002）研究认为：会泽铅锌矿床成矿物质具有“多来源”特征；张铖等（2008）的研究则认为：褶皱基底（昆阳群）、震旦纪至二叠纪沉积的岩层、二叠纪峨眉山玄武岩等均可能为成矿提供了成矿物质；熊亮（2010）的研究则认为：除了碳酸盐岩提供成矿物质外，还有部分砂页岩也提供了成矿物质；李波（2010）的研究则认为：除了沉积碳酸盐岩、变质基底为成矿提供成矿物质外，岩浆活动也为成矿提供了成矿物质，成矿流体为岩浆水、地层建造水、变质水等流体混合而成；曾文涛等（2013）通过对黔西北铅锌矿床硫同位素特征研究认为：海相蒸发岩为黔西北铅锌矿床硫的主要来源；白俊豪等（2013）研究认为：金沙厂铅锌矿床硫来源于下寒武统地层中的硫酸盐和岩浆活动；刘心开等（2011）通过对扬子地块西南缘铅锌矿床的赋矿围岩、峨眉山玄武岩、矿石的 REE 研究认为：成矿物质的主要来源并非含矿层本身；邹海俊等（2004）通过对昭通毛坪铅锌矿床的研究认为：深部流体提供了所有的铅和部分锌，部分时代的沉积地层提供了部分锌；陈大等（2012）的研究认为：峨眉山玄武岩并没有直接提供成矿物质，而是在后期风化作用后为成矿提供了部分成矿物质，成矿流体具有多源特征，其中岩浆提供流体为地幔流体，地幔柱驱使形成的古地热场，是提供成矿热源的主要动力学条件；Zhou 等（2001a；2001b）的研究则认为：成矿物质由区内部分时代沉积地层提供。

前人对成矿流体的研究则表明：成矿流体中各组分来源不同，其中 S 的来源：为不同时代地层沉积岩中海相硫酸盐的热化学还原；C-O 的来源：脉石矿物方解石 C-O 同位素显示为海相碳酸盐岩溶解作用的结果；但还有部分学者认为 C-O 与幔源岩浆去气作用有关，对成矿流体中 H_2O 的来源争议比较大：一些学者认为是单一的地层循环水，单一的基底循环水，深部和变质基底水，大气降水-建造水热液水改造的结果；韩润生等（2007）通过对毛坪铅锌矿单矿物包裹体研究认为：成矿流体是变质水、岩浆水和建造水混合的产物；罗大锋等（2012）的研究表明：大气降水也参与了成矿作用，越来越多的研究表明成矿流体为多来源，流体混合的结果。

3. 成矿元素活化-迁移-沉淀机制

对成矿元素活化-迁移-沉淀机制的研究，是了解矿床形成过程中有关铅锌矿床成矿元素活化-迁移-沉淀形式，目前，不同的学者提出了以下三种观点：

（1）混合模式：成矿金属以氯化物络合物或有机络合物的形式进行迁移，在适当的地点与另一富含还原态硫的流体相互混合后发生金属硫化物的沉淀，形成金属矿床。

（2）还原模式：含成矿金属的流体，（以氯化物络合物和/或有机络合物和/或硫代硫酸盐的形式进行迁移）在富含有机质的成矿部位还原硫酸盐，引起硫化物的沉淀，硫酸盐可以随成矿流体一起迁移而来；也可以是成矿部位的硫酸盐被就地还原；其中，硫酸盐被还原是此模式的关键。

（3）共同迁移模式：成矿金属以硫氢化物络和物的形式进行迁移，在成矿部位由于流体氧逸度和 pH 的变化，造成还原态硫的浓度降低，使金属硫化物沉淀下来。

前人对本区及邻区地质-地球化学研究表明本区铅锌成矿元素活化-迁移-沉淀形式以混合模式为主。

4. 矿床成因

前人对川-滇-黔成矿带内碳酸盐岩型铅锌矿床进行大量的研究，并建立了：岩浆热液成因型，沉积和沉积改造型，沉积改造型，沉积-改造-叠加型，构造-成矿型，沉积-改造-后成型，MVT 铅锌矿型，非 MVT 型，热液改造型，沉积-成岩-有机成因，热水沉积-热液叠加改造，喷流热水沉积、均一化成矿流体贯入型，热水沉积-动力改造叠加型，岩浆热液叠加、改造、富化的复成因型，沉积成岩-玄武岩浆期后气液叠加-构造改造富集，热液-沉积-叠加改造成因，SDEX 等模型。

虽然前人建立了众多的成矿模型，但综合来看可以分为两类观点，一类认为该区的铅锌矿床与峨眉山玄武岩的喷发关系密切，另一类则认为该区矿床为非岩浆沉积-改造成因。虽然还有学者认为是 SDEX 型，但该类矿床为后成矿床这一点大家几乎达到了共识。

滇中铅锌成矿区与川-滇-黔铅锌成矿带内其他成矿区（滇东北、川西南、黔西北）相比赋矿层位从昆阳群到第四系各时代地层中均有铅锌矿床赋存；除发育南北向、北西向、北东向控矿断裂外，还发育有东西向控矿断裂；出露有各时代岩浆岩；相较于其他成矿区滇中铅锌成矿区更靠近扬子地台西缘等特点。但是，相对其他成矿区研究程度较为薄弱，仅在 20 世纪末期秦德先教授与笔者等对滇中地区铅锌矿床有过一些报道，其他人的报道鲜有人知，其研究成果与存在问题如下：

（1）铅锌矿床控矿因素

秦德先等（1998；1994；1993）通过对滇中碳酸盐岩型铅锌矿床（点）的地质特征研究认为，滇中碳酸盐岩型铅锌矿床（点）受到地层、岩相古地理、岩性、构造等因素控矿。但是前人对赋矿于昆阳群中碳酸盐岩型铅锌矿床（点）的地质特征及控矿因素未进行研究和分析。

（2）成矿时代

高建国（1995）通过对滇中碳酸盐岩型铅锌矿床热水塘的 Pb 同位素分析认为，赋存于不同层位中的铅锌矿体具有不同的成矿时代，赋存于昆阳群中的铅锌体形成时代可能为澄江期，其他层位中铅锌矿体形成时代为印支期。秦德先和高建国（1998；1994；1993）

通过对滇中地区碳酸盐岩型铅锌矿床 Pb 同位素单阶段模式年龄的计算，认为滇中地区碳酸盐岩型铅锌矿床（点）经历了加里东早期、华力西期、燕山期多期成矿。就铅同位素定年而言本身存在很大的局限性，可见目前对滇中铅锌成矿区内碳酸盐岩型铅锌矿床（点）还没有较为可靠的成矿年代学证据。

（3）成矿物质和成矿流体来源

高建国（1995）通过对滇中热水塘碳酸盐岩型铅锌矿床 Pb 同位素分析认为，赋存于不同层位中的铅锌矿体具有不同的物质来源，成矿溶液为地下水溶液。秦德先（1993）、高建国等（1995）通过对滇中碳酸盐岩型铅锌矿床研究认为铅、锌等成矿有益物质主要来自地层，成矿流体中 S 为不同时代地层沉积岩中海相硫酸盐的热化学还原，成矿流体以地下水热液为主；虽然前人对铅锌矿床（点）的成矿流体和成矿物质来源进行了探讨，但是对成矿流体和成矿物质来源的证据较为匮乏。

（4）铅锌矿床成因

20 世纪 60 年代，前人认为本区矿床是岩浆热液成因的（谢家荣，1963）。80～90 年代有关这类矿床的各种成因模型纷纷建立，如典型的沉积和沉积-改造（张位及，1984）和沉积-改造（秦德先等，1998；高建国和秦德先，1995；高建国，1996；1995；赵准，1995；秦德先和孟清，1994；陈士杰，1986；廖文，1984）、沉积-改造-叠加（陈进，1993）、沉积-改造-后成（柳贺昌和林文达，1999）、构造-成矿（刘文周和徐新煌，1996）、峨眉运动密切相关（管士平和李忠雄，1999）。进入 21 世纪，学者对于这类矿床的成因提出了许多新的成矿模型，芮宗瑶（2004）认为扬子地台周缘隆起边缘的铅锌矿床为 MVT 铅锌矿床；齐文等（2006）将该区的铅锌矿床划分为“热水沉积改造”和“热水沉积再造”两大类。有别川-滇-黔铅锌成矿带中典型矿床的研究，王小春（1990）认为四川天宝山和大梁子铅锌矿床为 MVT 型铅锌矿床；对于会泽铅锌矿床，周朝宪（1998）认为是 MVT 型铅锌矿床；黄智龙等（2001）提出“均一化成矿流体贯入”成矿作用；韩润生等（2001）提出“贯入-萃取-控制”成因；张振亮（2006）提出“成矿流体浓缩”机制；陈延生和李元（2005）提出多期次、多阶段、复成因的热水沉积-动力改造型叠加矿床；薛步高（2006）提出“岩浆热液叠加、改造、富化的复成因”成因观点。由此看出，我国学者对于川滇黔地区铅锌矿床的成因观点仍存在很大的争议，总体分为两类观点，一类试图说明该区的铅锌矿床与峨眉山玄武岩的喷发关系密切，另一类观点认为该区矿床非岩浆沉积-改造成因观点，虽然前人存在一些有关同生成因（SEDEX）的矿床成因观点，但总的看来，在该类矿床为后成矿床这一点上大家几乎达到了共识，目前争论的焦点主要集中在峨眉山玄武岩对铅锌矿形成的是否起到关键的控制作用。

因此本书选择滇中铅锌成矿区内赋存于碳酸盐岩中的铅锌矿床为研究对象，以国家自然科学基金项目“滇中碳酸盐岩型铅锌矿床流体混合成矿机理研究”（批准号：

41272111）为依托，试图通过对滇中铅锌成矿区内典型碳酸盐岩型铅锌矿床剖析与矿床地球化学特征、成矿年代学等的分析研究，探究滇中地区碳酸盐岩型铅锌矿床成矿物质、成矿流体来源及成矿时代问题，并结合矿床成矿背景，建立区域成矿模式，丰富川-滇-黔成矿域铅锌成矿理论，对整个扬子地块西南缘铅锌床的成矿机制取得突破，指导该区找矿，扩大找矿前景。

全书共五章。第一章区域成矿地质背景：将研究区成矿地质背景与区域所处的大地构造背景联系起来，进行不同构造运动与地层建造层、岩浆侵入（喷发）、变质作用、区域地球化学，展示矿产分布。第二章典型碳酸盐岩型矿床地质特征：分别阐述 6 个典型矿床成矿地质背景、赋矿地层、赋矿围岩、控矿因素、矿物组合等特征、矿床品位、矿石特征、矿物组合、围岩蚀变，划分成矿阶段（期）。第三章矿床地球化学特征：通过大量测试分析数据的收集整理，从常量、微量、稀土、包裹、同位素等探讨矿床地球化学特征。第四章成矿作用及成矿模型：在矿床地质特征与地球化学分析的基础上，探讨成矿作用，建立成矿模式。第五章成矿规律与成矿预测：在对地层、岩相古地理、岩性、构造控矿规律、矿种类型规律、大矿和富矿规律等成矿规律进行分析的基础上，提出可供进一步勘查的 5 地找矿远景区。

在本书编写过程中，收集和利用了大量的内部资料和各单位近年来的研究成果，得到了有关单位领导的大力支持和相关部门的鼎力协助。中国科学院地球化学研究所周家喜博士/副研究员，昆明理工大学贾福聚博士/讲师、刘心开博士、刘岩硕士、孟轲硕士、王文元硕士、陈欣彬硕士、依阳霞硕士等研究人员参与了该项目研究并撰写了相关研究内容，据此机会向他们表示诚挚的谢意！秦德先教授/博导对本书的内容进行了认真的修改和完善，再次衷心地感谢他给予的帮助、关怀和鼓励。

作　者
2016 年 5 月

目　　录

第一章　区域成矿地质背景

滇中碳酸盐岩型铅锌研究区位于扬子地块西南缘、上扬子铅锌成矿带上，其位置大致北起东川东西向的宝台厂-洪门厂断裂，南到红河断裂，西至绿汁江断裂，东达小江断裂。南北长约 300km，东西宽 140km，面积约 40000km^2。其范围大致相当于《云南区域地质志》所划分的川滇台背斜东部和滇东台褶带西部（图 1-1）。

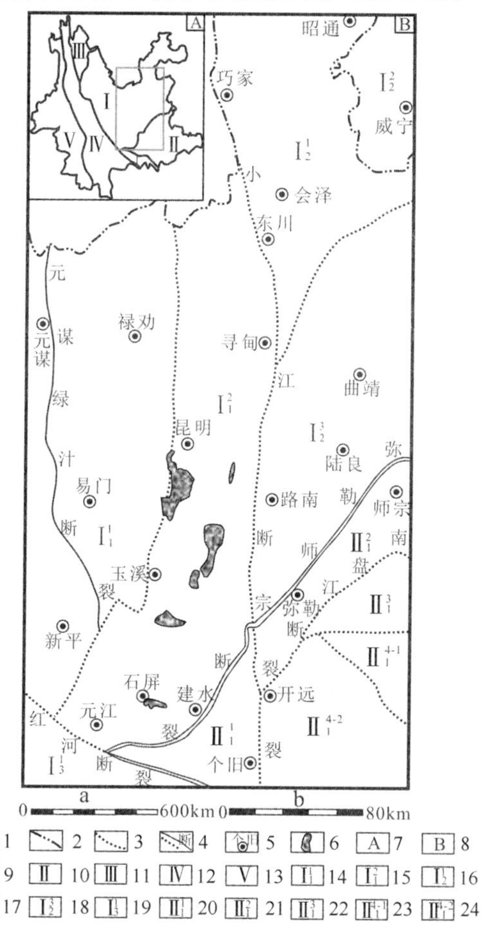

图 1-1　滇中铅锌成矿区大地构造位置图

a.图 A 比例尺；b.图 B 比例尺；1.一级大地构造单元界线；2.省界构造分区；3.二、三级大地构造单元界线；4.断裂及名称；5.地理点；6.湖水；7.云南省构造分区图；8. 滇中及邻区构造分区图；9.扬子准地台；10.华南褶皱系；11.松潘-甘孜褶皱系；12.唐古拉-昌都-兰坪-思茅褶皱系；13.冈底斯-念青唐古拉山褶皱系；14. 泸定-米易-武定-石屏隆断束；15.江舟-昆明台褶束；16.滇东北台褶束；17.威宁-水城台褶束；18.滇东台褶束；19.点苍山-哀牢山断褶带；20.个旧褶断束；21.罗平-师宗褶断束；22.丘北-广南褶皱束；23.西畴拱褶；24.薄竹山拱褶

第一节　区 域 地 层

研究区地壳结构复杂，具有“多层结构”的特征。地层从古元古界-大红山群（苴林

群）到新生界第四系地层均有分布（表 1-1），现将区内出露地层由老至新表述如下：

表 1-1 滇中及邻区地层系统对比表

地层 \ 构造分区			年代/Ma	扬子地台			滇东南台褶带	构造阶段
				本文	滇东北	滇东		
新生界	第四系	全新统	0.01	坡残积、冲积	冲洪积层	砾岩、粉砂、黏土	坡残积、冲洪积	喜马拉雅构造阶段
		更新统	2.6	元谋组	冲积层	坡残积、冲积层	湖泻洞穴堆积	
	第三系	上统	23.3	茨营组	昭通组	茨营组	花枝格组	
				小龙潭组		小龙潭组		
		下统	65	蔡家冲组		蔡家冲组	砚山组	
				小屯组		小屯组		
				路美邑组		路美邑组		
中生界	白垩系	上统	96			赵家店组		燕山构造阶段
				江底河组		江底河组		
		下统		马头山组		马头山组		
						普昌河组		
						高峰寺组		
	侏罗系	上统		安宁组		妥甸组		
		中统	205	上禄丰组	蓬莱镇组	蛇店组		
					遂宁组			
					上沙溪组	张河组		
					下沙溪组			
					自流井组			
		下统		下禄丰组		冯家河组		
	三叠系	上统	227	舍资组	须家河组	一平浪组	火把冲组	印支构造阶段
						鸟格组	鸟格组	
		中统	241	富口坡组	关岭组上段	法郎组	法郎组	
					关岭组下段	个旧组	个旧组	
		下统	250	嘉陵江组	永宁镇组	永宁镇组	永宁镇组	
				飞仙关组	飞仙关组	洗马塘组	洗马塘组	
古生界	二叠系	上统	295		宣威组	宣威组	长兴组	海西构造阶段
							龙潭组	
				峨眉山组	峨眉山组	峨眉山组	峨眉山组	
		下统		茅口组	茅口组	茅口组	茅口组	
				栖霞组	栖霞组	栖霞组	栖霞组	
				梁山组	梁山组			
	石炭系	上统	354	马平群	马平群	马平群	马平群	
		中统		达拉组	威宁组	威宁群	威宁群	
				滑石板组				
		下统		摆佐组	摆佐组	摆佐组	董有组	
				上司组	大塘阶 上司段	大塘阶 上司段		
				旧司组	大塘阶 旧司段	大塘阶 万寿山段		
				万寿山组	岩关阶	岩关阶		
				汤粑沟组				
				灰岩组				

续表

地层			年代/Ma	扬子地台 本文	扬子地台 滇东北	扬子地台 滇东	滇东南台褶带	构造阶段
古生界	泥盆系	上统	372	宰格组：在结山组	宰格组	在结山阶	榴江组	海西构造阶段
				宰格组：打得组		打得组		
		中统	386	海口组：曲靖组	曲靖组	曲靖组	东岗岭组	
				上双河组	红崖坡组	上双河组		
				穿洞组	缩头山组	穿洞组	古木组	
		下统	410	翠峰山组	边清沟组	翠峰山组	翠峰山组	
				桂家屯组				
				西屯组	坡脚组			
				下西山组	翠峰山组			
	志留系	上统	438	玉龙寺组	紫地湾组	玉龙寺组		加里东构造阶段
				妙高组	大路寨组			
				关底组	嘶风崖组			
		中统		岳家山组	黄葛溪组	马龙群		
		下统			龙马溪组			
	奥陶系	上统	490		五峰组			
					宝塔组		十字铺组	
		中统			大箐组			
				上巧家组	上巧家组			
				下巧家组	下巧家组			
		下统		红石崖组			湄潭组	
				汤池组	红石崖组	红石崖组	红花园组	
	寒武系	上统	500	二道水组	二道水组		博草田组	
							歇坎组	
		中统	513	双龙潭组	西王庙组	双龙潭组	龙哈组	
				陡坡寺组	陡坡寺组	陡坡寺组	田蓬组	
		下统	543	龙王庙组	龙王庙组	龙王庙组		
				沧浪铺组	沧浪铺组	沧浪铺组		
				筇竹寺组	筇竹寺组	筇竹寺组		
				梅树村组（渔户村组）	渔户村组	渔户村组		
元古生界	震旦系	上统	630	灯影组	灯影组	灯影组		澄江晋宁运动阶段
			1000	陡山沱组	陡山沱组	陡山沱组		
				南沱组	南沱组	南沱组		
		下统		牛首山组	澄江组	澄江组		
				澄江组				
	昆阳群会理群	中元古界	1800	大营盘组				
				绿汁江组				
				黑山组（鹅头厂组）				
				落雪组				
				因民组				
				美党组				
				大龙口组				
				黑山头组				
				黄草岭组				
		早元古界	2450~2300	大红山群-苴林群				吕梁运动

一、元古界

（一）下元古界大红山群、苴林群、哀牢山群

滇中地区早元古界出露地层为大红山群、苴林群和哀牢山群。

哀牢山群在研究区内主要分布在建水荒田碳酸盐岩型铅锌矿区西部、红河断裂西侧，岩性为一套混合岩化强烈的变质岩系。

大红山群：主要出露于元谋-绿汁江断裂以西的元谋古陆和新平大红山一带，岩性主要为一套复理石和钠质火山岩（细碧-角斑岩）变质建造。

苴林群：主要出露于滇中北部元谋、姜驿一带及华坪之东、大致南北向展布。大红山群与苴林群均有可能是同一时代和相同构造环境形成的地层。苴林群和大红山群具有中压区域动力热液变质流所形成的递增变质现象。即苴林群与大红山群的变质程度有自下而上逐渐变弱的现象。

（二）中元古界-昆阳群

昆阳群为一套巨厚的冒地槽型碳酸盐类复理石建造，厚逾 10000 米。主要出露元谋-绿汁江断裂以东、小江断裂以西，小江断裂以东、师宗-弥勒一线以北也有零星分布。出露总面积约 $10000km^2$。本群自下而上可分为 2 个亚群共 9 个组，即下亚群为黄草岭组（Pt_1h）、黑山头组（Pt_1hst）、大龙口组（Pt_1d）、美党组（Pt_1m）；上亚群为因民组（Pt_1y）、落雪组（Pt_1l）、鹅头厂组（Pt_1e）、绿汁江组（Pt_1l）与大营盘组（Pt_1dy），其岩性特征下：

1. 昆阳群下亚群

（1）黄草岭组（Pt_1h）：下部以千枚岩，板岩为主，底部出露不全。各地所见岩性变化不大，唯东川地区该组下部尚夹透镜状砂质白云岩。厚度 300～660m。

（2）黑山头组（Pt_1hst）：上部（寸竹段）在峨山县寸竹、富良棚一带厚度最大，近 3000m，向北至玉溪市高鲁山河、晋宁县三尖山一带减薄，并出现较多的中粗粒砂岩、含砾砂岩，说明更接近陆源区，在东川地区厚度变薄、岩石粒度变细，可能远离陆源区；下部（富良棚段）：该段上部夹多层中基性火山碎屑岩为特征，在易门县老吾山，该段上部出现玄武质凝灰岩、火山角砾岩、集块岩及枕状熔岩，厚 200m，并构成三个火山喷发韵律，上述粗碎屑火山岩说明为近火山口相，而峨山县富良棚等地的凝灰岩则为远离火山口的产物。本段厚度一般为 260～350m，向北变薄。

（3）大龙口组（Pt_1d）：该组是限定在黑山头组和美党组之间的一套碳酸盐岩，可分为上下两段，该组向北减薄，至东川一带厚逾 600m，且炭泥质白云岩和板岩增多，下部常见龟裂、波痕，仅见一层厚度不大的叠层石灰岩。

（4）美党组（Pt_1m）：为一套碎屑岩夹碳酸盐岩。其底部较多泥灰岩扁豆体，风化后形成栅状或蜂窝状空洞。

2. 昆阳群上亚群

（1）因民组（Pt_1y）：本组相变明显，中下部夹多层含长石不等粒石英砂岩或厚达百余米的肉红色隐晶质灰岩。在罗茨一带，中上部见有厚达 164m 的玄武岩、安山玄武岩。

东川地区则有含铜磁铁矿、赤铁矿扁豆体夹层，铁矿层面上见波痕、干裂，底部有沉积角砾岩、砾岩，具有大型斜层理及粒序层。该组厚度一般为 300m 左右，与下伏美党组可能呈假整合接触。

（2）落雪组（Pt_1l）：该地层岩性主要为：青灰色、灰白色、肉红色厚层-块状含藻白云岩，夹硅质白云岩和泥砂质白云岩。上部有硅质团块，底部粉砂泥质白云岩夹钙泥质板岩薄层，具硅质条带状和马尾丝状构造。含叠层石及藻类等；下部及底部为铜矿床的主要赋存层位。厚度变化不大，空间分布稳定，南部地区厚度为 105～270m，北部东川地区厚 100～506m。

（3）鹅头厂组（Pt_1e）：该组岩性为深灰色、灰黑色、薄-中厚层状白云岩，中厚层状炭泥质白云岩、板岩，薄-中厚层状板岩，风化后呈黑绿、灰绿、灰白等杂色板岩。厚度变化较大，为 900～1700m。

（4）绿汁江组（Pt_1l）：该层位地层主要为青灰色、浅灰-深灰色含叠层石中厚层至块状白云岩，夹绢云板岩、泥质灰岩、灰岩、硅质灰岩及白云岩。厚度大于 1500m。整合覆于鹅头厂组之上，顶部为大营盘组（柳坝塘组）假整合覆盖。其 Rb-Sr 全岩年龄为 1127Ma，故归属于蓟县纪。出露于易门和峨山等地。

（5）大营盘组（Pt_1dy）：该组下部为黑色炭质粉砂质绢云板岩、硅质板岩夹炭质粉砂岩，近底部为凝灰质砂岩、岩屑石英砂岩、红色铁质角砾岩和含铁质板岩、赤铁矿层或透镜体；上部为灰黑色绢云母板岩夹炭质板岩，顶部夹有薄层泥灰岩及石英砂岩。厚 960～1216m。出露滇中北部的东川一带。

（三）上元古界震旦系（Z）

震旦系下统：在研究区出露澄江组（Zz_1c）、牛头山组（Zz_1n）。

澄江组（Zz_1c）：为一套陆相红色碎屑岩地层。岩性为长石石英砂岩、砾岩、砾质粗砂岩夹火山熔岩和火山碎屑岩，厚 270～410m，该地层与下伏昆阳群变质地层呈不整合接触。

牛首山组（Zz_1n）：该层位地层主要为湖泊相沉积岩，其岩性为一套细碎屑岩，研究区内部分地区缺失，厚度 72～496m。

震旦系上统：研究区内出露南沱组（Zz_2n）、陡山沱组（Zz_2d）、灯影组（$Zbdn$）。

南沱组（Zz_2n）：岩性主要为巨块状冰碛泥砾岩堆积物，后期冰川开始消融，局部呈现冰水沉积特征，可见纹泥层、坠石等，厚度 24.24～247.1m。

陡山沱组（Zz_2d）：为滨海-浅海相陆缘碎屑碳酸盐岩沉积，岩性为含泥、砂质成分的碳酸盐岩，与南沱组呈假整合接触，厚度 5～38.5m。

灯影组（$Zbdn$）：为台地相沉积碳酸盐岩，上部为灰至深灰色中至厚层状粉至细晶白云岩；下部为青灰至暗灰色厚层状白云岩，藻类由下往上为豆状核形石、波纹藻、条纹藻层。普遍具明暗条带及圈层，粉至细晶白云石充填交代藻骸格架，局部被后生方解石交代，厚度 315～1250m，一般为 300～500m，以含有丰富藻类为特征。与下伏陡山沱组地层呈整合接触，为研究区内重要铅锌含矿层位。

震旦系在建水荒田铅锌矿区一带为缺失地层。

二、古生界

（一）寒武系（∈）

寒武系在研究区内下、中统地层均有出露，上统地层缺失。

寒武系下统：多属滨海浅海相沉积，区内主要出露渔户村组[①]（$\in_1y$）、梅树村组（$\in_1m$）、筇竹寺组（$\in_1q$）、沧浪铺组（$\in_1c$）、龙王庙组（$\in_1l$），其岩性特征如下：

渔户村组（$\in_1y$）：上部黄褐色薄至中层状白云质磷块岩；中部灰黑色薄至中层状泥晶白云岩、粉晶白云岩；下部黄褐色薄层状泥岩夹泥质砂岩，钙质粉砂岩。厚度 165～477m。

梅树村组（$\in_1m$）：上部为深灰色泥质白云岩及灰色、浅灰色白云岩、硅质白云岩；下部由磷质白云岩、白云质磷块岩、硅质磷块岩、磷质粉砂岩等组成；底部浅灰黄色硅质、磷质、砂泥质白云岩与灯影组白云岩渐变过渡。厚 156.28m。

筇竹寺组（$\in_1q$）：下部岩性为黑色中-薄层泥质、钙质粉砂岩及炭质粉砂岩，偶夹白云岩透镜体，含少量钒、银；上部为灰黑色页岩夹少量砂岩，底部富含多金属硫化物，局部夹石煤或油页岩。厚度 70～583m。

沧浪铺组（$\in_1c$）：在石屏一带超覆于界昆阳群之上，岩性主要有中细粒石英砂岩、泥岩和泥质灰岩。厚 143～406m。

龙王庙组（$\in_1l$）：岩性主要为灰-深灰色中厚层状白云岩、白云质灰岩，夹有少量薄层状砂页岩，一般厚 35～150m。

寒武系中统：主要出露陡坡寺组（$\in_2d$）、双龙潭组（$\in_2s$）。

陡坡寺组（$\in_2d$）：岩性主要为砂页岩夹白云岩，相变为砂页岩与碳酸盐岩互层，或页岩夹白云岩，厚度 20～100m 。

双龙潭组（$\in_2s$）：该组地层岩性为灰-灰黄色中-薄层白云岩、泥质白云岩夹钙质粉砂岩及页岩，白云岩中有时含有盐晶。其上常被不同时代的地层所超覆。厚度 100～300m。

寒武系上统二道水组（$\in_3e$）：在巧家县附近出露。

（二）奥陶系（O）

区内仅出露中、下统，缺失上统和中统部分地层。

奥陶系下统出露：汤池组（O_1t）、红石崖组（O_1h）、下巧家组（O_1q），为滨海相潮坪相沉积岩，其中汤池组（O_1t）岩性主要有白云岩、中-粗石英砂岩、页岩。

奥陶系中统：区内出露上巧家组（O_1q），其岩性为白云岩夹砂。为一套滨海咸化潟湖相白云岩，奥陶系与寒武系不整合接触。

（三）志留系（S）

在区内大部分地区缺失，仅石屏-曲靖一带发育志留系中统和上统。

---

①部分 1/20 万区域地质调查中划分为渔户村组，按岩性划分为 4 个岩性段；云南化工地质勘探大队划分为渔户村组与梅树村组。

志留系中统：仅出露岳家山组（S_2y），为一套滨海-浅海相页岩加砂岩及灰岩。

志留系上统出露：关底组（S_3g）、妙高组（S_3m）、玉龙寺组（S_3y）。

关底组（S_3g）：为滨海相沉积，其岩性为杂色页岩，泥质灰岩为主。

妙高组（S_3m）：为浅海相沉积岩，其岩性主要为灰岩和钙质页岩。

玉龙寺组（S_3y）：为滨海-浅海相沉积岩，岩性主要为页岩、灰岩。

志留系与泥盆系不整合接触。

（四）泥盆系（D）

区内仅发育在武定-玉溪-开远以东地区，在昆明以北地区泥盆系上、中、下统均有发育，在昆明以东地区仅发育中统部分和上统地层。

泥盆系下统：主要发育下西山组（D_1x）、西屯组（D_1xt）、桂家屯组（D_1g）、翠峰山组（D_1c）地层。

下西山组（D_1x）：为滨海相沉积的页岩夹石英砂岩。

西屯组（D_1xt）：为滨海相沉积的泥晶灰岩和泥灰岩。

桂家屯组（D_1g）：为海陆交互相沉积的泥岩夹砂岩及泥灰岩。

翠峰山组（D_1c）：为海陆相交互沉积的砂岩泥岩互层。

泥盆系中统：为一套滨海-浅海相沉积岩，区内发育穿洞组（D_2c）、上双河组（D_2s）、曲靖组（D_2q）地层。

穿洞组（D_2c）：岩性主要为石英砂岩夹泥岩。

上双河组（D_2s）：岩性主要为石英砂岩、泥灰质白云岩。

曲靖组（D_2q）：岩性主要为白云岩、泥灰质白云岩。

泥盆系上统：为一套潮坪相沉积岩，区内发育一打得组（D_3y）、在结山组（D_3z）地层。

一打得组（D_3y）：岩性主要为灰岩、泥质灰岩、页岩。

在结山组（D_3z）岩性主要为白云岩、灰岩。

（五）石炭系（C）

在巧家-禄劝-石屏以西缺失，其余地方均有出现，岩性如下：

石炭系下统：主要有灰岩组（C_1h）、汤粑沟组（C_1t）、万寿山组（C_1w）、旧司组（C_1j）、上司组（C_1s）、摆佐组（C_1b），为海相-潮坪相沉积岩，其岩性主要为灰岩、团粒灰岩、生物灰岩、细晶灰岩，并可见石膏等硫酸盐矿物。

石炭系中统：发育滑石板组（C_2h）、达拉组（C_2d），为海相-潮坪相沉积岩，其岩性主要为灰岩、泥质灰岩、白云质灰岩。

石炭系上统：发育马平组（C_3m），为闭塞台地相沉积岩，其岩性主要为页岩夹灰岩，并可见石膏等硫酸盐矿物。石炭系与二叠系不整合接触。

（六）二叠系（P）

二叠系在研究区发育于禄劝-易门-通海-石屏一线以东地区。

二叠系下统出露地层有梁山组（P_1l）、栖霞组（P_1q）、茅口组（P_1m）等，岩性主要有白云岩、白云质灰岩、灰岩等一套滨海-浅海相碳酸盐岩。

上统主要出露峨眉山玄武岩组（$P_2\beta$），为滨-浅海相-陆相喷溢的玄武岩。与三叠系不整合接触。

三、中生界

（一）三叠系（T）

三叠系在研究区内仅出现下统和上统部分地层，缺失中统地层。

三叠系下统：为河流-滨海相沉积岩，出露地层有飞仙关组（T_1f），其岩性为砂页岩-白云岩。

三叠系上统：仅在个旧-石屏-建水一带有发育，为滨海相沉积，出露地层有舍资组（T_3s）、个旧组（T_3g），岩性为砂岩、泥岩、粉砂岩，局部地区发育有煤线。

（二）侏罗系（J）

区内上、中、下统均有发育。

侏罗系下统：发育下禄丰组（J_1xl），为一套浅湖-滨湖相沉积岩，其岩性有泥岩、粉砂-细砂岩、泥灰岩。

侏罗系中统：发育上禄丰组（J_2sl），为一套浅湖-半深湖相沉积岩，其岩性主要为泥岩、砂岩、灰岩等。

侏罗系上统：发育安宁组（J_1a），为一套半深湖相沉积岩，紫红色白云质砂岩、泥岩。与白垩系不整合接触。

（三）白垩系（K）

区内白垩系上、下统均有发育，缺失部分下统地层。

白垩系下统：发育马头山组（K_1m），为河流-浅湖相沉积岩，岩性为粗-中-细砂岩，局部地段夹有炭质灰岩条带。

白垩系上统：发育江底河组（K_3j），为浅湖-滨湖相沉积，岩性为杂色砂岩、泥岩夹泥灰岩。与第三系地层不整合接触。

（四）第三系（E）

在研究区广泛发育陆相盆地沉积物，岩性主要为泥岩、砂岩、泥质灰岩。

（五）第四系（Q）

主要为残坡积、冲积、洪积砂砾黏土层。河湖相或湖沼相沉积物中夹褐煤或泥炭层。

第二节　区 域 构 造

研究区内经历了多期的构造运动，褶皱断裂构造较为发育，现将主要断裂描述如下：

一、元谋-绿汁江断裂

元谋-绿汁江断裂呈南北向延伸。北延入四川境内，沿金沙江北上可能与安宁河断裂带相接。它可能于早元古代末已经有所活动，成为下元古界与中元古界分布范围的一条界线（中元古界昆阳群仅出露于断裂带之东）。北段，见有华力西期镁铁岩-超镁铁岩体成群成带分布，断裂带的破碎带一般宽在100m以上。向南，沿绿汁江延伸，断裂可能受北西向的曲江断裂和石屏-蒙自-屏边断裂走滑位移的影响，表现了明显向南东方向的转折偏移。该断裂带不但控制了中、新生代沉积盆地的发育，而且在元谋盆地、裕民盆地和昔格达盆地中，还可见到在第三系和第四系内发育极好的断裂和褶皱，表明该断裂既控制了新生代的沉积，又改造和破坏了这些沉积，显示其近代的多期复合活动。从断裂特征及岩浆活动特点看，元谋-绿汁江断裂带也表现了复杂的张、压性力学性质转化，且其活动性具有北强南弱的特点，晚海西期曾表现较强的张裂活动，但其张开程度远不及小江断裂带。

二、西昌-易门断裂

该断裂带北起石棉，经彝海、冕宁、西昌、德昌、至会理以南延至云南易门。近南北向，该断裂长600km。主要断面向东倾斜。该断裂带在地表宽度为数百至数千米，主干断裂沿安宁河谷发育。断裂破碎强烈，构造发育以碎裂岩和初糜棱岩为主。在泸沽洛瓦沟等地，构造岩受风化和侵蚀成为土林地貌，沿断裂带广泛发育南北向劈理，劈理面向东倾斜，断裂带早期为脆-韧性变形，后期表现为脆性变形。断裂带自晋宁期活动至今，属于多期活动断裂带，断裂带两盘岩石类型差别很大。

三、普渡河-滇池断裂

该断裂走向南北，经过云南玉溪、昆明，向北大致沿着普渡河延伸，再向北经四川宁南、越西、四川境内特德干大断裂，全长320km。断裂具多期次，不同性质活动的特点，挤压、拉张、走滑现象均可见。晚古生代、中生代为其强烈活动时期，断裂带切割古生界、中生界，由一组叠片状逆断层组成，沿断裂普遍发育几米至几十米的断层破碎带。新生代时期沿着断裂带有强震发生，并可见温泉，说明该断裂为一条活动断层。

四、小江断裂

为研究区东部边界，是川-滇-黔接壤区强烈地震活动带之一。断裂带基本沿东经103°，呈南北向延伸，北西由四川昭觉、宁南延入云南，经巧家、蒙姑沿小江河谷延伸，到东川附近分成东、西两支。西支经乌龙、沧溪、东湖、嵩明达阳宗海，向南则形成若干北北东向的分支断裂继续延经抚仙湖、星云湖地区，以后即逐渐消失在华宁以南，但从卫星照片的影像上看，它还可能呈南南西向沿建水坝子东侧向官厅一带继续延伸而逐渐消失在红河断裂带附近；东支经东川、寻甸、小新街，至宜良县禄丰村后顺南盘江而下，经盘溪、开远、个旧向南终止在红河断裂带上，但卫星照片的影像显示，该断裂可能越过哀牢山以后与金平三家河断裂、越南奠边府断裂相连。

小江断裂总体表现为以下特征：

（1）沿断裂带形成了一条宽大的挤压破碎带，宜良一带破碎带宽达450～550m，断裂总的表现向西陡倾。

（2）区域上，小江断裂带明显地切过了北东向的构造。从地层分布所表现的古生代岩相古地理格局，显示出这一时期存在的一系列北东向隆起和凹陷，明显地被小江断裂带错断；从一些地层标志判断，断裂西盘相对东盘发生过大规模的左行位移。

（3）据区域资料分析，小江断裂带在其形成过程中，曾经历过张、压、扭的不同力学性质转化。其最早可能在晚元古代末即有活动迹象，二叠纪时则表现强烈的裂陷张裂，成为大规模岩浆喷发、侵位的通道；中生代时，曾经过强烈挤压；喜马拉雅运动时，它又表现为张裂和左行走滑性质，造成了东、西地块间的相对位移，同时沿断裂带形成了一系列断陷湖泊。

（4）小江断裂的强烈地震活动以及沿其分布的一系列温、热泉点，表明断裂带具有明显的现今活动性和较强的热流活动。

五、红河断裂

红河断裂北起大理市，向南经凤仪坝子、弥渡坝子至苴力后，基本沿礼社江、元江、红河而下，于河口附近延入越南。长约460km，沿断裂带第三、第四纪沉积盆地十分发育。多呈长条状展布，沉积盆地一般都表现为从晚第三纪以来继承性发展，有的则表现出在不同时期内的明显迁移现象，据原地质部西南地震队在凤仪坝子所作工作表明，断裂带在通过该盆地时，常形成一个北西向的槽型坳陷，其中第四纪堆积物最大厚度达600m以上，据云南地震地质队资料，在元江深沟河可见第四系明显被断裂错移，断裂带沿线，河流十分发育。

六、弥勒-师宗断裂

弥勒-师宗断裂北起富源县富村，经老厂、师宗北，过弥勒县城，至巡检司而被小江断裂交切。越过小江断裂带与官厅弧形断裂相连，西南端终止在红河断裂带上。总体呈北东-南西走向，平面上呈反“S”形弯曲。沿断裂见地层强烈挤压破碎，褶皱异常发育。断裂北西盘为上古生界，南东盘二叠系，沿线可见上古生界逆冲在三叠系不同层位之上。断面倾向北北西（NNW）-北西（NW），倾角一般为40°～60°，为一条压剪性断裂。其地质构造上恰好位于牛头山复背斜的东南。由于沿断裂常见一系列镁铁岩体出露，表现了该断裂对基性岩浆活动的控制作用，根据沉积岩相及古地理资料分析，弥勒-师宗断裂应为一条可能形成于晋宁期，以后又经多次活动的大断裂。

第三节　区域岩浆活动

滇中铅锌成矿区岩浆活动频繁，从古-中生界均有岩浆活动，最重要的是二叠纪基性火山活动，其次为燕山期中酸性岩浆侵入活动。现将各时代火山岩分布情况表述如下：

一、吕梁期岩浆岩

吕梁期岩浆岩主要分布于元谋-新平一带的大红山群和苴林群中，其岩性为细碧岩、细碧质火山碎屑岩、角斑岩、角斑质凝灰岩、凝灰岩及凝灰质角砾岩等组成岩。该期岩浆岩经后期地质作用变质程度不均一，在浅变质部分残留大量火山岩的变余结构。

二、晋宁期岩浆岩

晋宁期火山岩在扬子地块夹于中元古界昆阳群黄草岭组、黑山头组、因民组、鹅头厂组地层中，主要分布于易门、禄丰、禄劝等地。其原岩岩性为变碱性辉绿岩、碱性玄武质次火山岩。晋宁期也有少量的二长花岗岩等酸性岩的出露，其主要在研究区内晋宁县九道弯和峨山县有分布。

三、澄江期岩浆岩

澄江期火山岩夹于澄江组中，主要分布在东川-昆明-玉溪一带西侧，而牛首山组火山岩则分布于东川-昆明-玉溪一带东侧。岩性主要为基性玄武岩。澄江期火山岩的分布主要受小江断裂和易门-西昌断裂控制，零星分布于罗茨一带及东川区菜园。

四、华力西期岩浆岩

石炭纪岩浆岩在研究区内主要出露于建水附近小范围内，岩体出露面积较小，岩性为紫黑色、灰绿色玄武岩，多为间隐结构，局部为斑状结构，气孔状、杏仁状、块状构造。斑晶为普通灰岩、斜长石、橄榄石，基质多为玻璃质。

二叠纪峨眉山玄武岩广泛分布于云南、贵州、四川三省交界附近，出露面积约3000km^2，平均厚度约 70.5m，有上陆（相）下海（相）之分，具有多旋回中心-裂隙式喷发（溢）特征，主要分布于小江断裂和普渡河-滇池断裂带上，形成了两个断裂喷发带。带上玄武岩具有北宽南窄的特征，在东川-寻甸一带两个断裂喷发带连为一体，东西宽约100km，在昆明-宜良一带，出露宽度仅有 5～10km。在石屏-建水，火山活动还受到北北东断裂控制，东西宽 10～20km，从玄武岩的厚度看，具有南北厚，中部薄的特点，如在寻甸以北厚1～3km，在昆明宜良厚度为0.5～1km，在石屏-建水厚度为1～3km，见彩图1。

火山活动主要开始于早二叠世晚期，大规模的喷发主要为晚二叠世早期，K-Ar 年龄为 288～314Ma 。主要岩石类型为块状、杏仁状、斑状玄武岩及少量碎屑岩，次火山岩主要有辉绿岩、辉绿玢岩等。但在石屏-建水地区有所差异，火山活动时间较长，在下石炭统和三叠系中均有火山岩分布，岩石类型除玄武质岩石外，还有少量安山-流纹岩类。

五、印支期岩浆

印支期岩浆岩在区内不发育，主要出露于个旧、开远一带。期岩性为玄武岩、安山玄武岩。

六、燕山期岩浆岩

研究区南部的石屏、建水、个旧等地发育有燕山期中酸性花岗岩侵入岩，伴随着中酸性岩体的侵入形成了个旧锡多金属成矿，并对建水-石屏一些铅锌矿有一定富集作用。西昌-易门深大断裂两侧分布有辉长岩-辉绿岩、辉绿-辉长岩、钛辉粗玄岩全岩，岩体呈现岩墙状产出。峨山西南部的杨武、青龙厂一带有燕山晚期超镁铁岩、辉绿岩及花岗闪长岩等各类小型侵入体。

第四节 区域变质作用

参照云南省区域地质志（1990）划分，研究区处 3 个变质带中：元谋-大红山变质岩带（中压区域动力热流变质）、昆阳变质岩带（区域低温动力变质Ⅰ型）、丘北变质岩带（未变质），其基本特征如下：

一、元谋-大红山变质岩带（中压区域动力热流变质）

该变质地带由吕梁期变质岩石组成，出露研究区的西部元谋、新平（大红山）等地，是云南已知形成时间最老的变质地质体。东以元谋-绿汁江断裂为界，西止于丽江-洱源一线，南抵红河断裂，大体呈南北向展布。由于中生代红层大面积覆盖，变质岩石仅出露于北端元谋和南端新平（大红山）两地区。变质地层在元谋地区称苴林群，在新平（大红山）地区称大红山群。

（一）苴林群的变质特征

苴林群出露于本岩带北端元谋县姜释、苴林，牟定县狗街一带，面积约为 1100 km^2。岩层组成较为开阔的北东东向褶皱，岩性自下而上主要为黑云斜长片麻岩、角闪斜长片麻岩、云母片岩、斜长角闪岩为主，局部夹大理岩、角闪变粒岩；石英岩夹云母片岩；绢云绿泥千枚岩、云母片岩、绢云千枚岩；大理岩、角闪片岩、斜长角闪岩、云母片岩、云母钠长片岩、钠长变粒岩、钠长浅粒岩等组成，总厚度 4300～6000m。在角闪片岩中有时具残余的杏仁状构造。该群的原岩推测为具有钙碱性基性熔岩、细碧岩、角斑岩的碳酸盐岩-硬砂岩-陆源碎屑岩的建造。

混合岩化作用出现于低角闪岩相分布区。多呈层状出现，按形态特征可分为条带状混合岩、条痕状混合岩、眼球状混合岩与均质-阴影混合岩。

（二）大红山群的变质特征

大红山群作为构造窗出露于新平县大红山、底巴都、漠沙等地，分布面积为 120km^2。岩层构成北东东向褶皱，其褶皱轴向与苴林群褶皱轴向一致。周围为上三叠统不整合覆盖。岩性自下而上为混合岩夹角闪黑云片岩、二云片岩；石英岩、云母石英片岩，大理岩夹角闪片岩、云母片岩；角闪片岩、角闪钠长片岩，局部夹大理岩；钠长浅粒岩为主夹角闪钠长片岩、钠长角闪片岩；大理岩夹炭质千枚岩；二云片岩、板岩、大理岩、石英岩组成，总厚度为 3593～4475m。钠长浅粒岩尚保留有变余斑状结构、变余交织结构、变余杏仁状构造等原岩组构；角闪钠长片岩、钠长角闪片岩有时亦有变余杏仁状构造、变余岩屑结构的特征。该群原岩总体上应是一套含细碧质、角斑质火山成分的硬砂岩-陆源碎屑岩建造。

混合岩化作用只见于背斜核部，其范围大致与低角闪岩相的范围相同，出现的混合岩石类型主要为眼球状混合岩，其次为条痕状混合岩和条带状混合岩。

（三）变质时间

采用锆石 U-Pb 与全岩 Rb-Sr 法测定苴林群和大红山群变质岩石中年龄，获得其值为

1725Ma、1706.2Ma、1900Ma 三个较老的同位素年龄数据，为吕梁期变质作用产物。

二、昆阳变质岩带（区域低温动力变质Ⅰ型）

昆阳变质岩带由晋宁期变质岩石组成，分布于云南中部和东部，是扬子准地台褶皱基底的一部分。变质地层为中元古界昆阳群，岩石变质程度普遍甚浅，其原岩不难恢复，是一套厚达万米以细碎屑岩为主、碳酸盐岩为次的复理石建造，局部夹有少量中-基性火山岩、火山碎屑岩。岩石类型简单，主要为绢云板岩、绢云千枚岩、变质砂岩与重结晶灰岩（白云岩），有少量炭质板岩、钙质板岩、硅质板岩、粉砂质板岩、石英岩、大理岩、绿片岩和变中基性熔岩-凝灰岩。

已变质的昆阳群其上为未变质的震旦系澄江组以角度不整合覆盖，变质界面清晰。已知澄江组底部基性熔岩的 Rb-Sr 全岩等时年龄为 885Ma、锆石 U-Pb 年龄为 980Ma，昆阳群顶部大营盘组炭质板岩全岩 Rb-Sr 等时年龄分别为 918Ma、992.17Ma，1002Ma。在该岩带南端石屏县记亩白，侵位于昆阳群与澄江组沉积不整合覆盖的花岗岩（峨山岩体），Rb-Sr 全岩等时年龄为 860Ma。这些年龄数值说明了这一变质界面的时限大致为 900Ma 左右，变质作用发生于中元古代末期，为晋宁期产物。

三、丘北变质岩带（未变质）

该变质地区处于杨子准地台与华南加里东褶皱系两个构造单元过渡地带，位于弥勒-师宗断裂东部地区，岩石变质轻微，在区域上不能进一步划分变质强度。岩石共同特点是原矿物与新矿物并存，原岩结构与变质结构并存。岩石类型主要有板岩、变质砂岩、变质基火山岩、变质基性岩和结晶灰岩。板岩类岩石出露最广，以具发育的轴面劈理为特征，基本矿物成分为绢云母、绿泥石与原生泥质，有时出现雏晶黑云母；变质砂岩类岩石作为碎屑成分的石英变化不大，但胶结物中出现较多的新生绢云母、绿泥石，变余砂状结构与显微鳞片变晶结构并存；变质基性火山岩中辉石普遍帘石化，绿泥石化，斜长石转变为钠长石或钠更长石，并出现大量帘石。

第五节　区域地质演化

前人对扬子板块西南缘构进行了大量的研究，研究表明扬子板块西南边缘经历的多个阶段的演化。各阶段演化特征如下：

一、早元古代

早元古代时限为 2500～17000Ma，早元古代为吕梁构造旋回发展时期，该期为云南省地壳发展的最早阶段，该阶段研究区内形成了最早的结晶基底（大红山群-苴林群-康定群），当时处于地史发展的较早阶段，地壳成熟度低，活动性强，海底火山活动强烈。早元古代末期（1700Ma）发生了大致相当于吕梁（中条）运动的时期，发生大规模的褶皱运动，结晶基底不断隆起变质。从大红山群和苴林群中褶皱和片理构造线方向多是东西向展布的特点，滇中地区吕梁运动以南北向的张性断块作用，吕梁运动标志着扬子区古元古代以前陆壳的增生及可能存在的早期板块活动已经结束，扬子区地壳基本形成。

二、中、晚元古代

中、晚元古代时限为900～1700Ma，中-晚元古代为扬子构造旋回发展时期，吕梁运动使元谋-绿汁江断裂以西的结晶基底上升隆起，元谋-绿汁江以西隆的基底接受风化剥蚀，风化剥蚀物在元谋-绿汁以东、普渡河-滇池断裂以西的区域发生沉积，最终形成了昆阳群。昆阳群原岩明显分为两类，一类是细碎屑岩，以泥质、粉砂质岩石为主，粗碎屑岩类含量较少；另一类是碳酸盐岩，以白云岩为主，灰岩较少。昆阳群8个组中3组以碳酸盐岩为主，均富含叠层石，沉积岩相及叠层石的形态特征反映的沉积环境应属台地潮坪环境；昆阳群碎屑岩粒度偏细，常夹泥灰岩，近年来在碎屑岩中不断发现浅水标志，且部分碎屑岩组段中亦含叠层石，表明沉积时水体不会太深，可能相当陆棚环境（含深水陆棚）；陆棚与潮坪的交替是昆阳群沉积环境的特点，反映了昆阳群沉积时吕梁基底已较稳定。另外，昆阳群中局部尚有基性、中基性火山岩，属碱性或亚碱性岩系；昆阳群中含有大量岩墙、岩床，显示陆内张性环境。昆阳群厚度900～11000米。

三、新元古代

新元古代时限为543～900Ma，新元古代最主要的构造运动为晋宁运动和澄江运动。

昆阳群沉积之后，发生了晋宁运动（800～900Ma），晋宁运动在滇中地壳发展历史中具有重要的意义。晋宁运动表现为近东西向的挤压应力作用，使得早期形成的褶皱基底（昆阳群）发生变质变形，形成近南北向的褶皱和逆冲断裂。以西昌-易门断裂为界，断裂西侧褶皱隆起，东侧下陷，并于早震旦世在会泽-宜良-石屏一带堆积了一套磨拉石建造（澄江组），澄江组以山间河湖相砂砾岩为主，不整合覆盖于昆阳群上。并在东川、会理、安宁、元谋、峨山等地发生了花岗岩作用。小江断裂也产生于晋宁运动。

昆阳群经晋宁运动褶皱变质而成为扬子地台前震旦纪基底的第二个构造层。晋宁运动以后扬子板块初步形成。至此滇中地区“双基底”结构形成。晋宁期的变质作用类型属于低温动力变质。

晋宁运动后滇中发生了澄江运动，澄江运动期发生于早、晚震旦世之间，在该期研究区内地形分异强烈，研究区西部地势抬升，气候转冷，出现了山地冰川和内陆冰盖，形成了南沱组为代表的大陆冰川堆积，在武定-澄江一带沿着断裂构造发生了较强烈的火山喷发活动，进入震旦纪末期（灯影期），发生了自扬子地台形成以来第一次广泛海侵，沉积范围已扩大到禄丰-新平一带，受南北和东西向断裂控制，沉积厚度自南向北逐渐增加，岩性以含藻的碳酸盐岩台地相为主，沉积盆地中水下隆起和水下坳陷发育，在一些坳陷滞流封闭条件下，沉积了灯影组顶部磷矿。滇中地区禄劝噜鲁铅锌矿床附近为沉降中心，沉积厚度为400～600m。

四、古生代

古生代时限为250～543Ma。 古生代最主要的构造运动为加里东运动和海西运动。

（一）加里东构造阶段（410 ~ 543Ma）

加里东构造期时限为震旦纪至志留纪末。该时期是扬子准地台较稳定的发展阶段。加里东构造期滇中地区地幔上隆起，地壳张裂，小型基性超基性岩体侵入，由于加里东期地幔上隆，造成大部分奥陶系与志留系地层缺失和志留系与泥盆系地层的普遍假整合接触。

1. 寒武纪（543 ~ 490Ma）

寒武纪经历了两次海进和海退，分别发生在早寒武纪和中寒武纪。

早寒武世大致继承了晚震旦时期的古地理轮廓，但沉降范围略小，受南北向断裂控制，下统寒武统呈近南北向的条带分布。下寒武统滇中沉积了梅树村组、筇竹寺组、沧浪铺组、龙王庙组。梅树村期，沉积了一套含磷质隧石条带的白云岩。筇竹寺期和沧浪铺期沉积环境转为古陆边缘盆地，海水为半滞留状态，弱氧化-还原环境，沉积了一套泥质粉砂岩夹粉砂质页岩的砂岩层。龙王庙期沉积物以内碎屑为主，主要岩石为深灰色厚层状白云岩夹钙质砂岩、页岩。

中寒武世康滇古陆继续上升，并向东扩大，沉积范围被局限在昆明-澄江-华宁一带以东。早期为浅水台地碎屑岩与泥质灰岩，晚期为咸化潟湖相含有膏盐白云岩，在石屏热水塘-他腊一带可能为一个沉积支盆地。

晚寒武纪沉积环境转为广海碳酸盐岩台地相，晚寒武纪在滇中仅发育在西西昌-武定-石屏一带，晚寒武世沉积了一套灰色层状白云岩、白云石灰岩夹石英砂岩、泥岩。

2. 奥陶纪（490 ~ 438Ma）

奥陶纪为滨海-浅海沉积，在滇中奥陶系出露下统上部和中统下部地层，其余缺失。早奥陶世的沉积范围与寒武纪末期基本上没有明显的变化，其沉积的岩性也相差不大。其岩性主要为白云岩、砂岩、页岩等。中奥陶世，研究区内会泽-昆明-永仁以北接受沉积，中奥陶统在区内仅发育有上巧家组。

3. 志留纪（438 ~ 410Ma）

早志留世滇黔桂古陆隆起，滇中地区志留纪地层发育不全，分布局限。下、中志留统基本缺失，上志留统主要分布于昆明东部的马龙、宜良一带，为滨海-浅海砂页岩，夹泥灰岩，中、下志留统地层仅在石屏-建水一带发育。其岩性为（泥质）灰岩。

（二）华力西构造阶段（250 ~ 410Ma）

海西运动发生在泥盆纪至二叠纪期间（250～410Ma）。

1. 泥盆纪（354 ~ 410Ma）

中寒武世以后滇中地区升降运动频繁，总体以上升为主，地层缺失较多，分布局限，这种状况一直到早泥盆世，在滇中地区下泥盆统也几乎缺失，中泥盆统不整合覆盖于下伏不同时代地层之上，只有在元江-华宁一带和武定鱼子甸有部分下泥盆统沉积，以滨海、海陆交互相砂页岩为主。中泥盆世在武定-易门-元江一线以东，即西昌-易门断裂以东接受沉积。按照岩相和厚度，中泥盆世可分为曲靖-建水、武定-禄劝、昆明-宣威区。前两者相对坳陷，为滨海碳酸盐夹砂页岩沉积为主，厚度大；后者为海陆过渡相，砂岩厚度小。华宁-弥勒一带是中泥盆世最大的沉降中心，这里处于小江断裂与东西向、北西向古断裂交汇附近，沉积了一套厚度近千米的碳酸盐建造。晚泥盆世海陆轮廓与中泥盆世相似，但以海湾潟湖相白云岩沉积为主。

2. 石炭纪（295～354Ma）

石炭纪基本继承了泥盆纪的古地理格局，牛首山以北缺失较多，厚度小，以灰岩和含煤碎屑岩为主，为滨岸沼泽-局限台地沉积；牛首山古陆以南地层发育较全，厚度大，以碳酸盐岩为主，属于浅海相沉积。石炭纪末地壳普遍上升，遭受剥蚀。

3. 二叠纪（250 ~ 295Ma）

二叠纪广泛海侵，早期以滨海沼泽相沉积，岩性主要为黑色页岩、砂岩夹煤为主；栖霞-茅口期以生物碳酸盐岩为主；早二叠世末开始发生强烈的基性火山岩-峨眉山玄武岩活动（约 260Ma）和呈岩床、岩珠状产出的辉绿岩（130～192Ma）侵入的活动。晚二叠纪末期的华力西运动，使滇中地区古地理格局发生了很大变化。

五、中生代

中生代时限为250～65Ma，中生代最主要的构造运动为印支构造运动和燕山构造运动。

（一）印支运动（205～250Ma）

印支运动发生在早中生代的三叠纪（205～250Ma），主要表现为中、上三叠统地层间的假整合和与上覆侏罗系地层的平行不整合和部分角度不整合。

在印支运动早、中期，滇中古陆主体上升遭受剥蚀，海水退出，基本结束了海侵的历史，该时期仅在滇中古陆两侧边缘有少量海陆交互相砂页岩和碳酸盐岩沉积，晚三叠世中期以后，全区由海相转为陆相，在元谋-绿汁江断裂以西为断陷盆地湖沼泽沉积，形成了砂页岩夹煤系，古陆以东为河湖相砂页岩和煤系沉积。

（二）燕山运动（65 ~ 205Ma）

燕山运动发生在侏罗纪至白垩纪或稍晚（65～205Ma）的构造运动，也是区内影响最普遍、表现较强烈的一次地壳运动，造成震旦系至白垩系地层的全部褶皱变形，断裂构造活动导致地层在深大断裂两侧普遍直立或倒转。

六、新生代

新生代时限为 65Ma～至今，新生代为喜马拉雅构造阶段，喜马拉雅运动发生在第三纪，主要表现在上、下第三系地层之间，呈不整合或缺失下第三系上部和上第三系下部的某些地层，并基本上形成现今的构造格局。

第六节　区域地球物理特征

根据地球物理资料，该区莫氏面倾伏频繁，形态复杂，但总体特征是：地壳厚度从西向东逐渐变薄，丽江-木里地区为 50km，文山丘北地区为 36km 左右，东川与渡口为两个高值区，分布为 40km、42km（图 1-2）。

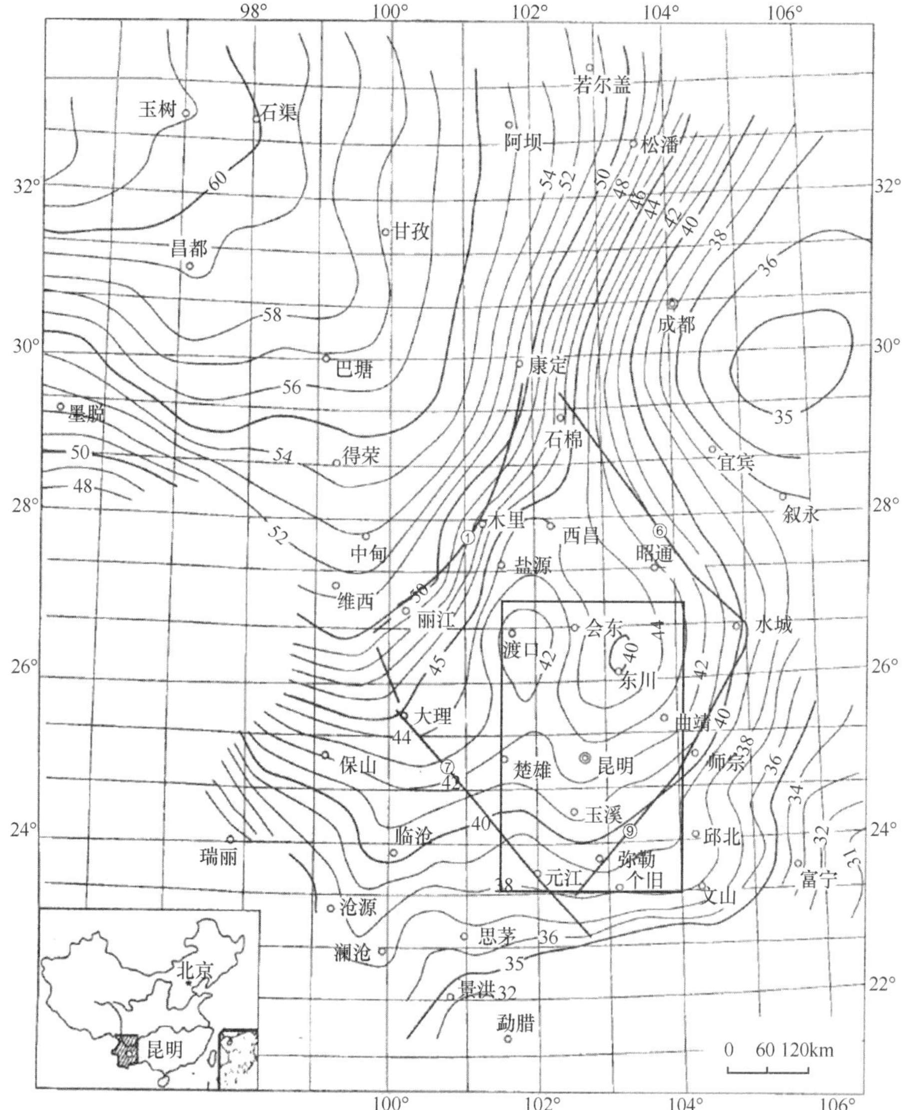

图 1-2　滇中碳酸盐岩铅锌研究区与邻区莫霍面等深度图

①康定-木里-丽江深断裂；⑥康定-大关-水城断裂；⑦红河断裂；⑨弥勒-师宗-水城深断裂；□研究区范围

区域航磁资料显示，扬子准地台西南缘由①康定-木里-丽江深断裂带、⑥康定-大关-水城断裂带、⑦红河断裂带、⑨弥勒-师宗-水城深断裂带构成菱形的地块有着不同于周围块体的独特的地球物理特征。在菱形地块内航磁化极平面图清晰地显示出楚雄-雅砻江隐伏断裂带与绿汁江-安宁河断裂围成的近南北向的磁力高异常带，该异常带与元古代裂谷及相关的铁、铜矿床分布区吻合，并可向南延至与红河断裂带交汇处，可能反映了元古代时期拉张环境导致的地幔上隆的遗迹。同时，这种条带状的磁力高也反映了基底的磁性特征。菱形地块西侧存在的与程海-宾川断裂相对应的磁力高异常带，以及东侧存在的小江-布拖一带分布的磁力高异常带，对应着峨眉山地幔柱活动导致的玄武岩分布区（图 1-3）。

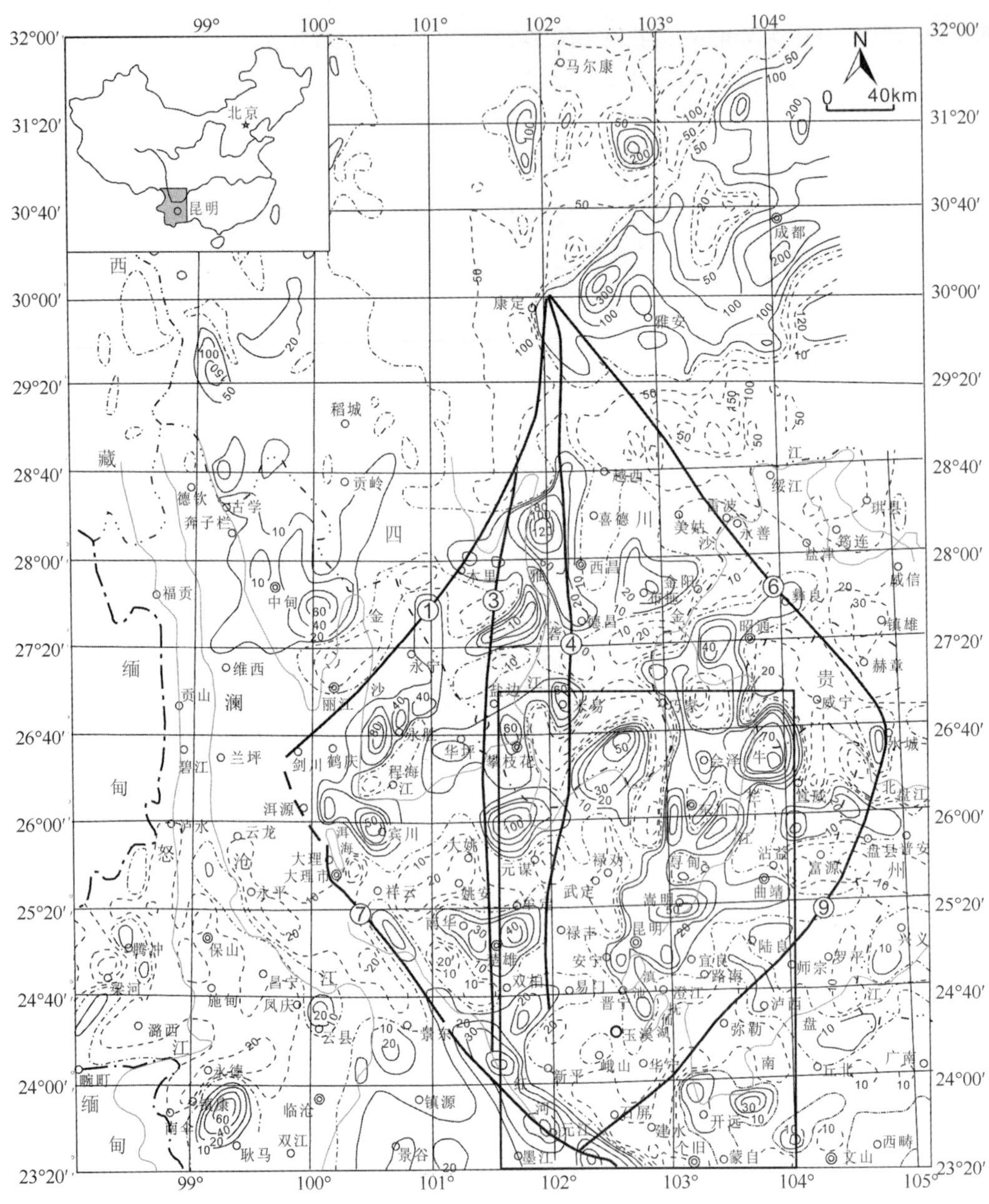

图 1-3　滇中碳酸盐岩铅锌研究区与邻区航磁化极平面图

①康定-木里-丽江深断裂；③楚雄-雅砻江隐伏断裂带；④绿汁江-安宁河断裂；⑥康定-大关-水城断裂；⑦红河断裂；⑨弥勒-师宗-水城深断裂；□研究区范围

区域重力异常资料显示（图 1-4），康定-木里-丽江深断裂、康定-大关-水城断裂、弥勒-师宗-水城深断裂等边界断裂均为显著的重力梯度陡变带，其中尤以康定-木里-丽江深断裂带最为明显。红河断裂带两侧虽未形成重力梯度陡变带，但却沿断裂带有明显的重力低、重力高值转换带展布，表现出沿红河断裂带两侧，地壳物质密度显著差异的特征。在菱形地块内，楚雄-雅砻江断裂和绿汁江-安宁河断裂之间存在的重力高所反映的高密度基底特征与磁异常反映的特征完全一致（图 1-3、图 1-4）。重磁异常呈南北向条带状，正负交互出现。中央为康滇重力高、磁力高，向西依次为盐源-南华重力低、缓变负磁场区，宁蒗-宾川重力高、正磁异常带；向东侧依次为布拖-昆明重力低、会东-易门缓变负磁异常带、昭通-昆明复杂正磁异常带，通西-牛首山-建水重力高、平缓正磁异常带。重磁异常带与区内地质构造基本对应（图 1-3、图 1-4）。

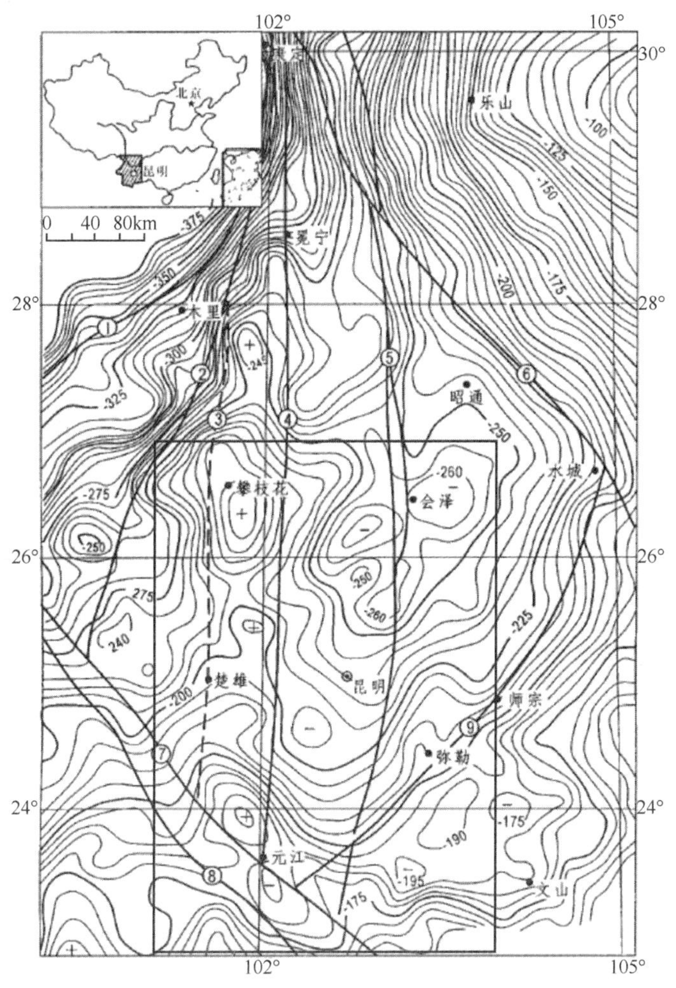

图 1-4　滇中碳酸盐岩铅锌研究区与邻区布格重力异常图

①康定-木里-丽江深断裂带；②程海-宾川断裂带；③楚雄-雅砻江隐伏断裂带；④绿汁江-安宁河断裂；⑤甘洛-小江断裂；⑥康定-大关-水城断裂带；⑦红河断裂带；⑧九甲-安定断裂；⑨弥勒-师宗-水城深断裂；□ 研究区位置

深反射地震资料显示，地壳为三层以上多层结构（图 1-5）。其中，丽江-西昌-新市镇断面[图 1-5（a）]显示出，西昌-安宁河断裂，昭觉一带（小江断裂至四开断裂之间）有地幔隆起；遮放-马龙断面[图 1-5（c）]也显示，楚雄一带、绿汁江断裂一带有地幔隆起。与航磁化极平面图和布格重力异常图（图 1-3、图 1-4）反映的特征基本一致。表明在菱形地块内，在楚雄-雅砻江断裂与绿汁江-安宁河断裂之间，地幔隆起明显。断面资料还显示，中地壳有低速低阻层存在，这些低速层是否反映出有中地壳尺度的部分熔融物质存在尚需进一步研究。同时，三条断面资料均显示，东侧菱形地块的地壳结构与西部地区有显著差异[图 1-5（b）]。

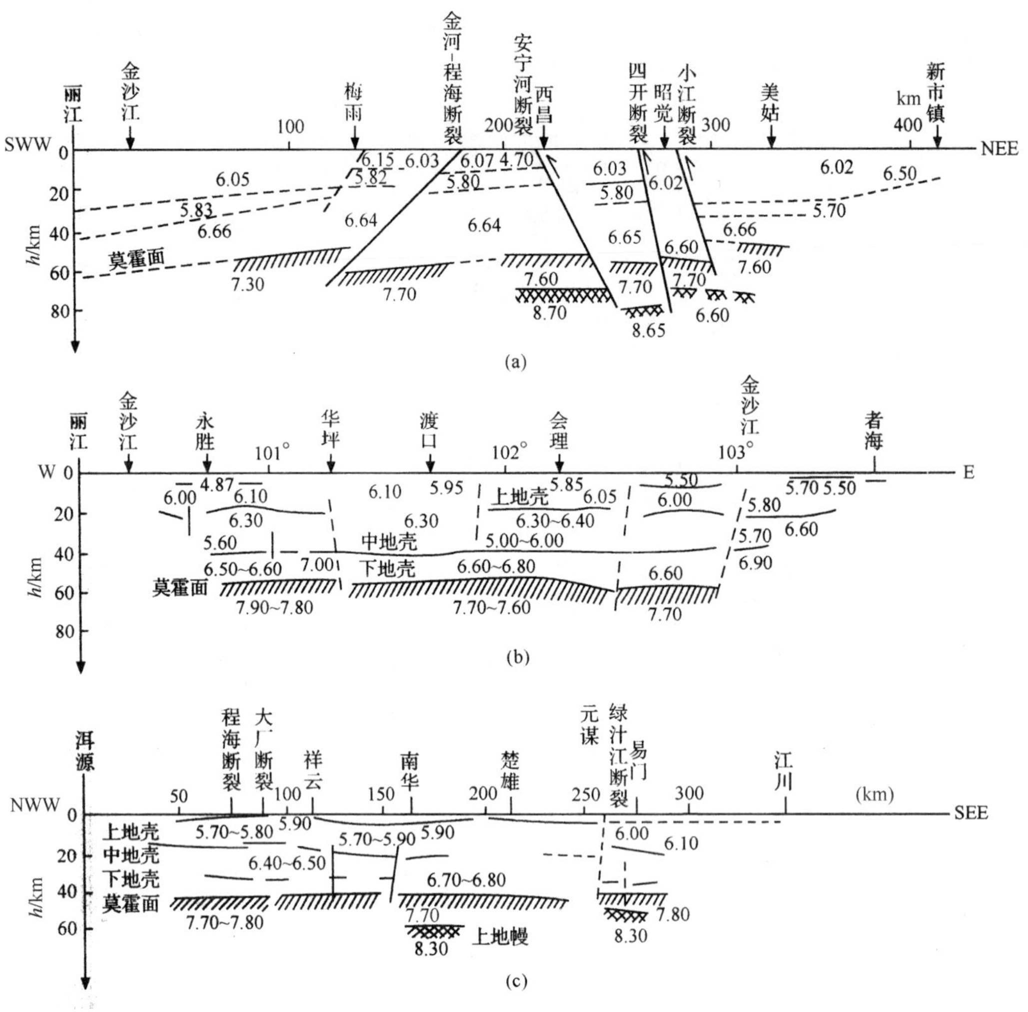

图 1-5　滇中碳酸盐岩铅锌研究区与邻区地震测深剖面图

天然地震资料显示，川滇黔菱形地块位于准地台的南西侧，实际上，扬子陆块西南缘是一个较为活动的地块。沿地块边界断裂（康定-木里-丽江断裂、康定-大关-水城断裂、弥勒-师宗-水城断裂、红河断裂）及其内部的南北向断裂（宾川-程海断裂、绿汁江-安宁河断裂、小江-布拖断裂等）是地震的多发带（图 1-6）。这在一定程度上反映出，这些主干断裂多具有从远古的地质历史时期到现代多次活动的多期复合断裂的特征，多期活动的结果，必然使区内的地质背景改变、成矿作用发生叠加。

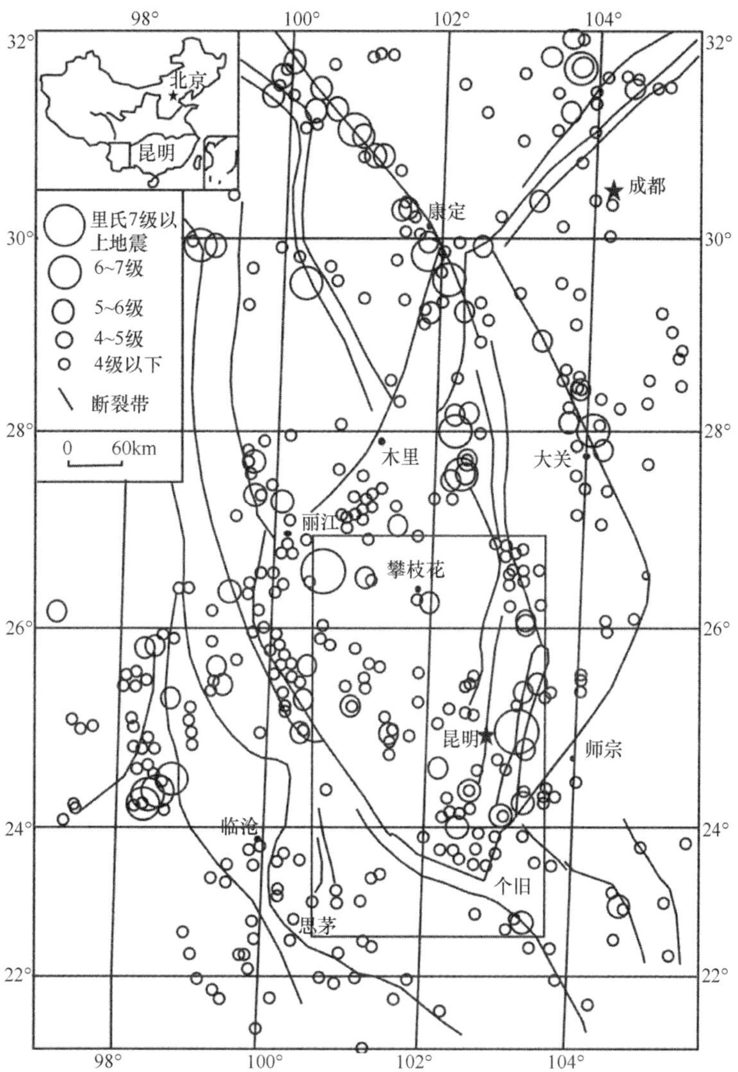

图 1-6　滇中碳酸盐岩铅锌研究区与邻区地震震中及地质构造图（据郑建中修改，1988）

第七节　区域地球化学特征

川滇黔接壤区区域地球化学具有多种元素富集的特征，其中尤以 Au、Ag、Zn、Mn、Pb、Cu 为特征，根据叶天竺、张洪涛等（2005）首次系统、全面的汇集我国 1/20 万和 1/50 万地球化学图集，充分反映了我国不同地质背景所反映的地球化学特征、规律。对我国的 Au、Ag、Zn、Mn、Pb、Cu 等元素的地球化学特征进行了分析总结。

川滇黔相邻区作为银、铅、锌矿大型矿集区，在我国有色和贵金属工业发展中处于举足轻重的地位。

一、银元素地球化学特征

在川滇黔接壤区单矿种银矿，没有产出，银矿床主要以伴生银状态产出，在研究区内异常较高的部位位于南北向构造小江断裂带及北东向构造呈现出梳状展布。

二、铅锌元素地球化学特征

铅-锌矿为川滇黔接壤区主要的矿种之一，铅、锌元素地球化学异常主要沿南北、北东向断裂构造带展布，其主要原因是研究区处于扬子地台西南缘，区内沉积地层中 Pb、Zn 元素克拉克值远远高于地壳 Pb、Zn 元素平均克拉克值及我国同时期沉积的岩石（详见第三章第九节，从而造成该区较高的 Pb、Zn 异常。也是该区聚集 500 个矿点的主要原因之一。

第八节　区 域 矿 产

滇中地区处于特殊的构造部位与成矿建造环境，导致区内矿产资源丰富，矿种多，类型齐全，分布规律性强。康滇裂谷带中有与下元古界变基性岩有关的大红山大型铁铜矿，以及一系列铜矿；与超基性岩浆岩有关的铂钯矿，与基性岩浆岩有关的攀枝花特大型钒钛磁铁矿，与中酸性岩有关的稀有、稀土矿，矿产均呈南北向条带状分布。裂谷带西侧中生界产有砂岩型铜矿；东侧晚元古界昆阳群产有铁、铜、金矿等金属矿产，如鲁奎山式菱铁矿、王家滩式菱铁矿、东川式铜矿、拖布卡金矿等；古生界下寒武统产有磷矿，如晋宁、海口、昆阳、东川、会泽等地磷矿床。铅锌矿主要分布于南北、北东断裂带附近，尤以北东边界最为集中，形成重要的川滇黔铅锌矿带。

第二章　典型碳酸盐岩型矿床地质特征

第一节　滇中铅锌矿床的分布

滇中铅锌成矿区内已发现铅锌矿床（点）167 个，其中大型矿床 1 个（荒田铅锌矿床），中型铅锌矿床 1 个（苏租-暮阳铅锌矿床），小型铅锌矿床、矿点若干。矿床（点）分布情况及名称见彩图 2，各矿床（点）赋矿层位由老至新如表 2-1，其矿床（点）信息见附表。由彩图 2、表 2-1 可知滇中铅锌成矿区矿体赋矿层位较多，各矿床（点）赋矿地层分别为：

（1）昆阳群中的铅锌矿床（点）有：下白河、猴子坡、刺竹箐、柏木租、育英村、嘎作白、桃树箐、大笑、月亮田、小荒田、河外、新寨、海糯、百拉箐 14 个铅锌矿床（点）。

（2）震旦系中的铅锌矿床（点）有：大宝厂、小竹箐、拖车、大箐、牛家箐、铅厂梁子、二荒地、小银厂、包谷山、小场院、老旁梁、雨碌、大地头、分水岭、哨碑、金牛厂、罗小村、上王上、高宗科、发落箐、铅厂、铅厂坪、达虐-足格、以期、中干河、旧城、里山、马洪厂、泥者箐、朱家箐、外河、小营盘、九龙村、发西期、老银厂、色地、大转湾、铁厂、谭家箐、波漠村、待补、岔箐、朱家地、石庄、乾龙包包、黑本利、白岩子、达虐、大箐、结鲁、迤土、小来山、银厂箐、陡箐、娜姑银厂、银厂、白龙潭、老厂箐、大米槽、五星厂、狮子硐、大兑冲、中槽子、新槽子、老熊洞 65 个铅锌矿床（点）。

（3）寒武系中的铅锌矿床（点）有：白雾街、大扎营、花木箐、田坝、杨柳箐、天车坝、泛乃、沙谷渡、金家冲、老厂、小树梁子、小碗冲、土地庙、热水塘、麦地山、座乌、鲁吾、北大营、十八车、乌龙潭、大官坝、罗耳箐、噜鲁 23 个铅锌矿床（点）。

（4）奥陶系中的铅锌矿床（点）有：杨柳箐、吉兆地 2 个铅锌矿点。

（5）志留系中的铅锌矿床（点）有：老坞村、打场处、龙头山、宋家营、凤阳村、龙树沟、银场 7 个铅锌矿床（点）。

（6）泥盆系中的铅锌矿床（点）有：哩咳、胡家坝、百里、双石头、银厂坡、杨柳河、洼垤新寨、黑慕、路丫、老鹰窝头（新矿洞）、龙潭（老黑山）、恒格、铜厂、苏租、暮阳等 15 个铅锌矿床（点）。

表 2-1　滇中铅锌成矿区赋矿地层与矿床（点）统计表

赋矿地层				代号	厚度/m	矿床（点）名称与（编号）
界	系（群）	统	组（阶、群）			
新生界	第四系			Q	0～20	畔山（153）、落水洞（155）
中生界	侏罗系	下统	白果湾	J_1bg		宜拉格（59）
	三叠系	上统	干海子组	T_3g	84	白沙沟（142）
			火把冲组	T_3h	98	木喜格（150）、白砂沟（152）
		中统	法郎组	T_2f	120～851	岩峰硐（161）
			个旧组	T_2g	196～1375	普雄（154）、吴蜡山（157）、杨朝冲（158）、白象山（156）、马鹿塘（160）、打厂小冲（162）、下纸厂（159）、大冲（140）、丁家冲（141）、大冷山（151）、永成寨（164）
古生界	二叠系	下统	茅口组	P_1m	291.4～>576.5	厂口大公山（93）、小马街（77）、黑里（149）、荒田（165）、大石板（58）
				P_1		大坪子（62）、足格（76）、海桥哨（78）、大窗户（82）、保得功（92）
	石炭系	下统	摆佐组	C_1b	28～60	矿山厂（10）、范合落（14）、滥银厂（17）、放马坝（115）
			大塘阶	C_1d	106～431	天生关（114）、螺丝塘（113）
				C_1		大洞门前（110）、哑巴山（116）、刘家沟（6）
	泥盆系	上统	宰格组	D_3zg	527	双石头（11）、银厂坡（9）
				D_3		哩咳（2）
		中统	曲靖组	D_2q	289	胡家坝（112）、百里（132）、杨柳河（89）、黑慕（131）、路丫（122）、老鹰窝头（新矿洞）（134）、龙潭（老黑山）（135）、恒格（136）、铜厂（137）、苏租（138）、暮阳（139）
			东岭阶	D_2d	385	洼垤新寨（147）
	志留系	中统	大路寨	S_2d	81～213	龙头山（3）、宋家营（5）
			马龙群	S_2m	248～438	老坞村（117）、打场处（123）、凤阳村（120）、龙树沟（124）、银场（121）
	奥陶系	中-上统	大箐组	$O_{2\text{-}3}d$	85～369	杨柳箐（84）
		下统		O_1		吉兆地（4）
	寒武系	中统	双龙潭组	$\in_2s$	100～300	泛乃（96）、沙谷渡（98）、金家冲（100）、小树梁子（104）、小碗冲（106）、热水塘（148）、座乌（95）、鲁吾（97）、北大营（99）、十八车（101）
			陡坡寺组	$\in_2d$	20～70	大官坝（105）、老厂（102）、天车坝（94）
		下统	龙王庙组	$\in_1l$	111～160	乌龙潭（103）
			筇竹寺组	$\in_1q$	299.6	土地庙（108）
			渔户村组　梅树村组		165～477	白雾街（16）、大扎营（44）、花木箐（66）、田坝（68）、杨柳箐（90）、麦地山（119）、罗耳箐（83）

续表

赋矿地层				代号	厚度/m	矿床（点）名称与（编号）
界	系（群）	统	组（阶、群）			
元古界	震旦系		灯影组	Zb*dn*	90～1260	大宝厂（8）、小竹箐（12）、拖车（18）、大箐（20）、牛家箐（22）、铅厂梁子（24）、二荒地（28）、小银厂（30）、包谷山（34）、小场院（36）、老旁梁（38）、雨碌（40）、大地头（42）、分水岭（46）、哨碑（48）、金牛厂（50）、罗小村（52）、上王山（54）、中槽子（56）、高宗科（60）、发落箐（64）、铅厂（70）、铅厂坪（72）、达虐-足格（74）、以期（80）、中干河（88）、旧城（118）、里山（130）、马洪厂（7）、泥者箐（19）、朱家箐（21）、外河（23）、小营盘（27）、九龙村（29）、发西期（33）、老银厂（35）、色地（37）、大转湾（39）、铁厂（41）、谭家箐（45）、波漠村（47）、待补（49）、岔箐（51）、朱家地（53）、石庄（55）、乾龙包包（63）、黑本利（69）、白岩子（71）、达虐（73）、大箐（79）、新槽子（57）、结鲁（61）、迤土（75）、小来山（81）、银厂箐（91）、陡箐（107）、娜姑银厂（15）、银厂（43）、白龙潭（65）、老厂箐（67）、大米槽（109）、五星厂（13）、狮子硐（1）、大兑冲（111）
	昆阳群		绿汁江组（青龙山组）	Pt_1l	850～2000	猴子坡（32）、刺竹箐（86）、月亮田（31）、小荒田（85）、河外（125）
			鹅头厂（黑山组）	Pt_1e（Pt_1hs）	900～1700	大笑（25）
			因民组	Pt_1y	300	桃树箐（87）
			美党组	Pt_1m	300～-2600	百拉箐（133）
			大龙口组	Pt_1d	1700～2200	育英村（128）、嘎作白（146）、海糯（145）
			黑山头组	Pt_1hst	200～1600	新寨（143）
				P_t		下白河（26）、柏木租（126）

注：法乌（129）、左合莫（127）在晚元古代花岗岩中；惊天山（144）在花岗闪长岩中；太平村（163）在燕山期花岗岩中。

（7）石炭系中的铅锌矿床（点）有：矿山厂、范合落、大洞门前、哑巴山、天生关、滥银厂、刘家沟、螺丝塘、放马坝 9 个铅锌矿床（点）。

（8）二叠系中的铅锌矿床（点）有：保得功、厂口大公山、大坪子、足格、小马街、海桥哨、黑里、荒田、大石板、大窗户 10 个铅锌矿床（点）。

（9）三叠系中的铅锌矿床（点）有：普雄、吴蜡山、杨朝冲、白象山、马鹿塘、打厂小冲、下纸厂、大冲、白沙沟、丁家冲、木喜格、大冷山、白砂沟、永成寨、岩峰硐 15 个铅锌矿床（点）。

（10）侏罗系中的铅锌矿床（点）为宜拉格铅锌矿点。

（11）第四系中的铅锌砂矿床（点）为畔山、落水洞。

由以上可知滇中铅锌成矿区碳酸盐岩型铅锌矿床（点）赋矿层位跨度较大，赋矿层位从中元古界到新生界第四系中均有铅锌矿床（点）存在，铅锌矿床（点）赋矿层位多达 20 余个，其中昆阳群、上震旦系灯影组，寒武系梅树村组（渔户村组）、双龙潭组，泥盆系曲靖组，二叠系茅口组为研究区内铅锌矿床（点）主要赋矿地层。

第二节　赋存于昆阳群中的碳酸盐岩型铅锌矿床

滇中铅锌成矿区赋存于昆阳群中的碳酸盐岩型铅锌矿床（点）有 14 处，昆阳群赋矿层位主要为：大龙口组（Pt_1d）、黑山头组（Pt_1hst）、绿汁江组（Pt_1l）。

本次研究中对赋存于昆阳群中的大笑、育英村、法古甸、大凹子、双龙、刺竹箐等 6 个碳酸盐岩型铅锌矿床（点）进行了详细的野外地质调查。赋存于昆阳群中的碳酸盐岩型铅锌矿床（点）具有以下地质特征：矿体多呈似层状、层状、透镜状与少量脉状产出，矿体多与围岩呈“整合接触”；矿体受地层、构造联合控制较为明显；矿石矿物主要为方铅矿、闪锌矿、黄铁矿、黄铜矿、菱铁矿、菱锌矿、铅矾、白铅锌矿，脉石矿物主要为方解石、石英等；矿石的结构主要为自形-半自形-他形粒状结构，构造为网脉状构造、脉状构造、浸染状构造、星点状等；围岩蚀变主要为碳酸岩化、硅化、萤石化等。

现以大笑铅锌矿床为例进行研究，探讨滇中赋存于昆阳群中碳酸盐岩型铅锌矿床（点）的地质特征。

大笑碳酸盐岩型铅锌矿床大地构造位置位于扬子地块西南边缘，小江深大断裂与普渡河-滇池深大断裂之间，靠近普渡河-滇池断裂的东侧（彩图 2）。

一、矿区地层

大笑碳酸盐岩型铅锌矿床区域出露地层由老至新分别有：震旦系下统昆阳群（Pt_1）、震旦系下统澄江组（Zz_1c）、震旦系上统灯影组（$Zbdn$）、寒武系下统（$\in_1$）、二叠系下统（P_1）、二叠系上统峨眉山玄武岩组（$P_2\beta$）、三叠系上统-侏罗系下统（T_3-J_1）、侏罗系中统益门组（J_2y）、第四系（Q）地层（图 2-1）。

矿区内地层出露简单（图 2-2），仅出露有昆阳群黑山组（Pt_1hs）、大营盘组（Pt_1dy）地层，其中黑山组（Pt_1hs）为赋矿地层，其岩性特征如下：

黑山组（Pt_1hs）：岩性主要为深灰色、灰黑色、薄-中厚层状白云岩，中厚层状炭泥质白云岩、板岩，薄-中厚层状板岩，风化后呈黑绿、灰绿、灰白等杂色板岩。岩石破碎，节理、裂隙发育，具绢云母化、滑石化。

大营盘组（Pt_1dy）：岩性主要为黑色、灰黑色、深灰色薄层含炭质板岩、条带状板岩、千枚状板岩；中至上部夹泥质白云岩、泥灰岩、石英砂岩，其下部可见铁质板岩。

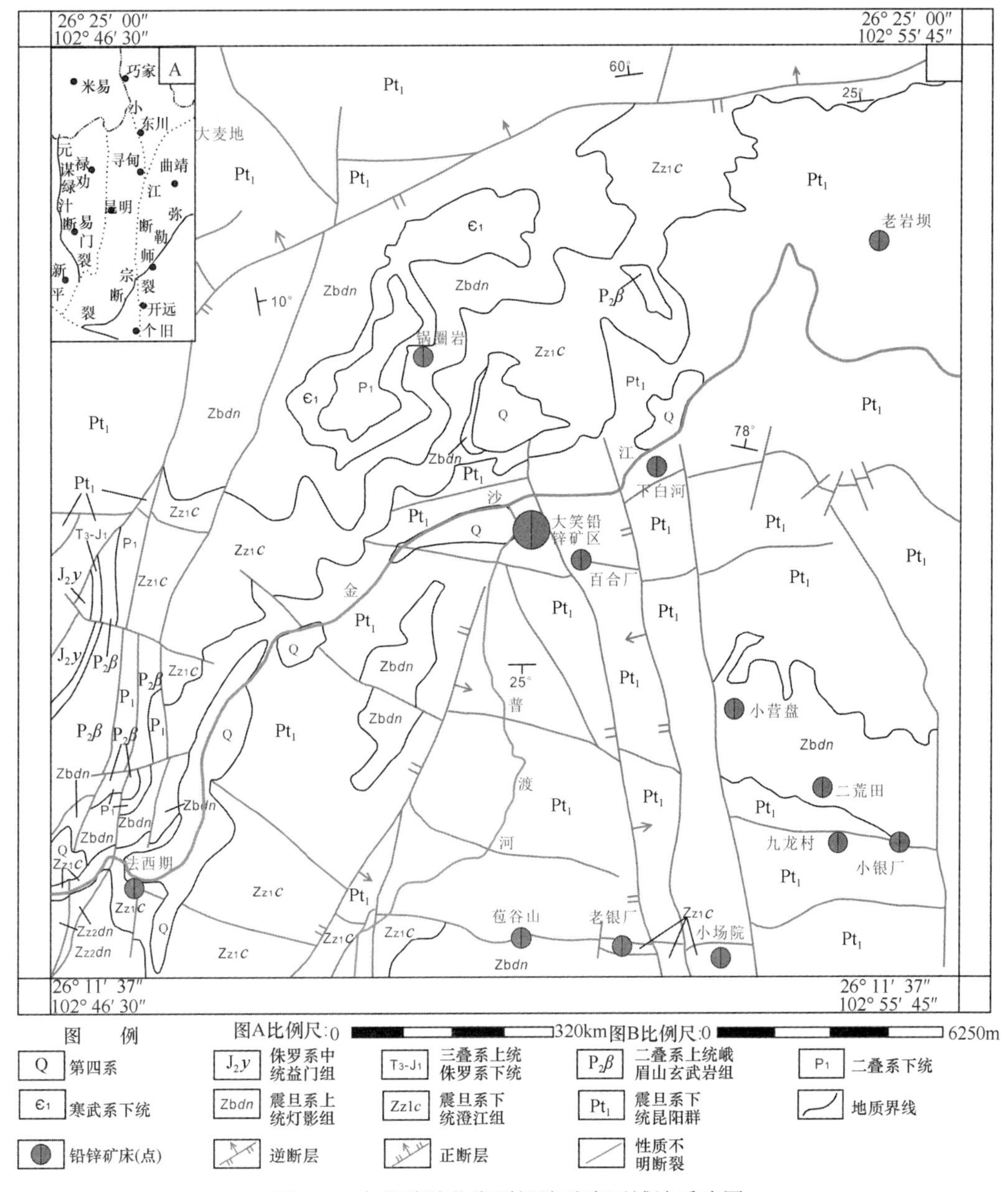

图 2-1 大笑碳酸盐岩型铅锌矿床区域地质略图

二、矿区构造

大笑碳酸盐岩型铅锌矿床处于宝九大断裂的北端与金沙江断裂的交汇处，区内发育多组断裂，南边是一条近东西向的肖家沟断裂，北边是北东-南西向田坝沟断裂，其间发育多组不对称的褶皱和断裂构造，至使赋矿地层昆阳群黑山组（Pt_1hs）与大营盘组（Pt_1dy）地层呈断层接触。岩层总体呈背斜产出，轴向北西（NW）-南东（SE），向北西倾伏，构成白河厂背斜。岩层局部挤压破碎，产状较乱。

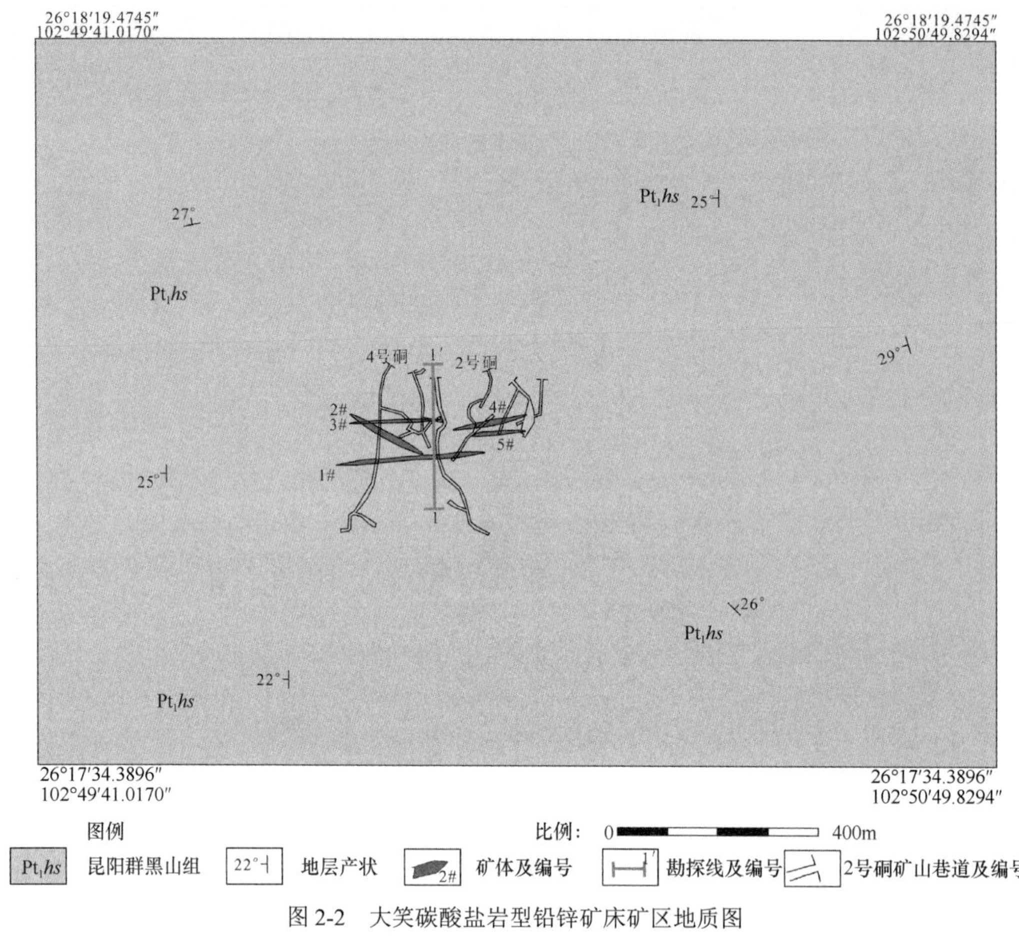

图 2-2　大笑碳酸盐岩型铅锌矿床矿区地质图

三、围岩蚀变

矿床围岩蚀变主要为：硅化、黄铁矿化、碳酸盐化。

（1）黄铁矿化：大小不一的黄铁矿常为星散状、细脉状分布于围岩中，对矿区内找矿有一定的指导意义。

（2）硅化：在赋矿围岩中均可见到，可见到细脉状、鸟眼状的石英条带，石英脉的宽度变化较大，硅化与铅锌矿化呈反消长关系，硅化中等或弱，铅锌矿化强烈，反之，铅锌矿化弱或无。

（3）碳酸盐化：广泛分布于含矿层和顶板，并贯穿于成矿过程的始终，以白云石化为主，呈细网脉状分布。

四、矿体产出特征

矿体赋存在白河厂背斜轴部南翼的昆阳群黑山组（Pt_1hs）炭泥质白云岩、板岩的层间裂隙及羽状裂隙中，背斜北东翼地层大部分已被剥蚀，目前在大笑铅锌矿床内已经发现铅锌矿体五个（$1^\#$、$2^\#$、$3^\#$、$4^\#$、$5^\#$），矿体大都出现在背斜核部近于直立地层层间裂隙中，矿体受地层岩性及层间碎带控制，矿体与岩层产状一致（图版Ⅰ-1、图版Ⅰ-2），岩层走向北东（NE），直立或倾向南西（SW），倾角 70°～85°。目前，在矿区内已发现矿体中除 4#矿体为脉状矿体外，其余矿体均呈似层状产出（图版Ⅰ-3）。似层状矿体厚度 3.97～5.03m，平均 3.5m，脉状产出矿体，脉体厚度一般为 0.1～6.5m。已发现的矿体 Pb 品位变化范围为 7.80%～67.80%，平均品位为 29.52%；Zn 品位变化范围为 2.37%～10.60%，平均品位为 5.71%；Fe 品位变化范围为 16.40%～20.30%，平均品位为 18.60%；Ag 平均品位为 60.00～100.00g/t。典型矿体特征如下：

1#铅矿体：该矿体出露地表，厚度变化范围为 4.8～5.2m，平均厚度 5.03m，矿体倾角变化范围为 75°～80°（见图 2-3），与岩层倾角一致。矿体 Pb 品位变化范围为 18.30%～31.60%，Pb 平均品位 26.8%。

4#铅矿体：矿体呈透镜状产出，厚度变化变化范围为 0.1～6.5m，平均厚度 4.00m，矿体 Pb 平均品位为 31.10%。矿脉呈群出现，在空间上呈断续羽状排列。矿石矿物主要为细粒闪锌矿、脉石矿物主要为石英（图版Ⅰ-4）。

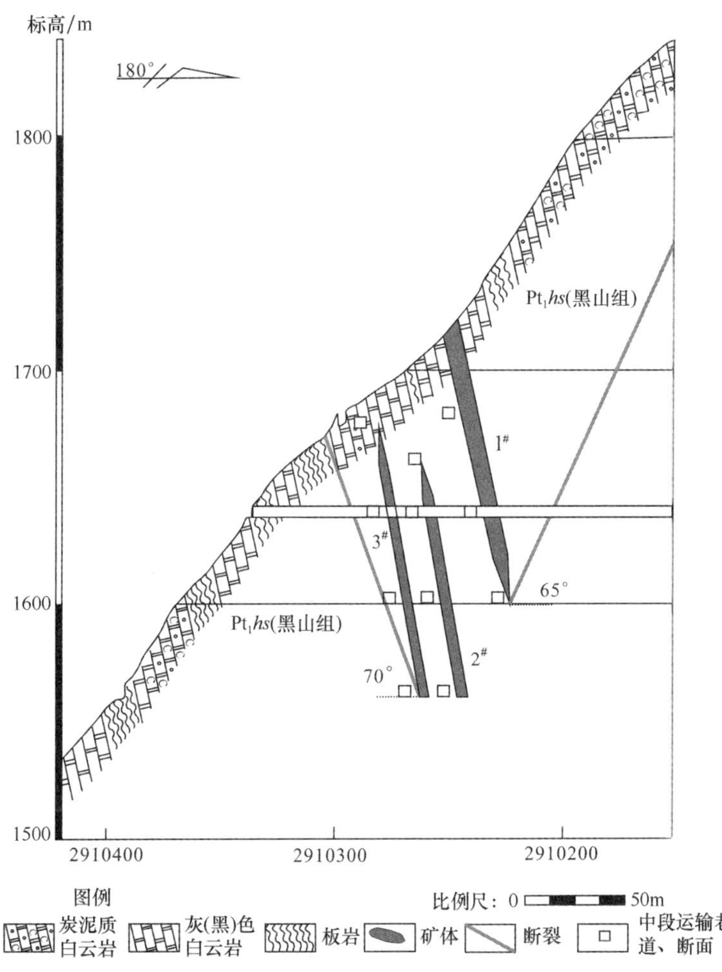

图 2-3　大笑碳酸盐岩型铅锌矿床矿 1-1′线剖面图

矿体与围岩呈渐变关系，接触带上可见绢云母化、绿泥石化、黄铁矿化等围岩蚀变现象。铅以硫化矿为主，在地表及坑道沿断裂面见原生硫化矿体被氧化矿，表面呈褐铁矿化（图版Ⅰ-5、图版Ⅰ-6）、孔雀石化（图版Ⅰ-7）。矿石因风化呈蜂窝状（图版Ⅰ-8）、土块状。

五、矿石结构、构造

1. 矿石的结构

主要有自形-半自形-他形粒状结构、溶蚀残余结构、交代残余交叉结构、乳浊状结构、叶片状结构、变晶结构、压碎结构、填隙结构、固溶体分离结构、网状结构。

（1）他形-半自形结构：他形-半自形粒状方铅矿、黄铁矿呈现星点状或者集合状产出于围岩或者闪锌矿中（图版Ⅰ-9）。

（2）自形结构：锐钛矿呈柱状、锥柱状自形晶（图版Ⅰ-10）。

（3）溶蚀残余结构：黄铁矿呈他形细粒状、星散状分布，往往被方铅矿、闪锌矿穿插交代，呈溶蚀残余结构（图版Ⅰ-11）。

（4）交代残余结构：方铅矿被次生矿物白铅矿包围形成交代残余结构（图版Ⅰ-12）。

（5）乳浊状-叶片状结构：闪锌矿锌矿呈不规则的他形粒状集合体沿围岩的裂隙充填交代，其内含有被溶蚀的细粒半自形黄铁矿以及交代的乳浊状（图版Ⅰ-13）、叶片状微量黄铜矿（图版Ⅰ-14）。

（6）变晶结构、压碎结构：早期形成的粗粒菱铁矿、黄铁矿由于受到应力作用被挤压碎裂形成变晶结构、压碎结构，其间有闪锌矿、方铅矿充填（图版Ⅰ-15）。

（7）填隙结构：黄铁矿为早形成的金属矿物，呈他形等轴粒状星散分布于围岩中，或包含于方铅矿中，部分颗粒受动力作用成碎裂状，其网状裂隙中往往充填有方铅矿；方铅矿主要呈他形细粒状沿脉石矿物、黄铁矿的颗粒间隙及裂隙充填沉淀，形成填隙结构（图版Ⅰ-16）。

（8）固溶体分解结构：闪锌矿中广泛发育有乳浊状不溶体黄铜矿，形成固溶体分离结构（图版Ⅰ-14）。

（9）网状结构：黄铜矿沿黄铁矿的裂隙分布，呈网状结构（图版Ⅰ-17）。

2. 矿石的构造

主要有网脉状构造、脉状构造、浸染状构造、星点状构造、胶状构造、皮壳状构造、团块状构造、同心环带状构造、多孔状构造、土状构造、皮壳状构造。

（1）网脉状构造：方铅矿及黄铁矿沿围岩的网状裂隙充填交代，呈网脉状构造（图版Ⅰ-18）。

（2）脉状-浸染状构造：方铅矿、闪锌矿、黄铁矿、黄铜矿呈他形细粒状沿围岩的裂隙及非金属矿物的粒间分布，呈脉状-浸染状构造（图版Ⅰ-19）。

（3）星点状构造、浸染状构造：锐钛矿、黄铁矿星点状分布于围岩或者闪锌矿中，形成星点状构造、浸染状构造（图版Ⅰ-20）。

（4）皮壳状构造：方铅矿因表生风化，形成铅矾、白铅矿，铅矾、白铅矿沿方铅矿的边缘交代，呈韵律状皮壳分布于方铅矿的周边，形成皮壳状构造（图版Ⅰ-21）。

（5）胶状-土状-多孔状构造：次生矿物褐铁矿呈不规则状分布，具胶状、土状及多孔状构造（图版Ⅰ-22）。

（6）团块状构造：方铅矿呈团块状分布于围岩中。

（7）同心环带构造：锰矿呈细针状及细粒状集合体形成变胶状同心环带构造（图版Ⅰ-23）。

六、矿石矿物与脉石组成

矿石中原生金属矿物主要有：方铅矿、闪锌矿、黄铁矿、黄铜矿，含有少量的辉银矿、锐钛矿；次生矿物有：褐铁矿、铅矾、白铅矿、菱锌矿、硬锰矿、孔雀石等。脉石矿物主要有：石英、方解石等。

方铅矿：他形-半自形方铅矿呈粒状集合体产出，方铅矿呈团块状、细脉状分布于围岩的裂隙（图版Ⅰ-24）及脉石矿物的粒间空隙中，或沿闪锌矿、黄铁矿的边缘穿插交代（图版Ⅰ-25）。常被后期形成的黄铜矿穿插交代（图版Ⅰ-14），氧化后被次生金属矿物沿边缘、解理、裂隙交代，呈溶蚀结构、残余结构，常见三角空洞，细粒的方铅矿中常含辉银矿（图版Ⅰ-26、图版Ⅰ-27）。方铅矿的粒径一般为0.02～0.50mm，含量一般为：20%～50%，部分矿石中可达60%。

闪锌矿：多呈不规则状的他形粒状集合体，呈斑杂状-细脉状分布，斑点的大小不一（0.05～10.00mm），且分布不均匀。含乳浊状黄铜矿不混溶包体，常被方铅矿穿插交代，形成早于方铅矿（图版Ⅰ-14），粒径0.01～0.50mm，含量一般为3%～5%，部分矿石含量可达20%±。

黄铁矿：黄铁矿的形成有两个期，各期形成的黄铁矿特征如下：

第一期黄铁矿：该期黄铁矿形成较早，黄铁矿呈细粒他形-半自形-自形晶，可见四边形、五边形、六边形的自形晶切面，星点状分布于围岩及闪锌矿中，常被方铅矿、闪锌矿及黄铜矿穿插、胶结、包裹，有被溶蚀交代现象（图版Ⅰ-24、图版Ⅰ-25），粒径一般为0.02～0.15mm，少数可达0.50～1.00mm。

第二期黄铁矿：该期黄铁矿形成较晚，黄铁矿呈他形微粒状，呈细脉状穿插于黄铜矿、方铅矿、闪锌矿中，为晚形成的原生金属硫化物（图版Ⅰ-28），粒径＜0.01mm，含量低。

黄铜矿：根据镜下观察，黄铜矿划分为两期形成：

第一期黄铜矿：呈固溶体分离形成的乳浊状包裹体分布于闪锌矿中，与闪锌矿同时形成。

第二期黄铜矿：常呈他形粒状集合体沿裂隙及其他硫化物的边缘分布，并可见穿插交代方铅矿及闪锌矿粒的现象（图版Ⅰ-14）。粒径大小一般为0.01～2.00mm，含量少。

辉银矿：常呈乳浊状出溶物分布于方铅矿中，粒径＜0.01mm，含量微。

锐钛矿：柱状，锥柱状星散分布，局部集中成群出现（图版Ⅰ-10）。粒径一般为0.02～0.04mm，含量少。

白铅矿：常呈团块状、网脉状及脉状沿方铅矿、铅矾的边缘、解理及裂隙交代，常包含方铅矿残余体（图版Ⅰ-17）。粒径一般为0.01～0.05mm，含量5%±。

铅矾：沿方铅矿边缘交代，呈韵律状皮壳构造，紧包裹方铅矿边缘（图版Ⅰ-12），含量 5%±。

菱锌矿：常呈他形粒状集合体，形成皮壳状、葡萄状产出，变胶状同心环带构造，沿裂隙孔洞充填（图版Ⅰ-22），粒径一般为 0.02～0.05mm。

褐铁矿：沿裂隙孔洞呈不规则状、网状分布，内部具胶状环带和多孔状构造，并含有闪锌矿、黄铁矿、方铅矿残余体。

硬锰矿：有胶体和晶质两种，其中胶体者具胶状同心环带构造；晶质者呈细粒状、针状集合体，构成葡萄状、皮壳状同心环带状等变胶状构造。二者常与褐铁矿互层交替产出，构成环带（图版Ⅰ-23）。

七、矿物生成顺序

根据矿脉穿插关系、矿物组合及矿石结构，结合区域构造演化过程，将大笑碳酸盐岩型铅锌床成矿作用划分为沉积-变质期、热液成矿期、表生氧化期，各期特征及生成矿物如下（见表 2-2）：

第一期沉积-变质期：该期主要为变质热液在构造带中充填沉淀，形成透镜状、团块状石英脉。

表 2-2　大笑碳酸盐岩型铅锌矿床成矿期（阶段）划分表

成矿期与成矿阶段	沉积-变质期	热液成矿期			表生氧化期
		Ⅰ成矿阶段	Ⅱ成矿阶段	Ⅲ成矿阶段	
石英	—	—	—		
黄铁矿		—		—	
黄铜矿			—	—	
闪锌矿			—		
方铅矿			—		
菱铁矿		—			
菱锌矿					
褐铁矿					—
白铅矿					—
铅矾					—
硬锰矿					—
孔雀石					—
主要结构及构造	原岩石经过沉积压实，及构造蚀变作用，沿着原岩片理，有脉状，透镜状的石英产出	黄铁矿呈细胞他形-半自形晶，可见四、五、六边形自形晶切面，黄铁矿-菱铁矿-石英组成的矿脉沿着裂隙呈细脉状分布	不规则他形粒状闪锌矿，方铅矿集合体状呈细脉状分布于压碎菱铁矿中，闪锌矿含乳浊状不混溶黄铜矿。方铅矿晚于闪锌矿形成	黄铜矿、黄铁矿多呈半自-他形粒状集合体沿裂隙及其他硫化物的边缘分布。可见黄铜矿穿插闪锌矿、方铅矿。黄铁矿形成最晚	铅矾、白铅矿、菱锌矿、硬锰矿呈皮壳产出，黄铁矿因氧化变成褐铁矿。黄铜矿因氧化在表面形成孔雀石化

第二期热液成矿期：该期是铅锌矿的主成矿期，矿脉主要充填于张性裂隙中，石英脉呈乳白色及烟灰色，氧化面呈黄褐色。该成矿期可以划分以下三个成矿阶段：

（1）石英-细、中粒自形黄铁矿-粗粒菱铁矿阶段：该阶段由石英、黄铁矿、菱铁矿等矿物形成的细脉沿着岩层裂隙呈脉状分布（图版Ⅰ-29）。

（2）闪锌矿-黄铜矿-方铅矿-石英阶段：方铅矿与闪锌矿紧密共生，除有共结边外，方铅矿穿插交代闪锌矿现象较为普遍，二者为超覆生成关系。黄铜矿呈乳浊状、叶片状分布于闪锌矿中，是固溶体分解作用形成。闪锌矿、方铅矿中常穿插、包裹黄铁矿。方铅矿中含有辉银矿，石英、方铅矿、闪锌矿、黄铜矿等形成的矿脉沿着压碎的菱铁矿裂隙充填（图版Ⅰ-15、图版Ⅰ-30）。

（3）黄铜矿-黄铁矿阶段：黄铜矿常呈他形粒状集合体穿插方铅矿，并可见黄铜矿沿其他硫化物的边缘分布（图版Ⅰ-17）。微粒状黄铁矿呈细脉状穿入黄铜矿中（图版Ⅰ-28），微粒黄铁矿形成于黄铜矿之后。

第三期表生氧化期：该期由于构造运动，原生矿体出露地表。在表生地质作用下原生矿石中的方铅矿、闪锌矿、黄铜矿、黄铁矿等硫化矿被淋滤氧化，形成褐铁矿、铅矾、白铅矿、菱锌矿、孔雀石等次生氧化矿。

第三节　赋存于震旦系中的碳酸盐岩型铅锌矿床

在滇中铅锌成矿区内，赋存于震旦系中的碳酸盐岩铅锌矿床（点）共有65处，铅锌矿床（点）主要赋存于震旦系上统灯影组碳酸盐岩型中。通过对花木箐、五星厂、大兑冲、银厂、以则、老熊硐等6个碳酸盐岩型铅锌矿床（点）进行了野外地质调查，其铅锌矿床（点）具有以下地质特征：矿床（体）受层位控制较为明显，赋矿岩性为白云岩、硅质白云岩；矿体多呈似层状、层状、脉状、透镜状产出；矿石矿物主要为方铅矿、闪锌矿、黄铁矿、菱锌矿、铅矾、白铅矿，脉石矿物为方解石、石英、白云石等；围岩蚀变主要为碳酸岩化、黄铁矿化、硅化、重晶石化等。

现以花木箐碳酸盐岩型铅锌矿床为例进行研究，剖析赋存于震旦系中碳酸盐岩型铅锌矿床（点）的地质特征。

花木箐碳酸盐岩型铅锌矿床位于扬子地台西南边缘，夹持于小江断裂东西两支之间的地块内。花木箐碳酸盐岩型铅锌矿床位于昆明市东川区西南侧。目前，在矿区内震旦系上统灯影组碳酸盐岩上部开采磷矿，对赋矿层位中进行铅锌矿床勘查阶段。

一、矿区地层

矿区内地层出露简单，由老至新描述如下（见图2-4、图2-5）。

震旦系上统灯影组（Zb*dn*）：分布于矿区中北部、东南部，出露面积较大，按其岩性可分为上、中、下三段：

下部藻白云岩段（$Zbdn^{1\text{-}2}$）：岩性为浅灰-灰色含藻白云岩。总厚289～422m。

中部旧城段（$Zbdn^3$）：岩性为灰色泥质白云岩。

上部白岩哨段（$Zbdn^4$）：该地层岩性上部为浅灰色，厚层状粉晶白云岩，夹少许层纹藻白云岩及硅质白云岩；中部为浅灰色，薄层状白云岩，硅质白云岩；下部为浅灰-灰白色厚层状白云岩、隐细晶含藻白云岩、含有硅质结核和硅质条带。为矿区铅锌矿赋矿层位。

寒武系下统梅树村组（$\in_{1}m$）：分布于矿区东部、西部、中南部、南部。可分为上中下三段：

上部大海段（$\in_{1}m^{3}$）：为深灰色瘤状灰岩、含磷白云岩、白云岩夹燧石团块、泥质白云岩；厚度 2～46m。

中部中宜村段（$\in_{1}m^{2}$）：含有磷矿，该层位自上而下分为三阶，分别为：上阶（$\in_{1}m^{2\text{-}3}$）：为深灰色、黑色硅质（致密）磷块岩、条带状泥质磷块岩、磷块岩夹褐黄色泥质白云岩；中阶（$\in_{1}m^{2\text{-}2}$）：主要为褐黄色泥质白云岩、含磷泥质白云岩层；下阶（$\in_{1}m^{2\text{-}1}$）：条带状硅质磷块岩、磷块岩。

下部小歪头山段（$\in_{1}m^{1}$）：为深灰色含磷白云岩夹燧石条带，其下为泥质白云岩夹燧石层，厚度 15～21m。

寒武系下统筇竹寺组（$\in_{1}q$）：在矿区东部、南部、西部均有出露。可分为上下两段：

上部玉案山段（$\in_{1}q^{2}$）：岩性为深灰、灰绿色粉砂质泥岩夹薄层长石石英砂岩，厚度大于 100m。

下部八道湾段（$\in_{1}q^{1}$）：岩性为灰-灰绿色泥质粉砂岩，底见含碳粉砂质泥岩。厚度 137～263m。

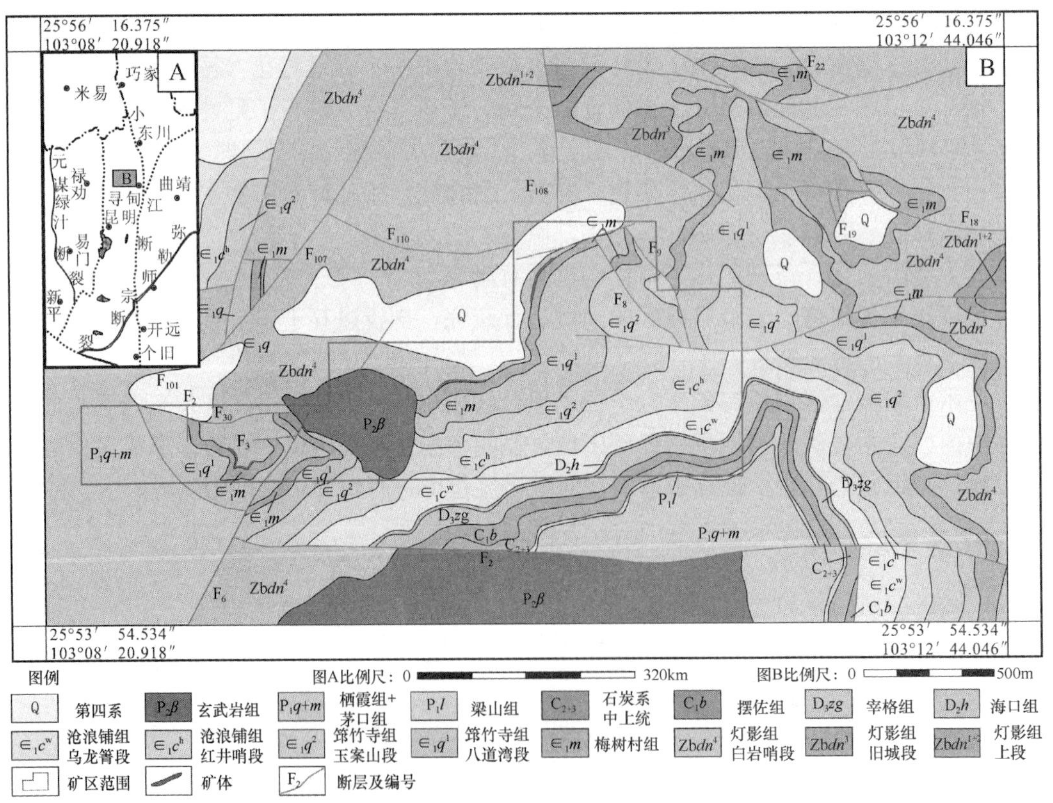

图 2-4　花木箐碳酸盐岩型铅锌矿床矿区地质略图

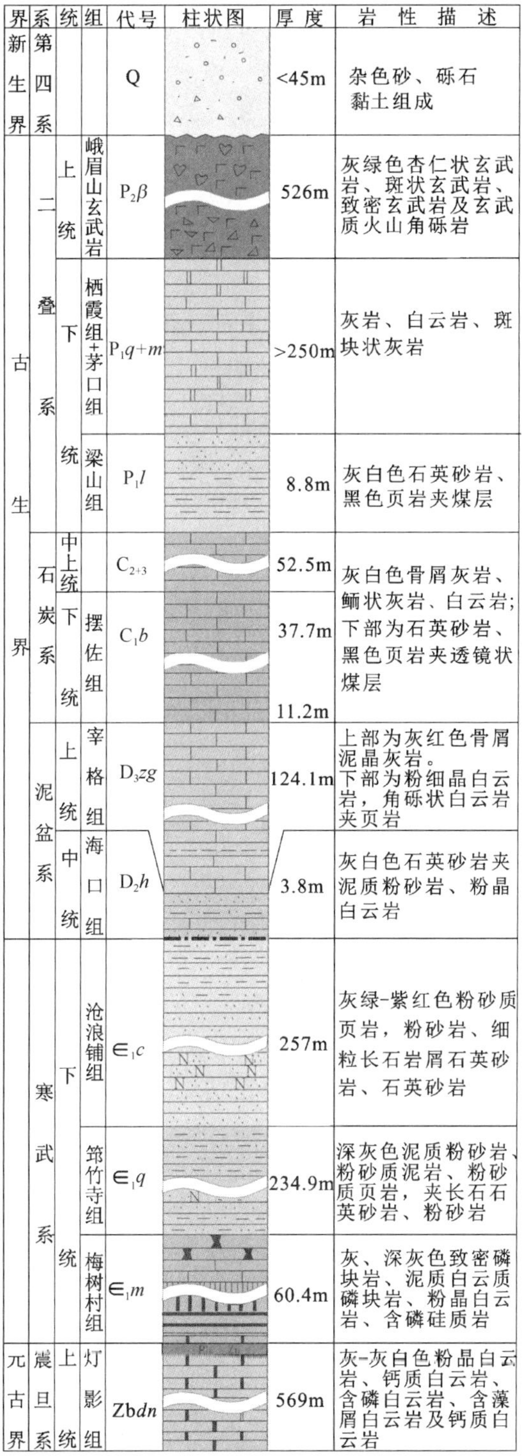

界	系	统	组	代号	柱状图	厚度	岩性描述
新生界	第四系			Q		<45m	杂色砂、砾石黏土组成
古生界	二叠系	上统	峨眉山玄武岩	$P_2\beta$		526m	灰绿色杏仁状玄武岩、斑状玄武岩、致密玄武岩及玄武质火山角砾岩
		下统	栖霞组+茅口组	P_1q+m		>250m	灰岩、白云岩、斑块状灰岩
			梁山组	P_1l		8.8m	灰白色石英砂岩、黑色页岩夹煤层
	石炭系	中上统		C_{2+3}		52.5m	灰白色骨屑灰岩、蛹状灰岩、白云岩；下部为石英砂岩、黑色页岩夹透镜状煤层
		下统	摆佐组	C_1b		37.7m 11.2m	
	泥盆系	上统	宰格组	D_3zg		124.1m	上部为灰红色骨屑泥晶灰岩。下部为粉细晶白云岩，角砾状白云岩夹页岩
		中统	海口组	D_2h		3.8m	灰白色石英砂岩夹泥质粉砂岩、粉晶白云岩
	寒武系	下统	沧浪铺组	$\in_1c$		257m	灰绿-紫红色粉砂质页岩，粉砂岩、细粒长石岩屑石英砂岩、石英砂岩
			筇竹寺组	$\in_1q$		234.9m	深灰色泥质粉砂岩、粉砂质泥岩、粉砂质页岩，夹长石石英砂岩、粉砂岩
			梅树村组	$\in_1m$		60.4m	灰、深灰色致密磷块岩、泥质白云质磷块岩、粉晶白云岩、含磷硅质岩
元古界	震旦系	上统	灯影组	Zb*dn*		569m	灰-灰白色粉晶白云岩、钙质白云岩、含磷白云岩、含藻屑白云岩及钙质白云岩

图 2-5　花木箐碳酸盐岩型铅锌矿床矿区地层柱状

寒武系下统沧浪铺组（$\in_1c$）：出露于矿区东部、南部、西部。可细分为上下两段：

上段乌龙箐段（$\in_1c^w$）：岩性为灰绿色白云母粉砂质页岩、粉砂岩夹薄层砂岩，底见灰白色含砾石英砂岩，厚154m；下段红井哨段（$\in_1c^h$）：岩性为灰绿、紫红色粉砂质页岩、泥质页岩、灰绿色长石岩屑石英砂岩，厚度87～206m。

泥盆系中统海口组（D_2h）：分布于矿区南部、东南部、西北部。岩性为灰白、紫红色石英砂岩夹泥质粉砂岩、泥岩。厚度0.7～104m。

泥盆系上统宰格组（D_3zg）：灰色钙质白云岩夹角砾状灰岩，底部含少量灰岩与钙质泥岩。厚度527m。

石炭系下统摆佐组（C_1b）：分布于矿区南部、西北部。岩性为浅灰-灰白色条纹状骨屑灰岩、鲕状灰岩、白云岩。厚度122m。

石炭系中上统（C_{2+3}）：分布于矿区南部。岩性为灰、浅灰色骨屑灰岩、砂屑骨屑灰岩、鲕状灰岩夹白云岩。厚度153m。

二叠系下统梁山组（P_1l）：分布于矿区西部。下部紫红、灰白色细-粗粒石英砂岩，上部为灰黑色页岩、灰白色砂岩夹煤层、铝土岩。厚度225m。

二叠系下统栖霞+茅口组（P_1q+m）：主要分布于矿区西部、东南部。岩性为灰色白云质斑块泥晶灰岩、泥晶骨屑灰岩夹白云岩、白云质斑块灰岩。厚度551m。

二叠系上统玄武岩组（$P_2\beta$）：分布于矿区西北及东南部。岩性为块状、杏仁状、气孔状玄武岩。厚度526.6～1365.6m。

二、矿区构造

在多期区域构造作用下，导致区内褶皱与断裂构造较为发育，其中断裂为主要控矿构造，按其方向可分为：

1. 东西（EW）向断裂组

该组断层走向呈北东东-南西，倾向北北西，倾角一般为65°～84°，为成岩后构造。

2. 北东（NE）向及南北（NS）向断裂组

该组断层倾向南西西（SWW）-北西西（WWN），倾向一般在250°～290°，倾角较陡为60°～85°。该组断裂与铅锌矿成矿关系密切。

三、矿区岩浆活动

矿区内岩浆活动主要为印支期峨眉山玄武岩活动。峨眉山玄武岩主要呈角砾状，致密状、杏仁状玄武岩及斜斑玄武岩夹凝灰岩，顶部常夹灰岩透镜体。玄武岩主要出露于矿区西部与南部地区。分布区植被及浮土覆盖较厚，基岩露头较少，多为玄武岩风化后产物。由于覆土掩盖较厚，玄武岩与下覆地层接触关系不明。

四、矿区围岩蚀变

矿床围岩蚀变简单，围岩蚀变主要为碳酸盐化、黄铁矿化、硅化、重晶石化等。

五、矿体产出特征

矿区内铅锌矿体赋存于震旦系上统灯影组白岩哨段（Zbdn^4）白云岩中；矿体多呈透

镜状，脉状产出。脉状矿体主要沿北东（NE）向断层破碎带产出，具有成群出现、成带分布的特点。似层状矿体（图版Ⅱ-1）形成于断层破碎带两侧，沿层间破碎带产出，与围岩呈间层状交替出现。矿体的形成主要受构造和地层双重控制。矿体单样品铅（Pb）品位最高达 32.38%，锌（Zn）品位最高达 25.0%，含银（Ag）最高达 25.02g/t。矿体出露地表部分被风化，表面常呈褐铁矿化（图版Ⅱ-2）、孔雀石化（图版Ⅱ-3）。

六、矿石结构、构造

1. 矿石结构

主要有他形粒状结构、溶蚀结构、填隙结构、交代残余结构、胶结结构、网状结构：

（1）他形粒状结构、溶蚀结构：闪锌矿、方铅矿沿脉状矿物的粒间及裂隙充填-交代，方铅矿又交代闪锌矿，使其呈溶蚀结构（图版Ⅱ-5、图版Ⅱ-6）。

（2）填隙结构：晚期微粒黄铁矿沿闪锌矿粒间分布，呈填隙结构（图版Ⅱ-7）。

（3）交代残余结构：黄铜矿（黄色）、黄铁矿沿围岩与脉石孔隙充填，黄铜矿又交代黄铁矿，其呈交代残余结构（图版Ⅱ-8）。

（4）胶结结构：细粒黄铁矿充填在闪锌矿角砾间隙中，呈胶结结构（图版Ⅱ-9）。

（5）网状结构：闪锌矿沿压碎黄铁矿的碎粒间隙交代，呈网状结构（图版Ⅱ-10）。

2. 矿石构造

主要有条带状构造、角砾状构造、星散浸染状构造、脉状构造：

（1）条带状构造：闪锌矿、石英、黄铜矿、黄铁矿等矿物呈条带状构造（图版Ⅱ-4）。

（2）角砾状构造：早期形成的矿体在晚期构造作用下破碎，并被后期形成的方解石胶结形成角砾状构造（图版Ⅱ-3）。

（3）星点状-浸染状构造：锌矿、方铅矿呈斑点状分布于脉石矿物组成的基质中，形成星点状-浸染状构造（图版Ⅱ-11、照片Ⅱ-12）。

（4）脉状构造：细粒黄铁矿呈他形等轴粒状沿闪锌矿的裂隙充填，呈脉状构造（图版Ⅱ-13）。

七、矿石矿物与脉石矿物组成

矿石矿物组合比较简单，矿石中原生金属矿物主要为闪锌矿、方铅矿、黄铁矿、黄铜矿、砷黝铜矿等；脉石矿物为石英、方解石。

次生矿物有：褐铁矿、铅矾、白铅矿、孔雀石等。

闪锌矿：常呈他形粒状及其集合体，呈星点、斑点、脉状分布（图版Ⅱ-14），斑点大小为 0.10～1.00cm，含量 10%～50%。

黄铁矿：黄铁矿的形成有两期，各期黄铁矿特征如下：

第一期粗粒黄铁矿：常呈他形粒状分布，并含有具星状空心的球颗粒，普遍被方铅矿、闪锌矿及黄铜矿穿插交代包含，即使球颗粒的星状空心也充填有方铅矿及闪锌矿（图版Ⅱ-14），据上述特征推测这种黄铁矿由凝胶转变而形成的早期金属矿物。粒径 0.50～4.00mm。

第二期细-微粒黄铁矿：粒径一般小于 0.10mm，星点状及脉状分布于闪锌矿、方铅矿（图版Ⅱ-13），含量 0.3%±。

方铅矿：常呈他形粒状及集合体，呈星点状及细脉状分布，可见黑三角孔。普遍穿插交代粗粒黄铁矿及闪锌矿（图版Ⅱ-14），粒径一般为 0.01～3.00mm，含量 1%±。

黄铜矿：呈他形粒状，见黄铜矿交代粗粒黄铁矿（图版Ⅱ-15），粒径 0.10mm±，含量微。

砷黝铜矿：呈他形粒状集合体于方铅矿中，构成细脉穿插于闪锌矿中，并有被方铅矿交代现象（图版Ⅱ-16），粒径为 0.01～0.02mm，含量较少。

八、矿物生成顺序

矿物生成顺序为他形黄铁矿→闪锌矿→方铅矿→黄铜矿-砷黝铜矿→微粒状黄铁矿→孔雀石化-褐铁矿化。

第四节　赋存于寒武系中的碳酸盐岩型铅锌矿床

在滇中铅锌成矿区内，赋存于寒武系中的碳酸盐岩型铅锌矿床（点）共有 23 处，主要赋矿地层为梅树村组（渔户村）和双龙潭组。通过对雨碌、铁厂、娜姑银厂、热水塘、沙谷渡、噜鲁等 6 个碳酸盐岩型铅锌矿床（点）野外地质调查，其碳酸盐岩型铅锌矿床具有以下地质特征：矿体主要赋存于白云岩中，少量赋存于砂岩；矿体多呈似层状、层状，脉状，透镜状产出；矿石与脉石矿物主要为方铅矿、闪锌矿、黄铁矿、菱锌矿、铅矾、白铅矿、方解石、石英、重晶石、白云石等，在矿石中常发育有沥青；围岩蚀变主要为碳酸岩化、硅化、重晶石化等。

现以噜鲁、热水塘碳酸盐岩型铅锌矿床为例进行研究，探讨赋存于寒武系中碳酸盐岩型铅锌矿床（点）的地质特征。

一、噜鲁碳酸盐岩型铅锌矿床

噜鲁碳酸盐岩型铅锌矿床大地构造位置位于扬子地块西南边缘，西昌-易门深大断裂与普渡河-滇池深大断裂之间，靠近普渡河-滇池断裂的西侧（彩图 2），地理上位于昆明市禄劝县北东方向，目前正处于勘查阶段。

（一）矿区地层

矿区内主要出露地层为上元古界震旦系灯影组（Zb*dn*）、寒武系下统梅树组（$\in_1 m$）、筇竹寺组（$\in_1 q$）、沧浪铺组（$\in_1 c$）、龙王庙组（$\in_1 l$）、寒武系中统陡坡寺+双龙潭组（$\in_2 d+s$）、二叠系下统茅口+栖霞组（$P_1 q+m$）、二叠系上统峨眉山玄武岩组（$P_2\beta$）。铅锌矿体赋存于寒武系下统梅树村组下段（$\in_1 m^1$），各层位岩性、地层出露及接触关系见图 2-6、图 2-7。

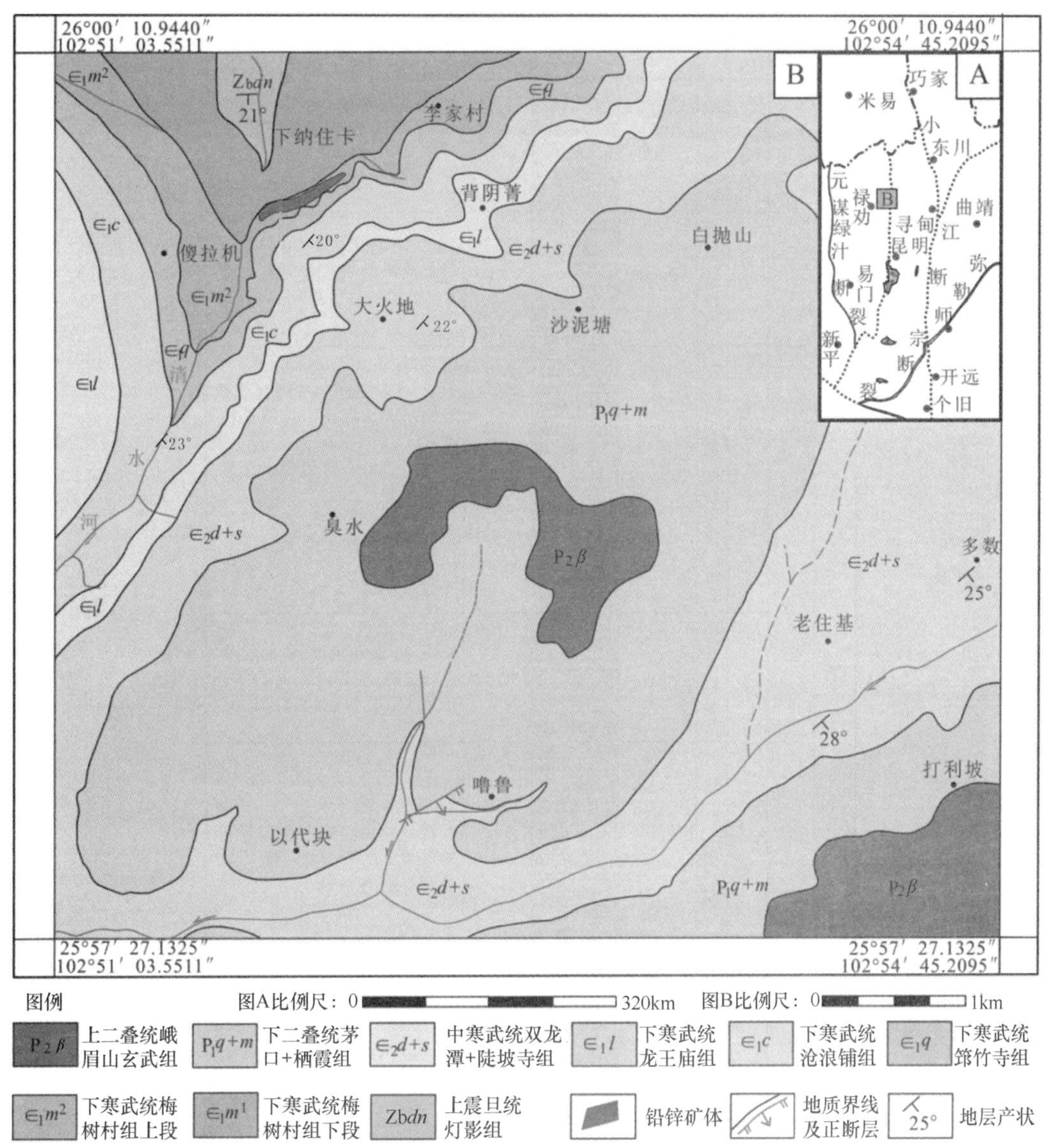

图 2-6　噜鲁碳酸盐岩型铅锌矿床矿区地质图

（二）矿区构造

1. 褶皱

矿区内构造简单，为宏宽背斜的东翼的单斜岩层构造，走向北北西（NNW），倾向约 70°，倾角大多为 15°～30°，局部出现小的次级褶曲。

2. 断层

在矿区范围内断层不发育，只有北西、东部及中部各见有一条，共三条小断层，均离铅锌矿体较远，对矿体没有明显的破坏作用。

界	系	统	组	地层代号	柱状图	厚度/m	岩性描述
新生界	第四系			Q	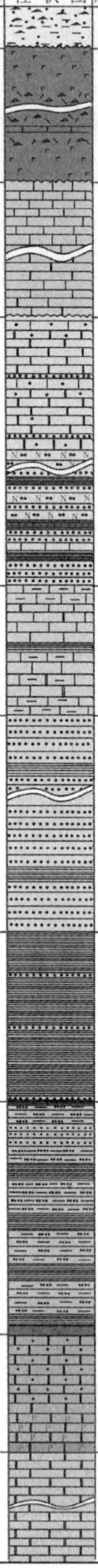	1~40	坡积、残积、洪积、冲积砾石巨块、砂质黏土(黏土质砂)
古生界	二叠系	上统	峨眉山玄武岩组	$P_2\beta$		946~1487	上部:灰绿色斜斑玄武岩,致密状玄武岩、杏仁状玄武岩。 下部:火山角砾岩、玄武质凝灰岩、凝灰岩夹灰岩
		下统	栖霞-茅口组	P_1q+m		>215	灰至浅灰色灰岩、白云质灰岩、鲕状灰岩、块状白云岩
	寒武系	中统	双龙潭-陡坡寺组	$\in_2 s+d$		567.27	上部:浅灰色薄至中厚层状白云岩、砂质白云岩夹细至粉砂岩。 中部:长石石英砂岩、页岩夹细至粉砂岩。 下部:紫红色细砂岩、粉砂岩、页岩夹白云质灰岩
		下统	龙王庙组	$\in_1 l$		57.86	灰-浅灰-深灰色薄-中厚层状泥质-白云质灰岩、灰质白云岩夹薄层状粉砂质页(泥)岩
			沧浪铺组	$\in_1 c$		169.37	灰绿、黄白、青灰色薄层状粉砂岩、细砂岩夹(泥)岩及含砾石英砂岩
			筇竹寺组	$\in_1 q$		72.83~134.91	深灰至灰黑色、灰绿色页岩为主夹细砂岩及粉砂岩
			梅树村组	$\in_1 m^2$		234.38	上部:为灰至灰黑色薄层状泥质粉砂岩、粉砂岩及细砂岩。 中部:为深灰至灰黑色薄层状泥质粉砂岩及页岩
				$\in_1 m^1$			下部:为灰至灰白色薄至中厚层状砂质白云岩、含磷白云岩,底部见磷块岩。白云岩层的顶部局部含铅锌矿
元古界	震旦系		灯影组	Zbdn		>1202	浅灰、灰白色中厚至块状白云岩、砂质白云岩

图2-7　噜鲁碳酸盐岩型铅锌矿床矿区地层综合柱状图

（三）矿区岩浆活动

矿区内岩浆活动主要为印支期基性火山喷发活动，岩性为二叠系上统峨眉山玄武岩，按岩性特征划分为二个旋回。第一旋回岩性为灰绿色斜斑玄武岩夹致密玄武岩或斜斑玄武岩；第二旋回岩性为：底部火山角砾岩、火山角砾玄武质凝灰岩、凝灰岩夹灰岩，向上为熔岩，上部为杏仁状玄武岩；中部致密状玄武岩夹杏仁状玄武岩；顶部为斜长玄武岩为主。

（四）矿区围岩蚀变

矿区围岩蚀变主要有黄铁矿化、硅化及重晶石化、碳酸盐化等。

（1）黄铁矿化：常见团块状、星散状、脉状等黄铁矿分布，大小分布不一，最宽可达 1m，在坑道及老硐见矿位置均普遍分布，对区内找矿有一定的指导意义。

（2）重晶石化：常见团块状、放射状及细脉状重晶石分布于矿体及黄铁矿周围，比较富集，对铅锌矿找矿具有一定的指导意义。

（3）碳酸盐化：广泛发育于含矿层和顶板、底板，以白云石化为主。

（五）矿体产出特征

矿区目前圈定铅锌矿体 1 个，矿体赋存于寒武系下统梅树村组下段（$\in_1 m^1$）顶部白云岩地层中，矿体产状与地层基本一致（图版Ⅲ-1），呈似层状（图版Ⅲ-2），局部地段有脉状矿体（图版Ⅲ-3）。地表出露长约 150m，倾向南，倾角 15°～20°（图 2-8），矿体厚度变化范围一般为 1.70～10.71m，平均厚约 3.26m，矿体倾向控制延深约 350m，沿倾向方向延深有逐步变厚的趋势。铅锌矿化不均匀，矿体中 Pb 品位变化范围为 0.44%～20.00%，平均品位为 1.78%；Zn 品位变化范围为 0.56%～9.06%，平均为 2.01%。矿石中常可见“菊花状”（图版Ⅲ-4）、“放射状”（图版Ⅲ-5）重晶石，以及少量乳滴状沥青（图版Ⅲ-6）。

（六）矿石结构、构造

1. 矿石结构

为自形-他形中细晶状结构、压碎结构、纤维状结构、交代溶蚀结构等。

（1）自形细晶结构：自形的黄铁矿（图版Ⅲ-11）、毒砂呈星点状分布或沿孔洞充填（图版Ⅲ-12）。

（2）他形结构：黄铁矿呈不规则状他形结构，呈星点状分布于白云岩中（图版Ⅲ-13）。

（3）纤维状结构：白铁矿呈纤维状结构（图版Ⅲ-14）。

（4）压碎结构：黄铁矿呈压碎结构沿裂隙分布，沿裂隙分布有方铅矿、闪锌矿（图版Ⅲ-15）。

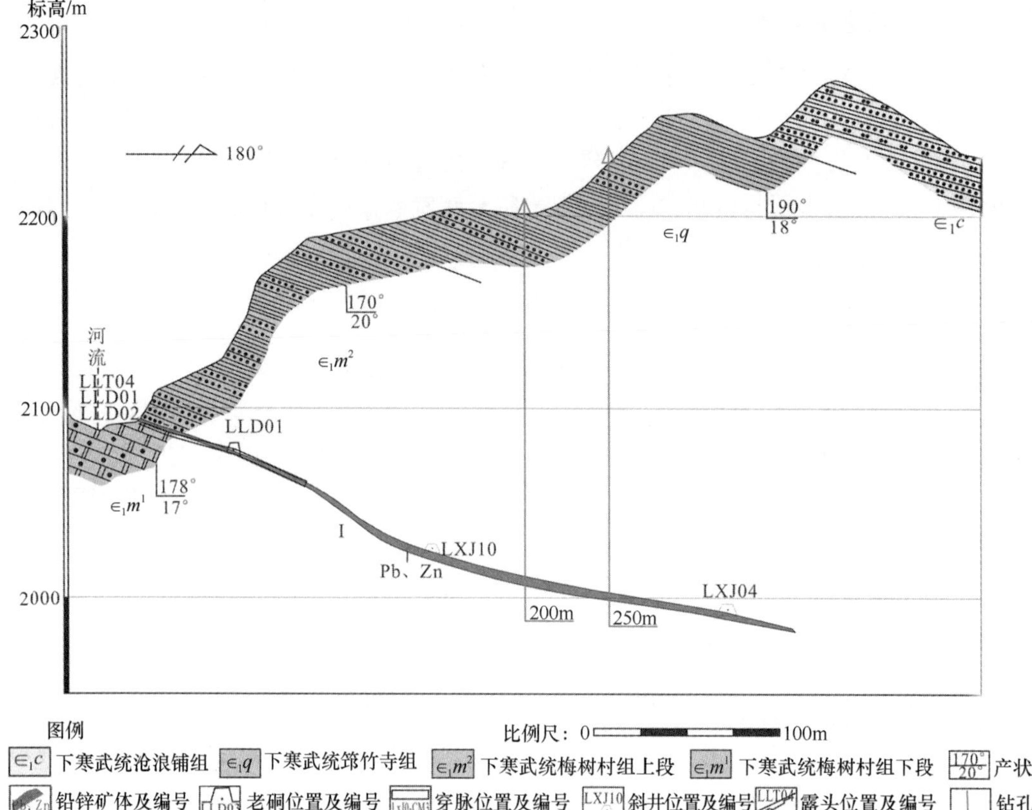

图 2-8 噜鲁碳酸盐岩型铅锌矿床 3 勘探线剖面图

（5）交代残余结构：黄铁矿被闪锌矿交代呈骸晶结构（图版Ⅲ-16）。

（6）溶蚀结构：等轴粒状黄铁矿被纤维状白铁矿交代，呈溶蚀结构（图版Ⅲ-17）。

2. 矿石构造

主要有块状构造、网脉状构造、浸染状构造、脉状构造、条带状-条纹状构造。

（1）网脉状构造：闪锌矿沿着脉石矿物白云石裂隙交代，呈网脉状构造（图版Ⅲ-8、图版Ⅲ-18）。

（2）条带状构造：黄铁矿、重晶石呈现条带状分布，形成条纹状或条带状矿石（图版Ⅲ-8）。

（3）浸染状构造：星点状分布的黄铁矿、斑点状闪锌矿呈浸染状产出（图版Ⅲ-9、图版Ⅲ-19）。

（4）脉状构造：黄铁矿、软锰矿等呈脉状穿插早期破裂的闪锌矿，呈脉状构造（图版Ⅲ-20、图版Ⅲ-21）。

（5）块状构造：方铅矿、闪锌矿、重晶石等聚集形成块状构造（图版Ⅲ-10）。

（七）矿石矿物与脉石矿物组成

矿石中原生金属矿物主要有：方铅矿、闪锌矿、黄铁矿、白铁矿、毒砂等；脉石矿物主要有：重晶石、石英、方解石（图版Ⅲ-10）。

闪锌矿：闪锌矿呈星点状、团块状、网脉状（图版Ⅲ-18、图版Ⅲ-22）不均匀集中分布于构造发育处，并可见闪锌矿包裹、交代黄铁矿及白铁矿的现象（图版Ⅲ-15）。被方铅矿穿插交代（图版Ⅲ-23），粒径 0.05～1.00mm，闪锌矿含量变化范围为 3%±～60%±。

方铅矿：显微镜下可见黑色三角孔，方铅矿呈三角形及不规则状的集合体沿白铁矿、黄铁矿、闪锌矿的粒间及裂隙充填交代（图版Ⅲ-15）。粒径 0.01～0.15mm，含量 20%～60%。

黄铁矿有四期：各期特征如下：

第一期地层中的黄铁矿：地层中分布有星点状黄铁矿。

第二期碎裂黄铁矿：原呈半自形-自形晶，受动力作用，被压碎为菱形、长条形碎粒，但仍保留黄铁矿的晶型轮廓，形成碎裂结构，碎裂黄铁矿保留正方形，矩形切面的晶型轮廓。粒径 2.00～4.00mm，含量 20%±。

第三期等轴粒状黄铁矿，晶粒内部往往含有碎裂黄铁矿的菱形碎粒。等轴粒状黄铁矿多呈浑圆状，粒径 0.50～2.00mm，含量 1%±（图版Ⅲ-24）。

第四期黄铁矿：多呈他形粒状及其集合体组成网脉状、呈他形粒状沿闪锌矿（灰色）的粒间充填交代，呈不规则状分布（图版Ⅲ-20）。

白铁矿：常呈纤维状，板状，菱形等自形-半自形切面，交代碎裂黄铁矿、等轴粒状黄铁矿，多呈束状，结合体产出（图版Ⅲ-14）。粒径 0.02～0.05mm，含量 5%±。

毒砂：常呈自形粒状，可见菱形切面，星散状分布（图版Ⅲ-12），粒径 0.01～0.02mm，含量少。

软锰矿：常呈他形粒状集合体，具不规则状构造，沿裂隙及闪锌矿边缘呈脉状分布（图版Ⅲ-21），粒径＜0.02mm，含量少。

（八）矿物生成顺序

矿区经历了多期成矿作用，根据矿脉穿插关系、矿物组合及矿石结构，结合区域构造演化过程，将噜鲁铅锌的成矿作用划分为沉积成岩期、热液成矿期、表生氧化期三期，各期成矿特征如下（表 2-3）：

第一期沉积成岩期：在沉积岩中分布有星点状的黄铁矿，为沉积成岩过程中形成黄铁矿。

第二期热液成矿期：该期可以划分为三个阶段，各阶段成矿特征如下：

第一阶段：受区域构造应力作用的影响，矿区内层间断裂构造较为发育，由重结晶白云石-石英-黄铁矿构成的含矿流体顺层侵入，并在后期的地质力作用下，形成碎裂黄铁矿。

表 2-3　噜鲁碳酸盐岩型铅锌矿床成矿阶段划分表

成矿期与成矿阶段	沉积变质期	热液成矿期			表生氧化期
		Ⅰ成矿阶段	Ⅱ成矿阶段	Ⅲ成矿阶段	
石英		▬	▬		
黄铁矿	▬	▬	▬	▬	
白铁矿			▬		
闪锌矿			▬		
方铅矿			▬		
白云石	▬	▬	▬		
重晶石			▬		
褐铁矿					▬
菱锌矿					▬
白铅矿					▬
铅矾					▬
主要结构及构造	细粒黄铁矿呈星点状分布于围岩（碳酸盐岩）中	粗粒半自形-自形黄铁矿受到构造应力作用，被压碎形成碎裂结构	自形-半自形结构等轴黄铁矿被纤维、白铁矿交代。方铅矿、闪锌矿呈细脉状穿插交代白铁矿	细粒自形黄铁矿呈细脉状穿插其他硫化物	铅矾、白铅矿、呈皮壳状产出，黄铁矿因氧化变成褐铁矿

第二阶段：白铁矿呈纤维状、板状、菱形等自形-半自形交代碎裂黄铁矿、等轴粒状黄铁矿，多呈束状，集合体产出；闪锌矿、方铅矿及脉石矿物则充填于黄铁矿的粒间及碎粒的裂隙中，方铅矿有穿插交代闪锌矿的现象。

第三阶段：成矿后期形成的黄铁矿呈细脉状穿插闪锌矿方铅矿。

第三期表生氧化期：原生矿石中的方铅矿、闪锌矿、黄铜矿、黄铁矿被淋滤或氧化成褐铁矿、铅矾、白铅矿、菱锌矿。

根据以上特征将矿床成矿期及成矿阶段划分如表 2-3。

二、热水塘碳酸盐岩型铅锌矿床

该区位于石屏县城南平距约 15km 处热水塘-范佰寨一带，面积约 $20km^2$。铅锌矿床位于康滇地轴南缘，云南山字型石屏弧弧顶偏东翼。铅锌主要产于中寒武统双龙潭组（$\in_2 s$）不纯白云岩和硅质岩中。此外，在震旦系灯影组（Zb*dn*）硅质条带白云岩、下寒武系龙王庙组（$\in_1 l$）砂岩，以及昆阳群黑山头组（Pt*kh*）透镜状白云岩中也产有铅锌矿体。

（一）矿区地质

矿区出露地层由老至新分别为：昆阳群黑山头组（Pt*kh*）、震旦系上统陡山沱组（Zz_2d）、灯影组（Zb*dn*），寒武系下统沧浪铺组（$\in_1 c$）和龙王庙组（$\in_1 l$），寒武系中统出露双龙潭组（$\in_2 s$），奥陶系下统汤池组（$O_1 t$）和红石崖组（$O_1 h$）。其中昆阳群黑山头组（Pt*kh*）、震旦系灯影组（Zb*dn*）、寒武系龙王庙组（$\in_1 l$）等层位中均有铅锌矿体产出，矿体主要产出于双龙潭组（$\in_2 s$），双龙潭组（$\in_2 s$）为一套白云岩-砂岩及其过渡类型岩石为主的岩石组合，富含有硅质和生物碎屑，中-厚层状，水平层理发育，颜色主要为灰白色，夹有少量的紫色泥质条带，为一套潮间带沉积岩，双龙0潭组由下而上可以划分为五段，自下而上泥砂质不断减少，而硅质和白云岩质不断增加，各层位岩性出露和接触关系见图2-9、图2-10。

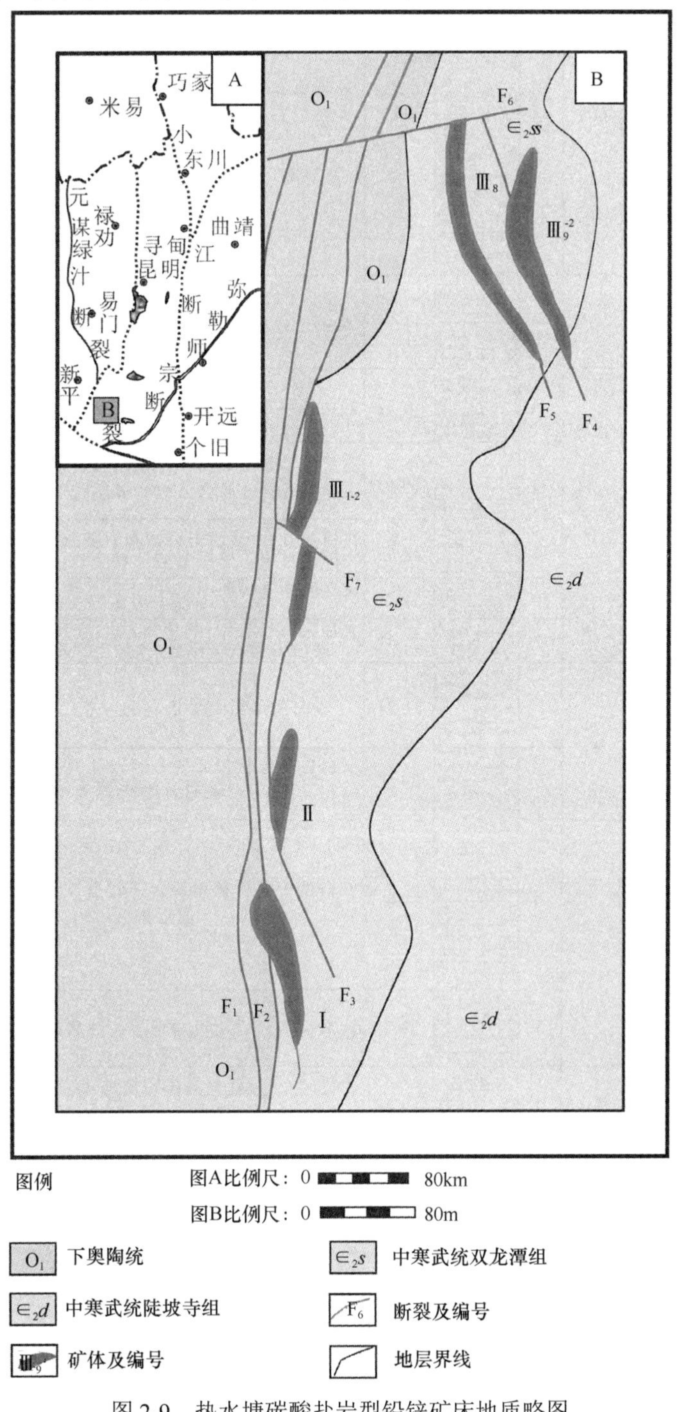

图2-9　热水塘碳酸盐岩型铅锌矿床地质略图
（据秦德先等，1998）

地层	代号	分层	柱状图	厚度/m	岩性
巧家组	O_1q	16		21.92	灰白色厚层状砂质白云岩
红石崖组	O_1h	15		114	黄褐色、中层状石英砂岩夹黄绿色页岩，含海绿石，产化石
汤池组	O_1t	14		31.77	黄褐色中层状石英砂岩
双龙潭组	$\in_2s$	13		28.74	灰白色中层状硅质条带白云夹鲕状白云岩
		12		29.01	灰黄色、紫红色薄至中层状白云质石英砂岩夹石英岩屑白云岩，薄层状白云岩
		11		22.50	灰白色细-中晶白云岩，夹石英砂岩及含生物碎屑页岩，含磷砂岩，紫色铁泥质条带
		10		12.30	灰白色厚层状细-中晶白云岩、团粒白云岩，夹紫色铁泥质条带
		9		13.47	灰白色厚层状细-中晶白云岩，底顶各有一层白云岩石英砾岩，夹紫色铁质条带
陡坡寺组	$\in_2l$	8		31.71	灰白色薄至中层状硅质条带白云岩
		7		24.57	灰白色薄层状白云岩夹砂岩及黄绿色页岩，底部为砾岩
龙王庙组	$\in_1c$	6		61.07	灰白色中厚层状白云岩夹砂质白云岩及薄层砂岩
		5		29.25	浅灰绿色砂岩与页岩互层，波状层理发育
沧浪铺组	$\in_1c$	4		19.40	灰黑色、紫红色石英质砾岩夹砂岩及页岩，砾石大小0.5~10cm
灯影组	Zb*dn*	3		51.49	灰白色硅质条带白云岩，藻白云岩和团粒白云岩
陡山沱组		2		7.57	下部紫红色砾岩，上部石英砂岩
昆阳群		1		7.74	板岩、千枚岩夹石英岩及白云岩透镜体

图 2-10　热水塘碳酸盐岩型铅锌矿床地层柱状图

（据秦德先等，1998）

（二）矿区构造

矿区为一单斜构造，属区域 NNE 向的砚瓦山向斜东翼。断裂主要有南北向（SN）、北东向（NE）、北西向（NW）三组，它们均是在两期构造应力场作用下形成。第一期燕山期，该期受燕山运动南北向区域压应力作用下，形成南北向张性断裂和北西向（NW）、北东向（NE）扭性断裂，它们均为成矿前（期）断裂。其中南北向（SN）断裂控制了矿脉的形成和展布方向；第二期喜马拉雅期，在喜马拉雅东西向（EW）区域压应力的作用下，早期形成的断裂性质发生了根本的转变，形成了近南北向（SN）压性、北东向（NE）、北西向（NW）扭性断裂，为成矿期后的断裂，常破坏矿体。经过两期地质构造，在矿区内南北向（NS）断裂表现出先张后压的特征。

（三）矿区围岩蚀变

矿体围岩蚀变主要为硅化、重晶石化、白云石化。

石英为硅化产物，石英呈他形粒状集合体，粒径一般为 0.05～0.95mm，常与重晶石及方铅矿共生。

重晶石也为蚀变产物，为半自形短柱状或板状集合体，常与白云石、石英沿着断层呈脉状产出，伴有方铅矿。

（四）矿体产出特征

矿区内赋矿层位较多，不同层位铅锌矿体也表现出不同的地质特征，赋存于昆阳群黑山头组中的铅锌矿体一般为层状、似层状产出，矿体长度变化范围为 35～40m、延深>70m，厚 1～26m，脉状矿体穿切围岩；赋存于灯影组和龙王庙组中的铅锌矿体一般为脉状，龙王庙组白云岩中铅锌矿体规模一般较小，而赋存于中寒武统双龙潭组硅质条带（藻、砂质）白云岩和白云质砂岩中的铅锌矿体主受构造控制明显，沿断裂呈现脉状产出。矿脉主要受到南北（NS）向的一组平行断裂控制，形成了南北向（NS）矿脉带，单条矿脉多呈上大下小的楔状，其延长、延伸、厚度比约为 15∶4∶1，具有张性断裂充填脉的特征，倾向向东或者向西，倾角不等，倾角变化范围为 45°～80°。各铅锌矿体 Pb 品位变化范围为 1.76%～3.22%，Zn 品位变化范围为 0.02%～0.03%，Ag 品位变化范围为 15～90g/t，矿石中还含有少量的 Fe、Cu、Ba，其中 Fe 含量为 1.72%，Cu 的含量为 0.018%，Ba 含量为 8.12%。

（五）矿石结构、构造

1. 矿石主要结构

有自形-半自形-他形粒状结构、压碎结构、揉皱结构、胶结状结构、交代残余结构、嵌晶结构-交代溶蚀结构、包含结构。

（1）自形-半自形-他形粒状结构：黄铁矿、方铅矿呈自形-半自形分布于围岩，或者脉石矿物中（图版Ⅳ-7、图版Ⅳ-8）。

（2）压碎结构：粗晶白云石脉被压碎呈碎块状角砾，晶屑被石英-方铅矿等矿物充填（图版Ⅳ-9）。

（3）揉皱结构：方铅矿常因后期构造运动发生形变，在镜下形成揉皱结构（图版Ⅳ-10）。

（4）胶结状结构：方铅矿沿黄铁矿的粒间充填交代呈胶结状结构（图版Ⅳ-11）。

（5）交代残余结构：方铅矿因为氧化形成白铅矿，方铅矿被白铅矿交代而呈残余结构（图版Ⅳ-12），在方铅矿中有残余的围岩，也形成交代残余结构（图版Ⅳ-13）。

（6）嵌晶结构-交代溶蚀结构：方铅矿（白色）沿围岩的矿物粒间及孔隙交代，呈网脉状分布，其含有较多非金属矿物（深灰色）色体，形成嵌晶结构、溶蚀结构（图版Ⅳ-14）。

（7）包含结构：黄铁矿铁矿一般呈他形晶包含于方铅矿，黄铜矿中，形成包含结构（图版Ⅳ-15）。

2. *矿石主要构造*

有网脉状构造、细脉状构造、星点状构造、浸染状构造、团块状构造、环带状构造。

（1）网脉状构造：方铅矿沿着围岩及其他矿物颗粒及孔隙间形成网脉状构造（图版Ⅳ-1、图版Ⅳ-2、图版Ⅳ-16）。

（2）细脉状构造：方铅矿穿插交代闪锌矿，呈细脉状构造（图版Ⅳ-3、图版Ⅳ-17）。

（3）星点-浸染状构造：半自形-自形粒状黄铁矿、方铅矿、闪锌矿沿围岩的孔隙及微裂隙交代，呈浸染状及星点状分布（图版Ⅳ-7、图版Ⅳ-4、图版Ⅳ-5）。

（4）团块状构造：方铅矿、闪锌矿、黄铜矿、石英等组成团块状矿石（图版Ⅳ-6）。

（5）环带状构造：细粒方铅矿、白铅矿沿着粗粒方铅矿的边缘呈环状包围，形成环带状构造（图版Ⅳ-18）。

（六）矿石矿物与脉石矿物组成

原生矿石矿物组合比较简单，主要为方铅矿、闪锌矿、黄铁矿、黄铜矿。脉石矿物为石英、白云石、解石和重晶石。

方铅矿：方铅矿的形成有两期，各期形成的方铅矿特征如下：

第一期方铅矿：方铅矿呈他形-半自形晶集合体，内部具黑三角孔及揉皱结构，方铅矿沿围岩裂隙交代，呈网脉状构造（图版Ⅳ-11），另有少量的方铅矿呈细粒状充填于石英颗粒间，并包含有粗晶白云岩（图版Ⅳ-16）。该期方铅矿中常含有黄铁矿包体及围岩交代残余结构，粒径 0.10～0.30mm，含量 40%±。

第二期方铅矿：方铅矿常呈他形粒状及其集合体（图版Ⅳ-19），粒径一般＜0.02mm，含量 10%±。方铅矿常被白铅矿交代，形成交代残余结构（图版Ⅳ-20）。

黄铁矿：黄铁矿有两期，各期黄铁矿特征如下：

第一期黄铁矿：细粒黄铁矿，呈半自形-自形细粒状，星点状较均匀的分布于围岩中（图版Ⅳ-7），粒径 0.01～0.03mm。

第二期黄铁矿：不规则状黄铁矿呈他形粒状及其集合体，组成星点及细脉，往往呈群出现于方铅矿中，常被方铅矿包裹、胶结、穿插（图版Ⅳ-11），粒径 0.01～0.04mm，含量少。

闪锌矿：常呈自形-他形粒状、星点状或者集合体分布（图版Ⅳ-8），常被方铅矿穿插交代（图版Ⅳ-17），粒径一般为 0.05～1.00mm，含量 5%±。

黄铜矿：黄铜矿常呈不规则状，有时被方铅矿包含；方铅矿和黄铜矿接触界面光滑呈舒缓波状，二者同时形成。黄铜矿中包含有黄铁矿，其形成时间要晚于粗粒黄铁矿（图版Ⅳ-15），黄铜矿的粒径一般为 0.05～0.20mm。

白铅矿：常呈他形细粒集合体沿方铅矿边缘呈不规则状分布，内部含较多方铅矿体的次生交代残余体，粒径＜0.04mm，含量 1%±。

（七）矿物生成顺序

根据矿脉穿插关系、矿物组合及矿石结构，结合区域构造演化，将热水塘碳酸盐岩型铅锌矿成矿作用划分为以下三期：

第一期沉积成岩期：该期黄铁矿呈半自形-自形细粒状、星散状均匀分布于围岩中。

第二期热液成矿期：根据矿物充填交代关系又分为两个阶段（见表 2-4），各阶段特征如下：

第一阶段：在地质构造力作用下，受到应力作用下沉积原岩已被压碎呈大小不等的碎块状角砾，伴随大量的含矿硅质热液注入，不规则状黄铁矿、自形闪锌矿、方铅矿、黄铜矿、石英共同形成了的脉状铅锌矿体。

第二阶段：成矿后期形成的细粒方铅矿，呈细脉状穿插或者围绕早期形成的中粒方铅矿（图版Ⅳ-10）。

第三期表生氧化期：原生矿石中的方铅矿发生氧化，形成次生白铅矿。

根据以上特征将矿区成矿期及成矿阶段进行划分（表 2-4）。

表 2-4　热水塘碳酸盐岩型铅锌矿床矿物生成顺序表

成矿期与成矿阶段	沉积成岩期	热液成矿期		表生氧化期
		Ⅰ成矿阶段	Ⅱ成矿阶段	
方解石		━━━━	━━━━	
黄铁矿	━━━━	━━━━		
黄铜矿		━━━━		
闪锌矿		━━━━		
方铅矿		━━━━	━━━━	
白云石	━━━━	━━━━	━━━━	
石英		━━━━		
重晶石		━━━━		
白铅矿				━━━━
主要结构及构造	原岩发生硅化，自形黄铁矿星散状分布于围岩中	金属矿物呈自形-半自形-他形不规则状，与石英共同形成脉状铅锌矿石	细粒方铅矿-方解石穿插或者沿中粒方铅矿边缘，形成网脉状、浸染状铅锌矿	沿着方铅矿边缘有次生白铅矿分布

第五节　赋存于泥盆系中的碳酸盐岩型铅锌矿床

滇中铅锌成矿区中，赋存于泥盆系中的碳酸盐岩型铅锌矿床（点）共有 15 处，主要赋矿地层为泥盆系中统曲靖组。本次对赋存于泥盆系中的铜厂、苏租、暮阳 3 个碳酸盐岩型铅锌矿床进行了野外地质调查。赋存于泥盆系中的碳酸盐岩型铅锌矿床具有以下地质特征：矿体赋存于泥盆系白云岩中；铅锌矿体多呈似层状、层状产出；矿床（点）矿物组合主要为方铅矿、闪锌矿、黄铁矿、黄铜矿、方解石、石英、白云石等；围岩蚀变主要为碳酸岩化、硅化、黄铁矿化、重结晶现象等。

现以苏租-暮阳铅锌矿床为例进行研究，探讨赋存于泥盆系中碳酸盐岩型铅锌矿床（点）的地质特征。

该区位于康滇地轴南段东缘“建水-盘溪古隆起”构造带上。东临小江断裂，南临弥勒-师宗断裂，总体构造线为北北东向。地层出露较全，断裂构造发育，岩浆活动不发育。区内 10 余处铅锌矿床（点）构成北东向的矿带（图 2-11）。

区域内铅锌矿带分布，可分东、中、西三个矿带。东带有苏租、恒格等矿（点）床，矿带长 100 公里；中带有暮阳、铜厂、百里等矿床（矿点），矿带断续长 20 公里；西带有大冲、扯拉碑、黑暮等矿点，矿带长 22 公里。铅锌矿产均产于中泥盆统曲靖组三道箐段白云岩中，与生物礁灰岩共生，含炭泥质白云岩矿化较强，矿体受次级层间破碎带控制，呈似层状、串珠状、透镜状产出。

根据区域铅锌矿（点）床分布，区域内铅锌矿分布特点主要有：

（1）含矿地层为中泥盆统曲靖组：区域内的铅锌矿分布在东、中、西三个矿带，所有的铅锌矿（点）床均分布在中泥盆统曲靖组层位中，全区化探异常带也集中在此层中，说明中泥盆统曲靖组是本区铅锌赋矿层。

（2）含矿岩性为潟湖相碳酸盐岩：含矿层自下而上相序一般为生物礁-潟湖-潮坪相，潟湖相发育地段是成矿的有利部位，在沉积层中有机物、泥质物含量及其吸附作用与铅锌在地层中有较高的背景值关系密切。

（3）矿（点）床受构造控制明显：区域内所有的矿（点）床赋存部位，均位于含矿岩段层间断层破碎带中或其两侧，铅锌硫化物充填于断层带及其旁侧节理裂隙中，形成脉状矿石，层间断层破碎带宽度大小与矿体厚度大小呈同步关系。

（4）矿（点）床地表氧化程度高：矿化白云岩在地表浅部经长期氧化淋滤作用，在碱性条件下，铅锌硫化物大量转变为较稳定的碳酸盐-钒酸盐等矿物相对富集，形成残坡积土状氧化矿保存在风化壳中。

一、矿区地层

矿区内地层出露简单，出露地层由老至新分别为下元古界昆阳群美党组（Pt_1km）；古生界泥盆系中统曲靖组（D_2q）；下石炭统（C_1）；下二叠统茅口组（P_1m），现将各层位地层及分布情况由老至新描述如下：

昆阳群美党组（Pt_1km）：出露于矿区东部（图 2-12），地层厚度大于 1084m，岩性为深灰色薄层状绢云母板岩、千枚岩。昆阳群美党组地层与曲靖组地层呈现断层式接触（图 2-13）。

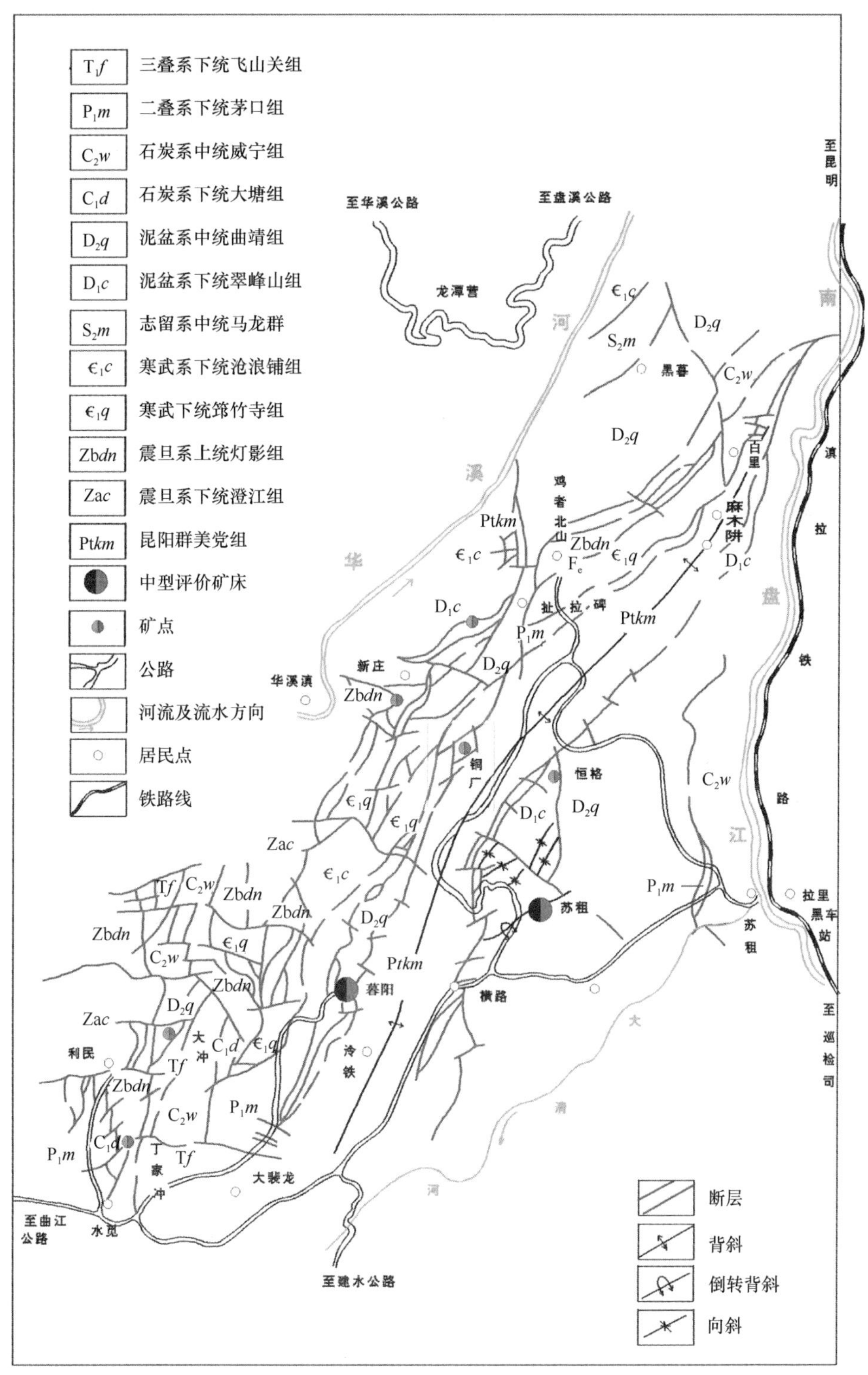

图 2-11 建水苏租-暮阳铅锌区域地质矿产分布略图

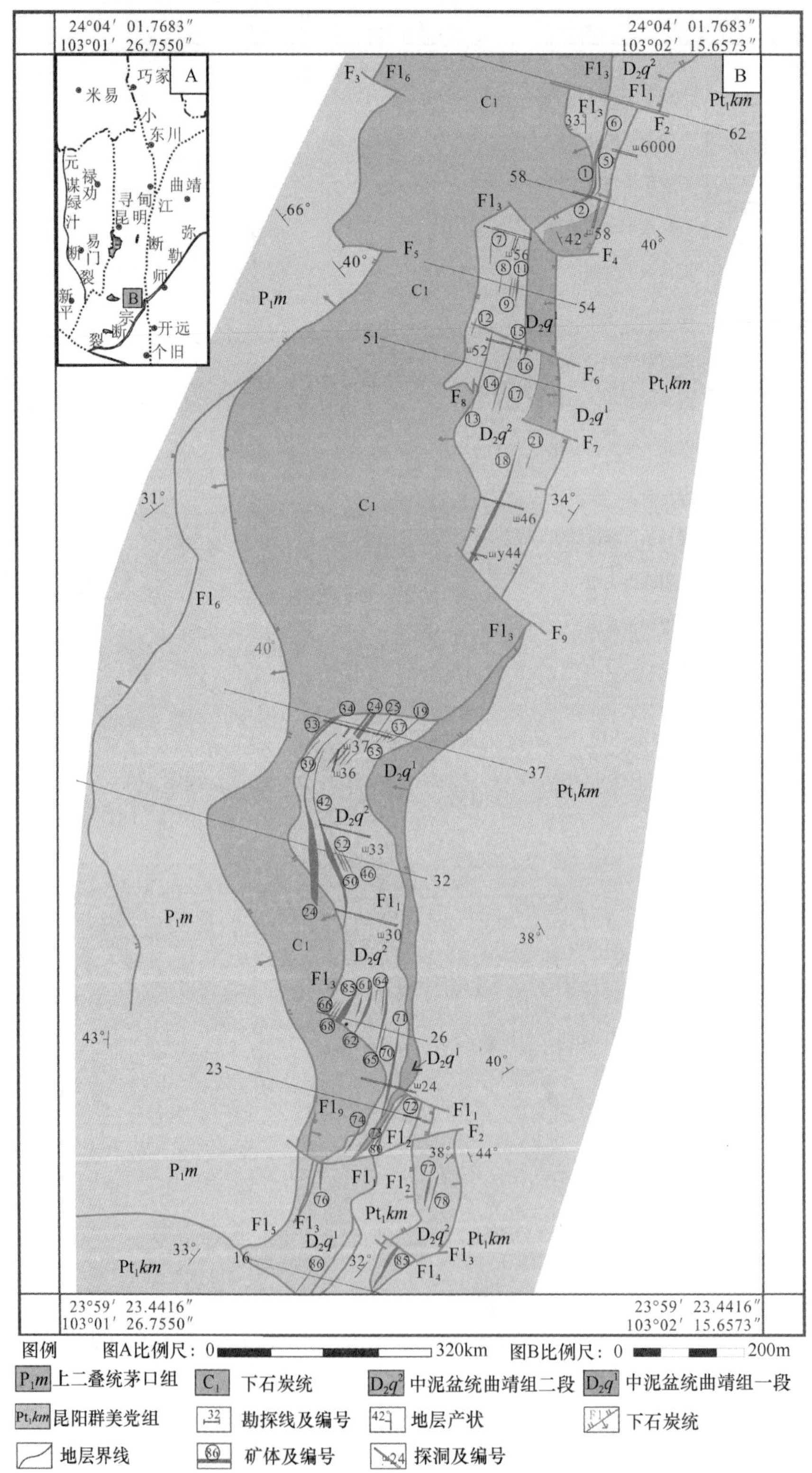

图 2-12　苏租-暮阳碳酸盐岩型铅锌矿矿区地质图

中泥盆统曲靖组（D_2q）：根据岩性和化石特征，本组可分为两段，各段岩性如下：

1. 泥盆系中统曲靖组一段（D_2q^1）

该层位地层主要出露于矿区中部，上部为深灰色厚层状白云岩，风化后呈褐黄或桃红色土状；底部为灰黑色厚层-块状含炭灰岩，风化后呈黑色土状。盛产珊瑚类和蜿足类化石。本段与下伏昆阳群美党组（Pt_1km）地层为断层接触。

2. 泥盆系中统曲靖组二段（D_2q^2）

该层位地层主要出露于矿区中部，岩性为灰-灰黑色薄-中厚层状白云岩，裂隙发育，白云岩风化后呈土状。白云岩矿物成分主要是白云石，次为方解石，少量为石英和炭质，为矿区内赋矿层位。地层出露见图 2-12。

石炭系下统（C_1）：出露于矿区中部，地层厚度 174～451m。上部与中部为灰白-深灰色厚层-块状隐晶-细晶灰岩，局部夹硅质灰岩；下部为薄-中厚层状砂页岩，与下伏曲靖组二段（D_2q^2）为断层接触（图 2-13）。

界	系	统	组	段	代号	柱状图	厚度/m	岩性描述
古生界	二叠系	下统	茅口组		P_1m		291~577	浅灰-灰色厚层-块状灰岩
	石炭系	下统			C_1		174~451	上部与中部为灰白-深灰色厚层-块状隐晶-结晶灰岩，局部夹硅质灰岩；下部为薄-中厚层状砂页岩。与下伏曲靖组二段（D_2q^2）为断层接触
	泥盆系	中统	曲靖组	二段	D_2q^2		70~120	灰-灰黑色薄-中层白云岩，含67条铅锌矿体，裂隙发育，岩石强风化呈土状
				一段	D_2q^1		20~50	上部为深灰色厚层块状白云岩，风化后呈褐黄或桃红土状；下部为灰黑色厚层一块状含炭灰岩，风化后呈黑色土状。盛产珊瑚类和腕足类化石。与下伏昆阳群美党组为断层接触
元古界	昆阳群		美党组		Pt_1km		>1084	深灰色薄层状绢云母板岩，千枚岩

图 2-13　苏租-暮阳碳酸盐岩型铅锌矿地层综合柱状图

二叠系下统茅口组（P_1m）：出露于矿区西部，岩性为浅灰-灰色厚层状灰岩，与下伏曲靖组地层为断层式接触。地层厚度 291～577m。

二、矿区构造

区内褶皱不发育，断裂构造极为发育（见图 2-12）。矿区内断层按走向不同，可分为北北东向（NNE）断裂组、北北西向（NNE）断裂组、南北向（NS）断裂组。其中北北东向（NNE）断裂组属成矿前或成矿期断裂，北西向（NW）断裂组和南北向（NS）断裂组均为成矿后断层，错断了矿体。各断裂组特征如下：

1. 北北东向（NNE）断裂组

往往沿地层层面较为发育，或微斜切岩层，常常形成层间破碎带。该组断裂主要有 $F1_1$、$F1_3$、$F1_5$、$F1_9$四条，其中 $F1_1$ 断层为区域性控矿断层，断层倾角、断距大；$F1_3$ 断层为逆掩断层，倾角平缓，断距大。北北东向（NNE）断层为成矿前或成矿期断层。

2. 北西向（NW）断裂组

主要有 F_2、F_4、F_6、F_7、F_9、$F_{2\text{-}1}$ 断层。断层性质、产状不甚清楚，为成矿期后断裂。

3. 南北向（NS）断裂组

该方向断裂错断矿体为成矿后断裂，为破矿构造。

三、矿区围岩蚀变

矿区围岩蚀变不强烈，主要围岩蚀变类型为碳酸盐化、硅化，次为黄铁矿化、重结晶现象，它们与铅锌矿的形成关系密切。

1. 碳酸盐化

白云石或方解石以细脉方式产出，充填于节理裂隙中，脉宽一般为一至数厘米，延长十至数十厘米，其膨胀与尖灭严格受节理裂隙控制。从外表观察，白云石细脉有两种：一为乳白色，另一种为黑色，前者产出较普遍，后者次之，两者均伴生有铅锌金属矿物，但与乳白色者关系更密切。白云石晶粒 0.5～3mm，晶面弯曲。根据大量观察证明，凡有方铅矿产出的地段均有白云石和方解石化，但是碳酸盐化范围远比铅锌矿化大。

2. 硅化

硅化形式有两种，第一种为二氧化硅热液渗入白云岩和灰岩中，使岩石颜色变浅，硬度更大，结构变得很致密；第二种以石英细脉产出，脉厚一至数厘米，延长十几厘米至一米多。前者未见与方铅矿产出有直接关系，部分地段硅化强烈者，矿化现象显著减弱至无；后者则普遍产于含矿白云岩中，局部见其切穿白云石或方解石脉，一般未见其与铅锌矿有伴生关系，但偶尔可见石英脉内或边缘伴有散点状方铅矿产出。

3. 黄铁矿化

常呈细脉和散点状产出，往往伴生方解石脉及方铅矿，一般较致密，多呈块状，氧化后多为褐黄色（褐铁矿化）。

4. 重结晶现象

普遍出现于整个矿区，常常见于白云石、方解石化和硅化强烈处，白云石粒度变粗，但影响范围很小，仅见于较粗的方解石、石英细脉附近。

四、矿体产出特征

苏租-暮阳碳酸盐岩型铅锌矿床内共发现铅锌矿体 74 个。铅锌矿体均产于曲靖组第二段（D_2q^2）灰-灰黑色薄-中厚层状白云岩中，矿体大小不等，矿体长度变化范围较大，长度一般由几十米至数百米，最长的可达一千多米。矿体厚度变化范围为 0.14～16.70m，一般为 1～7m；矿体多呈似层状产出（图版Ⅴ-1、图版Ⅴ-2），还有少量矿体呈透镜状、楔子状、网脉状产出（图版Ⅴ-3），矿体成带成群产出，受北东（NE）向断裂及层间破碎层控制，产状与含矿地层产状基本一致，矿体走向多为北北东（NNE），倾向北西西（NEE），倾角一般变化范围为 40°～55°，矿石中 Pb 品位变化范围一般为 1.11%～5.10%，平均品位为 3.61%；Zn 品位变化范围一般为 3.71%～10.43%，平均品位为 5.71%；Ag 品位变化范围一般为 0.71～3.1g/t，平均品位为 2.76g/t；Cd 品位变化范围一般为 0.046%～0.187%，平均品位为 1.31%；V 品位变化范围一般为 0.03%～0.31%，平均品位为 0.26%。矿石中 V、Cd、Ag 含量较高，已达伴生组分综合利用品位。矿区中主要矿体为 19#、24#、25#，其特征如下：

19#矿体：位于矿区中北部，矿体赋存于泥盆系中统曲靖组第二段（D_2q^2）白云岩中。矿体受层间破碎带控制，呈似层状产出（图 2-14），走向北北东（NNE），倾向北西西（NWW），倾角为 30°～68°；矿体平均厚度 4.20m；矿体单工程 Pb 品位变化范围为：0.74%～12.94%、平均品位 1.86%；Zn 品位变化范围为 0.85%～3.34%，平均品位 2.19%，有益组分分布均匀；$F1_3$ 断层和小断层破坏了矿体的连续性。

24# 矿体：可分为 24-1#、24-2#两个矿体。位于矿区中南部，矿体赋存于泥盆系中统曲靖组第二段（D_2q^2）白云岩中，矿体受层间破碎带控制呈似层状产出，走向北北西（NNW）-北北东（NNE），倾向南西西（SWW）-北西西（NWW），倾角为 25°～62°；矿体走向控制长度为 650m，单工程控制深度为 295m；矿体单工程厚度变化范围为 1.00～15.00m，平均为 3.43m，厚度变化系数为 82%，矿体厚度稳定程度为较稳定；矿体单工程 Pb 品位变化范围为 0.62%～10.14%、平均品位为 3.42%；Zn 单工程品位变化范围为 2.58%～7.80%，平均品位为 5.40%，有用组分分布均匀；$F1_3$ 断层和小断层破坏了矿体的连续性。矿石自然类型为氧化铅矿石。

25#矿体：矿体位于矿区中部，矿体赋存于泥盆系中统曲靖组第二段（D_2q^2）白云岩中，矿体受层间破碎带控制，呈似层状产出，矿体倾向北西西（NEE），倾角变化范围为 44°～65°；矿体平均厚度为 5.22m；单工程 Pb 品位变化范围为 0.66%～8.82%，平均品位为 3.81%，Zn 品位变化范围为 2.02%～3.41%，平均品位为 2.34%；$F1_3$ 断层破坏了矿体的连续性。

五、矿石结构构造

苏租-暮阳碳酸盐岩型铅锌矿床矿体受表生地质作用的影响，上部为氧化矿，氧化深度可达 80～120m；下部发育原生硫化矿。本次仅对原生硫化矿进行了研究，其原生硫化矿矿石结构构造如下：

1. 主要结构

为他形粒状结构、交代溶蚀结构、交代残余结构。

（1）他形粒状结构：闪锌矿、黄铁矿呈他形粒状星点状分布于围岩中（图版Ⅴ-7）。

（2）交代溶蚀结构：常见方铅矿穿插交代早期形成的闪锌矿，使其呈交代溶蚀结构

（图版Ⅴ-8）。

（3）交代残余结构：方铅矿的次生矿物白铅矿沿着方铅矿边缘交代，使方铅矿呈交代残余结构（图版Ⅴ-9）。

2. 矿石构造

主要为块状构造、角砾状构造、网脉状构造、浸染状构造、斑点状构造。

（1）块状构造：由粒径大致相同的方铅矿或闪锌矿紧密连生，组成比较均匀致密的块状矿石，矿石矿物含量大于 80%（图版Ⅴ-4、图版Ⅴ-10）。

（2）角砾状构造：由碳酸盐岩角砾及方铅矿、闪锌矿角砾和胶结物构成，角砾大小为 1～3cm，个别达 5cm，胶结物为铁泥质（图版Ⅴ-11）。

（3）网脉状构造：方铅矿、闪锌矿及黄铁矿细脉沿构造裂隙充填而成，脉体一般宽 0.5～5cm，长 10～30cm（图版Ⅴ-4、图版Ⅴ-5、图版Ⅴ-12）。

（4）浸染状构造：方铅矿和闪锌矿较均匀地分布于脉石矿物方解石、石英中，方铅矿与闪锌矿大部分构成比较明显的“斑点”，局部呈细小粒状分布构成浸染状构造（图版Ⅴ-13、图版Ⅴ-14）。

浅部氧化矿石为土状、皮壳状、多孔状构造（图版Ⅴ-6）。

六、矿石矿物与脉石矿物组成

矿石矿物为方铅矿、闪锌矿、黄铁矿、黄铜矿、辉银矿、白铅矿、铅矾、菱锌矿、褐铁矿；脉石矿物为白云石、方解石，其次为石英。

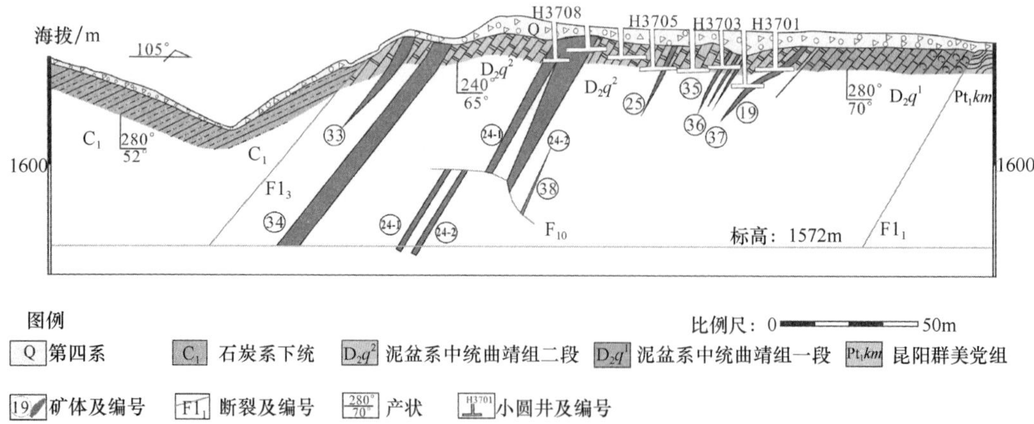

图 2-14 苏租-暮阳碳酸盐岩型铅锌矿 37 线剖面图

方铅矿：常呈他形粒状及其集合体组成斑点状、脉状-网脉状分布于碳酸岩脉中（图版Ⅴ-5、图版Ⅴ-15）。方铅矿穿插交代闪锌矿，使其呈溶蚀结构（图版Ⅴ-16）。在方铅矿中可见早期细粒的黄铁矿（图版Ⅴ-17），方铅矿粒径一般为 0.01～4.00mm，含量 5%±～20%±。

闪锌矿：常呈他形粒状及其集合体，组成网脉状、斑点状及浸染状分布于围岩中（图版Ⅴ-18、图版Ⅴ-19），常包含有细粒的黄铁矿并被微粒的黄铁矿和方铅矿穿插交代（图版

Ⅴ-16），形成交代残余结构，闪锌矿粒径变化范围为0.01～0.35mm，含量3%±～13%±。

黄铁矿：黄铁矿有三期，各期黄铁矿特征如下：

第一期黄铁矿：自形粒状黄铁矿呈星点状、浸染状分布于围岩中。

第二期黄铁矿：常呈细粒圆球状集合体或星点状分布于脉石矿物中，局部压碎，被方铅矿、闪锌矿穿插交代，局部见黄铁矿呈残留体位于方铅矿中心（图版Ⅴ-17、图版Ⅴ-18），粒径一般<0.01mm，含量1%±。

第三期黄铁矿：常呈他形微粒状、星点状、细脉状沿围岩的裂隙分布（图版Ⅴ-20），或呈细脉状穿插闪锌矿（图版Ⅴ-16）。

白铅矿：常呈他形粒状集合体绕方铅矿边缘分布，白铅矿内常见含方铅矿残余体，是次生交代作用形成（图版Ⅴ-9）。粒径0.02～0.15mm，含量5%±。

铅钒：为方铅矿氧化形成，均呈他形不规则粒状，多沿方铅矿边缘分布或包裹方铅矿。

辉银矿：乳浊状出溶物分布于方铅矿中，粒径<0.01mm，含量微。

菱锌矿：常呈白色、褐黄色，玻璃光泽，通常呈土状、钟乳状或皮壳状集合体，是闪锌矿氧化后形成的次生矿物，产于硫化矿床的浅层氧化带及其残坡积矿体中。

方解石：常呈乳白色及黑色，菱形或半自形晶体，半透明至不透明，原生者粒径0.3mm，次生者粒径一般为0.5～1mm。常呈脉状、块状分布于岩石中。

石英：原生沉积者呈半滚圆状，粒径 0.02～0.1mm；热液沉淀者呈柱状，粒径一般为0.5mm，最大粒径可达3mm，局部呈波状消光。主要分布在断裂破碎带的裂隙中。

七、矿物生成顺序

根据矿脉穿插关系、矿物组合及矿石结构，结合区域构造演化过程，将苏租-暮阳碳酸盐岩型铅锌矿床成矿作用划分为三个成矿期。各期成矿特征如下：

第一期沉积成岩期：该期主要形成黄铁矿，黄铁矿呈他形-半自形粒状，星散分布于围岩中。

第二期热液成矿期：该期可划分三个成矿阶段，各阶段成矿特征如下：

第一阶段闪锌矿-黄铁矿阶段：闪锌矿、黄铁矿均沿围岩的孔隙交代，形成星点状、浸染状矿石，可见黄铁矿沿闪锌矿的粒间充填交代，显示黄铁矿晚于闪锌矿形成（图版Ⅴ-17）。

第二阶段方铅矿-碳酸盐脉阶段：方铅矿与碳酸盐矿物组合呈细脉穿插交代闪锌矿-黄铁矿石，形成交错脉状构造。在该阶段中，方铅矿主要沿碳酸盐脉的孔隙交代，呈斑点状分布于其中。

第三阶段黄铁矿阶段：黄铁矿呈他形微粒状、星点状、细脉状沿围岩的裂隙分布，或呈细脉状穿插闪锌矿、方铅矿。

第三期表生氧化期：原生矿石中的方铅矿、闪锌矿、黄铁矿被淋滤或氧化成褐铁矿、铅矾、白铅矿、菱锌矿。

根据以上特征将苏租-暮阳碳酸盐岩型铅锌矿床成矿期及成矿阶段进行划分（表2-5）。

表 2-5　苏租-暮阳碳酸盐岩型铅锌矿床成矿阶段划分表

成矿区与成矿阶段	沉积成岩期	热液成矿期			表生氧化期
		Ⅰ成矿阶段	Ⅱ成矿阶段	Ⅲ成矿阶段	
方解石			▬	▬	
白云石	▬				
石英		▬			
黄铁矿	▬	▬		▬	
黄铜矿		▬			
闪锌矿		▬			
方铅矿			▬		
菱锌矿					▬
褐铁矿					▬
白铅矿					▬
铅矾					▬
主要结构及构造	自形黄铁矿星点状分布于围岩中	自形黄铁矿-闪锌矿沿围岩孔隙交代，形成星散浸染状矿石，黄铁矿沿闪锌矿粒间充填交代	方铅矿-方解石成细脉穿插交代闪锌矿-黄铁矿石，方铅矿主要沿碳酸盐脉孔隙交代，呈斑点状分布其中	黄铁矿呈他形微粒状、星点状。细脉状沿围岩裂隙分布，或呈细脉状穿插闪锌矿-方铅矿	铅矾-白铅矿呈皮壳状，褐铁矿化普遍，矿石表面呈黄褐色

第六节　赋存于二叠系中的碳酸盐岩型铅锌矿床

滇中赋存于二叠系中的碳酸盐岩型铅锌矿床（点）共有 10 处，矿床（点）主要赋存于二叠系下统栖霞-茅口组中。本次对赋矿于二叠系地层中的罗平富乐厂、建水荒田等 2 个铅锌矿床进行了野外地质调查。赋矿于二叠系中的铅锌矿床（点）具有以下地质特征：矿体赋存于灰岩中；铅锌矿体多呈透镜状、似层状、层状产出；矿床矿物组合主要为方铅矿、闪锌矿、黄铁矿、黄铜矿，脉石矿物为方解石、石英、白云石等；围岩蚀变主要为碳酸岩化、硅化、黄铁矿化、重结晶现象等。

现以荒田铅锌矿床为例进行研究，探讨赋存于二叠系地层中碳酸盐岩型铅锌矿床（点）的地质特征。

荒田碳酸盐岩型铅锌矿床位于弥勒-师宗断裂和红河断裂夹持部位，其地理位置为建水县南侧。荒田碳酸盐岩型铅锌矿床探明铅+锌金属量 69.5 万吨，为一大型铅锌矿床。

一、矿区地层

荒田碳酸盐岩型铅锌矿区内地层出露简单，各层位地层岩性及出露情况由老至新描述如下（见图 2-15）：

二叠系下统栖霞组（P_1q）：灰白色块状亮晶生物碎屑灰岩，分布于坝头河两岸。受断裂构造影响（F_1），地层出露不全，厚度＞66.05m。

二叠系下统茅口组（P_1m）：呈北西（NW）-南东（SE）分布于 F_1 断层南西侧。厚度 200m，分为上、中、下三段，各段岩性如下：

下段（P_1m^1）：灰、浅灰色亮晶内碎屑灰岩夹亮晶碎屑灰岩，巨厚层-块状构造，富含蜓科化石，分布于坝头河两侧，厚度 130.09m。

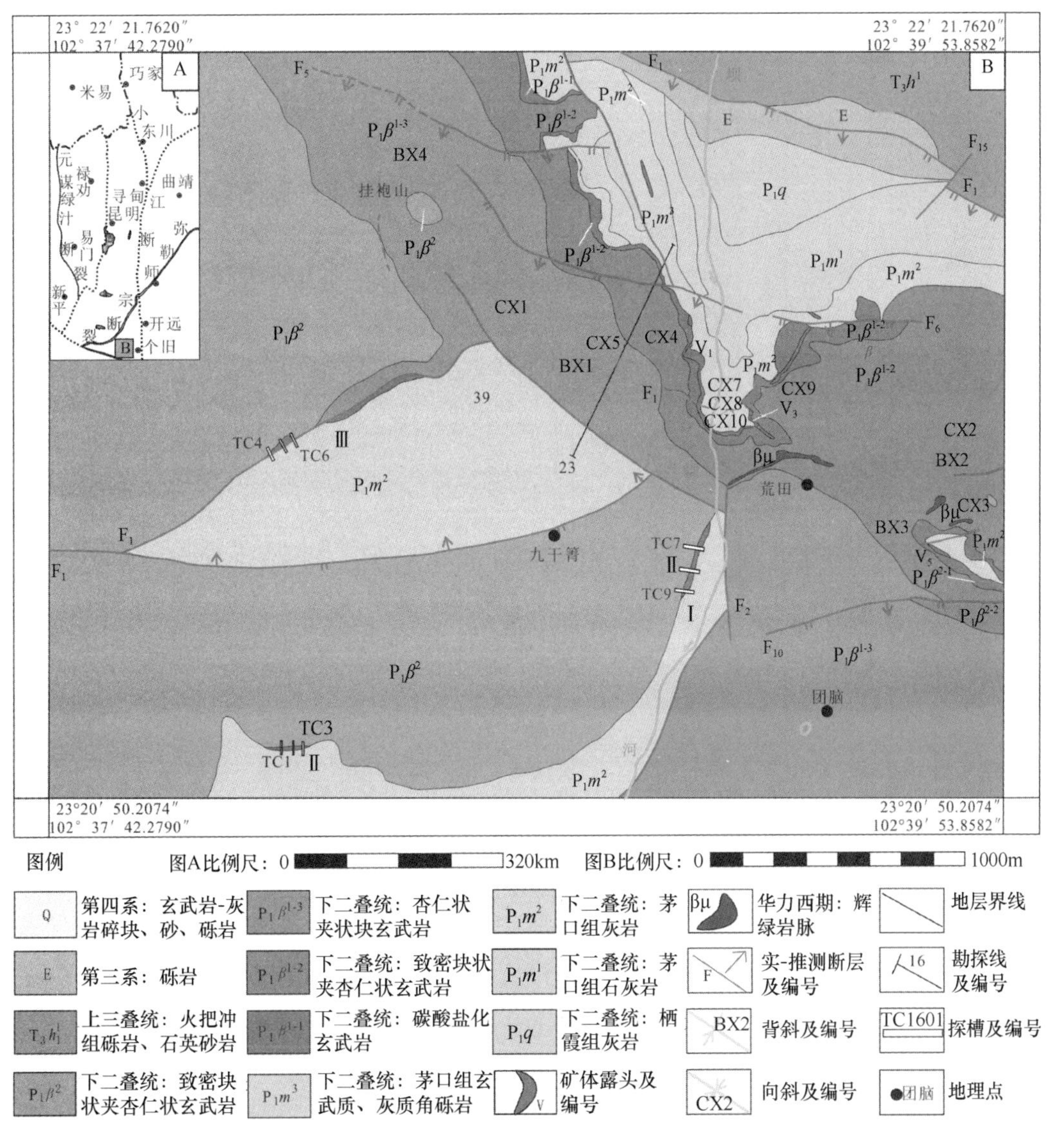

图 2-15 荒田碳酸盐岩型铅锌矿矿床地质略图

界	系	统	组	代号	柱状图	厚度/m	岩性描述
新生界	第四系			Q		0~25.46	玄武岩碎块、灰岩碎块、砂、砾石及其相应风化松散堆积而成，零星分布于低洼沟谷及其缓坡地带
	第三系			E		>14.68	紫红-浅紫灰斑杂色，砾状构造，砾石成分复杂，为灰岩、石英岩、砂岩、粉砂质泥岩、玄武岩，胶结物为方解石、硅质泥铁质等
中生界	三叠系	上统	火把冲组	T_3h^2		>733.38	灰-深灰-棕色薄至中厚层泥岩夹粉砂岩
				T_3h^1		>816.04	紫红-黄色砾岩、石英砂岩及钙质泥质粉砂岩夹黏土岩、泥质炭质页岩及煤层
古生界	二叠系	上统	峨眉山玄武岩组	$P_2\beta^2$		124.28	分为上下两段，上段为：暗绿色，风化呈褐灰绿色，隐晶结构，致密，杏仁状构造，杏仁状玄武岩夹致密块状玄武岩。其顶部为厚0.5m的紫红色凝灰岩。下段为：灰绿、暗绿色，风化呈褐灰绿色，隐晶结构，致密块-杏仁状构造，杏仁状玄武岩夹致密块状玄武岩
				$P_2\beta^{1-3}$		277.80	暗绿色，隐晶结构，致密块状、杏仁状构造，杏仁状玄武岩夹致密块状玄武岩，杏仁体为绿泥石、石英、方解石。局部夹灰岩透镜体。顶部有0.29m的紫红色凝灰岩
				$P_2\beta^{1-2}$		33.21~218.14	暗绿-灰绿色，隐晶结构，杏仁-致密块状，致密块状玄武岩夹杏仁状玄武岩。杏仁体为绿泥石、石英、方解石，杏仁在岩石中分布不均匀，岩石绿泥石化较强，局部具碳酸岩化，岩石中局部夹玄武质角砾岩，并伴有菱铁矿、铅锌矿化，矿化强烈的地方可达到边界品位
				$P_2\beta^{1-1}$		1.82~43.78	浅灰色，微晶结构，变余残留结构、鳞片变晶结构，块状构造，偶见杏仁状构造，成分为方解石、绿泥石、叶蜡石，绢云母、高岭石、白云石、菱铁矿等，偶见方铅矿、闪锌矿，该层碳酸盐化强烈，风化呈黄褐色，绿泥石化、叶蜡石化分布不均匀，在该层下部近含矿层岩石具有硅化，星点状、细脉状铅矿化体，该层位为矿区含矿顶板
		下统	茅口组	P_1m^3		0~113.77	该层位为“过渡层位"，岩性为角砾岩，为主要含矿层位，角砾成分以灰质角砾岩为主，次要为玄武质角砾岩，少量铅锌交代角砾形成方铅矿-闪锌矿角砾。胶结物为方解石-白云岩-黄铁矿-方铅矿-闪锌矿-重晶石等，胶结类型为基底-接触式胶结，基厚度-岩性变化与成矿关系密切，玄武质角砾岩中，铅锌主要沿着角砾边缘充填，形成脉状、团块状。星点状铅锌矿石，矿化不均匀，品位低，灰质角砾岩以锌矿化为主，铅锌主要呈胶结或交代角砾形成块状、角砾状、斑状、浸染状铅锌矿石
				P_1m^2		69.91	浅灰色，细晶、粉晶结构，块状构造灰岩，局部具大理岩化，顶部具重晶石化-硅化-星点状铅锌矿化，为矿体底板
				P_1m^1		130.09	灰-浅灰色，细晶-粉晶结构，巨厚层状构造灰岩，岩石层理不发育，局部夹生物碎屑灰岩
			栖霞组	P_1q		>66.05	灰白色，亮晶结构，块状构造灰岩

图 2-16　荒田碳酸盐岩型铅锌矿地层柱状图

中段（P_1m^2）：浅灰色块状微晶灰岩，见马鞍、团块状白云石，普遍重结晶，局部大理石化。此层为矿体底板，顶部具重晶石化、硅化，并有星点状铅锌矿化，矿化强烈处铅锌达工业品位，厚度 69.91m。

上段（P_1m^3）：为“过渡层位”，以浅灰、灰色灰质角砾为主，次为玄武质角砾组成，含量 60%～80%，角砾直径最大可达 8cm，角砾大小一般为 0.4～5cm，多呈次棱角状，胶结物为方解石、白云石、凝灰质、硅质及细粒黄铁矿、方铅矿、闪锌矿呈基底-接触式的胶结，局部地段夹灰岩透镜体及纹层状细粒黄铁矿、闪锌矿、硅质岩薄层，两者逐渐过渡。角砾岩段是矿体的赋存层位，其岩性、厚度与矿化关系密切，玄武质为主的角砾岩中，铅锌主要沿角砾边缘充填形成星点、细脉-网脉、团块状铅锌矿石，矿化不均匀，锌含量低，铅含量相对较高；灰质为主的角砾岩中，以锌矿化为主，铅锌呈胶结物，部分交代角砾形成矿化均匀，品位高的块状、角砾状、斑杂、浸染状铅锌矿石；角砾岩厚度变化较大，一般 5～25m 有利于矿化富集，太厚造成矿化分散，太薄赋存空间太少都不利于成矿。厚度 0～113.77m。

二叠系上统峨眉山玄武岩组（$P_2\beta$）：玄武岩与茅口组灰岩为连续沉积，玄武岩广泛分布于矿区西南部。厚 437.11～777.77m，按喷发-沉积旋回共分两个岩性段，各段岩性如下：

峨眉山玄武岩组第一段（$P_2\beta^1$）：厚度变化范围为 312.83～539.72m，共分下（$P_1\beta^{1-1}$）、中（$P_2\beta^{1-2}$）、上（$P_2\beta^{1-3}$）三个岩性层。

下层（$P_2\beta^{1-1}$）：浅灰色碳酸盐化玄武岩，风化后呈褐黄色，具微晶，变余残留、鳞片变晶结构、块状构造，偶见杏仁状构造。矿物成分为方解石、绿泥石、叶蜡石、少量绢云母、高岭石、白云石、偶见方铅矿。碳酸盐化普遍且强烈，蚀变极强处貌似灰岩；绿泥石、叶蜡石化分布不均、强弱差异很大，高岭石、绢云母化仅局部存在。此层为矿层顶板，近矿围岩具硅化，星点-细脉状铅锌矿化，局部地段可达工业要求。厚度 1.82～43.78m。

中层（$P_2\beta^{1-2}$）：暗绿、灰绿色致密块状夹杏仁状玄武岩，普遍绿泥石化、局部具碳酸盐化，偶夹玄武质角砾岩并有黄铁矿、铅锌矿化，矿化强烈处铅锌可达边界品位。厚度 33.21～218.14m。

上层（$P_2\beta^{1-3}$）：暗绿色杏仁状夹块状玄武岩，局部夹灰岩透镜体，顶部有厚 0.28m 紫红色凝灰岩。厚度 277.80m。

峨眉山玄武岩组第二段（$P_2\beta^2$）：分为上层（$P_2\beta^{2-2}$）、下层（$P_2\beta^{2-1}$）两岩性层，厚度 124.28m。

下层（$P_2\beta^{2-1}$）：灰绿、暗绿色致密块状夹杏仁状玄武岩，风化后呈浅灰绿色。厚度 30.94m。

上层（$P_2\beta^{2-2}$）：暗绿色杏仁状夹致密块状玄武岩，风化后呈褐灰绿色，顶部有厚 0.29m 的紫红色凝灰岩。厚度 93.34m。

第四系（Q）：残坡积物，岩性主要为玄武岩、灰岩碎块、砂、黏土松散堆积而成。坝头河河床中见灰岩、玄武岩岩块、泥、砂等冲积物。厚度 0～25.46m。

各层位地层接触关系见图 2-16。

二、矿区构造

矿区总体构造呈一倾向南西（SW）的波状起伏单斜，隶属他达-荒田-新寨复背斜南西翼的次级构造，由于北东侧 F_1 逆冲断层牵制，形成一系列轴向北西（NW）-南东（SE）的次级褶皱和后期形成的北西（NW）-南东（SE）向、南北（NS）向平移正断层，东西（EW）向正断层。次级褶皱控制了矿体的赋存部位。断裂构造使矿体的埋深、标高及产状发生了变化，但对矿体无破坏作用，现将矿区内与矿体关系密切的主要构造分述如下：

1. 褶皱

矿区褶皱构造发育，共发育背斜 BX1、BX2、BX3、BX4 四条，其中与矿体关系密切的背斜地质特征如下：

（1）BX1 背斜：为矿体 V_1 的控矿构造，矿体主要赋存于背斜两翼，部分赋存于轴部，背斜轴向 297°，该背斜长约 750 m，核部地层茅口组（P_1m^2）灰岩，两翼地层为茅口组（P_1m^3）和峨眉山玄武岩组（$P_2\beta^1$），南西翼总体产状 210°∠35°～60°，北东翼：北西段 210°∠10°～15°，南东由次一级多个次级褶皱组成，产状变化较大。枢纽起伏不平，总体向 297°缓倾，倾伏角 12°，褶皱轴向北东（NE）突起，似马鞍状，轴面产状北西（NW）段 27°∠60°，南东（NE）段 30°∠77°，翼间夹角变化范围为 122°～144°，属轴面向北东（NE）倾斜的歪斜波状倾伏褶皱。

（2）BX2 背斜：为控制 V_2 矿体构造，背斜轴向 282°，背斜长约 650m，核部地层茅口组（P_1m^2），两翼依次为 P_2m^3、$P_2\beta^{2\text{-}1}$、$P_2\beta^{2\text{-}2}$，北东翼地层产状 15°∠13°～35°，南西翼 200°∠20°～50°，枢纽起伏不平，轴面总体产状 15°∠86°，翼间夹角 128°，属轴面向北东（NE）倾斜的歪斜倾伏背斜。

其他背斜 BX3、BX4，向斜 CX1、CX2、CX3 产状特征见表 2-6。CX4、CX5、CX6、CX7、CX8、CX9、CX10，属 BX1、BX2、CX2 翼部的次级褶曲，其规模小，长一般为 80～150m，宽一般为 30～100km，这些小褶曲的槽部为矿液集聚场所，大多能形成富厚的工业矿体。

表 2-6　荒田碳酸盐岩型铅锌矿床矿区褶皱产状表

名称	组成		轴向	规模/km		形态产状				其他
	核部	翼部		长	宽	两翼	轴面	翼间夹角	枢纽	
BX3	P_1m^2	P_1m^3 $P_2\beta^{1\text{-}1}$ $P_2\beta^{1\text{-}2}$	295°	＞0.6	0.3	NE 翼：25°∠39°SW 翼：205°∠50°	25°∠84°	91°	向 SE 缓倾，倾伏角 5°	V_5 矿体赋存于 SW 翼
BX4	P_1m^2	P_1m^3 $P_2\beta^{1\text{-}1}$ $P_2\beta^{1\text{-}2}$	315°	＞0.4	＞0.3	NE 翼：40°∠0～42°SW 翼 210°∠46°～51°	F_6 断层破坏			V_3（NE 翼） V_4（SW 翼）
CX1	$P_2\beta^{1\text{-}2}$	$P_2\beta^{1\text{-}1}$ $P_2\beta^1$ P_1m^2	270°	0.5	0.2	N 翼：190°∠48°S 翼：175°∠6°	355°∠63°	126°	向 E 扬起	矿体主要赋存于槽部（ZK2304）
CX2	$P_2\beta^{1\text{-}2}$	$P_2\beta^{1\text{-}1}$ P_1m^3 P_1m^2	277°	＞0.8	＞0.2	NNE 翼：5°∠20°SSW 翼：186°∠19°	直立	141°	起伏不平	矿体主要产于西段槽部
CX3	$P_2\beta^{1\text{-}2}$	$P_2\beta^{1\text{-}1}$ P_1m^3 P_2m^2	283°	＞0.6	＞0.3	NE 翼：15°∠20°～40°SW 翼：195°∠30°	不明			

2. 断层

（1）F_1 断层：该断层为一贯穿整个矿区的逆断层，为区域性断裂，多处被后期北东（NE）向断裂错开，产状不稳定，变化范围较大 200°～237°∠52～80°，断裂南西盘为二叠系下统栖霞组（P_1q）、茅口组（P_1m）、二叠系上统峨眉山玄武岩组（$P_2\beta$）地层。北东盘为三叠系上统火把冲组（T_3h）地层，断距较大＞500m。在该断裂东段可见 0.20～0.50m

挤压片理岩和断层角砾岩，中段与北东（NE）组断裂交汇处见辉绿岩脉，西段下第三系地层被错断，断层具有先压后张多期活动特点，控制了矿区地层和矿产的分布。

（2）F_6断层：该断层为一贯穿整个矿区的正断层，为矿区内主要断裂构造，沿走向延伸＞2km，在该断裂东段断层走向280°，延伸约0.8km，断层面产状195°∠70°，北盘以茅口组上段（P_1m^2）地层为主，南盘为茅口组上段（P_1m^2）、峨眉山玄武岩（$P_2\beta^{1\text{-}1}$）地层，南盘下降，断距一般为30～50m。在坝头河两侧，断裂面宽度变化范围为0.5～4m，沿着断裂面有基性辉绿岩脉侵入；断裂中段，断层走向290°，断层面产状200°∠60°～76°，地表局部倾向北，两盘以峨眉山玄武岩组（$P_2\beta$）地层为主，错断茅口组和峨眉山玄武岩组（P_1m^3、$P_2\beta^{1\text{-}1}$）地层，使两盘地层水平位移20m，断层破碎带宽1.0～4.0m，沿断裂及两侧裂隙见辉绿岩脉侵入至茅口组（P_1m）灰岩，或顺层侵入到茅口组上段（P_1m^2）和（P_1m^3）层间裂隙中，南盘下降，断距约75m；该断层西段走向310°，沿走向方向延伸＞0.4km，断层面产状215°∠64°～76°，破碎带宽一般为2.0～6.5m，沿断裂附近裂隙见辉绿岩脉侵入，局部侵位到含矿层中，南盘下降，断距70m左右，两盘均为峨眉山玄武岩组（$P_2\beta^{1\text{-}2}$）地层，为破矿构造。综上所述，F_6断裂属断层走向北西（NW）-南东（SE），断层面倾向南西（SW），倾角64°～80°的高角度正断层，由于受断裂破坏，使断层两盘矿体在产状、埋深和标高上都发生了较大变化，但断层对矿体本身无破坏作用，后期沿断裂及裂隙侵入的辉绿岩脉，仅局部穿过含矿层，其规模小，对矿体基本无破坏作用。

（3）F_7断层：该断层在矿区内延伸＜200m，断层面产状200°∠78°，垂直断距一般为2～5m，水平断距一般为3～4m，破碎带宽一般为0.2～0.4m，为一规模较小的破矿平移正断层。

（4）其他断层：F_5、F_8、F_9、F_{10}、F_{11}等断裂构造对矿体无破坏作用，另外次级断裂在玄武岩中较常见，一般断距小于1m，走向长仅5～10m。

三、矿区岩浆活动

岩浆岩类型单一，为一套海相-陆相基性火山喷发岩及后期沿断裂、裂隙侵入的基性次火山岩脉。

1. 玄武岩

为一套以溢流相为主的含橄玄武岩、致密块状玄武岩及杏仁状玄武岩，岩石具斑状结构（橄榄石为斑晶）、波基交织结构、间粒结构，主要造岩矿物为斜长石（30%～45%）、辉石（30%～40%），橄榄石（2%～10%），副矿物为磁铁矿（1%～5%）。岩石绿泥石化强烈，次为碳酸盐化、绿帘石化，玄武岩铅同位素测定，其同位素年龄为277Ma，属晚华力西期。

2. 辉绿岩

华力西晚期-印支期沿断裂及裂隙侵入辉绿岩，主要分布于坝头河两侧F_6断裂附近，其形态、产状、规模严格受构造控制，辉绿岩呈脉状产出，产状与断层面基本一致，辉绿岩侵位一般在二叠系下统茅口组中段（P_1m^2）灰岩中。

四、矿区围岩蚀变

近矿围岩的蚀变主要有碳酸盐化、硅化、重晶石化、黄铁矿化、叶蜡石化、绿泥石化、绢云母化及大理岩化。

1. 碳酸盐化

广泛分布于含矿层顶板与矿层中，以白云石化为主，呈细网脉状分布。碳酸盐化强烈的角砾岩，特别是灰质角砾岩铅锌矿化较强，常形成稠密浸染状铅锌矿石；碳酸盐化强烈的玄武岩，常形成脉状铅锌矿石。

2. 硅化

主要发生于含矿层下部和二叠系下统茅口组（P_1m^2）灰岩顶部，以灰质角砾岩最为发育，同一地段蚀变强弱变化较大，表现为中-细粒石英呈半自形-他形不均匀分布，硅化与铅锌矿化呈反消长关系，硅化中等或弱，铅锌矿化强烈，反之，铅锌矿化弱或无。

3. 重晶石化

主要发生于灰质角砾岩中，玄武质角砾岩次之，表现为板条状重晶石沿角砾边缘分布，重晶石化强或中等，重晶石化与铅锌矿化强度密切相关，重晶石化程度越高，铅锌矿化也越强烈。

4. 黄铁矿化

主要发生于玄武质角砾岩中，次为灰质角砾岩和碳酸盐化玄武岩，偶见于灰岩中，表现为细粒黄铁矿呈自形-他形不均匀分布于岩石中，黄铁矿化愈强，铅锌矿化愈弱，黄铁矿化弱或无，铅锌矿化往往较强。

5. 叶蜡石化、绿泥石化、绢云母化

主要发生于碳酸盐化玄武岩中，次为玄武质角砾岩，其蚀变强弱与成矿关系不大。

6. 大理岩化

大理岩化多发生于二叠系下统茅口组（P_1m^2）灰岩中（图版Ⅵ-6）。

围岩蚀变具垂直分带性，从下向上依次为大理岩化（硅化）、重晶石化→重晶石化、硅化、碳酸盐化→黄铁矿化、硅化、碳酸盐化→硅化、碳酸盐化、叶蜡石化。其中重晶石化、碳酸盐化、硅化与黄铁矿化与成矿关系较为密切，为找矿标志。

五、矿体产出特征

矿区范围内发现矿体16个（V_1～V_{16}），矿体主要产于玄武岩与茅口组碳酸盐岩（灰岩）接触破碎带及其附近的层间构造带中（图2-17）。矿体产出形态、规模严格受地层、岩性和褶皱构造的控制。其中V_1～V_5矿体为矿区内主要矿体，主要矿体地质特征如下（见表2-7）。

1. V_1矿体

为矿区内主要矿体，约占矿区储量的71.5%。矿体分布于BX1、CX1褶皱两翼和轴部，矿体产于玄武岩与茅口组灰岩接触破碎带及其附近的层向构造带中，矿体走向延长约720m，倾向延深75～370m，厚度变化一般为0.78～27.40m，平均9.28m，呈似层状产出，产状与围岩基本一致，矿体较连续，剖面上可以对比连接，部分地段具膨大、缩小和分枝复合现象，矿体受BX1、CX1和更次一级褶曲的影响和控制，其产状变化较大。

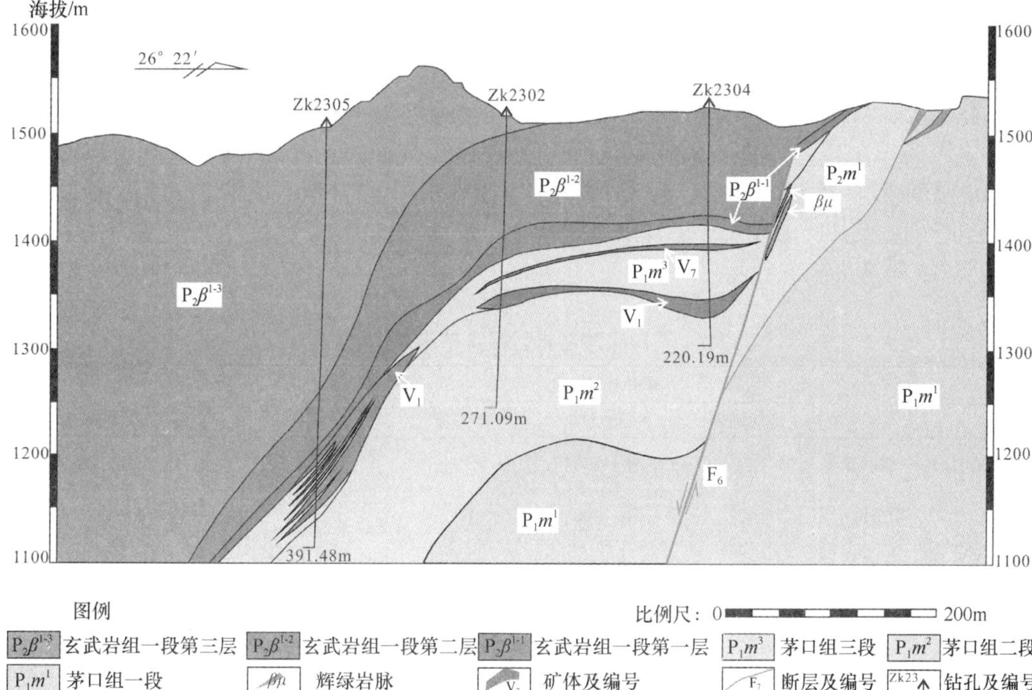

图 2-17　荒田碳酸盐岩型铅锌矿床 23 线剖面图

（1）赋存于 BX1 部分的矿体：赋存于 BX1 背斜南翼部分的矿体较稳定，倾向变化范围为 170°～216°，倾向一般 205°左右，倾角变化范围为 40°～70°，倾角一般为 45°左右；BX1 背斜北翼部分矿体，产状变化幅度较大，分为东西两部分，西部矿体产状为：倾向变化范围为 201°～226°，一般为 208°左右，倾角变化范围为 7°～17°，一般为 14°左右。东部矿体由于受次级褶皱的影响，产状变化很大，倾向变化范围分别为 205°～218°和 29°～37°，倾角 10°～58°；矿体在 BX1 背斜轴线走向上向北西倾伏，倾伏角约 12°。

（2）赋存于 CX1 向斜部分的矿体：赋存于 CX1 向斜南翼矿体产状 330°～350°∠10°～17°；北翼 190°～200°∠30°～50°。矿体在 CX1 向斜槽线走向上向西倾伏，倾伏角约 5°。

2. V_2 矿体

该矿体主要分布于 BX1 背斜中，部分分布于 CX2 向斜西段，呈长透镜状产出。由于受褶皱的影响和控制，矿体产状变化较大，赋存于 BX2 背斜南翼矿体产状为 190°～240°∠42°～75°，一般为 210°∠50°；BX2 背斜北翼为 20°～40°∠30°～45°，一般为 25°∠35°。赋存于 CX2 向斜南翼矿体产状为 20°～35°∠25°～40°，一般为 25°∠30°；CX2 向斜北翼 205°∠25°。矿体在 BX2 背斜轴线走向上向北西倾伏，倾伏角 6°；在 CX2 向斜槽线走向上向北西倾伏，倾伏角 4°，矿体较连续。其余矿体地质特征见表 2-7。

3. V_3 矿体

该矿体位于矿区西部 F_6 断裂以北，为隐伏矿体，矿体埋藏标高 1500～1632m，倾向延深 170～220m，矿体厚度变化范围较大，为 0.30～16.04m，矿体平均厚度为 3.20m，Pb 品位变化范围为 0.13%～6.04%，其平均品位为 0.69%；Zn 品位变化范围为 0.30%～

8.21%，其平均品位为 3.81%。矿体呈透镜体产出，由于受 F_6 断裂影响，矿体产状变化较大 180°∠39°～19°∠5°。

4. V_4矿体

该矿体位于矿区西部，为隐伏矿体，矿体埋藏标高 1275～1464m，矿体走向延伸 395m，倾向延深 95～235m，矿体厚度变化较大，为 1.32～8.14m，矿体平均厚度为 3.67m，Pb 品位变化范围为 0.07%～6.04%，平均品位为 1.45%；Zn 品位变化范围为 0.30%～8.97%，平均品位为 2.35%。

表 2-7　荒田碳酸盐岩型铅锌矿床矿体地质特征

矿体编号	矿体形态	矿体规模/m			品位/%	
		走向延伸	倾向延伸	平均厚度	范围	平均品位
V_1	似层状	720	75～370	9.28	Pb：0.04～26.25 Zn：0.09～47.49	Pb：1.9；Zn：6.42
V_2	长透镜状	800	80～300	6.68	Pb：0.06～12.85 Zn：0.24～36.36	Pb：1.90；Zn：9.98
V_3	透镜状	401	170～220	3.2	Pb：0.13～6.04； Zn：0.30～8.21	Pb：0.69；Zn：3.81
V_4	透镜状	395	95～235	3.67	Pb：0.07～6.04； Zn：0.30～8.97	Pb：1.45；Zn：2.35
V_5	透镜状	104	30～120	1.71	Pb：0.07～4.13； Zn：0.02～1.76	Pb：3.28；Zn：0.81

5. V_5矿体

该矿体位于矿区东部，为隐伏矿体，矿体埋藏标高 1410～1481m，走向延伸 104m，倾向延深 30～120m，矿体呈透镜状产出，产状 205°∠40°～77°。矿体厚度变化较大，为 0.53～2.34m，矿体平均厚度为 1.71m。Pb 品位变化范围为 2.54%～4.13%，平均品位为 3.28%；Zn 品位变化范围为 0.02%～1.76%，平均品位为 0.81%，为一氧化铅矿体。

矿体中除铅锌为主成矿元素外，还伴生有 Ag、Cd、Sb、Ga、Ge 等有益组分，其含量如下：

Ag：含量 0.7～43.1g/t，平均 8.55g/t（硫化矿 7.21g/t，氧化矿 10.78g/t），呈类质同象和混入物较均匀地赋存于铅矿物中。

Cd：呈类质同象和混入物形式赋存在锌矿物中，分布较稳定，含量 0.002%～0.106%，平均为 0.024%（硫化矿 0.020%，氧化矿 0.030%）。

Sb：主要分布在砷硫锑矿中，锑含量一般<0.14%，平均为 0.11%，最高可达 0.87%。

Ga：分布不稳定，含量 0.00006%～0.0013%，平均 0.0003%，主要在硫化矿石中。

Ge：含量 0.00009%～0.0015%，平均 0.0004%，分布不稳定，主要分布在氧化矿石中。

六、矿石结构、构造

1. 原生硫化矿石结构

以半自形-他形细粒结构为主，其次为自形粒状结构、交代残余结构等。

（1）半自形-他形细粒结构：半自形-他形细粒黄铁矿、方铅矿沿着裂隙分布（图版Ⅵ-7）。

（2）自形粒状结构：毒砂呈长柱状自形晶分布，在镜下可见菱形切面（图版Ⅵ-8）。

（3）交叉结构：方铅矿、闪锌矿沿着早期压碎的黄铁矿裂隙交代，呈交叉结构（图版Ⅵ-9）。

（4）填隙结构：方铅矿、闪锌矿沿非金属矿物的粒间及孔隙交代，形成填隙结构（图版Ⅵ-10）。

（5）网脉状结构：方铅矿、闪锌矿沿着压碎黄铁矿的裂隙或者围岩的矿物粒间、孔隙交代，呈现网脉状构造（图版Ⅵ-11、图版Ⅵ-12）。

（6）交代残余结构：方铅矿普遍交代闪锌矿，呈溶蚀-残余结构（图版Ⅵ-13）；

（7）压碎结构：黄铁矿因受构造应力作用常被压碎，呈压碎结构（图版Ⅵ-9、图版Ⅵ-11）。

2. 原生硫化矿构造

角砾状构造（图版Ⅵ-1）、块状构造（图版Ⅵ-2）、浸染状构造（图版Ⅵ-3）、细脉状构造（图版Ⅵ-4）、斑杂状构造（图版Ⅵ-5）。

3. 氧化矿构造

呈土状、蜂窝状、皮壳状构造。

七、矿石矿物与脉石矿物组成

矿区内矿体主要为原生硫化矿，部分矿体因出露地表被氧化。

1. 原生硫化矿

矿石矿物组合简单，金属矿物主要有：闪锌矿、方铅矿、毒砂、黄铁矿、黄铜矿、辉锑矿；脉石矿物有：方解石、石英、重晶石、白云石。

2. 次生氧化矿

矿物组合为：菱锌矿、异极矿、白铅矿、铅矾、水锌矿、砷硫锑铅矿、车轮矿、硫锑铅矿、褐铁矿等。

闪锌矿：闪锌矿的形成有两期：

第一期闪锌矿：常呈褐色、棕色，多呈他形粒状集合体产出，与方铅矿组成团块状、网脉状、脉状构造（图版Ⅵ-11），分布于矿体或者硅化强烈的岩石石英晶洞中。为胶状沉淀成因闪锌矿，常见闪锌矿被方铅矿穿插交代（图版Ⅵ-12）形成交代残余结构。该世代形成温度较高 285～297℃，粒径 0.01～0.50mm，含量 5%～20%±，该期形成的褐-棕色闪锌矿为矿区内主要的锌矿物。

第二期闪锌矿：中-粗粒、他形粒状黄-淡黄色闪锌矿，常呈星散分布（图版Ⅵ-14），少量黄色闪锌矿与粗粒立方体方铅矿共生，粒径 0.1～1.0mm，形成温度为 60～104°C。

方铅矿：方铅矿的形成共有两期，各期方铅矿特征如下：

第一期方铅矿：常呈自形-他形粒状结构，方铅矿与褐棕色闪锌矿及脉石矿物星点状分布于岩石中，或与砷硫锑铅矿组成角砾，可见方铅矿交代闪锌矿的现象（图版Ⅵ-12），并可见方铅矿中包含有毒砂（Ⅵ-15），方铅矿粒径一般为 0.05～0.1mm，该期方铅矿形成温度 288℃±。

第二期方铅矿：常呈粗粒自形，与黄色闪锌矿密切共生，呈立方体状，粒径一般为0.5～2.0mm，形成温度254℃±。

黄铁矿：硫化矿石中常见硫化物，黄色，呈自形-他形粒状，粒径变化范围较大，粒径一般为0.005～0.3mm，个别粒径可达到1.2mm，并具压碎结构，碎裂颗粒间常有方铅矿和闪锌矿呈脉状分布（图版Ⅵ-11），后期形成的黄铁矿和方铅矿一起呈脉状穿插闪锌矿（图版Ⅵ-16）。

毒砂：常呈细长粒状，自形晶，可见菱形切面，但往往被方铅矿溶蚀交代而呈半自形晶，星点状分布，粒径0.01～0.05mm，含量少。

砷硫锑铅矿：多呈脉状穿插于闪锌矿石中或浸染状分布于闪锌矿中，一般呈他形粒状，粒径一般为0.05～0.1mm。

硫锑铅矿：常呈纤柱状、乳滴状、粒状，粒径范围0.005～0.5mm，多分布于闪锌矿或方铅矿中，或与菱锌矿、白铅矿、石英等共生。

车轮矿：呈乳滴状分布于方铅矿中，部分呈细脉状穿插于方铅矿，闪锌矿或在其边缘交代，矿石中含量极少。

砷黝铜矿：常呈他形粒状，粒径范围0.01～0.05mm，常见包裹于闪锌矿中，偶见包裹在砷硫锑铅矿中。

菱锌矿：为氧化矿中的主要锌矿物，系闪锌矿氧化后交代碳酸盐岩石形成，多呈他形不规则粒状、皮壳状、肾状、脉状、葡萄状或脉状集合体，粒径范围 0.01～0.1mm，与闪锌矿、白铅矿、白云石、方解石、石英紧密共生，包裹脉石矿物石英、白云石、方解石，包裹粒径一般为0.01～0.04mm，少量菱锌矿被方解石包裹。

异极矿：为氧化矿中主要含锌矿物之一，他形粒状、放射状、花瓣状、束状集合体，粒径范围0.02～0.1mm，集合体0.6×0.3mm与菱锌矿、白云石、方解石、石英等共生，有的沿菱锌矿细脉中心分布，亦呈细脉状，形成菱锌矿皮壳状的核心。

水锌矿：为氧化矿石中含锌矿物之一，矿物含量极少，由闪锌矿氧化而成，与异极矿、菱锌矿、方解石共生。

白铅矿、铅矾：为方铅矿氧化形成，均呈他形不规则粒状，多沿方铅矿边缘分布或包裹方铅矿。

褐铁矿：为氧化矿石中常见氧化矿物，褐、深褐色，多呈五角十二面体黄铁矿假象，少量呈他形粒状集合体，粒径一般为0.01～0.7mm，与黄铁矿、方铅矿、闪锌矿、菱锌矿和脉石矿物共生，少量呈土状褐铁矿混杂于菱铁矿、方解石、白云石、石英等矿物表面。

八、矿物生成顺序

经野外观察及室内对矿石结构，矿物穿插交代关系等研究，将矿床分为两个成矿期：即热液成矿期、表生期。各期成矿特征如下：

第一期热液成矿期：根据成矿温度及充填交代关系又分为五个阶段（表2-8），各阶段成矿特征如下：

第一阶段菱铁矿-闪锌矿：该阶段形成的金属矿物含量一般不多，主要有菱铁矿、少量闪锌矿。

第二阶段石英-绢云母阶段：该阶段热液对围岩及含矿岩石发生一系列蚀变，蚀变类型为硅化、绢云母化、叶蜡石化和碳酸盐化，并有少量黄铁矿形成。

第三阶段闪锌矿-方铅矿阶段：本阶段形成独立而稳定的矿物组合，以闪锌矿为主，部分方铅矿和少量硫锑铅矿、车轮矿、辉铜矿；脉石矿物为石英、白云石。

第四阶段砷硫锑铅矿阶段：该阶段形成单一矿物砷硫锑铅，形成温度上限为230℃。

第五阶段重晶石阶段：主要矿物组合为重晶石，极少量黄色闪锌矿和星点状方铅矿。重晶石大部分分布于矿体下部或矿体边缘，少量穿插矿体破碎裂隙，形成重晶石胶结的斑杂状角砾矿石。

第二期表生氧化期：在地表氧化条件下，矿体形成一系列铅锌次生矿物：菱锌矿、异极矿、白铅矿、少量水铅矿、褐铁矿、铅矾、硫镉矿等。

表 2-8 荒田碳酸盐岩型铅锌矿床成矿阶段划分表

成矿期与成矿阶段	热液成矿期					表生氧化期
	Ⅰ成矿阶段	Ⅱ成矿阶段	Ⅲ成矿阶段	Ⅳ成矿阶段	Ⅴ成矿阶段	
石英	▬▬	▬▬	▬▬		▬▬	
绢云母		▬▬				
方解石		▬▬	▬▬		▬▬	▬▬
白云石			▬▬		▬▬	
重晶石					▬▬	
菱铁矿	▬▬					
黄铁矿	▬▬	▬▬	▬▬		▬▬	
黄铜矿	▬▬					
闪锌矿			▬▬		▬▬	
方解石			▬▬		▬▬	
硫锑铅矿			▬▬			
车轮矿			▬▬			
辉铜矿			▬▬			
砷硫锑铅矿				▬▬		
菱锌矿						▬▬
异极矿						▬▬
白铅矿						▬▬
铅矾						▬▬
水铅矿						▬▬
褐铁矿						▬▬
主要结构及构造	含矿硅质流体，沿玄武质角砾岩-灰质角砾岩的粒间空隙，对角砾进行胶结	热液对围岩及含矿岩石进行改造，产生叶蜡石化和碳酸盐化，并有少量自形细粒黄铁矿形成	自形-半自形，细-中粒方铅矿-闪锌矿-硫锑铅矿、车轮矿、辉铜矿，与脉石石英、白云石等，形成浸染状、斑杂状矿体，为矿区内的主要成矿区	砷硫锑铅矿呈脉状局部穿插于闪锌矿石中	自形粒状重晶石，少量他形粒状、浅色闪锌矿，粗粒自形方铅矿及少量他形黄铁矿形成重晶石胶结的斑杂状角砾矿石	孔状、上状、皮壳状结构产出次生矿物白铅矿-铅矾-菱锌矿-水锌矿-异极矿-褐铁矿

第七节 典型矿床小结

经过对研究区内典型碳酸盐岩型铅锌矿床（点）的成矿地质背景、赋矿地层、赋矿围岩、控矿因素、矿物组合等特征、矿床品位、矿石特征、矿物组合、围岩蚀变等因素的分析，将研究区内碳酸盐岩型铅锌矿床划分为两类，第一类碳酸盐岩型铅锌矿床包括：大笑、花木箐、噜鲁、热水塘、苏租-暮阳等五个矿床；第二类碳酸盐岩型铅锌矿床包括：荒田铅锌矿床，现将研究区内两类碳酸盐岩型铅锌矿床（点）的地质特征列入表 2-9，由表 2-9 可知两类碳酸盐岩型铅锌矿床的异同点如下：

1. 成矿地质背景

第一类碳酸盐岩型铅锌矿（点）处扬子地块西南缘，第二类碳酸盐岩型铅锌矿床（点）为华南褶皱系西南边缘。

2. 赋矿围岩

第一类碳酸盐岩型铅锌矿床（点）赋矿围岩为碳酸盐岩，而第二类碳酸盐岩型铅锌矿床（点）赋矿围岩除了碳酸盐岩（茅口组灰岩）外，还有部分矿体赋存于峨眉山玄武岩中。

3. 矿体形态

研究区内两类碳酸盐岩型铅锌矿床矿体形态变化较大，矿体主要呈层状、网脉状产出。

4. 控矿因素

第一类碳酸盐岩型铅锌矿床（点）均受地层、构造（断裂）、岩性、岩相古地理等因素控制，只是侧重点不同，而第二类碳酸盐岩型铅锌矿床（点）则受地层、岩性、接触界面、构造（断裂、褶皱）等因素控制。

5. 矿石品位

第一类碳酸盐岩型铅锌矿床矿石品位：Pb+Zn 为 1.30%～31.60%，Zn/（Zn+Pb）为 0.016～0.6；第二类碳酸盐岩型铅锌矿床矿石品位 Pb+Zn 为 8.01%～10.93%，Zn/（Zn+Pb）为 0.8±。第一类铅锌矿床相比第二类铅锌矿床 Zn/（Zn+Pb）相对较低，表明第二类铅锌矿床中富含锌。

6. 矿石矿物组合

第一类碳酸盐岩型铅锌矿床（点）矿石矿物组合简单，矿石矿物组合为：闪锌矿、方铅矿、黄铁矿、黄铜矿、铅矾、白铅矿、菱锌矿、褐铁矿、方解石、石英、重晶石等。而且少数矿床具有独特的矿物组合，如大笑铅锌矿床中还发育有菱铁矿、辉银矿，噜鲁铅锌矿床中还发育有毒砂、白铁矿、硬（软）锰矿、沥青等矿物；第二类碳酸盐岩型铅锌矿床（点）矿石矿物主要有：闪锌矿、方铅矿、黄铁矿、白铅矿、方解石、重晶石、砷黝铜矿、毒砂、砷硫锑铅矿、硫锑铅矿、车轮矿、菱锌矿、异极矿、水锌矿等。

7. 第一类碳酸盐岩型铅锌矿床（点）矿石特征

块状、浸染状、角砾状、网脉状、团块状、细脉状构造；自形-半自形粒-他形粒状结构、胶结状结构、交代溶蚀-残余结构、包含结构；第二类碳酸盐岩型铅锌矿床（点）原生硫化矿有：角砾状、块状、浸染状、细脉状、斑杂状构造；矿石结构以半自形-他形细粒结构为主，另外还有交代残余结构、固溶体分离结构、包含结构、似乳滴状结构。

表 2-9　滇中铅锌成矿区两类铅锌矿床对比

矿床类型	第一类碳酸盐岩型铅锌矿床	第二类碳酸盐岩型铅锌矿床
矿床	大笑、花木箐、热水塘、苏租-暮阳、噜鲁	荒田
构造背景	位于扬子地块西南缘，南北向断裂带的次级断裂带	构造上位于华南褶皱系、弥勒-师宗的次级断裂
赋矿地层	昆阳群黑山头组、震旦系灯影组、寒武系下统梅树村组、泥盆系曲靖组、寒武系龙王庙组	二叠系茅口组、峨眉山玄武岩组
赋矿岩性	灰岩、白云岩等碳酸盐岩	灰岩、玄武岩
控矿因素	地层、构造、岩性（断裂）、岩相古地理	地层、岩性、构造（褶皱）、接触岩性界面
矿体特征	似层状、透镜状、脉状矿体大部分与围岩呈整合关系	似层状、脉状
矿石品位	Pb+Zn：1.30%～31.60%，Zn/（Zn+Pb）：0.016～0.6	Pb+Zn：8.01%～10.93%，Zn/（Zn+Pb）：0.8±
矿石特征	块状、浸染状、角砾状、网脉状、团块状构造；细脉状，自形-半自形粒-他形粒状结构、胶结状结构、交代溶蚀-残余结构、包含结构	原生硫化矿有：角砾状、块状构造、浸染状、细脉状、斑杂状构造；矿石结构以半自形-他形细粒结构为主，另外还有交代残余结构、固溶体分离结构、包含结构、似乳滴状结构
矿物组成	闪锌矿、方铅矿、黄铁矿、黄铜矿、辉银矿、白铅矿、毒砂、白铁矿、铅矾、菱锌矿、菱铁矿、褐铁矿、方解石、石英、重晶石、硬（软）锰矿、沥青等	闪锌矿、方铅矿、黄铁矿、白铅矿、方解石、重晶石、砷黝铜矿、毒砂、砷硫锑铅矿、硫锑铅矿、车轮矿、菱锌矿、异极矿、水锌矿等
围岩蚀变	硅化、重晶石化、黄铁矿化、碳酸岩化、褐铁矿化	碳酸盐化、重晶石化、绢云母化、绿泥石化、硅化

8. 围岩蚀变

研究区内碳酸盐岩铅锌矿床（点）围岩蚀变普遍发育，围岩蚀变主要发育：碳酸盐化、硅化、黄铁矿化、重晶石化等，除了以上蚀变以外第二类铅锌矿床（点）还发育有绢云母化和绿泥石化。

第三章　矿床地球化学特征

第一节　岩石常量元素地球化学

一、花木箐碳酸盐岩型铅锌矿床

花木箐碳酸盐岩型铅锌矿床矿体均赋存于上震旦统灯影组的白云岩、硅质白云岩中。白云岩 SiO_2 的含量变化范围为 8.620%～11.900%，硅质岩 SiO_2 含量为 67.320%，白云岩的 CaO+MgO 的变化范围分别为：47.880%～49.200%、硅质岩 CaO+MgO 的含量为 18.420%（表 3-1），白云岩 CaO/MgO 摩尔数之比分别为 1.040～1.080，白云岩属钙质白云岩；白云岩的 Fe_2O_3 含量为 0.310～0.320，硅质岩 Fe_2O_3 含量为 0.190，白云岩 FeO/Fe_2O_3 为 0.320～0.340，硅质岩 FeO/Fe_2O_3 为 0.580。由以上岩石化学特征可知，由白云岩→硅质岩因变质作用 SiO_2 的含量逐渐升高，变质作用导致氧逸度增高，Fe_2O_3、$A1_2O_3$ 含量降低，显示其含有一定量的黏土矿物。

二、噜鲁碳酸盐岩型铅锌矿床

噜鲁碳酸盐岩型铅锌矿床矿体赋存于下寒武统梅树村组，赋矿围岩为硅质白云岩、硅质岩。硅质白云岩 SiO_2 含量变化范围为 40.750%～59.940%，硅质岩 SiO_2 的含量为 80.550%；硅质白云岩中 CaO+MgO 的变化范围分别为 19.870%～28.740%、硅质岩 CaO+MgO 含量为 11.200%（表 3-1）；硅质白云岩 CaO/MgO 摩尔数之比为 1.420～1.460，硅质白云岩属钙质白云岩；硅质白云岩、硅质岩的 Fe_2O_3 含量变化范围及含量分别为：0.200～0.300、0.140，FeO/Fe_2O_3 比值分别为 0.400～0.500、0.710。由以上岩石化学特征可知，由硅质白云岩→硅质岩随着变质程度不断加深，SiO_2 的含量逐渐升高、Fe_2O_3 的含量逐渐降低。随着变质程度的不断加深氧逸度越高，$A1_2O_3$ 含量较低，显示其含有一定量的黏土矿物。

三、热水塘碳酸盐岩型铅锌矿床

热水塘碳酸盐岩型铅锌矿床赋矿围岩主要为寒武系中统双龙潭组碳酸盐岩，其中白云岩中 SiO_2 含量变化范围为 6.700%～34.140%，说明受含有一定数量的硅质碎屑物质混入作用影响；白云岩中 CaO+MgO 为 31.980%～47.240%（表 3-1），CaO/MgO 摩尔数之比为 1.000～1.388，属于钙质白云岩；$A1_2O_3$ 含量 0.810%～5.460%，显示白云岩中含有一定量黏土矿物。

表 3-1 滇中典型碳酸盐岩型铅锌矿床围岩常量元素含量表（%）

位置	编号	样品编号	岩性	SiO_2	TiO_2	Al_2O_3	Fe_2O_3	FeO	MnO	MgO	CaO	Na_2O	K_2O	烧失量	P_2O_5	CO_2	总计	CaO+MgO	CaO/MgO	FeO/Fe_2O_3
	1	TBP3-10	白云岩	11.900	0.010	4.960	0.310	0.100	0.010	18.750	29.130	0.250	0.300	0.300	0.600	33.100	99.720	47.880	1.080	0.320
花木箐	2	TBP3-13		8.620	0.010	0.580	0.320	0.110	0.020	19.760	29.440	0.160	0.010	6.310	0.150	34.100	99.590	49.200	1.040	0.340
	3	TBP3-19	硅质岩	67.320	0.040	0.120	0.190	0.110	0.020	6.330	12.090	0.100	0.010	11.720	0.060	1.300	99.410	18.420	1.330	0.580
	4	DLPd-10	硅质岩	80.550	0.070	0.120	0.140	0.10	0.01	4.050	7.150	0.100	0.010	7.510	0.130		99.940	11.200	1.230	0.710
噜鲁	5	DLPd-12	硅质白云岩	40.750	0.010	5.250	0.300	0.120	0.05	9.470	19.270	0.130	0.510	4.500	3.330	15.900	99.590	28.740	1.420	0.400
	6	DLPd-14		59.940	0.010	0.120	0.200	0.100	0.070	6.430	13.440	0.080	0.080	3.000	1.670	14.500	99.640	19.870	1.460	0.500
	7	含矿层	白云岩	10.180	0.096	2.950	3.000		0.220	15.730	23.620						55.796	39.350	1.502	
	8	上盘		14.410	0.069	2.610	3.010			15.870	23.800						59.769	39.670	1.500	
苏租-暮阳	9	下盘	灰岩	15.240		8.000	4.500		0.590	1.730	20.800						50.860	22.530	12.023	
	10	上盘	砂岩	59.040	0.150	12.850	9.920		1.700	1.170	0.415						85.245	1.585	0.355	
热水塘	11	双龙潭组	硅质条带白云岩	34.140		5.460				15.990	15.990						71.580	31.980	1.000	
	12		细-中晶白云岩	6.700		0.810				19.780	27.460						54.750	47.240	1.388	
	13	6-9	二叠系玄武岩	50.400	0.710	14.800	9.900		0.150	9.060	12.100	2.100	0.510	1.910	0.060		101.700	21.160	1.336	0
	14	6-10		47.500	0.760	15.600	10.500		0.160	9.260	12.500	2.490	0.260	3.940	0.070		103.040	21.760	1.350	0
	15	6-11		49.700	0.730	15.300	10.300		0.150	9.090	12.500	2.070	0.310	2.430	0.060		102.640	21.590	1.375	0
	16	6-12		49.900	0.730	15.100	10.200		0.160	8.980	12.700	2.010	0.460	2.580	0.070		102.890	21.680	1.414	0
	17	6-13		47.700	0.770	15.800	10.700		0.170	9.160	12.700	2.910	0.510	5.030	0.070		105.520	21.860	1.386	0
建水	18	YQ007	绿泥石化玄武岩	53.970	0.960	10.070	3.770	1.350	0.150	2.540	7.840	0.090	2.320				83.060	10.380	3.090	0.360
	19	21	碳酸盐化玄武岩	60.940	1.175	10.020	3.830	4.700		2.960	7.360	0.450	0.620				92.055	10.320	2.490	1.230
	20	20		44.280	0.540	12.640	5.070	8.920	0.100	12.990	10.080	1.770	0.798				97.188	23.070	0.780	1.760
	21	13	硅化灰岩	38.630	0.150	1.270					17.530						57.580	17.530		
	22	23	灰岩	9.140		0.370			0.050	0.960	47.550			38.890			58.070	48.510	49.530	
	23	28		9.280	0.034	0.440	0.460	0.780		0.490	50.490	0.070	0.150	39.380			62.194	50.980	103.040	1.700

续表

位置	编号	样品编号	岩性	SiO_2	TiO_2	Al_2O_3	Fe_2O_3	FeO	MnO	MgO	CaO	Na_2O	K_2O	烧失量	P_2O_5	CO_2	总计	CaO+MgO	CaO/MgO	FeO/Fe_2O_3
个旧	24	2-3	中粒花岗岩	74.870	0.039	12.430	0.246	0.613	0.035	0.440	0.787	2.620	6.040		0.082		98.202	1.227	1.789	2.492
	25	4-4		74.060	0.104	12.860	0.050	1.250	0.049	0.764	0.903	3.020	5.880		0.143		99.083	1.667	1.182	25.000
	26	K-1		74.990	0.039	11.970	0.020	0.971	0.044	0.764	0.734	2.820	5.690		0.051		98.093	1.498	0.961	48.550
	27	30-19	似斑状花岗岩	72.190	0.291	13.080	0.150	1.000	0.025	0.600	2.580	2.610	6.960		0.158		99.644	3.180	4.300	6.667
	28	6-22		72.180	0.412	13.890	0.340	1.980	0.029	0.924	2.430	3.720	5.500		0.199		101.604	3.354	2.630	5.824
	29	28	中粒花岗岩	67.790	0.307	13.300	0.610	1.880	0.063	0.762	1.860	2.040	7.710		0.231		96.553	2.622	2.441	3.082
	30	16	细中粒花岗岩	74.400	0.030	13.030	0.440	1.150	0.060	0.250	0.860	3.570	5.090		0.010		98.890	1.110	3.440	2.614
	31	17		74.160	0.070	12.90	0.820	1.210	0.040	0.200	0.900	3.490	5.020		0.010		98.820	1.100	4.500	1.476
	32	18	淡色花岗岩	74.720	0.030	13.010	0.430	0.460	0.020	0.170	0.890	3.760	5.090		0.010		98.590	1.060	5.235	1.070
	33	ZYS2	中粒花岗岩	71.250	0.210	13.930	0.550	1.220	0.040	0.360	1.550	2.810	5.720		0.120		99.840	1.910	4.310	2.220
	34	ZYS6		71.690	0.180	13.630	0.810	1.560	0.040	0.330	1.420	2.220	5.720		0.120		99.880	1.750	4.300	1.930
	35	ZYS7		72.210	0.240	13.610	0.430	1.050	0.030	0.660	2.820	3.770	3.140		0.150		99.870	3.480	4.270	2.440
	36	ZYS19		69.620	0.240	13.310	1.380	3.560	0.070	1.090	2.500	0.120	4.050		0.140		99.840	3.590	2.290	2.580
	37	TZ2		73.370	0.090	10.580	2.170	2.540	0.070	0.370	1.520	3.260	3.810		0.030		99.850	1.890	4.110	1.170

注：1-6（付绍洪，2004），7-12（秦德先），13-23（谢静，2006），24-32（欧阳恒，2010），33-37（黄永磊，2005）

四、苏租-暮阳碳酸盐岩型铅锌矿床

苏租-暮阳碳酸盐岩型铅锌矿床赋矿围岩为泥盆系中统曲靖组灰-灰黑色泥质白云岩，赋矿围岩上下盘岩性为砂岩、白云岩、泥质灰岩。岩石中 SiO_2 含量变化范围较大14.410%～59.040%，在白云岩和泥质灰岩中 SiO_2 的含量较高，说明含有一定数量的硅质碎屑物质混入作用影响；含矿白云岩中 CaO+MgO 为 39.350%，CaO/MgO 摩尔数之比为1.502，属于钙质白云岩；围岩 Fe_2O_3 含量 3.010%～9.920%；Al_2O_3 含量 2.610%～12.850%，在赋矿岩石泥质白云岩与非含矿白云岩常量元素含量差别不大，仅是 SiO_2、Fe_2O_3、CaO、MgO 的含量略低于非含矿岩石，含量显示矿化白云岩中具有较多的黏土矿物。

五、荒田碳酸盐岩型铅锌矿床

建水二叠系峨眉山玄武岩 SiO_2 含量变化范围为 47.500%～50.400%，TiO_2 含量变化范围为 0.710%～0.770%，Al_2O_3 含量为 14.800%～15.800%，K_2O（0.260%～0.510%）＜Na_2O（2.010%～2.910%），MgO 的含量较高，其含量变化范围为 8.980%～9.260%，火山岩的成分比较原始，分异程度低，为拉斑系列玄武岩。峨眉山玄武岩在后期热液改造下发生碳酸盐化和叶蜡石化蚀变，蚀变玄武岩 SiO_2 含量变化范围为 44.280%～60.940%，TiO_2 含量 0.540%～1.175%，Al_2O_3 含量 10.020%～12.640%，K_2O（0.620%～2.320%）＞Na_2O（0.090%～1.770%），MgO 含量较高，且变化范围较大 2.540%～12.990%，可见经过热液对玄武岩原岩进行改造，对原岩而言蚀变岩的 SiO_2、TiO_2、FeO、K_2O 的含量有所增加。

二叠系茅口组灰岩 SiO_2 含量变化范围较小 9.140%～9.280%，硅化灰岩 SiO_2 含量要明显高于灰岩，硅化灰岩、灰岩 CaO+MgO 含量和变化范围分别为：17.530%、48.510%～50.980%，灰岩的 CaO/MgO 摩尔数之比为 49.530～103.040，含有钙较高；灰岩 Fe_2O_3 含量 0.460%、Al_2O_3 含量 0.370%～0.440%，硅化岩 Al_2O_3 含量 1.270%。

燕山花岗岩 SiO_2 含量变化范围为 67.790%～74.990%，TiO_2 含量变化范围为 0.030%～0.412%，K_2O（3.140%～7.710%）＞Na_2O（0.120%～3.760%），Al_2O_3 含量 10.580%～13.890%，MgO 含量变化范围为 0.170%～0.924%，属于岩浆成因花岗岩。

六、矿床围岩常量元素地球化学小结

滇中碳酸盐岩铅锌矿赋矿围岩多为白云岩、灰岩等碳酸盐岩，赋矿白云岩多为钙质白云岩，均形成于还原性较强的成岩环境。赋矿围岩中均含有一定二氧化硅，可能因为赋矿围岩中含有硅质碎屑组分或者成矿过程中有硅化现象，且赋矿围岩中均含有一定量黏土矿物。

第二节 岩石微量元素地球化学

滇中碳酸盐岩型铅锌矿床矿体赋矿层位较多，赋矿层位由老至新分别有：中元古界昆阳群（大笑、育英村、双龙、法古甸、大凹子铅锌矿）、上震旦统灯影组（花木箐、大兑冲铅锌矿）、下寒武统梅树村组（噜鲁、热水塘铅锌矿）、中寒武统双龙潭组（热水塘铅锌矿)、中泥盆统曲靖组(苏租-暮阳、铅厂、铜厂铅锌矿)、下二叠统茅口组(罗平铅锌矿、荒田铅锌矿)、上二叠统峨眉山玄武岩组(荒田铅锌矿)、下三叠统飞仙关组(上纸厂铅锌矿)、上三叠统舍资组(普雄铅锌矿)等层位。通过对赋矿层位背景与异常下限统计分析可知赋矿碳酸盐岩及其下伏碎屑岩中铅、锌、铜、银等元素丰度值普遍较高(见表 3-2),Pb 含量变化范围一般为 6.60×10^{-6}～1893.00×10^{-6},含量最高为南沱组(Zz_2n)砂岩,其含量为 1893.00×10^{-6},Pb 浓集克拉克值变化范围为 0.37～270.00,其变化范围较大,仅有一组数据＜1,其余均＞1。Zn 含量变化范围一般为 24.00×10^{-6}～256.00×10^{-6},含量最高为中泥盆统曲靖组(D_2q)白云岩,其含量为 1061.00×10^{-6},Zn 浓集克拉克值变化范围为 1.20～53.00,其变化范围较大,全部数据均＞1。Zn/Pb 比值为 0.07～10.40,赋矿层中具有高浓度的 Pb、Zn 含量值,它们为后期铅锌成矿提供了重要的成矿物质物源。部分赋矿层位中铜、钡元素含量丰度值均较高,一般情况下地层中钡丰度高则可能形成含重晶石的矿石组合,钡的含量少则矿石中不含或者含少量的重晶石;铅锌矿石中铁含量的高低也与赋矿地层中铁族元素丰度密切相关。因此,除铅锌主成矿元素外,部分有益元素与也参与了成矿。

表 3-2　滇中铅锌成矿区元素丰度表

地层剖面与岩性	统计件数	元素丰度/ppm								Zn/Pb	浓集克拉克值		含矿元素
		Pb	Zn	Cu	Ag	V	Mn	Ba	Sn		Pb	Zn	
石屏-建水南飞仙关组碳酸盐岩	8	24.10	42.70	10.00						1.27	2.75	2.14	Pb、Zn
茅口组碳酸盐岩 会泽	1	49.00	108.00							2.200	5.440	5.40	Pb/Zn
茅口组碳酸盐岩 建水北部	16	62.00	256.00	20.00	0.10	104.00				4.13	6.90	12.80	Pb/Zn
会泽威宁组碳酸盐岩	1	27.00	80.00							2.96	3.00	4.00	Pb、Zn
会泽摆佐组碳酸盐岩	1	47.00	121.00							2.57	5.22	6.05	Pb、Zn
大塘组灰岩 会泽铅锌矿	1	57.00	136.00							2.39	6.33	6.80	Pb、Zn
大塘组灰岩 路南螺丝塘	6	17.70	66.00	25.00	0.37	55.00	26.00	36.00	4.3.00	3.70	2.00	3.30	Pb、Zn
苏租-暮阳曲靖组碳酸盐岩	124	246.00	1061.00	11.50	0.18	100.00				4.01	29.00	53.00	Pb、Zn
弥勒西二区曲靖组碳酸盐岩	127	45.80	50.50	44.10	0.42	64.60		33.90	0.63	1.10	5.10	2.50	Pb、Zn
热水塘中寒武统白云岩	20	140.00	28.00	45.00		10.00		70.00		0.19	15.60	13.90	Pb
热水塘龙王庙组白云岩	4	64.00	27.00					100.00		0.43	7.10	13.60	
热水塘下寒武统砂岩	7	166.00	30.00	26.00				458.00	18.00	0.19	24.00	2.00	Pb
渔户村组碳酸盐岩 禄劝	11	121.00	175.00	28.00	0.35	45.00	391	475.00	3.00	1.47	13.40	8.75	Pb、Zn

续表

地层剖面与岩性		统计件数	元素丰度/ppm								Zn/Pb	浓集克拉克值		含矿元素
			Pb	Zn	Cu	Ag	V	Mn	Ba	Sn		Pb	Zn	
渔户村组碳酸盐岩	宜良	32	76.00	30.00	14.00		53.00	320			0.40	8.40	1.50	Pb
	昆阳	37	234.00	98.00	26.00		10.00		400		0.33	26.00	5.00	Pb
灯影组碳酸盐岩	会泽铅锌矿	1	65.00	205.00							3.15	7.22	10.25	Pb、Zn
	大兑冲	2	13.40	42.00	24.00	0.38	70.00	19.00	99.00	3.00	3.10	1.50	2.10	Pb、Zn、Fe
	热水塘	4	139.00	70.00		1.00		250.00	270.00		0.50	13.40	3.50	Pb
	1/5 万石屏幅	33	6.60	53.00	39.00		34.00	875.00	150.00	5.00	7.90	0.37	2.60	
陡山沱组白云岩和砂岩	大兑冲白云岩	14	18.60	194.00	88.00	0.70	44.00	165.00	17.50	4.40	10.40	2.10	9.70	Pb、Zn、Fe
	大兑冲砂岩	10	26.00	135.00	78.00	0.29	63.00	487.00	100.00	5.40	5.26	3.67	9.00	
	热水塘砂岩	3	538.00	41.00	40.00	1.00		200.00	100.00	10.00	0.07	76.00	2.7	
	1/5 万石屏幅砂岩	38	18.00	95.00	27.00		105.00	500.00	342.00	14.00	5.40	2.50	6.3	
会理群		1	100.00	200.00							2	6.67	3.33	Pb、Zn
1/5 万石屏幅南沱组砂岩		33	1893.00	150.00	107.00		100.00	1200.00	388.00	25.00	0.07	270	10.00	
1/5 万石屏幅澄江组砂岩		113	15.20	73.00	32.00		82.00	620.00	339.00	9.00	4.80	2.10	4.80	
1/5 万石屏幅大龙口组灰岩		115	24.00	24.00	25.00		34.00	1530.00	167.00	4.00	1.00	2.70	1.20	Pb、Zn、Fe
千枚岩、板岩			15.00	60.00										
地壳碳酸盐岩			9.00	20.00	4.00	0.01	20.00	1100.00	10.00	0.11				
地壳砂岩			7.00	15.00	x	0.01	20.00		10.00	0.11				

注：据秦德先等，1998

第三节　稀土元素地球化学

一、岩石稀土元素地球化学特征

1. 大笑碳酸盐岩型铅锌矿床

大笑碳酸盐岩型铅锌矿床赋矿层位为昆阳群黑山组（Pt_1hS）的炭泥质白云岩、板岩，赋矿围岩稀土元素总量(∑REE)变化范围较大，其变化范围为 19.170×10^{-6}～204.930×10^{-6}，轻重稀土分异程度均较高，轻重稀土元素比值(∑LREE/∑HREE)为 6.921～16.443(表 3-3)，轻稀土元素相对富集。δEu 比值均显示强的负异常，δEu 的变化范围为 0.588～0.675；δCe 值则表现为弱的正异常，其变化范围为 1.021～1.097；$(La/Yb)_N$ 值变化范围为 6.284～16.362，显示稀土配分曲线的右倾斜特征（图 3-1）；轻稀土内部分异程度的$(La/Sm)_N$ 值变化范围为

3.000～6.162，重稀土元素内部分异程度的$(Gd/Yb)_N$值为1.159～2.241，反应轻重稀土元素内部均存在一定分异，且轻稀土元素内部的分异程度高于重稀土元素内部的分异程度。

2. 花木箐碳酸盐岩型铅锌矿床

花木箐碳酸盐岩型铅锌矿床赋矿层位为上震旦统灯影组（Zb*dn*）白云岩中，该层位岩石稀土元素总量（∑REE）变化范围较大，其∑REE变化范围为5.960×10^{-6}～38.590×10^{-6}，轻重稀土分异程度较高，轻重稀土元素比值（∑LREE/∑HREE）为5.782～6.641（表3-3），轻稀土元素相对富集。δEu显示弱的正负异常特征，δEu的变化范围为0.834～1.152；δCe值变化范围为0.544～0.830，表现为强的负异常；$(La/Yb)_N$值变化范围为10.296～11.349，显示稀土配分曲线的右倾斜特征（图3-2）。轻稀土内部分异程度的$(La/Sm)_N$值变化范围为1.815～3.064，重稀土元素内部分异程度的$(Gd/Yb)_N$值为2.790～4.573，反应出轻重稀土元素内部均存在一定分异。

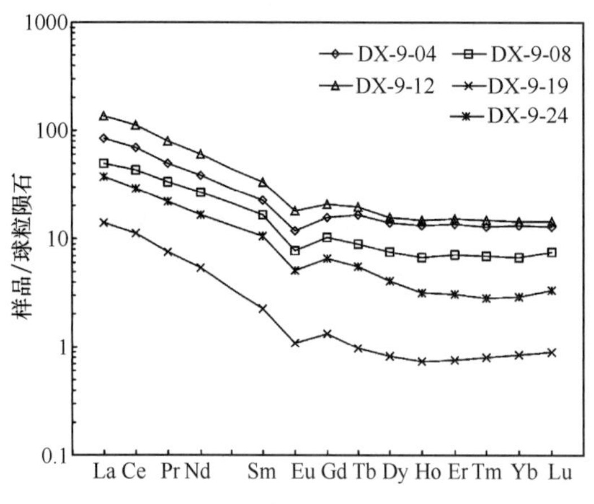

图3-1 大笑碳酸盐岩型铅锌矿床赋矿围岩稀土元素分配模式图

图3-2 花木箐碳酸盐岩型铅锌矿床赋矿围岩稀土元素分配模式图

3. 噜鲁碳酸盐岩型铅锌矿床

噜鲁碳酸盐岩型铅锌矿床赋存层位为下寒武统梅树村组（$\in_1m$）白云岩、硅质白云岩中，该层位岩石稀土元素总量（∑REE）变化范围较大，其∑REE变化范围为1.480×10^{-6}～69.030×10^{-6}，轻重稀土分异程度均较高，轻重稀土元素比值（∑LREE/∑HREE）为6.463～11.721（表3-3），轻稀土元素相对富集。δEu均显示强的负异常，δEu的变化范围为0.517～0.940；δCe值则表现为弱的正负异常特征，其变化范围为0.728～1.122。$(La/Yb)_N$值变化范围为6.967～17.844，显示稀土配分曲线的右倾斜特征（图3-3）。轻稀土内部分异程度的$(La/Sm)_N$值变化范围为2.786～4.888，重稀土元素内部分异程度的$(Gd/Yb)_N$值为1.345～3.321，反应出轻重稀土元素内部均存在一定分异，有轻稀土元素内部的分异程度高于重稀土元素的特征。

4. 热水塘碳酸盐岩铅锌矿床

热水塘碳酸盐岩型铅锌矿床主要赋存层位为中寒武统双龙潭组（$\in_2s$）白云岩，赋矿围岩稀土元素总量（∑REE）为52.380×10^{-6}，轻重稀土元素比值（∑LREE/∑HREE）为

7.289，轻稀土元素相对富集。δEu 比值显示强的负异常，δEu 为 0.663；δCe 值则表现为弱的负异常，δCe 为 0.815。$(La/Yb)_N$ 值变化范围为 387.661（表 3-3），显示稀土配分曲线的右倾斜特征（图 3-4）。轻稀土内部分异程度的 $(La/Sm)_N$ 值为 3.512，重稀土元素内部分异程度的 $(Gd/Yb)_N$ 值为 54.066，显示出重稀土元素内部的分异程度高于轻稀土元素的特征。

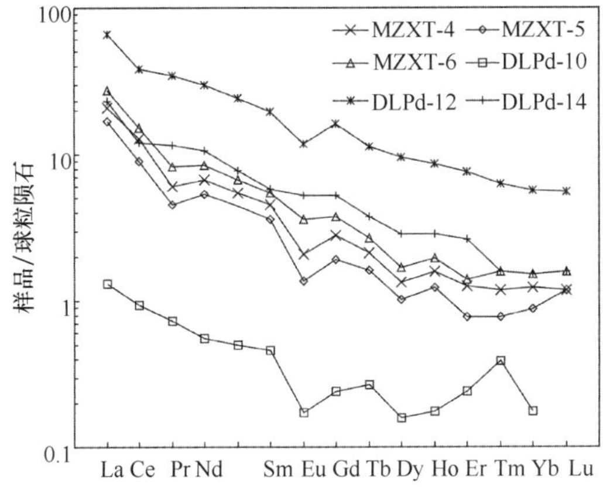

图 3-3　噜鲁碳酸盐岩型铅锌矿床赋矿围岩稀土元素分配模式图

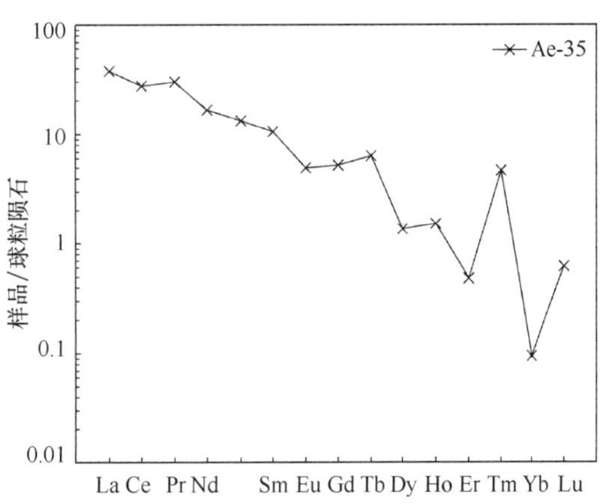

图 3-4　热水塘碳酸盐岩型铅锌矿床赋矿围岩稀土元素分配模式图

5. 苏租-暮阳铅锌矿床

苏租-暮阳碳酸盐岩型铅锌矿床赋存层位为中泥盆统曲靖组（D_2q）白云岩，赋矿围岩稀土元素总量（∑REE）变化范围较大，其变化范围为 $10.040\times10^{-6}\sim142.291\times10^{-6}$（表 3-3），稀土元素总含量随着距离矿体的距离变小而不断增大，轻重稀土元素比值（∑LREE/∑HREE）为 7.222～19.944，轻稀土元素相对富集。δEu 比值均显示强的负异常，δEu 的变化范围为 0.476～0.661；δCe 值则表现为弱的正异常，其变化范围为 1.005～1.047。$(La/Yb)_N$ 值变化范围为 7.923～17.441，显示稀土配分曲线的右倾斜特征（图 3-5）。轻稀土内部分异程度的 $(La/Sm)_N$ 值变化范围为 2.662～4.952，重稀土元素内部分异程度的 $(Gd/Yb)_N$ 值为 1.350～3.191，显示出轻稀土元素内部的分异程度高于重稀土元素的特征。

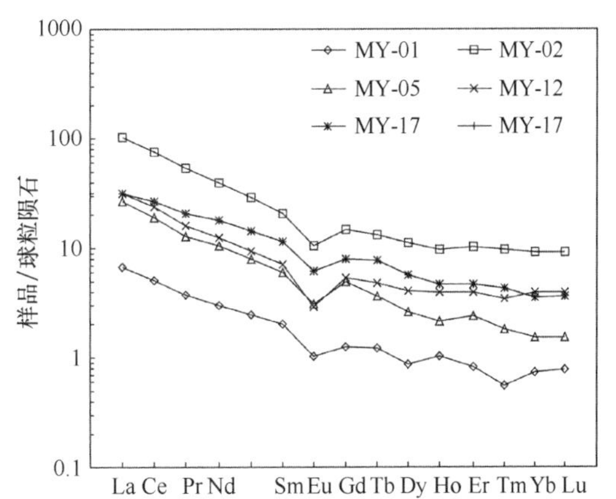

图 3-5　苏租-暮阳碳酸盐岩型铅锌矿床赋矿围岩稀土元素分配模式图

6. 荒田碳酸盐岩型铅锌矿床

荒田碳酸盐岩型铅锌矿床赋存于下二叠统茅口组灰岩与二叠系玄武岩的接触带内，灰岩稀土元素总量（∑REE）变化范围较大，其变化范围为 $5.344\times10^{-6}\sim11.925\times10^{-6}$，二叠系峨眉山玄武岩的稀土元素总量变化范围则较小，其变化范围为 $51.110\times10^{-6}\sim232.870\times10^{-6}$，灰岩与峨眉山玄武岩均表现为轻稀土元素富集的特征，其中灰岩轻重稀土元素比值

（∑LREE/∑HREE）为 4.892～9.685（表 3-3），表现为轻稀土元素强烈富集的特征，而峨眉山玄武岩重稀土元素比值（∑LREE/∑HREE）为 6.000～11.066，也表现出轻稀土元素富集的特征。灰岩与峨眉山玄武岩 δEu 值表现为正负异常，且以负异常为主的特征，其中灰岩 δEu 的变化范围为 0.718～1.112，而峨眉山玄武岩 δEu 变化范围为 0.917～1.076，表现为负异常；灰岩的 δCe 变化范围为 0.283～0.620，表现为强的负异常特征，峨眉山玄武岩 δCe 变化范围为 0.911～0.970，为弱的负异常特征。灰岩$(La/Yb)_N$值变化范围为 9.583～21.674，峨眉山玄武岩$(La/Yb)_N$ 值变化范围为 8.628～19.670，两者均显示稀土配分曲线右倾斜的特征（图 3-6、图 3-7）。反映轻稀土内部分异程度$(La/Sm)_N$值是：灰岩变化范围为 5.631～6.591，峨眉山玄武岩变化范围为 2.241～3.141；反映重稀土元素内部分异程度$(Gd/Yb)_N$ 值是：灰岩的变化范围为 1.482～2.633，峨眉山玄武岩的变化范围为 2.425～3.789，显示出灰岩的轻稀土元素内部的分异程度高于峨眉山玄武岩，而灰岩重稀土元素内部的分异程度低于峨眉山玄武岩的特征。

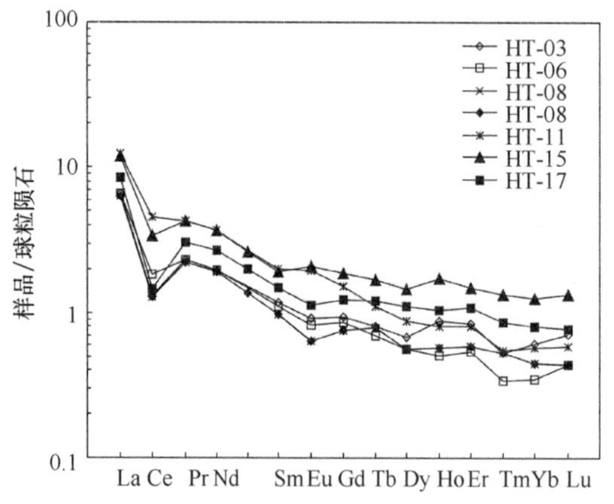

图 3-6 荒田碳酸盐岩型铅锌矿床赋矿围岩稀土元素分配模式图

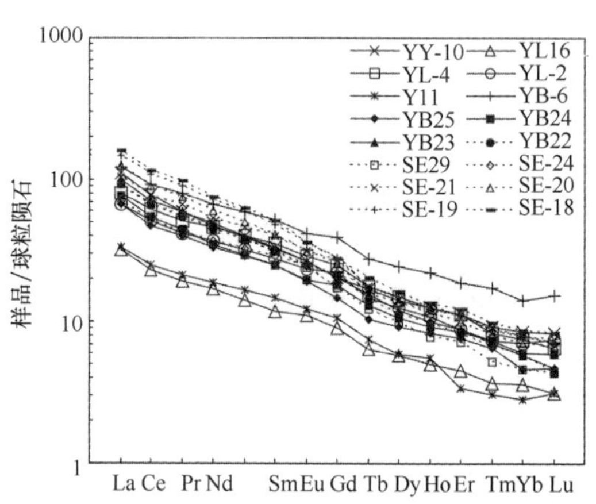

图 3-7 峨眉山玄武岩稀土元素分配模式图

燕山期花岗岩的稀土总量变化范围较大，其变化范围为 68.390×10^{-6}～453.630×10^{-6}，轻、重稀土元素比值（∑LREE/∑HREE）为 2.526～26.426，表现为轻稀土元素的强烈富集。花岗岩中 δEu 值表现为强负异常特征，其 δEu 的变化范围为 0.104～0.599；花岗岩 δCe 值则表现为弱的正负异常，δCe 变化范围为 0.918～1.023，$(La/Yb)_N$ 值变化范围为 1.645～41.329，显示右倾斜的特征（图 3-8）。花岗岩$(La/Sm)_N$ 值变化范围为 1.412～7.520，$(Gd/Yb)_N$ 值变化范围为 0.654～3.228，轻、重稀土元素内部均存在一定的分异，且轻稀土元素的分异程度高于重稀土元素。

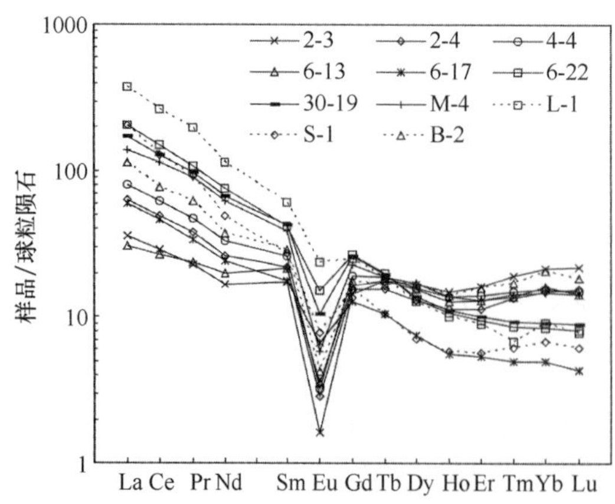

图 3-8 燕山期花岗岩稀土元素分配模式图

表 3-3 滇中典型碳酸盐岩型铅锌矿床围岩稀土元素组成（10^{-6}）

位置	样号	编号	名称	La	Ce	Pr	Nd	Sm	Eu	Gd	Tb	Dy	Ho	Er	Tm	Yb	Lu	∑REE	L/H	δEu	δCe	$(La/Yb)_N$	$(La/Sm)_N$	$(Gd/Yb)_N$
大笑	1	DX-9-04	炭质板岩	26.100	56.00	6.040	22.800	4.360	0.868	4.021	0.776	4.550	0.958	2.850	0.415	2.800	0.414	132.952	6.921	0.634	1.073	6.284	3.766	1.159
	2	DX-9-08		15.500	35.100	4.040	16.100	3.250	0.568	2.682	0.429	2.450	0.489	1.510	0.222	1.430	0.240	84.010	7.888	0.588	1.068	7.308	3.000	1.514
	3	DX-9-12		42.000	89.700	9.740	36.000	6.530	1.316	5.447	0.935	5.100	1.050	3.160	0.483	3.010	0.459	204.930	9.432	0.675	1.067	9.407	4.046	1.460
	4	DX-9-19		4.320	9.090	0.920	3.220	0.441	0.080	0.344	0.046	0.265	0.053	0.158	0.026	0.178	0.029	19.170	16.443	0.628	1.097	16.362	6.162	1.558
	5	DX-9-24		11.500	23.500	2.670	10.000	2.060	0.376	1.708	0.265	1.310	0.224	0.649	0.091	0.615	0.107	55.075	10.084	0.613	1.021	12.607	3.512	2.241
花木箐	6	TBP3-10	白云岩	9.010	9.900	2.130	9.480	1.850	0.530	2.040	0.250	1.490	0.29	0.830	0.120	0.590	0.080	38.590	5.782	0.834	0.544	10.296	3.064	2.79
	7	TBP3-13		1.010	1.960	0.320	1.410	0.350	0.130	0.340	0.040	0.220	0.04	0.060	0.010	0.060	0.010	5.960	6.641	1.152	0.830	11.349	1.815	4.573
噜鲁	8	MZXT-4	白云岩	4.890	7.850	0.580	3.140	0.690	0.120	0.570	0.080	0.340	0.090	0.210	0.030	0.210	0.030	18.830	11.071	0.585	1.122	15.699	4.458	2.19
	9	MZXT-5		3.970	5.480	0.430	2.500	0.550	0.080	0.390	0.060	0.260	0.070	0.130	0.020	0.150	0.030	14.120	11.721	0.528	1.009	17.844	4.54	2.098
	10	MZXT-6		6.450	9.370	0.780	3.930	0.830	0.210	0.770	0.100	0.430	0.110	0.230	0.040	0.260	0.040	23.550	10.894	0.803	1.005	16.725	4.888	2.390
	11	DLPd-10	硅质岩白云岩	0.310	0.570	0.070	0.260	0.070	0.010	0.050	0.010	0.040	0.010	0.040	0.010	0.030	0	1.480	6.789	0.517	0.931	6.967	2.786	1.345
	12	DLPd-12		15.620	23.350	3.280	13.880	2.970	0.680	3.350	0.420	2.460	0.490	1.270	0.160	0.960	0.140	69.030	6.463	0.659	0.785	10.970	3.308	2.816
	13	DLPd-14		5.450	7.3700	1.090	4.930	0.890	0.300	1.070	0.140	0.730	0.160	0.430	0.040	0.260	0.04	22.900	6.979	0.940	0.728	14.132	3.852	3.321
苏租-暮阳	14	MY-01	灰岩	2.070	4.1300	0.462	1.800	0.393	0.076	0.328	0.057	0.282	0.073	0.171	0.018	0.155	0.025	51.940	19.944	0.647	1.016	9.004	3.313	1.706
	15	MY-02		32.20	61.200	6.670	23.900	4.090	0.767	3.792	0.628	3.630	0.703	2.160	0.313	1.940	0.298	10.040	8.053	0.595	1.005	11.190	4.952	1.577
	16	MY-05	白云岩	8.330	15.400	1.550	6.370	1.160	0.224	1.273	0.171	0.826	0.152	0.497	0.058	0.322	0.049	142.291	9.568	0.564	1.032	17.441	4.517	3.191
	17	MY-12		9.730	19.100	1.980	7.560	1.380	0.215	1.385	0.227	1.310	0.286	0.826	0.112	0.828	0.129	36.382	9.867	0.476	1.047	7.923	4.435	1.350
	18	MY-17		9.780	21.600	2.520	10.700	2.220	0.461	2.048	0.367	1.830	0.335	0.971	0.138	0.741	0.117	45.068	7.832	0.661	1.047	8.898	2.771	2.231
	19	MY-19		9.650	20.80	2.500	10.400	2.280	0.431	1.983	0.309	1.760	0.344	0.936	0.107	0.774	0.106	53.828	7.222	0.620	1.019	8.406	2.662	2.068
热水塘	20	Ae-35	白云岩	11.500	22.000	3.670	9.870	2.060	0.360	1.340	0.300	0.440	0.110	0.100	0.150	0.020	0.020	52.380	7.289	0.663	0.815	387.661	3.512	54.066
荒田	21	HT-03	灰岩	2.050	1.060	0.284	1.180	0.229	0.067	0.242	0.038	0.221	0.063	0.178	0.017	0.128	0.023	5.780	5.352	0.870	0.334	10.798	5.631	1.526
	22	HT-06		2.050	1.490	0.280	1.160	0.217	0.060	0.220	0.033	0.180	0.036	0.114	0.011	0.073	0.014	5.938	7.720	0.840	0.473	19.011	5.942	2.439
	23	HT-08		1.970	1.040	0.270	1.150	0.190	0.047	0.194	0.037	0.182	0.041	0.123	0.017	0.094	0.014	5.369	6.648	0.749	0.343	14.175	6.522	1.669
	24	HT-08		1.970	1.050	0.267	1.070	0.188	0.048	0.222	0.036	0.188	0.048	0.139	0.016	0.088	0.014	5.344	6.116	0.718	0.348	15.093	6.591	2.039
	25	HT-11		3.890	3.670	0.521	2.200	0.386	0.142	0.395	0.052	0.283	0.058	0.170	0.018	0.121	0.019	11.925	9.685	1.112	0.620	21.674	6.339	2.633
	26	HT-15		3.710	2.720	0.516	2.200	0.371	0.151	0.479	0.079	0.466	0.122	0.310	0.043	0.261	0.043	11.471	5.362	1.095	0.473	9.583	6.290	1.482
	27	H-17		2.620	1.160	0.371	1.620	0.287	0.082	0.318	0.057	0.356	0.074	0.228	0.028	0.169	0.025	7.395	4.892	0.830	0.283	10.452	5.742	1.518

续表

位置	样号	编号	名称	La	Ce	Pr	Nd	Sm	Eu	Gd	Tb	Dy	Ho	Er	Tm	Yb	Lu	∑REE	L/H	δEu	δCe	$(La/Yb)_N$	$(La/Sm)_N$	$(Gd/Yb)_N$
永宁	28	YY-10		34.040	62.890	7.150	29.140	6.520	1.940	5.320	0.800	4.510	0.900	2.360	0.300	1.770	0.270	157.910	8.730	1.007	0.970	12.966	3.284	2.425
丽江	29	YL6		9.980	18.710	2.35	10.160	2.310	0.820	2.350	0.300	1.860	0.360	0.940	0.120	0.750	0.100	51.110	6.538	1.076	0.930	8.971	2.718	2.528
	30	YL-4		24.690	49.480	6.25	27.670	6.850	2.140	6.520	0.840	4.870	0.900	2.360	0.270	1.580	0.210	134.630	6.671	0.979	0.959	10.535	2.267	3.33
	31	YL-2		20.820	41.070	5.08	22.240	5.370	1.740	5.760	0.700	4.030	0.780	1.870	0.240	1.480	0.240	111.420	6.379	0.957	0.961	9.484	2.439	3.141
	32	Y11		10.260	20.340	2.6	11.250	2.880	0.910	2.770	0.360	1.880	0.400	0.720	0.100	0.590	0.100	55.160	6.971	0.985	0.948	11.724	2.241	3.789
宾川	33	YB-6		37.880	73.930	9.76	40.140	10.120	3.040	10.160	1.300	7.840	1.600	3.950	0.560	2.960	0.490	203.730	6.059	0.917	0.925	8.628	2.355	2.77
	34	YB25		20.440	37.890	4.85	19.780	4.830	1.400	3.780	0.490	2.960	0.600	1.600	0.210	0.970	0.150	99.950	8.289	1.002	0.916	14.207	2.662	3.145
	35	YB24	峨眉山玄武岩	23.690	43.890	5.390	20.91	4.92	1.450	4.680	0.620	3.440	0.660	1.790	0.24	1.250	0.190	113.120	7.789	0.924	0.935	12.777	3.029	3.021
	36	YB23		31.300	56.570	7.110	28.22	6.37	1.940	5.280	0.740	3.870	0.720	1.860	0.23	1.210	0.150	145.570	9.353	1.023	0.913	17.440	3.091	3.521
	37	YB22		28.680	52.330	6.670	26.63	6.11	1.830	5.420	0.690	3.640	0.710	1.730	0.22	1.220	0.140	136.020	8.878	0.972	0.911	15.849	2.953	3.585
二滩	38	SE29		28.300	53.960	6.740	27.790	6.070	1.750	4.500	0.580	3.130	0.560	1.510	0.170	0.970	0.140	136.170	10.779	1.024	0.940	19.670	2.933	3.744
	39	SE-24		21.690	40.900	5.230	22.180	5.590	1.790	5.720	0.800	4.340	0.860	2.360	0.280	1.640	0.230	113.610	6.000	0.968	0.924	8.917	2.441	2.814
	40	SE-21		32.230	62.600	8.170	32.090	7.810	2.300	7.070	0.840	4.690	0.930	2.280	0.290	1.640	0.240	163.180	8.076	0.946	0.929	13.250	2.596	3.479
	41	SE-20		38.970	73.500	9.240	36.410	7.980	2.280	6.650	0.740	4.350	0.820	2.120	0.260	1.480	0.220	185.020	10.119	0.957	0.932	17.752	3.072	3.626
	42	SE-19		46.120	87.200	10.930	43.020	9.400	2.610	7.300	0.830	4.860	0.860	2.320	0.280	1.660	0.230	217.620	10.866	0.963	0.935	18.731	3.086	3.549
	43	SE-18		49.530	93.920	12.050	45.490	9.920	2.660	7.240	0.970	5.190	0.950	2.560	0.320	1.800	0.270	232.870	11.066	0.96	0.925	18.552	3.141	3.246
卡房	44	2-3		11.100	23.600	2.810	9.990	3.390	0.120	3.690	0.840	5.360	1.060	3.360	0.620	4.550	0.710	71.200	2.526	0.104	1.017	1.645	2.060	0.654
	45	2-4		19.500	39.400	4.690	15.700	4.330	0.210	4.000	0.740	4.180	0.810	2.400	0.440	3.130	0.500	100.030	5.175	0.154	0.992	4.200	2.833	1.031
	46	4-4		24.600	49.900	5.810	20.100	5.110	0.240	5.010	0.890	5.100	0.990	2.960	0.480	3.260	0.480	124.930	5.517	0.145	1.005	5.087	3.028	1.240
老厂岩体	47	6-13		9.430	21.600	2.920	12.000	4.200	0.260	4.250	0.840	4.950	0.910	2.750	0.450	3.370	0.460	68.390	2.804	0.188	0.991	1.887	1.412	1.018
	48	6-17	花岗岩	18.600	37.400	4.160	14.700	3.430	0.490	3.290	0.500	2.420	0.400	1.130	0.160	1.050	0.140	87.870	8.667	0.446	1.023	11.943	3.411	2.528
	49	6-22		64.100	121.000	13.10	45.200	8.160	1.120	7.000	0.940	4.240	0.760	2.000	0.280	1.750	0.260	269.910	14.665	0.453	1.005	24.695	4.941	3.228
	50	30-19		53.600	103.000	11.900	40.300	8.280	0.770	6.770	0.930	4.400	0.790	2.130	0.300	1.890	0.290	235.350	12.449	0.314	0.982	19.120	4.072	2.891
马松	51	M-4		43.190	92.730	11.010	37.160	7.610	0.430	5.910	0.890	5.500	0.990	2.750	0.460	3.060	0.460	212.150	9.597	0.196	1.023	9.516	3.570	1.559
龙岔河	52	L-1		115.900	214.600	23.980	68.930	11.960	1.740	6.590	0.880	4.110	0.720	1.880	0.220	1.890	0.250	453.630	26.426	0.599	0.98	41.329	6.094	2.814
神仙水	53	S-1	中粒花岗岩	63.120	104.400	11.270	29.550	5.280	0.570	3.960	0.500	2.290	0.420	1.210	0.200	1.410	0.200	224.350	21.017	0.381	0.942	30.181	7.520	2.266
白沙冲	54	B-2		35.550	62.840	7.640	22.450	5.680	0.310	4.580	0.800	5.480	1.000	3.320	0.550	4.330	0.600	155.130	6.509	0.186	0.918	5.535	3.937	0.854

注：1～5、20～25、27～33 本文；6～7、11～13 据付绍洪（2004）；8～10 据张荣伟（2010）；26 据管士平（1999）；34～49 据宋谢炎（2001）；50～60 据欧阳恒（2010）；$\delta Ce=Ce_N/(La_N*Pr_N)^{1/2}$，$\delta Eu=Eu_N/(Sm_N*Gd_N)^{1/2}$

稀土元素的球粒陨石标准化值据 Taylor et al.，1985

二、矿物稀土元素地球化学特征

（一）黄铁矿

高场强元素（HFSE）指离子半径较小、电价较高、离子场强较高的元素，其稳定性强，不易受变质、蚀变和风化等作用影响，典型 HFSE 的代表元素为 Nb、Ta、Zr、Hf、Th。前人研究认为富 Cl、F 流体均易迁移轻稀土元素（LREE），虽然富 C1、F 流体均易富集 LREE，但二者对 HFSE 的富集能力及高场强元素比值（Hf/Sm、Nb/La、Th/La）不同，具体表现为富 Cl 流体高场强元素比值 Hf/Sm、Nb/La、Th/La 一般小于 1，而对 HFSE 的富集影响不大；而富 F 流体高场强元素比值 Hf/Sm、Nb/La、Th/La 一般大于 1，并对 HFSE 有富集作用。由以上可知富 F、Cl 流体虽然都能有效地富集 LREE，但仅有富 F 流体才能同时有效富集 LREE 和 HFSE，HFSE 对 Y-Ho、Zr-Hf、Nh-Ta 具有两两相近的离子半径和电价。因此，在同一热液体系中高场强元素对 Y-Ho、Zr-Hf、Nh-Ta 比值较为稳定，仅当这一热液体系发生热液活动和交代作用、或受到外界干扰变化时，这些元素对比值会发生明显的变化，表现为不同样品之间同一元素对的比值有较大的变化范围。

高场强元素（HFSE）、稀土元素（REE）很难以类质同象代替 Fe^{2+}，因此 REE、HFSE 不以类质同象的形式进入黄铁矿晶格，受晶体结构影响不大，它们在黄铁矿中最可能存在于流体包裹体或晶体缺陷中，所以黄铁矿的 REE、HFSE 特征反应了沉淀时成矿溶液的 REE、HFSE 特征。前人研究表明：黄铁矿中微量元素 Co/Ni 比值对成矿条件具有一定的指示意义。一般来说，Co/Ni 比值越大，矿物的形成温度越高。因此对黄铁矿稀土、高场强元素等微量元素地球化学的研究，能有效地研究成矿流体来源、性质和水岩相互作用。下面优选大笑、花木箐、噜鲁三个碳酸盐岩型铅锌矿床中黄铁矿进行稀土地球化学分析。

1. 大笑碳酸盐岩型铅锌矿床

大笑碳酸盐岩型铅锌矿床中黄铁矿稀土元素（REE）和高场强元素（HFSE）含量见表 3-4、表 3-5，稀土元素总量（∑REE）变化范围较小，为 0.790×10^{-6}～0.917×10^{-6}，轻重稀土分异程度较高，轻重稀土元素比值（∑LREE/∑HREE）为 2.125～2.758，轻稀土元素相对富集，$(La/Yb)_N$ 变化范围为 3.545～9.439，$(La/Yb)_N$ 均＞1，显示稀土配分曲线右倾斜的特征（图 3-9）。轻稀土内部分异程度的 $(La/Sm)_N$ 值变化范围为 1.768～5.297，重稀土元素内部分异程度的 $(Gd/Yb)_N$ 值为 1.588～4.842，显示出轻稀土元素内部的分异程度高于重稀土元素。铕在还原条件下呈 Eu^{2+} 状态与其他三价稀土元素分离，而铈在还原条件下呈 Ce^{3+} 状态，只有在氧化条件下才呈 Ce^{4+} 状态与其他稀土元素分离。大笑铅锌矿床黄铁矿 δEu 比值显示正负异常特征，δEu 的变化范围为 0.783～1.323，δCe 值则表现为强的负异常特征，其变化范围为 0.418～0.475。表明铅锌矿床成矿物理化学条件为还原环境，成矿流体为还原性流体，矿区内广泛存在黄铁矿等硫化矿也证明了这一事实。

大笑碳酸盐岩型铅锌矿床黄铁矿高场强元素（HFSE）明显亏损，Hf/Sm、Nb/La、Th/La 值均＜1，暗示成矿流体为富 Cl 流体。高场强元素比值分别为 Y/Ho（16.233～22.364）、Zr/Hf（7.182～33.440）、Nb/Ta（2.572～8.746），其变化范围暗示成矿流体可能遭受外来热液的混入。Co/Ni（0.133～1.542）变化范围不大，暗示成矿温度应该为中低温。

2. 花木箐碳酸盐岩型铅锌矿床

花木箐碳酸盐岩型铅锌矿床黄铁矿稀土元素总含量（∑REE）变化范围较小（表 3-4），变化范围为 0.129×10^{-6}～0.567×10^{-6}，轻重稀土分异程度较高，轻重稀土元素比值（∑LREE/∑HREE）为 2.483～7.060，轻稀土元素相对富集。δEu 显示正负异常特征，δEu 的变化范围为 0.039～1.368；δCe 值则表现为弱负异常特征，其变化范围为 0.328～0.852。$(La/Yb)_N$ 变化范围一般为 3.602～5.139，显示稀土配分曲线的右倾斜特征（图 3-10）。轻稀土内部分异程度的 $(La/Sm)_N$ 值变化范围为 1.674～2.493，重稀土元素内部分异程度的 $(Gd/Yb)_N$ 值为 1.600～2.688，重稀土元素分异程度高于轻稀土元素（图 3-10）。

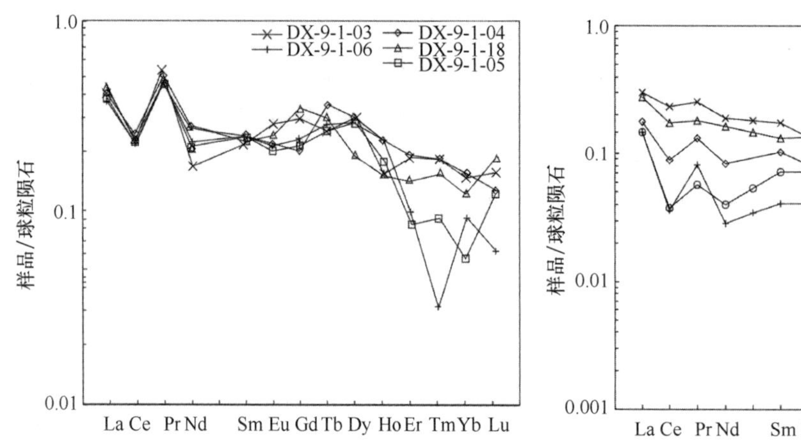

图 3-9　大笑碳酸盐岩型铅锌矿黄铁矿稀土元素分配模式图

图 3-10　花木箐碳酸盐岩型铅锌矿黄铁矿稀土元素分配模式图

花木箐黄铁矿 HFSE 亏损（表 3-5），Nb/La、Th/La、Hf/Sm 除一组＞1 外，其余均＜1，黄铁矿的 Y/Ho（7.650～31.200）、Zr/Hf（91.279～1542.169）和 Nb/Ta（2.872～14.027）值变化范围较大。根据稀土元素特征及高场强元素特征，可知花木箐成矿流体可能为富 Cl 流体，成矿流体可能遭受了外来热液的混入。Co/Ni 变化范围不大，为 0.274～0.538，暗示成矿温度应该为中低温。

3. 噜鲁碳酸盐岩型铅锌矿床

噜鲁碳酸盐岩型铅锌矿床有两期黄铁矿，其稀土元素特征差别较大。

第一期黄铁矿稀土元素总含量（∑REE）变化范围较小，为 0.547×10^{-6}～1.810×10^{-6}，轻重稀土分异程度较高，轻重稀土元素比值（∑LREE/∑HREE）为 3.172～5.573（表 3-4），轻稀土元素相对富集；δEu 比值显示强负异常特征，δEu 的变化范围为 0.041～0.593；δCe 值则表现为相对较弱负异常特征，变化范围为 0.629～0.843。$(La/Yb)_N$ 变化范围为 4.097～7.250，显示稀土配分曲线的右倾斜特征（图 3-11）。轻稀土内部分异程度的 $(La/Sm)_N$ 值变化范围为 1.422～4.912，重稀土元素内部分异程度的 $(Gd/Yb)_N$ 值为 1.470～3.681，显示出轻稀土元素内部的分异程度高于重稀土元素。

第二期黄铁矿稀土元素总含量（∑REE）变化范围较小，为 0.125×10^{-6}～0.599×10^{-6}，轻重稀土分异程度较高，轻重稀土元素比值（∑LREE/∑HREE）为 2.263～5.230，轻稀土元素相对富集。δEu 比值显示正异常特征，δEu 的变化范围为 1.266～4.406；δCe 值则表现为强负异常特征，其变化范围为 0.020～0.652。$(La/Yb)_N$ 变化范围为 3.121～11.639，显示稀土配分曲线的右倾斜特征（图 3-12）。轻稀土内部分异程度的 $(La/Sm)_N$ 值变化范围为 1.746～3.673，重稀土元素内部分异程度的 $(Gd/Yb)_N$ 值为 1.453～5.982，显示出轻稀土元素内部的分异程度高于重稀土元素。

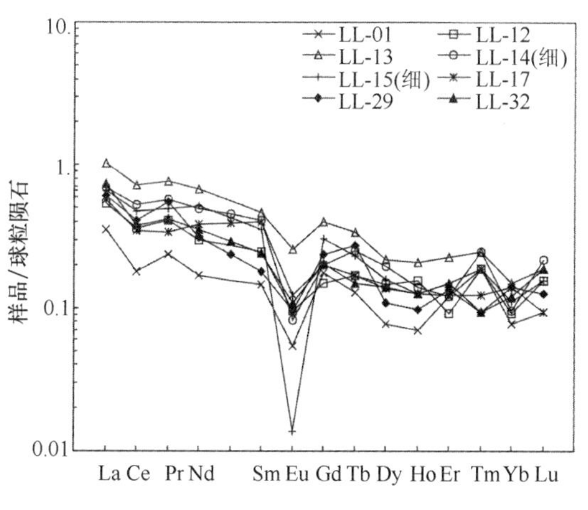

图 3-11　噜鲁碳酸盐岩型铅锌矿一期黄铁矿稀土元素分配模式图

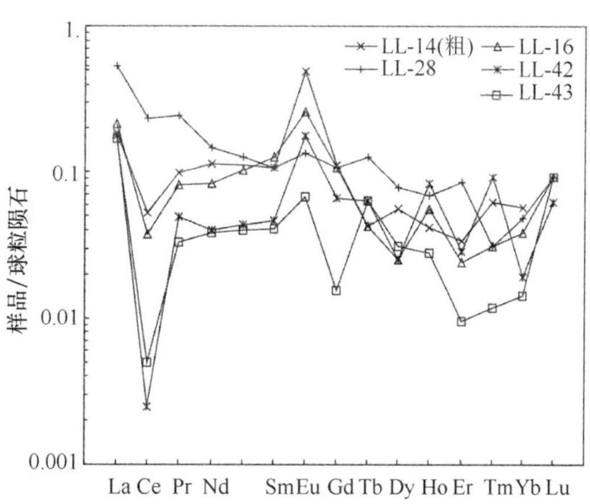

图 3-12　噜鲁碳酸盐岩型铅锌矿二期黄铁矿稀土元素分配模式图

噜鲁铅锌矿床部分黄铁矿中 HFSE 亏损（表 3-5），Nb/La、Th/La 值均＜1。Hf/Sm 仅有部分值＞1，第一期黄铁矿的 Y/Ho（25.909～44.429）、Zr/Hf（31.181～50.060）和 Nb/Ta（6.886～20.982）值变化范围比较狭小。第二期黄铁矿的 Y/Ho（4.617～23.600）、Zr/Hf（9.072～87.442）和 Nb/Ta（1.949～4.761）值变化范围较大。根据稀土元素特征及高场强元素特征，可知噜鲁铅锌矿床的成矿流体可能为富 Cl 流体。Co/Ni 变化范围不大，为 0.055～0.233，暗示成矿温度应该为中低温。

表 3-4　滇中典型碳酸盐岩型铅锌矿床黄铁矿矿物稀土元素含量表（$\times 10^{-6}$）

矿床	编号	名称	La	Ce	Pr	Nd	Sm	Eu	Gd	Tb	Dy	Ho	Er	Tm	Yb	Lu	∑REE	L/H	δEu	δCe	$(La/Yb)_N$
大笑铅锌矿	DX-9-1-03	黄铁矿	0.178	0.183	0.062	0.099	0.053	0.02	0.08	0.012	0.095	0.011	0.04	0.006	0.031	0.005	0.875	2.125	0.937	0.418	3.871
	DX-9-1-04		0.163	0.188	0.061	0.16	0.058	0.016	0.061	0.017	0.096	0.016	0.04	0.006	0.031	0.004	0.917	2.384	0.817	0.454	3.545
	DX-9-1-05		0.168	0.181	0.056	0.126	0.027	0.015	0.072	0.012	0.092	0.013	0.018	0.003	0.012	0.004	0.799	2.535	0.980	0.448	9.439
	DX-9-1-06		0.16	0.184	0.054	0.134	0.019	0.016	0.06	0.013	0.092	0.016	0.02	0.001	0.019	0.002	0.790	2.543	1.323	0.475	5.677
	DX-9-1-18		0.183	0.194	0.052	0.16	0.055	0.018	0.089	0.014	0.06	0.011	0.03	0.005	0.025	0.006	0.902	2.758	0.783	0.472	4.935
噜鲁	LL-01	第一期黄铁矿	0.109	0.146	0.029	0.101	0.028	0.004	0.045	0.006	0.025	0.005	0.025	0.006	0.016	0.003	0.547	3.172	0.339	0.629	4.593
	LL-12		0.167	0.288	0.050	0.179	0.048	0.007	0.038	0.008	0.047	0.011	0.019	0.006	0.019	0.005	0.892	4.813	0.481	0.762	5.864
	LL-13		0.322	0.587	0.093	0.402	0.091	0.019	0.104	0.016	0.070	0.015	0.047	0.008	0.031	0.006	1.810	5.107	0.593	0.818	6.958
	LL-14（细）		0.214	0.423	0.069	0.296	0.080	0.006	0.052	0.012	0.063	0.010	0.025	0.008	0.020	0.007	1.284	5.573	0.281	0.835	7.250
	LL-15（细）		0.203	0.385	0.060	0.310	0.069	0.001	0.079	0.011	0.051	0.009	0.031	0.006	0.023	0.005	1.241	4.810	0.041	0.843	5.976
	LL-17		0.175	0.278	0.041	0.227	0.077	0.009	0.052	0.008	0.044	0.009	0.026	0.004	0.029	0.003	0.982	4.608	0.416	0.792	4.097
	LL-29		0.190	0.331	0.067	0.187	0.035	0.007	0.061	0.013	0.035	0.007	0.028	0.003	0.029	0.004	0.995	4.583	0.467	0.708	4.479
	LL-32		0.229	0.302	0.051	0.209	0.047	0.008	0.053	0.007	0.045	0.009	0.031	0.003	0.025	0.006	1.025	4.709	0.485	0.675	6.225
	LL-14（粗）	第二期黄铁矿	0.057	0.042	0.012	0.069	0.021	0.036	0.029	0.002	0.018	0.003	0.007	0.002	0.012	0.000	0.311	3.245	4.406	0.389	3.121
	LL-16		0.067	0.030	0.010	0.050	0.025	0.019	0.028	0.002	0.008	0.004	0.005	0.001	0.008	0.003	0.259	3.403	2.247	0.282	5.565
	LL-28		0.164	0.190	0.030	0.088	0.021	0.010	0.028	0.006	0.025	0.005	0.018	0.001	0.010	0.003	0.599	5.230	1.266	0.652	11.639
	LL-42		0.055	0.002	0.006	0.024	0.009	0.013	0.017	0.003	0.008	0.006	0.006	0.003	0.004	0.002	0.157	2.263	3.279	0.020	10.159
	LL-43		0.053	0.004	0.004	0.023	0.008	0.005	0.004	0.003	0.010	0.002	0.002	0.000	0.003	0.003	0.125	3.432	2.971	0.059	10.428
花木箐	HM-15	黄铁矿	0.055	0.072	0.016	0.050	0.020	0.006	0.018	0.003	0.018	0.006	0.013	0.004	0.010	0.002	0.293	2.933	0.961	0.585	3.602
	HM-17		0.085	0.141	0.022	0.099	0.026	0.010	0.029	0.008	0.031	0.006	0.015	0.003	0.014	0.005	0.494	3.439	1.152	0.789	4.012
	HM-19		0.093	0.190	0.031	0.114	0.034	0.010	0.025	0.004	0.032	0.005	0.011	0.003	0.012	0.003	0.567	4.920	1.032	0.852	5.139
	HM-21		0.046	0.030	0.007	0.024	0.014	0.000	0.019	0.002	0.010	0.004	0.005	0.001	0.006	0.002	0.170	2.483	0.039	0.419	4.795
	HM-24		0.046	0.029	0.010	0.017	0.008	0.003	0.007	0.001	0.001	0.001	0.003	0.001	0.001	0.001	0.129	7.060	1.368	0.328	31.215

注：$\delta Ce=Ce_N/(La_N*Pr_N)^{1/2}$，$\delta Eu=Eu_N/(Sm_N*Gd_N)^{1/2}$，稀土元素的球粒陨石标准化值据 Taylor et al.，1985

表 3-5　滇中典型碳酸盐岩型铅锌矿床黄铁矿微量元素含量表（$\times10^{-6}$）

矿床	编号	矿物	$(La/Sm)_N$	$(Gd/Yb)_N$	Y	Zr	Nb	Hf	Ta	Th	Co	Ni	Hf/Sm	Th/La	Nb/La	Y/Ho	Zr/Hf	Nb/Ta	Co/Ni
	DX-9-1-03		2.113	2.082	0.238	0.209	0.021	0.006	0.005	0.010	54.600	410.000	0.075	0.571	0.765	21.636	33.440	4.408	0.133
	DX-9-1-04		1.768	1.588	0.315	0.283	0.045	0.032	0.005	0.005	27.300	17.700	0.656	0.739	0.541	19.688	8.984	8.746	1.542
大笑	DX-9-1-05	黄铁矿	3.914	4.842	0.094	0.130	0.015	0.018	0.006	0.001	34.200	97.300	0.670	0.211	0.767	31.433	7.182	2.572	0.351
	DX-9-1-06		5.297	2.548	0.097	0.137	0.018	0.007	0.003	0.002	34.200	97.600	0.374	0.375	0.692	16.233	19.296	5.620	0.350
	DX-9-1-18		2.093	2.873	0.246	0.169	0.021	0.015	0.005	0.005	12.000	36.700	0.223	0.609	0.909	22.364	11.655	3.841	0.327
	HM-15		2.493	2.272	0.076	3.140	0.067	0.034	0.009	0.024	12.100	22.500	1.720	0.055	1.221	12.617	91.279	7.303	0.538
	HM-17		2.170	1.600	0.145	4.400	0.082	0.017	0.006	0.035	17.100	42.400	0.658	0.094	0.970	24.167	257.310	14.027	0.403
花木箐	HM-19	黄铁矿	2.228	2.688	0.156	4.740	0.077	0.012	0.011	0.053	16.000	39.500	0.362	0.043	0.832	31.200	385.366	6.857	0.405
	HM-21		1.674	2.113	0.031	2.300	0.041	0.014	0.008	0.008	31.900	113.000	0.993	0.043	0.896	7.650	165.468	5.454	0.282
	HM-24		1.848	2.770	0.025	2.560	0.042	0.002	0.015	0.020	30.100	110.000	0.208	0.022	0.906	24.500	1542.169	2.872	0.274
	LL-01		1.422	1.470	0.161	2.200	0.141	0.056	0.017	0.100	3.120	13.400	1.986	0.055	1.292	32.200	39.568	8.313	0.233
	LL-12		3.395	1.708	0.285	4.150	0.207	0.083	0.018	0.109	13.300	126.000	1.727	0.048	1.242	25.909	50.060	11.625	0.106
	LL-13		3.078	1.740	0.464	3.910	0.177	0.113	0.015	0.166	5.430	47.100	1.242	0.050	0.548	30.933	34.602	11.869	0.115
	LL-14（细）	第一期黄铁矿	1.687	1.897	0.361	3.910	0.189	0.097	0.009	0.127	6.900	59.600	1.214	0.056	0.884	36.100	40.268	20.982	0.116
	LL-15（细）		1.706	2.770	0.363	3.750	0.184	0.078	0.017	0.117	6.750	58.300	1.129	0.054	0.907	40.333	48.139	10.948	0.116
	LL-17		4.912	2.393	0.249	2.270	0.115	0.073	0.017	0.105	3.690	39.000	0.945	0.046	0.657	27.667	31.181	6.886	0.095
噜鲁	LL-29		3.887	3.681	0.311	4.980	0.215	0.075	0.020	0.111	14.200	137.000	2.149	0.068	1.131	44.429	66.223	10.638	0.104
	LL-32		4.175	0.943	0.303	4.280	0.195	0.118	0.022	0.165	7.680	67.300	2.511	0.031	0.851	33.667	36.271	8.734	0.114
	LL-14（粗）		1.749	1.453	0.068	0.331	0.027	0.013	0.006	0.017	0.395	7.140	0.629	0.035	0.472	22.733	25.076	4.525	0.055
	LL-16		2.076	1.669	0.063	0.564	0.012	0.006	0.006	0.009	0.623	7.830	0.258	0.030	0.187	15.675	87.442	1.949	0.080
	LL-28	第二期黄铁矿	1.746	1.663	0.118	0.918	0.033	0.023	0.007	0.026	2.740	27.100	1.086	0.037	0.204	23.600	40.263	4.761	0.101
	LL-42		2.088	2.370	0.028	0.401	0.023	0.044	0.007	0.003	0.477	4.420	4.911	0.055	0.415	4.617	9.072	3.171	0.108
	LL-43		3.673	5.982	0.020	0.481	0.023	0.018	0.009	0.002	0.429	3.910	2.250	0.057	0.435	9.950	26.722	2.706	0.110

（二）方解石

前人研究认为热液矿物中 REE 的分配模式受流体中 REE 络合物稳定性、晶体化学等方面因素影响。其中流体中 REE 络合物稳定性对热液矿物 REE 配分模式影响最为主要。因此，热液矿物的 REE 地球化学特征可以代表成矿流体的 REE 特征，所以金属矿床中热液脉石矿物的稀土元素地球化学在示踪成矿流体来源与演化等方面得到了广泛应用。

经过矿相学研究可知，滇中碳酸盐岩型铅锌矿床脉石矿物主要有重晶石、石英、方解石，其中方解石在各个矿区发育较为广泛。所以本次选择荒田、苏租-暮阳、花木箐、热水塘 4 个矿床中的方解石作为分析对象，其稀土地球化学特征如下：

1. 花木箐碳酸盐岩型铅锌矿床

稀土元素总含量（∑REE）变化范围较小，为 8.048×10^{-6}～12.837×10^{-6}，轻重稀土分异程度较高，轻重稀土元素比值（∑LREE/∑HREE）为 2.992～3.789（表 3-6），轻稀土元素相对富集。δEu 显示正异常特征，δEu 的变化范围为 1.152～1.496；δCe 值则表现为弱正负异常特征，其变化范围为 0.964～1.023，以负异常为主。$(La/Yb)_N$ 变化范围一般为 2.697～4.166，显示稀土配分曲线的右倾斜特征（图 3-13）。轻稀土内部分异程度的 $(La/Sm)_N$ 值变化范围为 0.930～1.365，重稀土元素内部分异程度的 $(Gd/Yb)_N$ 值为 2.355～2.781，轻稀土元素分异程度低于重稀土元素。

2. 热水塘碳酸盐岩型铅锌矿床

稀土元素总含量（∑REE）变化范围较大，为 27.844×10^{-6}～49.959×10^{-6}，轻重稀土元素比值（∑LREE/∑HREE）为 2.213～2.982（表 3-6），轻稀土元素相对富集。δEu、δCe 比值均显示弱正异常特征，δEu 的变化范围为 1.163～1.486，δCe 变化范围为 1.048～1.100。$(La/Yb)_N$ 变化范围为 1.846～2.687，显示稀土配分曲线的右倾斜特征（图 3-14）。轻稀土内部分异程度的 $(La/Sm)_N$ 值变化范围为 0.575～0.889，重稀土元素内部分异程度的 $(Gd/Yb)_N$ 值为 2.149～3.967（表 3-6），显示出重稀土元素内部的分异程度高于轻稀土元素。

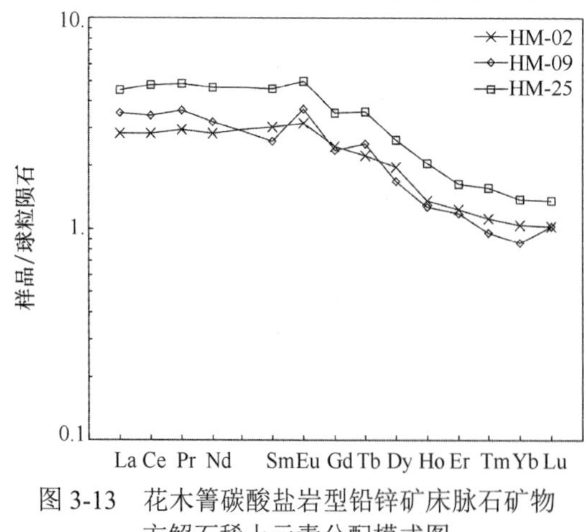

图 3-13　花木箐碳酸盐岩型铅锌矿床脉石矿物方解石稀土元素分配模式图

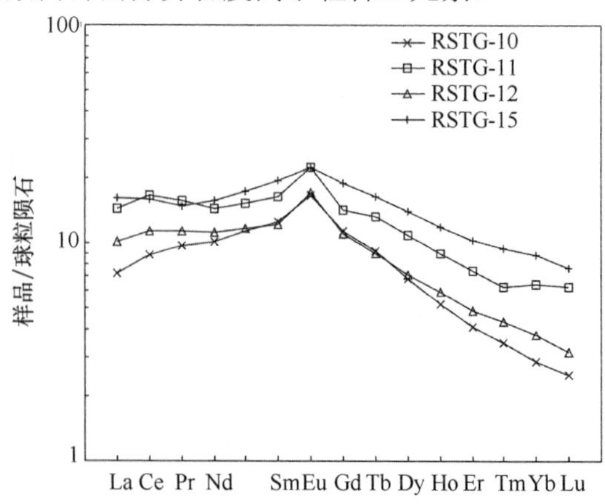

图 3-14　热水塘碳酸盐岩型铅锌矿床脉石矿物方解石稀土元素分配模式图

3. 苏租-暮阳碳酸盐岩型铅锌矿床

稀土元素总含量（∑REE）变化为 13.193×10^{-6}～50.518×10^{-6}，轻重稀土元素比值

（∑LREE/∑HREE）为 3.973～5.846（表 3-6），轻稀土元素相对富集。δEu 显示负异常特征，δEu 的变化范围为 0.617～0.929；δCe 显示弱正异常特征，其变化范围为 1.136～1.290。$(La/Yb)_N$ 变化范围为 3.045～6.505，显示稀土配分曲线的右倾斜特征（图 3-15）。轻稀土内部分异程度的$(La/Sm)_N$ 值变化范围为 0.349～0.927，重稀土元素内部分异程度的$(Gd/Yb)_N$ 值为 3.803～5.771，显示出重稀土元素内部的分异程度高于轻稀土元素。

4. 荒田碳酸盐岩型铅锌矿床

稀土元素总含量（∑REE）变化范围较大，其变化范围为 0.186×10^{-6}～49.897×10^{-6}，轻重稀土元素比值（∑LREE/∑HREE）为 1.064～2.968，轻稀土元素相对富集。δEu 显示正异常特征，δEu 的变化范围为 1.113～2.388（表 3-6）；δCe 则显示负异常特征，δCe 变化范围为 0.087～0.682。$(La/Yb)_N$ 变化范围为 0.787～4.271，显示稀土配分曲线平坦型的特征（图 3-16）。轻稀土内部分异程度的$(La/Sm)_N$ 值变化范围为 0.903～3.020，重稀土元素内部分异程度的$(Gd/Yb)_N$ 值为 1.117～1.767，显示出轻稀土元素内部的分异程度高于重稀土元素。

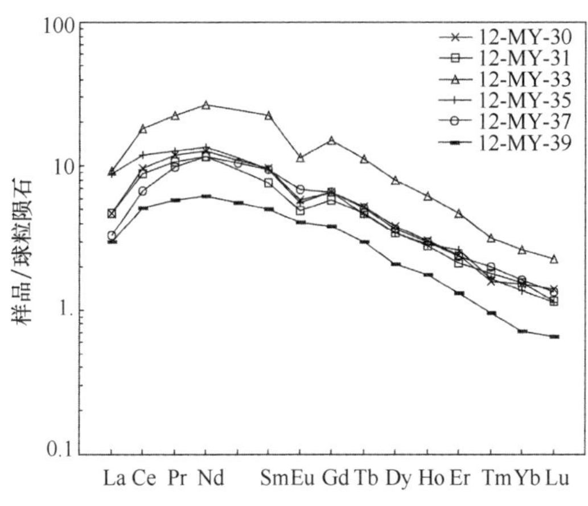

图 3-15　苏租-暮阳铅锌矿床脉石矿物方解石稀土元素分配模式图

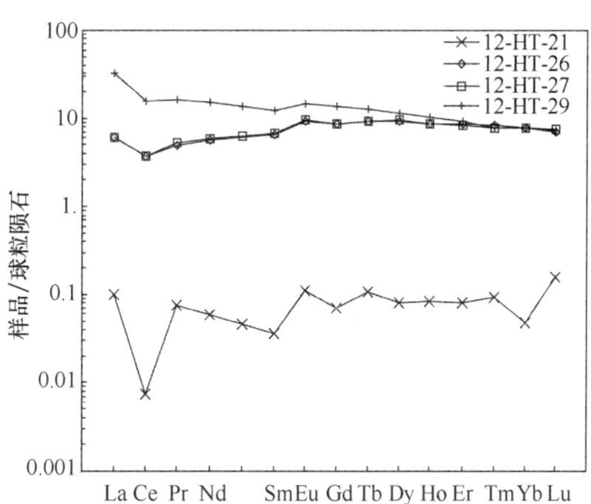

图 3-16　荒田铅锌矿床脉石矿物方解石稀土元素分配模式图

三、稀土元素地球化学特征小结

1. 岩石中稀土元素地球化学特征

碳酸盐岩为研究区内铅锌矿床的主要赋矿层位，碳酸盐岩种稀土元素总量（∑REE）变化范围较大（1.48×10^{-6}～204.93×10^{-6}），轻稀土元素富集（∑LREE/∑HREE=4.892～19.944）；δEu 表现为正负异常（0.476～1.152），且以负异常为主的特征（δEu 仅有三组>1）；δCe 显示正负异常的特征（0.283～1.122），∑REE 分配模式图均显示右倾斜的特征（$(La/Yb)_N$ 值一般为 6.284～21.674）；轻重稀土元素内部均有分异（$(La/Sm)_N$ 为 1.815～6.591，$(Gd/Yb)_N$ 为 1.159～54.066），且轻稀土元素分异程度高于重稀土元素。

表 3-6　滇中典型碳酸盐岩型铅锌矿床方解石矿物稀土元素含量表（$\times10^{-6}$）

矿床	编号	La	Ce	Pr	Nd	Sm	Eu	Gd	Tb	Dy	Ho	Er	Tm	Yb	Lu	∑REE	L/H	δEu	δCe	$(La/Yb)_N$	$(La/Sm)_N$	$(Gd/Yb)_N$	Y
花木箐	HM-02	0.872	2.280	0.359	1.700	0.590	0.231	0.636	0.106	0.630	0.098	0.259	0.036	0.218	0.033	8.048	2.992	1.152	0.981	2.697	0.930	2.355	4.380
	HM-09	1.100	2.790	0.441	1.930	0.507	0.273	0.614	0.120	0.544	0.091	0.248	0.031	0.178	0.033	8.899	3.789	1.496	0.964	4.166	1.365	2.781	4.090
	HM-25	1.420	3.920	0.599	2.810	0.903	0.370	0.921	0.171	0.850	0.147	0.343	0.051	0.287	0.044	12.837	3.561	1.241	1.023	3.336	0.989	2.591	5.970
热水塘	RSTG-10	2.240	7.080	1.180	6.070	2.450	1.217	2.93	0.436	2.210	0.377	0.865	0.113	0.596	0.080	27.844	2.66	1.389	1.048	2.534	0.575	3.967	10.800
	RSTG-11	4.480	13.400	1.920	8.690	3.170	1.645	3.692	0.627	3.510	0.641	1.560	0.205	1.350	0.202	45.092	2.826	1.47	1.100	2.237	0.889	2.207	19.600
	RSTG-12	3.160	9.200	1.380	6.700	2.360	1.261	2.853	0.422	2.300	0.428	1.030	0.141	0.793	0.102	32.13	2.982	1.486	1.06	2.687	0.842	2.903	12.300
	RSTG-15	5.010	12.800	1.810	9.390	3.770	1.631	4.873	0.776	4.520	0.844	2.150	0.307	1.830	0.248	49.959	2.213	1.163	1.023	1.846	0.836	2.149	24.500
荒田	12-HT-21	0.031	0.006	0.009	0.035	0.007	0.008	0.018	0.005	0.026	0.006	0.017	0.003	0.010	0.005	0.186	1.071	2.388	0.087	2.049	3.020	1.416	0.177
	12-HT-26	1.900	2.970	0.606	3.360	1.250	0.681	2.215	0.437	2.950	0.609	1.820	0.267	1.600	0.223	20.888	1.064	1.251	0.666	0.801	0.956	1.117	23.300
	12-HT-27	1.880	3.010	0.646	3.490	1.310	0.693	2.186	0.432	3.060	0.611	1.760	0.253	1.610	0.239	21.18	1.087	1.252	0.657	0.787	0.903	1.096	23.200
	12-HT-29	10.200	12.700	1.970	8.980	2.410	1.061	3.525	0.601	3.680	0.738	1.940	0.253	1.610	0.228	49.897	2.968	1.113	0.682	4.271	2.662	1.767	29.500
苏租-暮阳	12-MY-30	1.405	7.800	1.460	7.630	1.870	0.427	1.711	0.247	1.240	0.219	0.509	0.051	0.315	0.045	24.975	4.757	0.729	1.290	3.103	0.488	4.384	8.450
	12-MY-31	1.450	7.170	1.300	6.980	1.490	0.362	1.513	0.222	1.110	0.200	0.449	0.058	0.321	0.037	22.662	4.795	0.737	1.257	3.045	0.612	3.803	8.000
	12-MY-33	2.870	14.600	2.720	15.900	4.410	0.836	3.898	0.532	2.590	0.447	0.995	0.103	0.545	0.073	50.518	4.502	0.617	1.258	3.550	0.409	5.771	14.900
	12-MY-35	2.740	9.730	1.550	8.090	1.860	0.412	1.717	0.221	1.110	0.205	0.545	0.053	0.284	0.036	28.553	5.846	0.705	1.136	6.505	0.927	4.878	7.790
	12-MY-37	1.020	5.480	1.200	6.990	1.840	0.504	1.702	0.242	1.190	0.213	0.496	0.065	0.337	0.043	21.321	3.973	0.871	1.192	2.041	0.349	4.075	9.360
	12-MY-39	0.920	4.170	0.713	3.710	0.986	0.300	0.991	0.141	0.663	0.125	0.275	0.031	0.147	0.021	13.193	4.512	0.929	1.239	4.219	0.587	5.439	5.490

注：$\delta Ce=Ce_N/(La_N*Pr_N)^{1/2}$，$\delta Eu=Eu_N/(Sm_N*Gd_N)^{1/2}$，稀土元素的球粒陨石标准化值据 Taylor et al.，1985

除了碳酸盐岩中赋存铅锌矿外，在荒田铅锌矿区中峨眉山玄武岩为次要赋矿围岩，峨眉山玄武岩稀土元素总量（∑REE）变化范围为 51.11×10^{-6}～232.87×10^{-6}，轻、重稀土元素比值（∑LREE/∑HREE）为6.000～11.066，表现为轻稀土元素富集的特征；δEu变化范围为0.917～1.076，δEu显示正负异常，以负异常为主；δCe变化范围为0.911～0.970，显示弱的负异常特征；$(La/Yb)_N$值变化范围较大，大部分变化范围为8.628～19.670，∑REE分配模式图均显示右倾斜的特征。$(La/Sm)_N$变化范围为2.241～3.284，$(Gd/Yb)_N$变化范围为2.425～3.789，轻重稀土元素内部均有分异，但重稀土元素内部分异程度高于轻稀元素。

研究区内碳酸盐岩型铅锌矿床赋矿围岩（∑REE）变化范围大，均显示轻稀土元素富集的特征，轻重稀土元素内部均存在分异，δEu以负异常为主，REE分配模式图均显示右倾斜的特征。

2. 黄铁矿中稀土元素地球化学特征

研究区内3个典型碳酸盐岩型铅锌矿床中黄铁矿 δEu均显示正负异常、以负异常为主的特征，而 δCe则表现为负异常特征。花木箐铅锌矿床中黄铁矿的重稀土元素内部的分异程度高于轻稀土元素，黄铁矿成矿环境为还原性环境；而大笑与噜鲁铅锌矿床中的轻稀土元素内部的分异程度高于重稀土元素，黄铁矿形成与热液成矿有关。各个矿床的高场强元素显示，所有矿床黄铁矿的高场强元素比值Nb/La、Th/La、Hf/Sm大部分<1，成矿流体可能为富Cl流体，Y/Ho、Zr/Hf、Nb/Ta变化范围均较大，暗示成矿流体可能遭受了外来热液的混入，Y/Ho比值部分落入峨眉山玄武岩和燕山期花岗岩的范围内（图3-17），晚华力西期、印支期与燕山期岩浆活动过程中可能为成矿提供成矿流体（或成矿驱动力）；黄铁矿Co/Ni较低，暗示成矿温度应该为中低温。

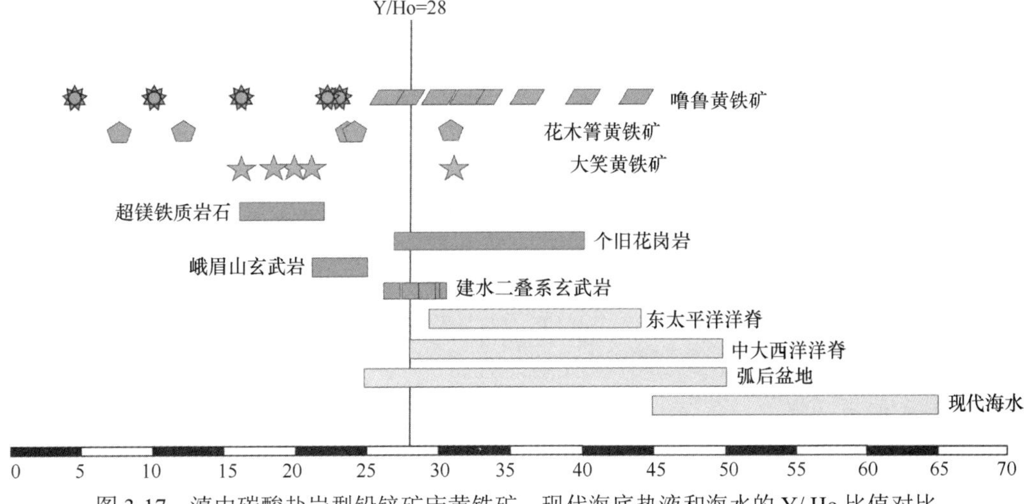

图3-17 滇中碳酸盐岩型铅锌矿床黄铁矿、现代海底热液和海水的Y/ Ho比值对比

（现代海水、弧后盆地、中大西洋洋脊、东太平洋洋脊、热液流体数据引自Bau et al.，1997；1999；Douville et al.，1999）

3. 方解石中稀土元素地球化学特征

滇中铅锌成矿区内，不同碳酸盐岩型铅锌矿床中方解石的稀土元素分布不均匀，（∑REE）变化范围大，其变化范围为 0.186×10^{-6}～50.581×10^{-6}，方解石均显示轻重稀土富集的特征（∑LREE/∑HREE=1.064～5.846），除苏租-暮阳碳酸盐岩型铅锌矿床脉石

矿物方解石 δEu 显示负异常特征外，其余矿床方解石 δEu 均显示正异常，方解石的重稀土元素内部的分异程度高于轻稀土元素。

第四节　流体包裹体地球化学特征

成矿流体是成矿物质得以活化、迁移、富集的主要介质，而包裹体则是成矿过程中残留在矿物晶体内部的成矿流体，代表了成矿期成矿流体，对矿物包裹体的研究是现代获取成矿流体信息最直接、最有效的手段。因此，在矿床学研究中有着不可替代的作用，尤其是在研究热液矿床的形成过程中发挥着重要的作用。本次对包裹体研究主要是通过不同温度下对包裹体内相变行为的观察，进而获得成矿流体的温度、压力、密度等重要参数，其计算公式如下：

1. 盐度计算

研究区内矿体包裹体显微镜下未见子晶矿物，根据冰点温度推算，研究区气液相包裹体盐度属于低盐度 H_2O-NaCl（满足低盐度，0～23.3%），适用 H_2O-NaCl 体系中盐度-冰点公式，利用式（3-1）计算盐度。

$$S=0.00+1.78t-0.0442t^2+0.000557t^3 \quad (3\text{-}1)$$

式中，S 为盐度，%；t 为冰点的温度，℃。计算获得该类型包裹体的盐度为 1.74%～4.65%，总体表现为低盐（0～23.3%）的 NaCl 溶液。

2. 密度计算

流体密度是包裹体研究中一个重要的参数，它与均一温度和盐度都有关系，利用数学模型拟合建立的密度公式：

$$A=0.993531+8.72147\times10^{-3}\times S-2.43975\times10^{-5}\times S^2 \quad (3\text{-}2)$$

$$B=7.11652\times10^{-5}-5.2208\times10^{-5}\times S+1.26656\times10^{-6}\times S \quad (3\text{-}3)$$

$$C=-3.4997\times10^{-6}+2.12124\times10^{-7}\times S-4.52318\times10^{-9}\times S \quad (3\text{-}4)$$

$$\rho=A+B+C\times T^2 \quad (3\text{-}5)$$

式（3-2）、式（3-3）、式（3-4）中，S 为盐度，%；式（3-5）中，ρ 为盐水溶液密度，g/cm^3；T 为流体均一温度，℃；A、B、C 为无量纲参数，不同盐度对应不同的 A、B、C 值。

3. 成矿压力计算

对成矿压力的计算。采用前人对成矿压力计算的经验公式，成矿压力估算经验公式如式（3-6）～式（3-8）。

$$P_0=219+26.20\times S \quad (3\text{-}6)$$

$$T_0=374+9.20\times S \quad (3\text{-}7)$$

$$P=P_0\times T/T_0 \quad (3\text{-}8)$$

式（3-6）、式（3-7）、式（3-8）中，S 为成矿流体盐度，%；T_0 为初始温度，℃；P_0 为初始压力值，10^5Pa；T 为成矿实际温度，即均一温度，℃；P 为成矿压力值，10^5Pa。

4. 成矿深度计算

对成矿深度的计算。采用前人对成矿深度计算的经验公式，成矿深度估算经验公式如式（3-9）。

$$H=P/300 \tag{3-9}$$

式中，H 为成矿深度，km；P 为成矿压力值，10^5Pa。

各铅锌矿床流体包裹体特征如下。

一、大笑碳酸盐岩型铅锌矿床

大笑碳酸盐岩型铅锌矿床脉石矿物石英中的包裹体为气-液两相包裹体：气相分数一般为5%～50%，多数集中于 10%～20%。包裹体形态多为椭圆形、不规则多边形等，大小一般为2～12μm，多数为 3～11μm，占包裹体总数量的 60%以上。气相一般呈圆球形气泡，温度随气液比增加而升高。本次研究选取原生石英包裹体 87 个点进行测试，其结果见表 3-7。由表 3-7 可知，所有样品流体包裹体的完全均一温度变化范围为 86.90～261.00℃，均一温度主要集中在 140～220℃（图 3-18）。样品流体包裹体盐度变化范围为 0.90～19.47wt%NaCl，盐度主要集中在 1～5wt%NaCl；密度变化范围为 0.82～1.05g/cm^3，主要分布于 0.90～1.00g/cm^3。成矿压力变化范围为 73.72×10^5～269.62×10^5Pa，平均成矿压力为 166.06×10^5Pa，成矿深度变化范围为 250～900m，平均深度为 554m，其结果与实际地质情况基本吻合。均一温度随气液比增加而升高，推测气体包裹体是在开放系统低压高沸腾的物理化学状态下形成的。因此，从以上特征判断该矿床属于中-低温、低盐度、低密度成矿热液地壳浅部环境下沉淀就位成矿。

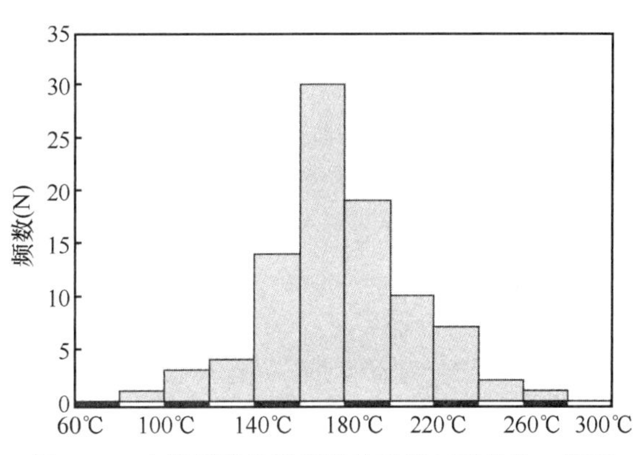

图 3-18　大笑碳酸盐岩型铅锌矿床包裹体均一温度柱状图

表 3-7　大笑碳酸盐岩型铅锌矿床气液两相包裹体冰点温度、均一温度及有关参数表

编号	冰点温度/℃	均一温度/℃	盐度/%	密度/(g/cm^3)	压力/10^5Pa	深度/km
9D21-51（8）	−0.80～−2.00	150.80～186.80	1.45～3.74	0.90～0.94	107.70～127.54	0.36～0.43
	−1.34	163.58	2.47	0.93	116.56	0.39
9D21-52（6）	−2.8～−7.6	86.9～167.4	5.34～16.33	0.99～1.02	73.72～206.53	0.25～0.69
	−4.93	130.77	10.14	1.01	138.76	0.46
9D21-53（6）	−8.40～−0.70	148.10～225.20	1.27～18.40	0.91～1.05	111.70～269.62	0.37～0.90
	−5.52	172.9	11.78	0.98	182.87	0.61
9D21-50	−3.2	192	6.17	0.92	169.64	0.57
9D21-54（6）	−3.6～−6.8	121.8～185.5	7.01～14.32	0.96～0.99	111.83～219.84	0.37～0.73
	−5.13	164.8	10.47	0.98	174.54	0.58
9D21-55（7）	−1.3～−2	194.00～223.00	2.39～3.74	0.86～0.90	146.64～166.93	0.49～0.56
	−1.62	212.44	3	0.87	157.33	0.52

续表

编号	冰点温度/℃	均一温度/℃	盐度/%	密度/（g/cm³）	压力/10⁵Pa	深度/km
9D21-55-1（2）	−1.8～−2.0	182～193.6	3.35～3.74	0.90～0.91	137.92～150.27	0.46～0.50
	−1.9	187.8	3.55	0.91	144.1	0.48
9D21-56（2）	−1.2～−2.2	157～198	2.2～4.14	0.89～0.94	124.73～138.94	0.42～0.46
	−1.7	177.5	3.17	0.91	131.84	0.44
9D21-56-1	−2	180	3.74	0.92	139.72	0.47
9D21-57（16）	−1.20～−4.00	148～261	2.2～7.86	0.83～0.96	119.29～226.03	0.40～0.75
	−2.9	180.9	5.58	0.93	155.23	0.52
9D21-58（2）	−1.20～−0.70	174.8～180.4	1.27～2.2	0.90～0.91	117.98～122.66	0.41～0.39
	−0.95	177.6	1.74	0.91	120.32	0.4
9D21-59（8）	−1.90～−1.00	174.7～245.00	1.82～3.55	0.82～0.91	119.28～167.27	0.40～0.56
	−1.3	201.07	2.4	0.88	142.43	0.47
9D21-60（2）	−1.2～−1.3	205.5～226.7	2.2～2.39	0.85～0.88	146.15～159.08	0.49～0.53
	−1.25	216.1	2.3	0.86	152.61	0.51
9D21-61（8）	−1.80～−0.50	148～176	0.9～3.35	0.92～0.93	93.92～133.38	0.31～0.44
	−1.15	162	2.13	0.93	113.65	0.38
9D21-62（8）	−1.70～−1.10	114.8～136	2.01～3.16	0.95～0.97	82.72～99.27	0.28～0.33
	−1.48	122.96	2.74	0.96	89.43	0.3
9D21-63	−1.4	165.7	2.58	0.92	119.4	0.4
9D21-64（9）	−6.70～−5.80	173.5～201.3	11.92～14.08	0.97～0.98	190.59～235.01	0.64～0.78
	−6.13	182.87	12.72	0.98	205.96	0.69
9D21-65（10）	−8.80～−4.70	152.2～180.5	9.40～19.47	0.96～1.04	179.97～233.17	0.60～0.78
	−6.99	170.15	14.88	1.01	201.92	0.67
9D21-66（6）	−5.20～−8.80	143.50～193.2	10.53～19.47	0.99～1.05	150.81～247.97	0.50～0.83
	−6.98	164.58	14.9	1.01	196.14	0.65
9D21-67①	−5	176.9	10.07	0.96	183.07	0.61
9D21-68（10）	−7.40～−6.10	152.4～0216.50	13.11～15.82	0.95～1.01	173.30～249.49	0.58～0.83
	−6.58	187.43	13.79	0.98	217.16	0.72
9D21-69（1）	−4.1	229.2	8.08	0.89	220.18	0.73
9D21-70（2）	−4.50～−8.20	210.80～215.10	8.96～17.88	0.92～0.99	213.80～269.08	0.71～0.90
	−6.35	212.95	13.42	0.95	241.44	0.8
9D21-72（12）	−5.8～−3.5	146～258	6.8～11.92	0.84～1.01	160.38～234.67	0.53～0.78
	−4.64	197.8	9.3	0.93	196.54	0.66
9D21-73（7）	−7.7～−2.1	153.9～204.5	3.94～16.58	0.91～1.03	145.84～198.16	0.49～0.66
	−4.67	181.37	9.61	0.96	178.33	0.59

二、花木箐碳酸盐岩型铅锌矿床

花木箐碳酸盐岩型铅锌矿床脉石矿物石英中的包裹体为气-液两相包裹体：气相分数

表 3-8　花木箐铅锌矿床气液两相包裹体冰点温度、均一温度及有关参数表

编号	冰点温度/℃	均一温度/℃	盐度/%	密度/（g/cm³）	压力/10⁵Pa	深度/km
HM50（6）	−1.10～−3.80	225.40～223.50	2.01～7.43	0.85～0.89	156.04～209.03	0.52～0.70
	−2.45	224.45	4.72	0.87	182.53	0.61
HM51（10）	−7.10～−3.10	236.90～269.10	5.96～15.07	0.82～0.94	220.97～303.66	0.74～1.01
	−4.82	253.80	9.79	0.88	257.49	0.86
HM10（8）	−5.50～3.40	162.40～232.80	6.58～11.22	0.90～0.98	168.06～243.03	0.56～0.81
	−4.75	207.98	9.54	0.93	210.91	0.7
HM11（9）	−8.60～2.10	172.20～263.40	3.94～18.93	0.81～1.04	206.86～299.39	0.69～1.00
	−5.92	233	12.466	0.92	252.26	0.84
HM12（8）	−10.40～−1.30	245.50～296.30	2.39～23.92	0.80～1.01	182.56～353.90	0.61～1.18
	−6.14	262.96	13.274	0.90	290.24	0.97
HM5-2	−3.50	188.80	6.80	0.93	171.72	0.57
HM5-3（8）	−7.80～−0.20	220.40～288.20	0.36～16.84	0.80～0.93	133.41～335.25	0.44～1.12
	−4.41	261.21	9.09	0.86	257.13	0.86
HM5-4（7）	−8.20～−2.70	249.50～273.50	5.14～17.88	0.84～0.95	209.44～324.87	0.70～1.08
	−5.03	259.17	10.44	0.88	266.45	0.89
HM8（2）	−2.50～−2.20	248.80～250.80	4.14～4.73	0.83～0.84	199.25～204.41	0.66～0.68
	−2.35	249.80	4.435	0.84	201.83	0.67
HM9（2）	−2.10～−1.00	171.10～289.90	1.82～3.94	0.76～0.91	227.68～116.82	0.39～0.76
	−1.55	230.50	2.88	0.84	172.25	0.57
HM7	−4.60	160.3	9.18	0.97	160.66	0.54
HM52（7）	−2.00～−0.20	169.00～223.50	0.36～3.74	0.86～0.92	102.42～173.48	0.34～0.58
	−1.27	187.25	2.35	0.9	133.61	0.45
HM53（9）	−2.90～−1.80	131.80～205.20	3.35～5.55	0.90～0.96	99.88～175.90	0.33～0.59
	−2.47	175	4.68	0.93	144.53	0.48
HM54（13）	−2.3～−0.6	130.60～179.00	1.08～4.33	0.90～0.96	92.88～126.64	0.31～0.42
	−1.36	161.13	2.51	0.93	155.03	0.38
HM-55（2）	−2.40～−2.00	241.90～283.00	3.74～4.53	0.78～0.84	229.96～187.77	0.63～0.77
	−2.20	262.45	4.14	0.81	208.86	0.70
HM-56（13）	−1.10～−0.50	247.6～300.7	0.9～2.01	0.72～0.81	166.68～208.16	0.56～0.69
	−0.85	277.33	1.55	0.76	185.46	0.62
HM-57（15）	−3.00～−0.70	216.8～269.00	1.27～5.75	0.78～0.87	160.27～208.40	0.53～0.69
	−1.50	252.58	2.80	0.81	183.23	0.61
HM-58（11）	−1.70～−0.80	245.00～318.00	1.45～3.16	0.70～0.81	162.58～238.04	0.54～0.79
	−1.11	276.70	2.04	0.77	192.33	0.64

一般为 8%～35%，多数集中于 10%～30%。包裹体形态多为椭圆形、不规则多边形等，大小一般为 2～28μm，多数为 4～14μm，占包裹体总数量的 60%以上。气相一般呈圆球形气泡。本次研究选取原生石英包裹体 71 个点进行测试，结果及有关参数见表 3-8。由表 3-9 可知，所有样品流体包裹体的完全均一温度变化范围为 130.60～318.00℃，均一温度集中于 240～290℃（图 3-19）；样品流体包裹体盐度变化范围为 0.36～23.92wt%NaCl，主要集中在 1～6wt%NaCl；密度变化范围为 0.70～1.04g/cm^3，主要分布于 0.75～0.95g/cm^3。成矿压力变化范围为 92.88×10^5～353.90×10^{5}Pa，平均成矿压力为 206.03×10^{5}Pa，成矿深度为 310～1180m，平均成矿深度为 688m，这与实际地质情况基本吻合。均一温度随气液比增加而升高，推测气体包裹体是在开放系统低压高沸腾的物理化学状态下形成。综上所述，该矿床属于中-低温、低盐度、低密度成矿热液地壳浅部环境下沉淀就位成矿。

表 3-9 热水塘碳酸盐岩型铅锌床矿物包裹体研究结果

编号	矿物	产状	包裹体类型	均一温度/℃			盐度/（wt%NaCl）		密度
				范围	均值	总均值	范围	均值	
F-1	白云岩（$\in_1s$）	矿区北部铅矿石中块状白云石，铅矿石中浸染状白云岩	液体	130～175	157	142	5.4～8.5	7.5	中等
F-2			液体	92～170	126				
F-3	重晶石（$\in_1s$）	矿区北部铅矿石中脉状重晶石，铅矿石中浸染状重晶石	气体	297～341	319	246	6.7～118.0	8.3	中等
F-4			液体	134～192	173				
F-5	闪锌矿	昆阳群铅锌矿中闪锌矿		127～237	180	180	4.6～8.9	7	中等

注：据秦德先等，1998

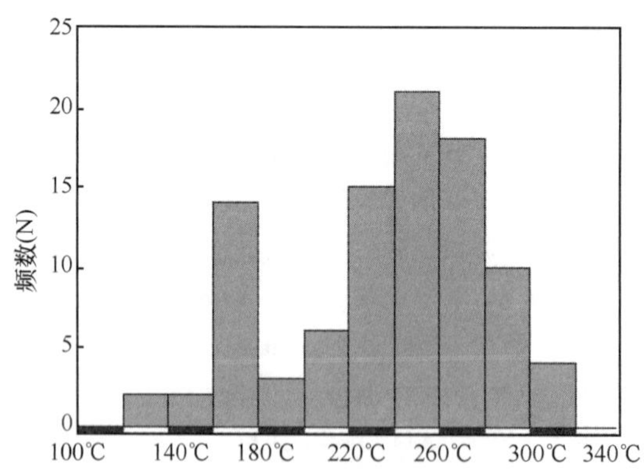

图 3-19 花木箐碳酸盐岩型铅锌矿床包裹体均一温度柱状图

三、噜鲁碳酸盐岩型铅锌矿床

噜鲁碳酸盐岩型铅锌矿床矿物包裹体以液态为主，少量纯液体和气体包裹体，气液比变化范围为 5%～25%，大小变化范围为 6～10μm，均一温度平均值为 120～180℃，盐度变化为 9.10～10.10wt%NaCl，属于低温、低盐热液成矿。

四、热水塘碳酸盐岩型铅锌矿床

热水塘碳酸盐岩型铅锌矿床的脉石矿物方解石、重晶石，矿石矿物闪锌矿中均发育有包裹体，包裹体主要有纯液态、液态、气态三类包裹体，其中纯液态、液态包裹体分布最为广泛，气相分数变化范围为5%～45%，多数集中分布于5%～15%。包裹体形态多为椭圆形、不规则多边形等，呈现群分布。包裹体大小一般为1～15μm（表3-9），方铅矿中包裹体的均一温度一般为90.0～200.0℃，闪锌矿中包裹体的均一温度一般为297～341℃，盐度变化范围为4.6～118.0wt%NaCl，密度中等，包裹体中含有Cl。由以上特征可知温度随气液比增加而升高，推测气体包裹体是在开放系统低压高沸腾的物理化学状态下形成的，随着温度降低，依次形成了纯液态和气态包裹体，成矿物质以氯化物的形式迁移，该矿床属于中-低温、低盐度、低密度热液矿床，包裹体温度由南向北有逐渐降低的趋势。

五、苏租-暮阳碳酸盐岩型铅锌矿床

苏租-暮阳铅锌矿床方铅矿、闪锌矿共生的方解石包裹体测试结果，为纯液体和液体包裹体，大小5～6μm，气液比为5%～15%，均一温度为130～180℃，众数为160℃。22件方铅矿爆裂测温结果，起爆温度为120～220℃，众数为160℃，比均一温度高。说明成矿热液温度为160±5℃，属低温矿床。

六、荒田碳酸盐岩型铅锌矿床

荒田铅锌矿床脉石矿物石英、方解石，包裹体主要有气态、液态、固态三类包裹体，气相分数变化范围为4%～40%，多数集中分布于5%～20%。包裹体形态总体上分为规则和不规则两大类，前者以负晶形、似圆形、椭圆形居多，后者主要为长条状、三角形、勺形等。包裹体大小一般为3～8μm，包裹体的均一温度一般为150～210℃，盐度一般为10～14wt%NaCl。成矿流体的密度一般为0.65～1.07g/cm^3，压力一般为21.21×10^5～550.29×10^{5}Pa，深度为80.09～2077.57m（表3-10）。该矿床属于中-低温、低盐度、低密度成矿流体地壳浅部沉淀就位成矿。

表3-10 热水塘碳酸盐岩型铅锌床矿物包裹体研究结果

样品编号	矿物名称	大小/μm	气液比/%	冰点温度/℃	均一温度/℃
NG-1425	石英	3～8	4～20	−13.1～−0.6	115.3～264.5
NG-0634	方解石	4～14	5～15	−23.8～−4.1	145.5～209.8
HT25-2	石英	3～8	5～20	−10.8～−4.3	138.2～221.2
C-0948	石英	3～16	5～40	−6.7～−2.9	172.5～371.7
样品编号	矿物名称	盐度/wt%	密度/（g/cm^3）	压力×10^{5}Pa	深度/m
NG-1425	石英	1.05～16.99	0.78～1.02	21.21～459.26	80.09～1733.92
NG-0634	方解石	6.59～23.44	0.97～1.07	79.00～550.29	298.28～2077.57
HT25-2	石英	6.88～14.77	0.89～1.00	44.53～280.58	168.10～1769.44
C-0948	石英	4.80～10.11	0.65～0.92	99.79～225.79	376.76～852.47

七、小结

滇中碳酸盐岩型铅锌矿床矿物包裹体的形态主要呈椭圆形、不规则状、部分呈浑圆状等形态产出，各个矿床包裹体大小悬殊。包裹体均一成矿温度比 MVT 型高（图 3-20），但不同矿床之间有所差别，现将研究区内典型矿床与邻区典型铅锌矿床均一成矿温度整理如图 3-20。由图 3-20 可知在大笑、噜鲁、苏租-暮阳包裹体均一成矿温度与会泽、大梁子、天宝山等典型铅锌矿床的成矿温度进行对比，其均一成矿温度变化范围基本一致。而花木箐、热水塘铅锌矿包裹体的均一温度变化范围较大，最高温度可达到 350℃，均一成矿温度远远高于会泽、天宝山、大梁子等铅锌矿床，温度增高可能与热液活动有关。花木箐、噜鲁、热水塘、大笑铅锌矿床盐度高于世界 MVT 型铅锌矿床的盐度（5～10wt%NaCl）。

综上所述滇中铅锌成矿区铅锌矿床成矿流体为：中-低温（140～290℃）、低盐度（1～9wt%NaCl）、中-低密度（0.75～1.0g/cm^3）、地表浅层（544～688m）成矿。

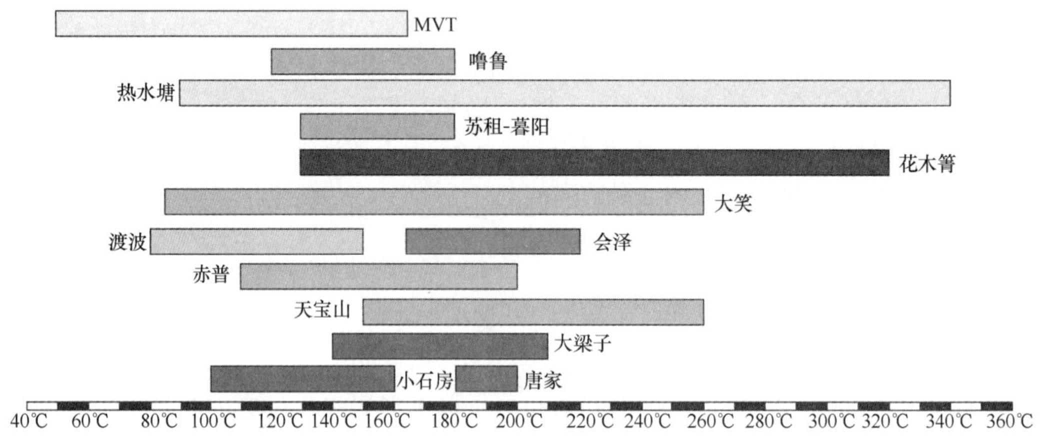

图 3-20　滇中及邻区典型碳酸盐岩型铅锌矿床包裹体均一温度对比图

第五节　同位素地球化学特征

一、碳、氧同位素地球化学特征

碳、氧同位素在不同地球化学环境中存在明显的同位素分馏效应，因此被广泛的应用于地质学中，尤其是对探讨成矿物质来源具有重要的意义。

由于方解石常与多金属矿物伴生，并能较好记录成矿信息，更容易被用于对比分析，正是由于以上两个因素，方解石受到众多地质学者关注。目前方解石的 C、O 同位素体系已经被广泛用于示踪各类热液矿床成矿流体的来源及演化。为此，本次对研究区内铅锌矿床脉石矿物方解石进行了 C、O 同位素的分析，各矿床方解石 C、O 同位素分析结果如下：

1. 花木箐碳酸盐岩型铅锌矿床

花木箐碳酸盐岩型铅锌矿床脉石矿物 C、O 同位素组成相对均一，$\delta^{13}C_{PDB}$ 变化范围为–0.64‰～–0.18‰（表 3-11），极差为 0.46‰，平均值为–0.33‰；$\delta^{18}O_{SMOW}$ 变化范围为 17.54‰～18.44‰，极差为 0.90‰，均值 18.08‰。

2. 苏租-暮阳碳酸盐岩型铅锌矿床

苏租-暮阳碳酸盐岩型铅锌矿床 C、O 同位素组成相对均一，$\delta^{13}C_{PDB}$ 变化范围为 −0.02‰～0.87‰，极差为 0.89‰，平均值为 0.51‰；$\delta^{18}O_{SMOW}$ 变化范围为 17.66‰～21.38‰，极差为 3.72‰，均值 19.58‰（表 3-11）。

表 3-11　滇中典型碳酸盐岩型铅锌矿床碳氧同位素分析结果表

矿床名称	样品编号	矿物	$\delta^{13}C_{PDB}$ / ‰	$\delta^{18}O_{SMOW}$ / ‰
花木箐	HM-02	方解石	−0.18	18.44
	HM-09		−0.64	17.54
	HM-25		−0.18	18.25
苏租-暮阳	12-MY-30	方解石	0.87	20.10
	12-MY-31		0.56	20.19
	12-MY-33		0.66	20.38
	12-MY-35		0.81	21.38
	12-MY-37		−0.02	17.76
	12-MY-39		0.20	17.66
热水塘	RST-08	方解石	−1.62	13.60
	RST-GR-1071-10		0.06	19.53
	RST-GR-1071-11		0.59	19.64
	RST-GR-1071-12		0.38	19.60
	RST-GR-1071-15		1.09	15.08
荒田	12-HT-QL-1360-21	方解石	0.77	12.03
	12-HT-QL-1360-26		−1.05	19.63
	12-HT-QL-1360-29		−3.29	17.01

3. 热水塘碳酸盐岩型铅锌矿床

热水塘碳酸盐岩型铅锌矿床脉石矿物方解石 C、O 同位素组成变化范围较大，测试结果见表 3-12，$\delta^{13}C_{PDB}$ 变化范围为−1.62‰～1.09‰，极差为 2.71‰，平均值为 0.17‰；$\delta^{18}O_{SMOW}$ 变化范围为 13.60‰～19.64‰，极差为 6.04‰，均值 17.49‰。

4. 荒田碳酸盐岩型铅锌矿床

荒田碳酸盐岩型铅锌矿床脉石矿物方解石 C、O 同位素组成相对均一，$\delta^{13}C_{PDB}$ 变化范围为−3.92‰～0.77‰，极差为 4.49‰，平均值为−1.19‰；$\delta^{18}O_{SMOW}$ 变化范围为 12.03‰～19.63‰，极差为 4.98‰，均值 16.22‰。

从表 3-12 中可以看出：铅锌矿床脉石矿物方解石碳、氧同位素变化范围较窄，$\delta^{13}C_{PDB}$ 变化范围为−3.29‰～1.09‰，$\delta^{18}O_{SMOW}$ 变化范围为 12.03‰～21.38‰。仿照毛景文（2003）等将滇中及其周边铅锌矿床中方解石 $\delta^{13}C_{PDB}$ 投影在图 3-21 上，由图 3-21 看出研究区内典型碳酸盐岩型铅锌矿床中方解石 $\delta^{13}C_{PDB}$ 变化范围要宽于滇东北碳酸盐岩型铅锌矿床，推测研究区铅锌矿床可能比滇东北铅锌矿床有更多来源的碳。花木箐、苏租-暮阳、热水塘铅锌矿脉石矿物方解石 $\delta^{13}C_{PDB}$ 投影落在海相碳酸岩的 $\delta^{13}C_{PDB}$ 变化范围内，而荒田铅锌矿床脉石矿物方解石 $\delta^{13}C_{PDB}$ 投影有部分落在岩浆-地幔来源。将研究区内铅锌矿床 $\delta^{13}C_{PDB}$、$\delta^{18}O_{SMOW}$ 投影在刘家军等（2004）建立的 $\delta^{13}C_{PDB}$-$\delta^{18}O_{SMOW}$ 底图上（图 3-22），也证明了花木箐、热水塘、苏租-暮阳等碳酸盐岩型铅锌矿床脉石矿物方中的碳主要来自于海相碳酸盐岩，而荒田碳酸盐岩型铅锌矿床脉石矿物（方解石）中 C、O 部分来自岩浆岩。

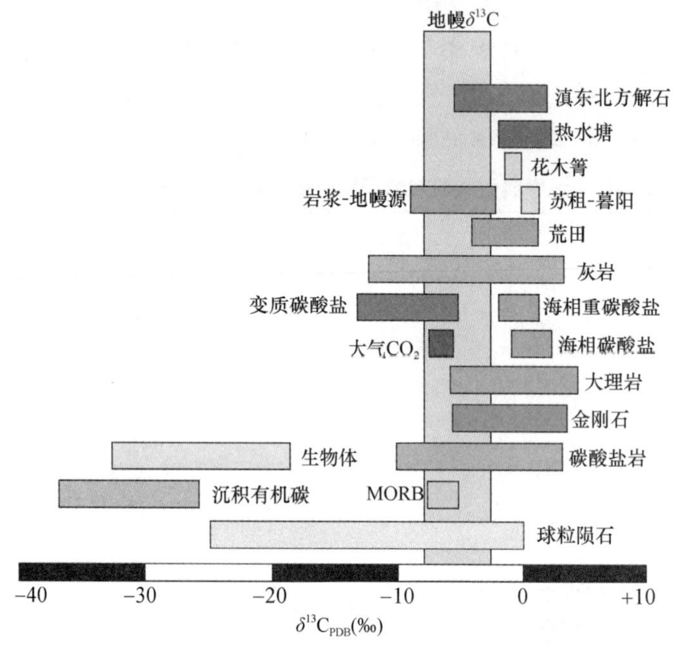

图 3-21　滇中碳酸盐岩型铅锌矿中脉石方解石碳同位素与其他有关物质碳同位素组成对比图

（据毛景文等，2003）

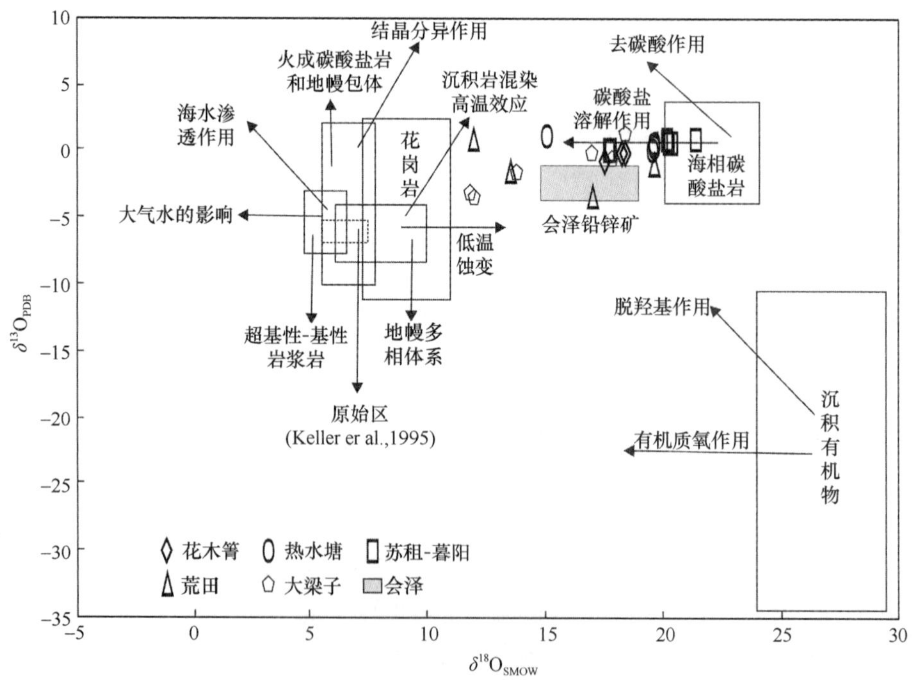

图 3-22　滇中典型碳酸盐岩型铅锌矿床方解石的 $\delta^{13}C_{PDB}$-$\delta^{18}O_{SMOW}$ 组成图

（底图据刘家军等，2004）

二、硫同位素地球化学特征

硫同位素在矿床学及矿床地球化学研究中应用广泛，自1968年Sakai最先认识到热液矿物硫同位素组成的影响因素，并对硫同位素热力学进行了开拓性的研究以来，众多学者对硫同位素进行了大量的研究，并取得了丰硕的研究成果。当今硫同位素常被用来指示成矿环境，识别成矿物质来源，解释矿床成因等方面。本次对研究区内典型铅锌矿床中硫化物矿石矿物进行测试分析，其各矿床硫化矿硫同位素特征如下：

1. 大笑碳酸盐岩型铅锌矿床

本次在大笑铅锌矿床共采样品20件，其中方铅矿样品11件、闪锌矿样品5件、黄铁矿样品4件，硫同位素组成如表3-13。方铅矿的δ^{34}S值变化范围为6.33‰～8.15‰，平均值为7.28‰；闪锌矿δ^{34}S值变化范围为7.68‰～8.77‰，平均值为8.40‰；黄铁矿δ^{34}S值变化范围为7.63‰～9.75‰，平均值为8.48‰。矿石中硫化矿物δ^{34}S的变化规律为方铅矿＜闪锌矿＜黄铁矿，δ^{34}S值表现为依次增大，说明在热液成矿作用过程中硫同位素分馏基本达到了平衡。硫同位素直方分布图见图3-23，硫同位素直方图浓度中心为7‰～9‰。

2. 花木箐碳酸盐岩型铅锌矿床

在花木箐碳酸盐岩型铅锌矿床共采样15件，其中方铅矿样品1件、闪锌矿样品11件、黄铁矿样品3件，硫同位素组成如表3-13。方铅矿δ^{34}S为17.66‰，闪锌矿δ^{34}S值变化范围为13.04‰～13.76‰，平均值为13.36‰；黄铁矿δ^{34}S值变化范围为19.88‰～20.70‰，平均值为20.28‰；矿石中硫化矿物δ^{34}S的变化规律为：闪锌矿＜方铅矿＜黄铁矿，δ^{34}S表现为依次增大，说明在热液成矿作用过程中硫同位素分馏未达到平衡，硫化物矿物是在非平衡条件下结晶形成。硫同位素直方图浓度中心为13‰～14‰（图3-23）。

3. 噜鲁碳酸盐岩型铅锌矿床

本次在噜鲁碳酸盐岩型铅锌矿床共采样40件，其中方铅矿样品13件、闪锌矿样品6件、黄铁矿样品12件、脉石矿物重晶石样品9件，硫同位素组成见表3-12。方铅矿δ^{34}S值的变化范围为10.32‰～12.82‰，平均值为11.32‰；闪锌矿δ^{34}S值变化范围为9.72‰～18.76‰，平均值为12.87‰；黄铁矿δ^{34}S值变化范围为12.52‰～22.44‰，平均值为17.29‰；脉石矿物重晶石δ^{34}S值变化范围为26.08‰～29.34‰，平均为27.29‰；矿石中硫化物δ^{34}S的变化规律为：方铅矿＜闪锌矿＜黄铁矿＜重晶石，δ^{34}S表现为依次增大，说明在热液成矿作用过程中硫同位素分馏基本达到了平衡。硫同位素直方图浓度中心为9‰～15‰（图3-23）。

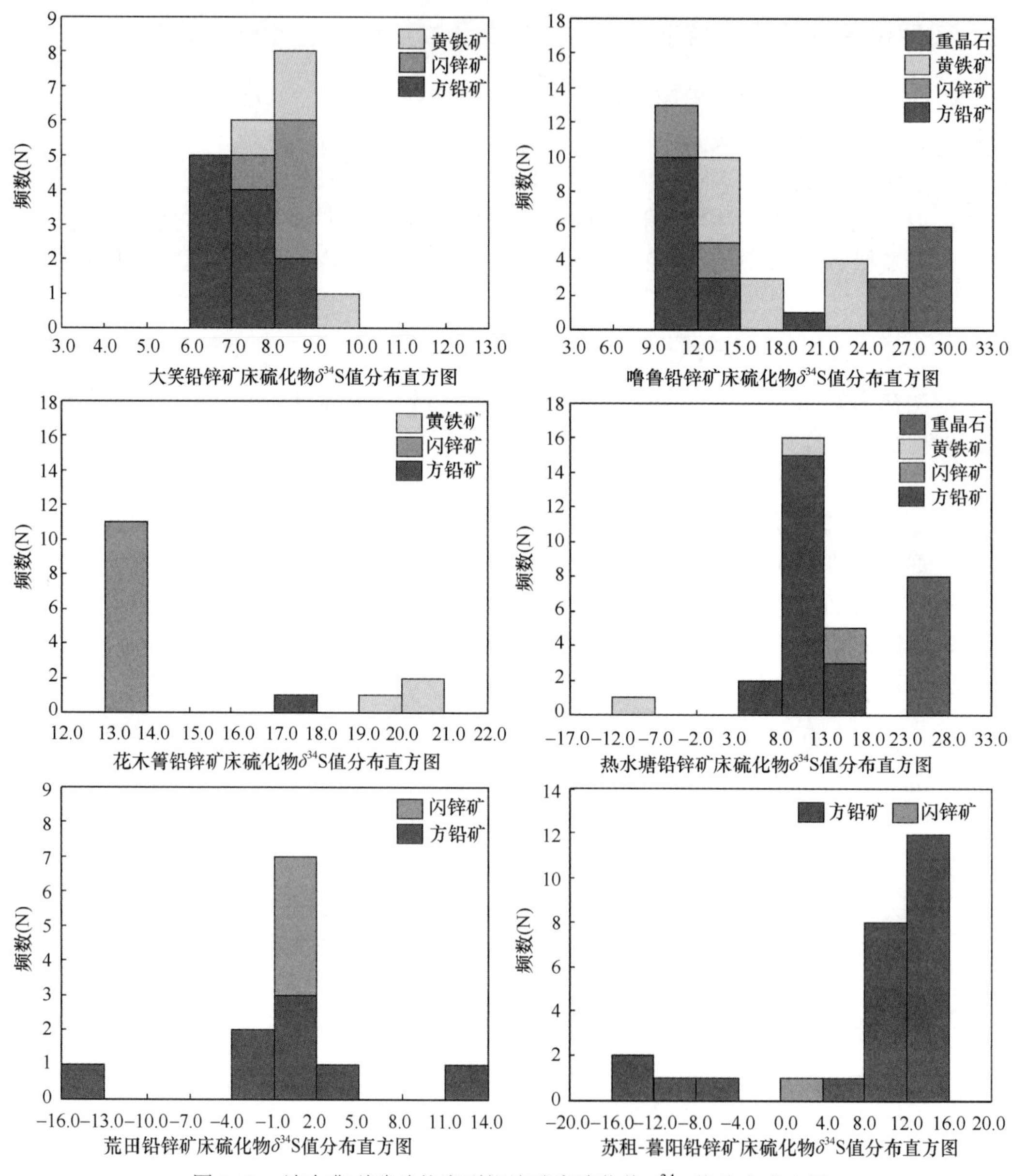

图 3-23　滇中典型碳酸盐岩型铅锌矿床硫化物 δ^{34}S 值分布直方图

表 3-12　滇中铅锌成矿区典型碳酸盐岩铅锌矿床硫同位素分析结果

矿床	编号	样品类型	δ^{34}S/‰	资料来源	矿床	编号	样品类型	δ^{34}S/‰	资料来源
大笑铅锌矿床	DX-5-8-01	大笑铅锌矿九号矿硐-方铅矿	6.75	本文	大笑铅锌矿床	DX-9-29	大笑铅锌矿九号矿硐-方铅矿	6.33	本文
	DX-9-1-03		8.08			DX-9-30		7.04	
	DX-9-1-05		6.94			DX-9-39		7.41	
	DX-9-1-15		7.56			DX-9-44		6.85	
	DX-3		6.99			DX-9-1-04	大笑铅锌矿九号矿硐-闪锌矿	8.69	本文
	DX-6		7.98			DX-9-1-05		7.68	
	DX-10		8.15			DX-9-1-07		8.16	

续表

矿床	编号	样品类型	$\delta^{34}S$/‰	资料来源
大笑铅锌矿床	DX-21	大笑铅锌矿九号矿硐-闪锌矿	8.70	本文
	DX-5-8-02		8.77	
	DX-9-1-03	大笑铅锌矿九号矿硐-黄铁矿	9.75	本文
	DX-9-1-04		8.17	
	DX-9-1-05		8.35	
	DX-9-1-18		7.63	
噜鲁铅锌矿	LL-0-01	方铅矿	11.09	本文
	LL-0-02		10.86	
	LL-0-04		10.77	
	LL-12		11.63	
	LL-13		11.66	
	LL-16		12.10	
	LL-28		12.82	
	LL-32		11.08	
	LL-34		12.27	
	LL-36		11.01	
	LL-41		10.87	
	LL-42		10.32	
	LL-45		10.67	
	LL-01	黄铁矿	22.30	本文
	LL-12		12.52	
	LL-13		21.57	
	LL-14		14.35	
	LL-14-1		17.33	
	LL-16		14.53	
	LL-17		21.67	
	LL-27		16.80	
	LL-29		13.78	
	LL-32		16.86	
	LL-42		22.44	
	LL-45		13.30	
	LL-0-07	闪锌矿	14.22	本文
	LL-32		10.97	
	LL-38		18.76	
	LL-0-10		10.38	
	LL-33		13.18	
	LL-0-08		9.72	
	LL-0-07	重晶石	27.02	本文
	LL-34		27.12	
	LL-0-08		26.36	
	LL-0-04		27.21	
	LL-12		26.08	
噜鲁铅锌矿	LL-0-10	重晶石	29.34	本文
	LL-13		27.92	
	LL-16		28.47	
	LL-14		26.09	
花木箐铅锌矿	HM-24	方铅矿	17.66	本文
	HM-14	黄铁矿	20.70	本文
	HM-19		20.28	
	HM-24		19.88	
	HM-25	闪锌矿	13.55	本文
	HM-20		13.45	
	HM-02		13.19	
	HM-03		13.53	
	HM-04		13.16	
	HM-05		13.24	
	HM-09		13.25	
	HM-14		13.46	
	HM-16		13.04	
	HM-19		13.76	
	HM-24		13.35	
石屏热水塘	2-A	黄铁矿	−7.20	秦德先（1998）
	2-A1		11.10	
	D1-2	方铅矿	9.4	秦德先（1998）
	Dn-1		11.1	
	V-		13.60	
	V-1		3.80	
	X-2		6.3	
	2-A2		9.1	
	RST-02	10号坑方铅矿	11.9	本文
	RST-03		12.25	
	RST-08		11.95	
	RST-11		12.22	
	RST-12		11.99	
	RST-14		12.05	
	RST-18		12.3	
	12-RST-16#-01	16号坑方铅矿	11.95	本文
	12-RST-16#-02		12.33	
	12-RST-16#-04		12.26	
	12-RST-16#-09		12.36	
	RST-GR-1071-13	国瑞矿段方铅矿	12.69	
	RST-GR-1071-15		13.5	
	RST-GR-1071-21		13.08	
	RST-18		25.62	
	RST-03		27.69	

续表

矿床	编号	样品类型	$\delta^{34}S$/‰	资料来源
石屏热水塘	RST-02	10 号坑重晶石	26.42	本文
	RST-04		27.97	
	RST-12		27.64	
	12-RST-16#-01	16 号坑重晶石	24.52	
	12-RST-16#-09		26.29	
	12-RST-16#-02		24.94	
	RST-GR-1071-10	国瑞矿段闪锌矿	17.45	本文
	RST-GR-1071 11		17.80	
苏租-暮阳铅锌矿	83 暮 S-1	方铅矿	−11.9	秦德先（1998）
	83 暮 S-2		10.3	
	83 暮 S-3		12.4	
	83 暮 S-5		9.9	
	83 暮 S-6		10.8	
	83 暮 S-7		11.9	
	83 暮 S-8		12.1	
	83 暮 S-9		11.5	
	83 暮 S-10		13.6	
	83 暮 S-12		12.6	
	83 暮 S-15		6.9	
	83 暮 S-16		10.2	
	83 暮 S-21		13.1	
	83 暮 S-22		11.7	
	83 暮 S-24		12.1	

矿床	编号	样品类型	$\delta^{34}S$/‰	资料来源
苏租-暮阳铅锌矿	83 暮 S-25	方铅矿	15.8	秦德先（1998）
	83 暮 S-26		12.4	
	83 暮 S-28		13.3	
	83 暮 S-31		15.1	
	83 暮 S-32		15	
	83 暮 S-35		10.4	
	83 暮 S-36		13.5	
	暮 32-1		−13.4	
	暮 36-1		−13	
	暮 36-2		−7.3	
	暮 31-1	闪锌矿	1.90	
荒田铅锌矿	荒-1	方铅矿	3.8	
	荒-2		−15.4	
	12HT-QL-1360-26	方铅矿	−1.29	本文
	12HT-QL-1360-27		−0.24	
	12HT-QL-1360-30		−0.96	
	12HT-QL-1360-31		−0.06	
	12HT-QL-1360-35		12.96	
	12HT-QL-1360-36		−2.13	
	12-HT-QL-1360-33	闪锌矿	0.78	本文
	12-HT-QL-1360-27		1.08	
	12-HT-QL-1360-36		−0.05	
	12-HT-QL-1360-31		1.20	

4. 热水塘碳酸盐岩型铅锌矿床

在热水塘碳酸盐岩型铅锌矿床共采样品 32 件，其中方铅矿样品 20 件、闪锌矿样品 2 件、黄铁矿样品 2 件、脉石矿物重晶石样品 8 件，硫同位素组成见表 3-12。方铅矿 $\delta^{34}S$ 值的变化范围为 3.80‰～13.60‰，平均值为 11.31‰；闪锌矿的 $\delta^{34}S$ 值变化范围为 17.45‰～17.80‰，平均值为 17.62‰；黄铁矿的 $\delta^{34}S$ 值变化范围为−7.20‰～11.10‰，平均值为 1.95‰；重晶石 $\delta^{34}S$ 值变化范围为 24.52‰～27.97‰，平均值为 26.39‰。矿石中硫化矿物 $\delta^{34}S$ 变化规律为：黄铁矿＜方铅矿＜闪锌矿＜重晶石，$\delta^{34}S$ 表现为依次增大，说明热液成矿作用过程中硫同位素分馏未达到平衡，硫化物矿物是在非平衡条件下结晶形成。硫同位素直方图浓度中心为 9‰～13‰（图 3-23）。

5. 苏租-暮阳碳酸盐岩型铅锌矿床

在苏租-暮阳铅锌矿床中采集方铅矿样品共 25 件、闪锌矿样品 1 件，硫化物的硫同位素组成如表 3-12。方铅矿 δ^{34}S 值的变化范围为–13.4‰～15.8‰之间，平均值为 8.36‰；闪锌矿 δ^{34}S 值为 1.90‰。硫同位素有较多的负值存在，说明在热液成矿作用过程中有生物成因的硫参与，硫同位素直方图浓度中心为 8‰～16‰（图 3-23）。

6. 荒田碳酸盐岩型铅锌矿床

在荒田碳酸盐岩型铅锌矿床中共采样品 12 件，其中方铅矿样品 8 件、闪锌矿样品 4 件，硫化物的硫同位素组成如表 3-12。方铅矿的 δ^{34}S 值变化范围为–15.4‰～12.96‰，平均值为–0.415‰；闪锌矿 δ^{34}S 值的变化范围为–0.05‰～1.20‰，平均值为 0.75‰，矿石中硫化矿物 δ^{34}S 的变化规律为：方铅矿＜闪锌矿，δ^{34}S 表现为依次增大，说明在热液成矿作用过程中硫同位素分馏基本达到了平衡。硫同位素直方图浓度中心为–1‰～2‰。

7. 讨论

矿床中硫的来源主要分为以下几种：

（1）来自地幔和深部地壳：接近于陨石的硫，其 δ^{34}S 值接近 0，并且变化范围小（0～5‰）。

（2）来自海相硫酸盐：海水或海相硫酸盐的硫以富 δ^{34}S 为特征，其 δ^{34}S 一般＞15‰。

（3）生物成因硫：生物成因硫以贫 δ^{34}S 富 δ^{32}S 为特征，其 δ^{34}S 变化范围较大，并且常显示硫同位素非平衡效应。

（4）混合硫：混合硫来源于地幔岩浆上侵过程中混染了地壳物质，各种硫源的同位素相混合。

滇中铅锌成矿区内碳酸盐岩型铅锌矿床 δ^{34}S 的变化范围较大（δ^{34}S=–13.4‰～29.34‰），铅锌矿床硫的来源有多种，并有生物成因的硫参与成矿。柳贺昌等（1999）对川-滇-黔铅锌成矿域内沉积地层（上震旦统灯影组、下寒武统龙王庙组、下石炭统大塘组、摆佐组、上石炭统马平组、黄龙组）中均有石膏等硫酸盐矿物，结合前人对海相蒸发硫酸盐硫同位素的统计结果，可知研究区内各个矿床矿石矿物 $\delta^{34}S_{矿床硫化矿}$＜赋矿地层 $\delta^{34}S_{赋矿地层}$。且各个矿床的 δ^{34}S 值随着地层 $\delta^{34}S_{赋矿地层}$的变化而变化；且各层位碳酸盐岩中硫酸盐矿物的 δ^{34}S 值为 15‰左右，而大笑、花木箐、噜鲁、热水塘、苏租-暮阳等碳酸盐岩型铅锌矿床硫化物硫同位素直方图浓度中心为 δ^{34}S 4‰～20‰（图 3-23），由此可见典型碳酸盐岩型铅锌矿床硫化物的硫同位素直方图的浓度中心与各层位碳酸盐岩中硫酸盐矿物的 δ^{34}S 平均值一致。以上研究结果均表明大笑、花木箐、噜鲁、热水塘、苏租-暮阳等碳酸盐岩型铅锌矿床赋矿地层均为成矿流体提供了硫的来源，而荒田碳酸盐岩型铅锌矿床硫化物 δ^{34}S 的浓度中心为–4‰～5‰，与岩浆岩来源硫浓度中心一致，暗示荒田碳酸盐岩型铅锌矿床成矿流体中的硫主要来自岩浆岩。

综上所述，研究区碳酸盐岩型铅锌矿床硫的来源有多种，其中大笑、花木箐、噜鲁、热水塘、苏租-暮阳等五个碳酸盐岩型铅锌矿床成矿流体中硫主要来自海相硫酸盐，并有少量生物成因的硫；而荒田铅锌矿床成矿流体中硫可能来自岩浆作用。

三、铅同位素地球化学特征

铅同位素是研究较早、测试技术较成熟的同位素之一。由于铅同位素有以下两种优点：

（1）易测定：无论是岩石中还是矿石中，铅同位素都较容易测定，它们为流体与地壳基底岩石之间的相互作用提供了方法，同时还为探讨矿床的金属来源提供了依据。

（2）来源不同：三种铅同位素 ^{206}Pb、^{207}Pb、^{208}Pb 是分别由三种不同核数的放射性物质 ^{238}U、^{235}U、^{232}Th 衰变而来的，因此铅同位素系统可以从三个不同的方面与其他同位素体系相对比。近年来，铅同位素被广泛应用于探讨成矿物质来源、地球化学勘查、年代学等方面的研究。

1. 大笑碳酸盐岩型铅锌矿床

本次在大笑碳酸盐岩型铅锌矿床中共采样品 11 件，测试分析结果 ^{206}Pb/^{204}Pb 变化范围为 18.282～18.491，均值为 18.311；^{207}Pb/^{204}Pb 为 15.603～15.695，均值为 15.657（表 3-13）；^{208}Pb/^{204}Pb 为 38.287～38.326，均值为 38.306，而昆阳群地层 ^{206}Pb/^{204}Pb 变化范围为 17.781～20.993，^{207}Pb/^{204}Pb 为 15.582～15.985，^{208}Pb/^{204}Pb 为 37.178～40.483（黄智龙，2004a），表明二者的铅同位素组成基本一致。据 R EZartman.at 铅同位素构造模式图解（图 3-24），投影点主要落在上地壳和造山带演化曲线之间，暗示铅主要来源为上地壳，次为造山带。样品铅同位素组成与赋矿地层铅同位素组成基本一致，也暗示地层为成矿提供了部分成矿物质。

样品的 ω 值变化范围为 36.300～37.560，平均为 37.048；μ 值变化范围为 9.480～9.660，平均为 9.587。样品 μ 均值>9.58，部分样品 μ 值<9.458，暗示成矿物质主要来自上地壳，次要来自造山带。Th/U 的变化范围为 3.700～3.760，平均为 3.741。

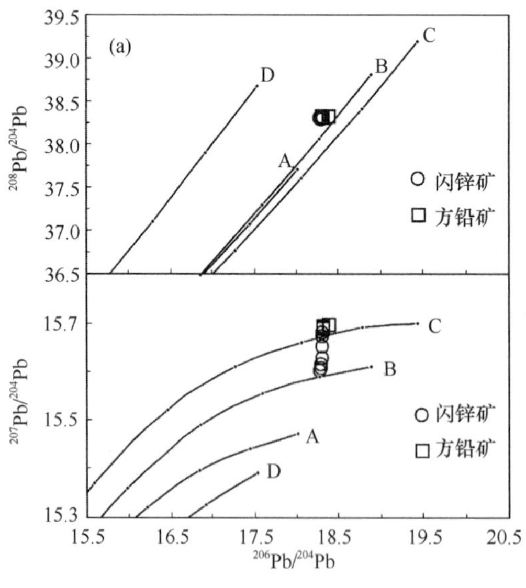

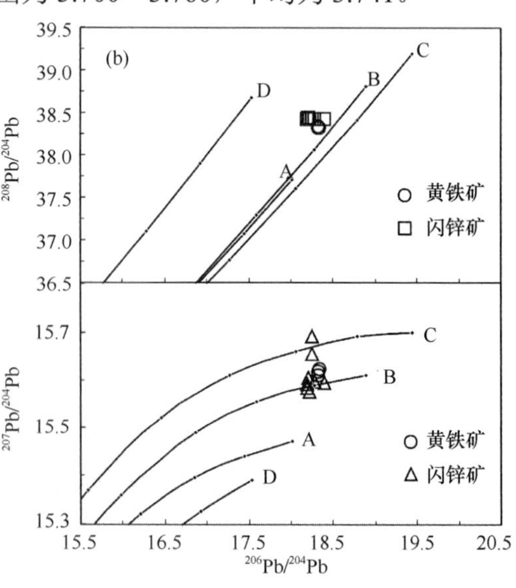

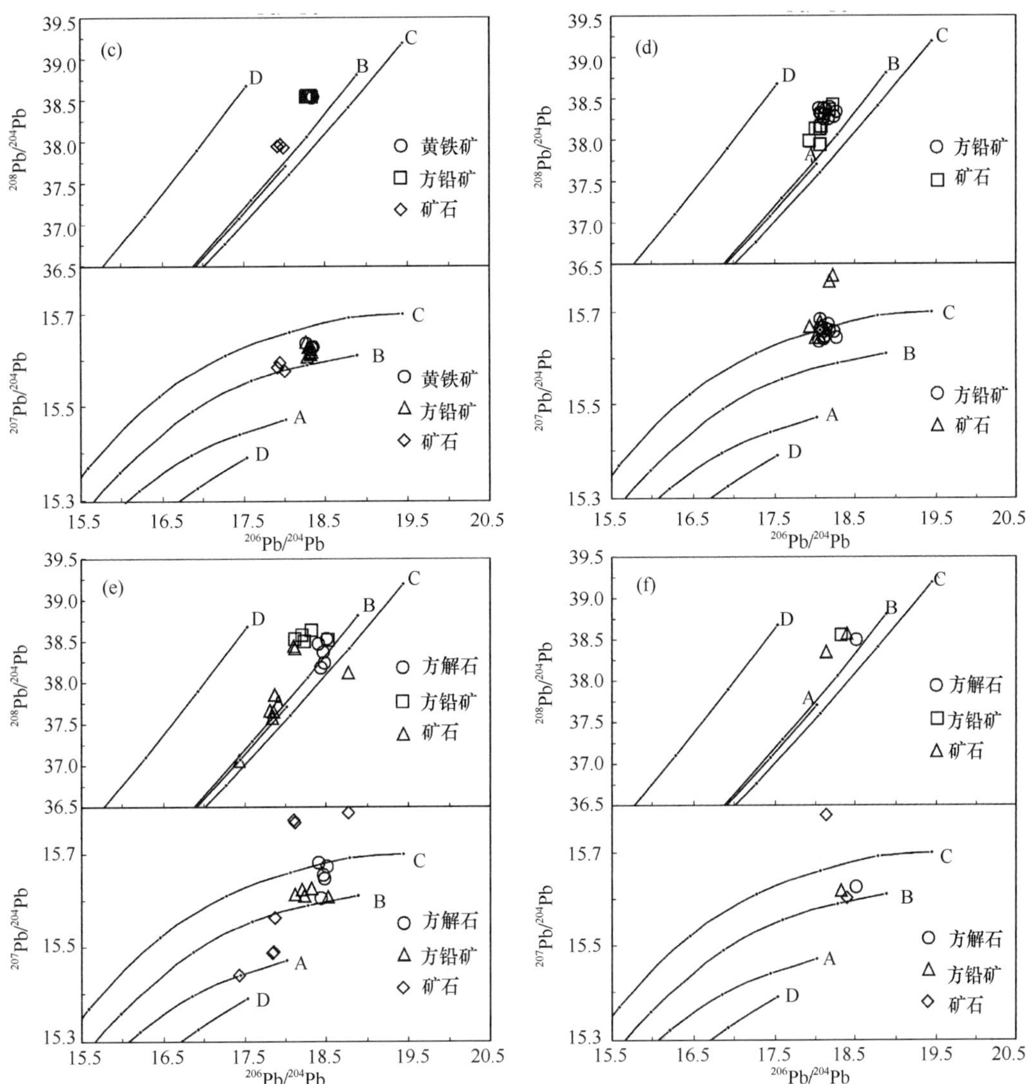

图 3-24　滇中铅锌成矿区典型碳酸盐岩型铅锌矿床铅同位素图解（底图据 R E Zartman.1981）

（a）大笑铅锌矿床；（b）花木箐铅锌矿床；（c）噜鲁铅锌矿床；（d）苏租-暮阳铅锌矿床；（e）热水塘铅锌矿床；（f）荒田铅锌矿床；A：地幔（Mantle）；B：造山带（Orogene）；C：上地壳（Upper Crust）；D：下地壳（Lower Crust）

2. 花木箐碳酸盐岩型铅锌矿床

本次在花木箐碳酸盐岩型铅锌矿床中采集样品 11 件，测试分析结果 $^{206}Pb/^{204}Pb$ 的变化范围为 18.184～18.393，均值为 18.269（表 3-13）；Pb^{207}/Pb^{204} 为 15.575～15.691，均值为 15.631；$^{208}Pb/^{204}Pb$ 为 38.325～38.436，均值为 38.402，具有放射性成因的铅。据 R E Zartman.at 的铅同位素构造模式图解（图 3-24），投影点在 $^{206}Pb/^{204}Pb$-$^{207}Pb/^{204}Pb$ 图上，主要投影在上地壳和造山带演化曲线之间，表明该矿床在成矿作用过程中铅是多源混合后的产物。

表 3-13 滇中地区典型碳酸盐岩型铅锌矿床铅同位素分析结果

矿床	序号	样号	矿物	$^{206}Pb/^{204}Pb$	$^{207}Pb/^{204}Pb$	$^{208}Pb/^{204}Pb$	$^{206}Pb/^{207}Pb$	t/Ma	μ	ω	Th/U	V1	V2	$\Delta\alpha$	$\Delta\beta$	$\Delta\gamma$
大笑	1	DX-5-8-02	闪锌矿	18.282	15.603	38.287	1.165	200	9.480	36.300	3.700	57.960	53.360	68.550	24.320	30.910
	2	DX-5-8-03	闪锌矿	18.284	15.606	38.292	1.165	236	9.490	36.530	3.730	57.730	53.860	69.070	23.860	30.400
	3	DX-5-8-5	闪锌矿	18.291	15.615	38.293	1.166	242	9.500	36.570	3.730	57.670	53.550	68.660	24.130	30.540
	4	DX-9-1-02	闪锌矿	18.298	15.629	38.296	1.166	274	9.530	36.830	3.740	59.050	53.010	70.590	18.580	31.130
	5	DX-9-1-04	闪锌矿	18.302	15.652	38.306	1.168	304	9.580	37.020	3.740	58.130	53.790	69.480	22.950	30.650
	6	DX-9-1-05	闪锌矿	18.309	15.673	38.308	1.168	334	9.620	37.230	3.750	58.700	53.720	70.120	21.580	30.970
	7	DX-9-1-06	闪锌矿	18.312	15.681	38.311	1.170	337	9.630	37.270	3.750	58.160	54.510	69.710	24.390	30.560
	8	DX-9-39	方铅矿	18.315	15.687	38.314	1.172	358	9.650	37.360	3.750	58.930	54.640	70.470	23.470	31.050
	9	DX-5-8-01	方铅矿	18.317	15.691	38.314	1.174	360	9.660	37.400	3.750	61.250	56.720	74.920	19.170	31.450
	10	DX-3	方铅矿	18.320	15.694	38.318	1.174	368	9.660	37.460	3.750	59.020	53.230	70.300	20.080	31.240
	11	DX-9-1-15	方铅矿	18.491	15.695	38.326	1.178	373	9.660	37.560	3.760	59.130	53.090	70.770	18.380	31.130
花木箐	12	HM-24	黄铁矿	18.326	15.611	38.329	1.174	242	9.490	36.630	3.740	59.650	53.390	71.120	18.900	31.530
	13	HM-19	黄铁矿	18.321	15.617	38.333	1.173	253	9.510	36.730	3.740	59.610	53.240	70.820	19.300	31.640
	14	HM-14	黄铁矿	18.335	15.623	38.325	1.174	250	9.520	36.680	3.730	59.780	54.150	71.640	19.690	31.430
	15	HM-02	闪锌矿	18.204	15.605	38.436	1.167	322	9.500	37.710	3.840	59.090	46.060	63.990	18.510	34.410
	16	HM-03	闪锌矿	18.393	15.594	38.429	1.180	172	9.450	36.520	3.740	63.790	55.190	75.030	17.790	34.220
	17	HM-05	闪锌矿	18.247	15.691	38.43	1.163	394	9.660	38.260	3.830	60.050	50.190	66.500	24.130	34.250
	18	HM-09	闪锌矿	18.281	15.596	38.429	1.172	256	9.470	37.160	3.800	60.900	49.730	68.490	17.930	34.220
	19	HM-14	闪锌矿	18.252	15.653	38.425	1.166	346	9.590	37.850	3.820	60.060	49.630	66.790	21.650	34.120
	20	HM-19	闪锌矿	18.196	15.591	38.431	1.167	311	9.470	37.600	3.840	58.760	45.410	63.520	17.600	34.280
	21	HM-20	闪锌矿	18.184	15.584	38.423	1.167	312	9.460	37.570	3.840	58.260	44.750	62.820	17.140	34.060
	22	HM-25	闪锌矿	18.215	15.575	38.428	1.170	278	9.440	37.320	3.830	59.180	46.020	64.630	16.550	34.200
噜鲁	23	LL-42	黄铁矿	18.342	15.629	38.543	1.174	252	9.530	37.600	3.820	65.230	52.210	72.050	20.080	37.290
	24	LL-45	黄铁矿	18.339	15.626	38.532	1.174	251	9.520	37.540	3.820	64.880	52.110	71.880	19.880	37.000
	25	LL-0-01	方铅矿	18.283	15.608	38.564	1.171	269	9.490	37.820	3.860	64.210	48.600	68.600	18.710	37.860
	26	LL-0-02	方铅矿	18.298	15.615	38.557	1.172	267	9.510	37.770	3.840	64.430	49.570	69.480	19.170	37.670

续表

矿床	序号	样号	矿物	$^{206}Pb/^{204}Pb$	$^{207}Pb/^{204}Pb$	$^{208}Pb/^{204}Pb$	$^{206}Pb/^{207}Pb$	t/Ma	μ	ω	Th/U	V1	V2	$\Delta\alpha$	$\Delta\beta$	$\Delta\gamma$
噜鲁	27	LL-0-04	方铅矿	18.315	15.624	38.561	1.172	266	9.520	37.780	3.840	64.970	50.570	70.470	19.750	37.780
	28	LL-13	方铅矿	18.329	15.617	38.545	1.174	247	9.510	37.570	3.820	64.940	51.270	71.290	19.300	37.350
	29	LL-32	方铅矿	18.316	15.612	38.46	1.173	250	9.500	37.240	3.790	62.550	51.470	70.530	18.970	35.060
	30	LL-34	方铅矿	18.291	15.627	38.558	1.171	287	9.530	37.930	3.850	64.280	49.490	69.070	19.950	37.700
	31	LL-36	方铅矿	18.331	15.618	38.537	1.174	247	9.510	37.530	3.820	64.800	51.480	71.410	19.360	37.130
	32	LL-41	方铅矿	18.326	15.632	38.535	1.172	267	9.540	37.690	3.820	64.620	51.580	71.120	20.270	37.080
	33	LL-42	方铅矿	18.259	15.639	38.539	1.168	324	9.560	38.150	3.860	62.990	48.390	67.200	20.730	37.190
	34	LL-45	方铅矿	18.262	15.636	38.548	1.168	318	9.550	38.140	3.870	63.290	48.370	67.380	20.540	37.430
	35	岔-1	矿石	17.916	15.584	37.798	1.150	503	9.490	36.420	3.710	36.260	38.510	47.150	17.140	17.240
	36	莫-3	矿石	17.994	15.576	37.836	1.155	438	9.470	36.070	3.690	39.180	41.750	51.710	16.620	18.270
	37	三-1	矿石	17.936	15.593	38.821	1.150	499	9.510	40.860	4.160	61.490	28.320	48.320	17.730	44.770
苏租-暮阳	38	12-MY-21	方铅矿	18.268	15.643	38.343	1.168	322	9.560	37.310	3.780	58.490	51.110	67.730	20.990	31.910
	39	12-MY-22	方铅矿	18.238	15.656	38.284	1.165	359	9.590	37.360	3.770	56.290	50.580	65.970	21.840	30.320
	40	12-MY-24	方铅矿	18.153	15.672	38.247	1.158	438	9.640	37.840	3.800	53.210	47.170	61.010	22.890	29.330
	41	12-MY-25	方铅矿	18.095	15.641	38.252	1.157	443	9.580	37.900	3.830	51.840	43.560	57.620	20.860	29.460
	42	12-MY-31	方铅矿	18.047	15.637	38.376	1.154	472	9.580	38.680	3.910	53.590	39.730	54.810	20.600	32.800
	43	12-MY-33	方铅矿	18.054	15.683	38.325	1.151	519	9.670	38.870	3.890	52.540	41.680	55.220	23.600	31.430
	44	12-MY-34	方铅矿	18.069	15.664	38.314	1.154	487	9.630	38.540	3.870	52.660	42.110	56.100	22.360	31.130
	45	12-MY-35	方铅矿	18.176	15.659	38.398	1.161	406	9.610	38.230	3.850	57.450	46.330	62.350	22.040	33.390
	46	12-MY-36	方铅矿	18.105	15.658	38.384	1.156	455	9.620	38.570	3.880	55.280	42.970	58.200	21.970	33.010
	47	12-MY-38	方铅矿	18.113	15.647	38.302	1.158	437	9.590	38.070	3.840	53.510	44.030	58.670	21.250	30.810
	48	12-MY-39	方铅矿	18.134	15.663	38.361	1.158	441	9.620	38.350	3.860	55.470	44.770	59.900	22.300	32.390
	49	暮 36-1	矿石	18.053	15.677	38.126	1.152	514	9.660	37.940	3.800	47.710	43.720	55.160	23.230	26.070
	50	暮-1	矿石	18.213	15.778	38.431	1.154	516	9.840	39.300	3.870	59.200	50.470	64.510	29.800	34.280
	51	暮 32-1	矿石	18.176	15.764	38.369	1.153	526	9.820	39.120	3.860	56.750	49.030	62.350	28.890	32.610
	52	暮-6	矿石	18.003	15.645	38.128	1.151	512	9.600	37.940	3.820	46.470	40.500	52.240	21.120	26.120

续表

矿床	序号	样号	矿物	$^{206}Pb/^{204}Pb$	$^{207}Pb/^{204}Pb$	$^{208}Pb/^{204}Pb$	$^{206}Pb/^{207}Pb$	t/Ma	μ	ω	Th/U	V1	V2	$\Delta\alpha$	$\Delta\beta$	$\Delta\gamma$
	53	暮-25	矿石	18.057	15.644	37.945	1.154	473	9.590	36.820	3.720	43.440	45.170	55.390	21.060	21.200
苏租-暮阳	54	暮-35	矿石	17.931	15.668	37.978	1.144	588	9.660	37.920	3.800	40.990	39.150	48.030	22.620	22.090
	55	暮-36	矿石	18.070	15.669	38.158	1.153	492	9.640	37.900	3.800	48.920	44.010	56.150	22.690	26.930
	56	RST-08	方解石	18.458	15.654	38.364	1.179	199	9.560	36.460	3.690	63.890	60.470	78.830	21.710	32.480
	57	RST-GR-1071-15	方解石	18.481	15.647	38.235	1.181	174	9.550	35.740	3.620	61.370	62.880	80.180	21.250	29.000
	58	RST-GR-1071-12	方解石	18.503	15.673	38.528	1.181	190	9.600	37.060	3.740	69.010	61.290	81.460	22.950	36.890
	59	RST-GR-1071-10	方解石	18.437	15.604	38.174	1.182	153	9.470	35.340	3.610	58.760	60.420	77.600	18.450	27.360
	60	RST-GR-1071-11	方解石	18.409	15.681	38.467	1.174	267	9.620	37.400	3.760	65.120	57.530	75.970	23.470	35.250
	61	RST-18	方铅矿	18.315	15.626	38.628	1.172	268	9.530	38.080	3.870	66.590	49.870	70.470	19.880	39.580
	62	RST-14	方铅矿	18.202	15.623	38.579	1.165	345	9.530	38.500	3.910	62.490	44.780	63.870	19.690	38.260
	63	RST-02	方铅矿	18.118	15.613	38.526	1.160	394	9.520	38.670	3.930	59.050	41.010	58.960	19.030	36.840
	64	RST-GR-1071-15	方铅矿	18.239	15.611	38.504	1.168	305	9.500	37.850	3.860	61.630	47.170	66.030	18.900	36.240
热水塘	65	RST-GR-1071-21	方铅矿	18.527	15.608	38.518	1.187	92	9.470	36.290	3.710	69.390	61.120	82.870	18.710	36.620
	66	V-C	矿石	18.106	15.773	38.434	1.148	583	9.850	39.920	3.920	56.520	45.060	58.260	29.480	34.360
	67	V-1	矿石	18.768	15.787	38.125	1.189	141	9.790	35.060	3.470	66.100	81.400	96.950	30.390	26.040
	68	X-2	矿石	18.115	15.767	38.418	1.149	571	9.830	39.730	3.910	56.360	45.550	58.780	29.090	33.930
	69	Ⅱ-A	矿石	17.816	15.946	37.666	1.117	952	10.260	39.860	3.760	30.490	43.250	41.310	40.770	13.690
	70	V-2	矿石	17.871	15.563	37.855	1.148	511	9.460	36.730	3.760	36.480	35.190	44.520	15.770	18.780
	71	Dn	矿石	17.873	15.563	37.855	1.148	509	9.460	36.720	3.760	36.530	35.290	44.640	15.770	18.780
	72	D1-2	矿石	17.430	15.441	37.061	1.129	686	9.270	34.610	3.610	5.940	19.560	18.750	7.810	-2.590
	73	马-18 810006	矿石	17.858	15.490	37.642	1.153	434	9.310	35.200	3.660	31.000	35.270	43.760	11.010	13.040
	74	马-20 810007	矿石	17.84	15.487	37.573	1.152	444	9.310	34.980	3.640	28.860	35.080	42.710	10.810	11.190
	75	12HT-Q1-1360-21	方解石	18.512	15.626	38.496	1.185	125	9.500	36.450	3.710	68.470	61.030	81.990	19.880	36.030
荒田	76	12-HT-QL-1360-35	方铅矿	18.313	15.617	38.553	1.173	259	9.510	37.690	3.840	64.720	50.400	70.360	19.300	37.560
	77	荒-1	矿石	18.136	15.779	38.346	1.149	570	9.860	39.400	3.870	55.160	47.650	60.010	29.870	31.990
	78	荒-2	矿石	18.392	15.603	38.570	1.179	184	9.470	37.190	3.800	67.170	53.780	74.970	18.380	38.020

样品的 ω 值变化范围为：36.520～38.260，平均为 37.275；Th/U 的变化范围为 3.730～3.840，平均为 3.795；μ 值变化范围为 9.440～9.660，平均为 9.505。样品 μ 值均<9.81（现代海洋沉积物的 μ 值），表明铅大部分为幔源铅、壳幔混合铅和壳源铅的混合铅。

3. 噜鲁碳酸盐岩型铅锌矿床

本次在噜鲁碳酸盐岩型铅锌矿床中采集样品 15 件，测试分析结果 $^{206}Pb/^{204}Pb$ 的变化范围为 17.916～18.342，均值为 18.236；$^{207}Pb/^{204}Pb$ 为 15.576～15.639，均值为 15.616（表 3-13）；$^{208}Pb/^{204}Pb$ 为 37.798～38.821，均值为 38.462；灯影组地层 $^{206}Pb/^{204}Pb$ 的变化范围为 18.198～18.517、$^{207}Pb/^{204}Pb$ 为 15.699～15.987、$^{208}Pb/^{204}Pb$ 为 38.547～39.271（黄智龙，2004a），可见硫化物、矿石、赋矿围岩和下伏地层具有类似的同位素变化范围，表明赋矿围岩和下伏地层均有可能为成矿提供成矿物质。据 R E Zartman.at 的铅同位素构造模式图解（图 3-24），可见投影点在 $^{206}Pb/^{204}Pb$-$^{207}Pb/^{204}Pb$ 图上，主要投影在上地壳和造山带演化曲线之间。表明在成矿作用过程中，铅是多源混合后的产物，而样品的铅同位素组成与赋矿地层铅同位素组成基本一致，也暗示地层为成矿提供了部分成矿物质。

样品 ω 值变化范围为 36.070～40.860，平均为 37.740；Th/U 变化范围为 3.690～4.160，平均为 3.838；μ 值变化范围为 9.470～9.560，平均为 9.516。样品 μ 值均<9.81（现代海洋沉积物的 μ 值）。

4. 热水塘碳酸盐岩型铅锌矿床

本次在热水塘碳酸盐岩型铅锌矿床中采集样品 19 件，测试分析结果 $^{206}Pb/^{204}Pb$ 的变化范围为 17.430～18.768，均值为 18.177；$^{207}Pb/^{204}Pb$ 为 15.441～15.946，均值为 15.640（表 3-13）；$^{208}Pb/^{204}Pb$ 为 37.061～38.628，均值为 38.166；赋矿围岩和下伏地层均有可能为成矿提供成矿物质。将测试结果投影点在 $^{206}Pb/^{204}Pb$-$^{207}Pb/^{204}Pb$ 图（图 3-24）上，主要投影在上地壳和造山带演化曲线之间。

样品的 ω 值变化范围为 34.610～39.920，平均为 37.063；Th/U 的变化范围为 3.470～3.930，平均为 3.747；μ 值变化范围为 9.270～10.260，平均为 9.573。样品 μ 值大部分<9.81（现代海洋沉积物的 μ 值），同样表明铅有多种来源。

5. 苏租-暮阳碳酸盐岩型铅锌矿床

本次在苏租-暮阳碳酸盐岩型铅锌矿床中采集样品 18 件，测试分析结果 $^{206}Pb/^{204}Pb$ 的变化范围为 17.931～18.268，均值为 18.109；$^{207}Pb/^{204}Pb$ 为 15.637～15.778（表 3-13），均值为 15.670；$^{208}Pb/^{204}Pb$ 为 37.945～38.431，均值为 38.262。宰格组地层 $^{206}Pb/^{204}Pb$ 的变化范围为 18.245～18.840；$^{207}Pb/^{204}Pb$ 为 15.681～16.457；$^{208}Pb/^{204}Pb$ 为 38.715～39.562。据 R E Zartman.at 的铅同位素构造模式图解（图 3-24），可见投影点在 $^{206}Pb/^{204}Pb$-$^{207}Pb/^{204}Pb$ 图上，主要投影在上地壳和造山带演化曲线之间，表明在成矿作用过程中，铅是多源混合后的产物。而样品的铅同位素组成与赋矿地层铅同位素组成基本一致，也暗示地层为成矿提供了部分成矿物质。

样品的 ω 值变化范围为 36.820～39.300，平均为 38.148；Th/U 的变化范围为 3.720～3.910，平均为 3.830；μ 值变化范围为 9.560～9.840，平均为 9.639。样品 μ 值大部分<9.81（现代海洋沉积物的 μ 值）。

6. 荒田碳酸盐岩型铅锌矿床

本次在荒田碳酸盐岩型铅锌矿床中采集样品 4 件，测试分析结果 $^{206}Pb/^{204}Pb$ 的变化范围为 18.136～18.512，均值为 18.338；$^{207}Pb/^{204}Pb$ 为 15.603～15.779，均值为 15.656；$^{208}Pb/^{204}Pb$ 为 38.346～38.570，均值为 38.491（表 3-13）。栖霞-茅口组地层 $^{206}Pb/^{204}Pb$ 的变化范围为 18.189～18.759；$^{207}Pb/^{204}Pb$ 为 15.609～16.522，$^{208}Pb/^{204}Pb$ 为 38.493～38.542。峨眉山玄武岩 $^{206}Pb/^{204}Pb$ 的变化范围为 18.175～18.855；$^{207}Pb/^{204}Pb$ 为 15.528～15.662；$^{208}Pb/^{204}Pb$ 为 38.380～39.928，可见硫化物、赋矿围岩、峨眉山玄武岩铅同位素组成基本一致，表明赋矿围岩和峨眉山玄武岩均有可能为成矿提供了成矿物质。据 R E Zartman.at 的铅同位素构造模式图解（图 3-24），测试结果主要投影在上地壳演化曲线之上和地壳与造山带演化曲线之间，表明铅的主要来源为上地壳，次为造山带。

样品的 ω 值变化范围为 36.450～39.400，均值为 37.683；Th/U 的变化范围为 3.710～3.870，均值为 3.805；μ 值变化范围为 9.470～9.860，均值为 9.585。样品 μ 值均＜9.81（现代海洋沉积物的 μ 值）。

7. 讨论

从区域成矿来讲，滇中铅锌成矿区内碳酸盐岩型铅锌矿床铅来源有多种，成矿物质主要自上地壳和造山带。所有矿床 μ 值均小于现代海洋沉积物，表明矿床并非同生沉积作用成矿。

四、铷-锶、钐-钕同位素地球化学特征

热液矿物中 Rb-Sr 主要赋存在矿物晶格中，或赋存在固态微包体、流体包裹体中。随着测试技术的发展，自从 Rb-Sr、Sm-Nd 等时线法成功地运用于 MVT 铅锌矿床定年后，众多学者对 Rb-Sr 定年法进行了大量的研究，证明了 Rb-Sr 法对铅锌矿床定年的有效性。许多学者们也运用 Rb-Sr 对研究区周边铅锌矿床进行了大量的定年研究。借助前人对研究区周边铅锌矿床年代学研究方法，本次选取研究区内大笑、花木箐、荒田等碳酸盐岩型铅锌矿床中矿石矿物闪锌矿和热水塘碳酸盐岩型铅锌矿床中脉石矿物方解石为研究对象，进行 Rb-Sr、Sm-Nd 同位素的研究。

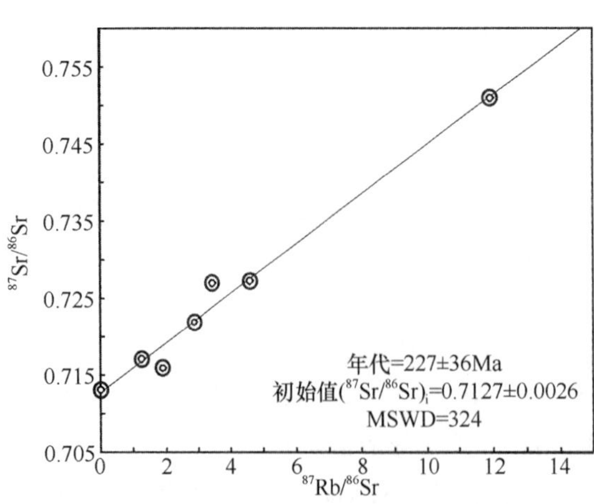

图 3-25 大笑碳酸盐岩型铅锌矿床闪锌矿 Rb-Sr 同位素等时线图

1. 大笑碳酸盐岩型铅锌矿床

本次对大笑碳酸盐岩型铅锌矿床中 7 件闪锌矿样品进行测试分析，闪锌矿单矿物中 Rb、Sr 含量存在一定的变化，$^{87}Sr/^{86}Sr$、$^{87}Rb/^{86}Sr$ 的变化范围分别为 0.711003±11～0.748912±8 和 0.0201～4.563（表 3-14）。经过 ISOPLOT 软件计算，7 件闪锌矿的初始值($^{87}Sr/^{86}Sr$)$_i$ 为 0.7127±0.0026，7 个测点所得到的等时线年龄为 227±36Ma（图 3-25）。

2. 花木箐碳酸盐岩型铅锌矿床

本次在花木箐碳酸盐岩型铅锌矿床中采集闪锌矿样品 8 件进行测试分析，8 件闪锌矿单矿物 Rb、Sr 含量存在一定的变化范围。$^{87}Sr/^{86}Sr$、$^{87}Rb/^{86}Sr$ 的变化范围分别为 0.711286±7～0.738033±9 和 0.0569～9.287（表 3-14）。经过 ISOPLOT 软件计算，研究区 8 件闪锌矿的初始值（$^{87}Sr/^{86}Sr$）$_i$ 为 0.7139±0.0017，8 个测点所得到的等时线年龄为 188±24Ma（图 3-26）。

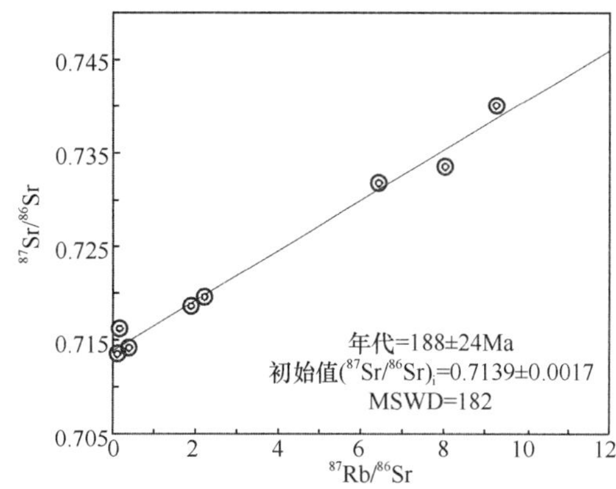

图 3-26　花木箐碳酸盐岩型铅锌矿床闪锌矿 Rb-Sr 同位素等时线图

表 3-14　大笑、花木箐碳酸盐岩型铅锌矿床矿石矿物闪锌矿 Rb-Sr 同位素组成

矿床	编号	矿物	Rb/（μg/g）	Sr/（μg/g）	$^{87}Rb/^{86}Sr$	$^{87}Sr/^{86}Sr$
大笑	DX-5-8-02	闪锌矿	0.2198	0.5085	1.271	0.715042±9
	DX-5-8-03		1.123	0.9578	3.458	0.724916±11
	DX-5-8-5		0.4927	0.7639	1.905	0.713963±10
	DX-9-1-02		0.9751	1.038	2.862	0.719971±9
	DX-9-1-04		0.9304	0.2385	11.94	0.748912±8
	DX-9-1-05		0.0282	4.247	0.0201	0.711003±11
	DX-9-1-06		0.1715	0.1163	4.563	0.725381±9
花木箐	HM-02		0.2169	11.31	0.0569	0.711286±7
	HM-03		2.127	0.9648	6.458	0.729745±10
	HM-05		0.2794	9.995	0.0793	0.714224±12
	HM-09		3.017	1.127	8.041	0.73148±39
	HM-14		0.9034	1.392	1.914	0.716674±11
	HM-19		1.295	8.731	0.4065	0.712109±10
	HM-20		1.501	2.019	2.216	0.717548±8
	HM-25		2.836	0.8924	9.287	0.738033±9

3. 热水塘碳酸盐岩型铅锌矿床

在热水塘碳酸盐岩型铅锌矿床中采集脉石矿物方解石样品 6 件进行测试分析，6 件方解石单矿物 Sm、Nd 含量存在一定的变化，$^{147}Sm/^{144}Nd$、$^{143}Nd/^{144}Nd$ 的变化范围分别为 0.0775～0.6017 和 0.512038±10～0.512742±7（表 3-15）。经过 ISOPLOT 软件计算，6 件方解石的初始值($^{143}Nd/^{144}Nd$)$_i$为 0.51195±0.00011，6 个测点所得到的等时线年龄为 191±40Ma（图 3-27）。

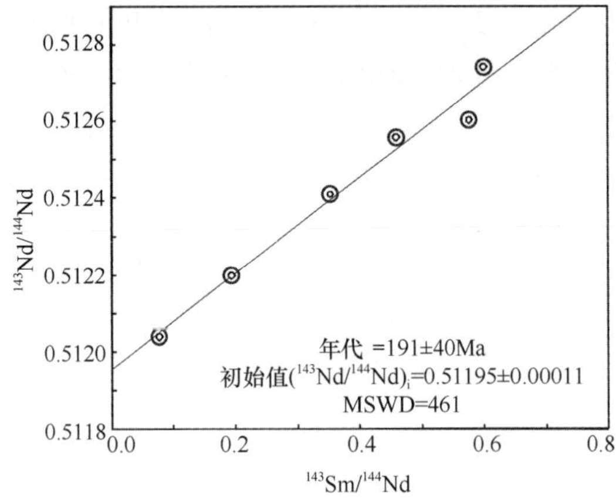

图 3-27 热水塘碳酸盐岩型铅锌矿床脉石矿物方解石 Sm-Nd 同位素等时线图

表 3-15 热水塘碳酸盐岩型铅锌矿床脉石矿物方解石 Sm-Nd 同位素组成

矿床	编号	矿物	Sm /（μg/g）	Nd /（μg/g）	$^{147}Sm/^{144}Nd$	$^{143}Nd/^{144}Nd$
热水塘	12HT-Q1-1360-21	方解石	0.1987	0.3406	0.3526	0.512411±8
	RST-08		0.1025	0.7983	0.0775	0.512038±10
	RST-GR-1071-15		0.4958	0.4982	0.6017	0.512742±7
	RST-GR-1071-12		0.6984	2.137	0.1961	0.512197±11
	RST-GR-1071-10		0.1851	0.1946	0.5764	0.512602±23
	RST-GR-1071-11		0.1936	0.2509	0.4592	0.512556±12

4. 荒田碳酸盐岩型铅锌矿床

在荒田碳酸盐岩型铅锌矿床中采集闪锌矿样品 5 件样品进行测试分析，闪锌矿单矿物 Rb、Sr 含量存在一定的变化，$^{87}Rb/^{86}Sr$，$^{87}Sr/^{86}Sr$ 的变化范围分别为 0.2795～5.441 和 0.711057±13～0.717193±10（表 3-16）。经过 ISOPLOT 软件计算，研究区 5 件闪锌矿的初始值($^{87}Sr/^{86}Sr$)$_i$为 0.71079±0.00013，等时线年龄为 83.2±3.4Ma（图 3-28）。

表 3-16 荒田碳酸盐岩型铅锌矿床矿石矿物闪锌矿 Rb-Sr 同位素组成

矿床	编号	矿物	Rb /（μg/g）	Sr /（μg/g）	$^{87}Rb/^{86}Sr$	$^{87}Sr/^{86}Sr$
荒田	C66	闪锌矿	1.237	3.954	0.9182	0.711981±12
	C69		1.401	3.128	1.327	0.712246±9
	C72		1.953	2.432	2.369	0.713082±12
	C80		0.1406	1.485	0.2795	0.711057±13
	C100		1.792	0.9738	5.441	0.717193±10

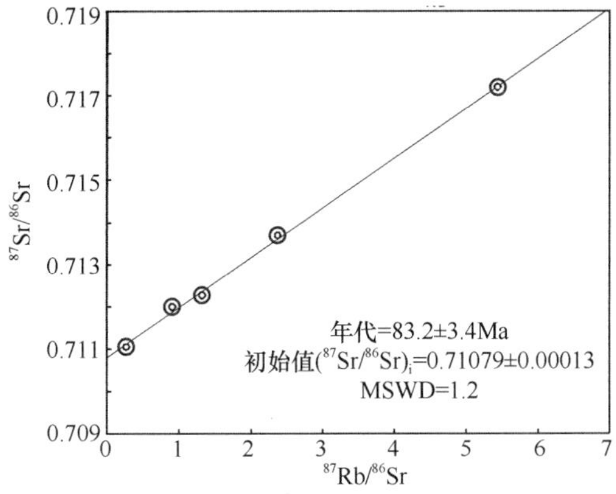

图 3-28　荒田碳酸盐岩型铅锌矿床闪锌矿 Rb-Sr 同位素等时线图

5. 成矿年代学可靠性分析

本次对研究区内大笑、花木箐、荒田等三个碳酸盐岩型铅锌矿床硫化物闪锌矿单矿物铷锶同位素进行测定，所取得的测试结果见表 3-14、表 3-16。前人在研究 $^{87}Sr/^{86}Sr$ 比值的二元混合体系时提出，一组参加等时线拟合的样品，通过对它们的 $^{87}Sr/^{86}Sr$-Sr^{-1}、$^{87}Rb/^{86}Sr$-Rb^{-1} 作图，可以判断是否是混合线，当两者为正相关时，为混合线，二者非正相关时，而获得的等时线年龄能代表成矿阶段的成矿年龄。李志昌等（2004）的研究发现，这个方法也可用于判断 Sm-Nd 等时线，本次将大笑、花木箐、荒田等铅锌矿床单矿物铷锶同位素的 $^{87}Sr/^{86}Sr$、Sr^{-1}、$^{87}Rb/^{86}Sr$、Rb^{-1} 和热水塘铅锌矿床热液矿物方解石 $^{147}Sm/^{144}Nd$、Sm^{-1}、$^{143}Nd/^{144}Nd$、Nd^{-1} 作图（图 3-29），由图 3-29 可知典型铅锌矿床各要素之间不存在相关性。因此，可以认为硫化物闪锌矿 Rb-Sr 和方解石 Sm-Nd 样品所拟合的直线具有等时线意义。

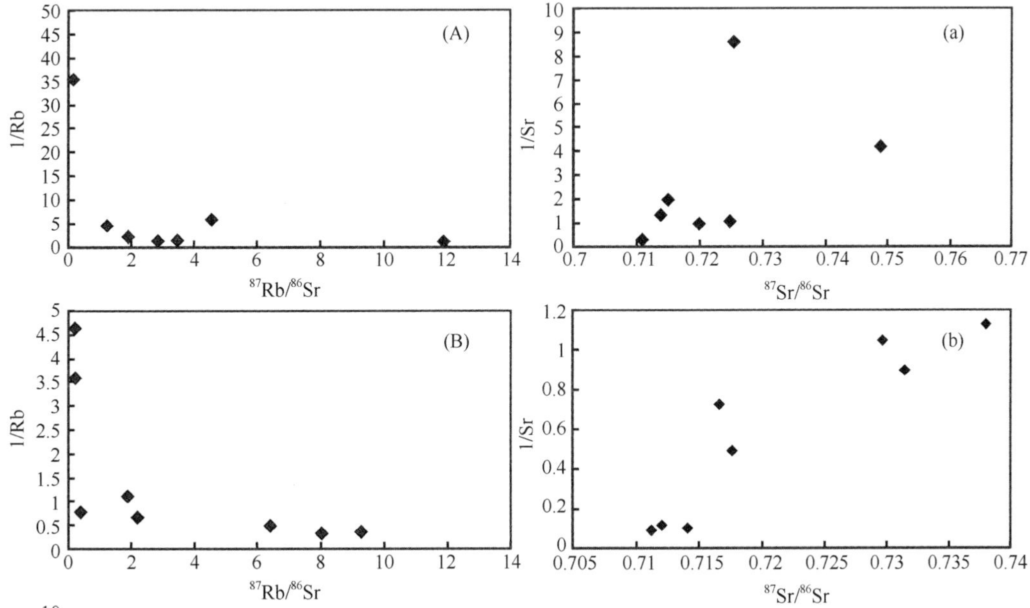

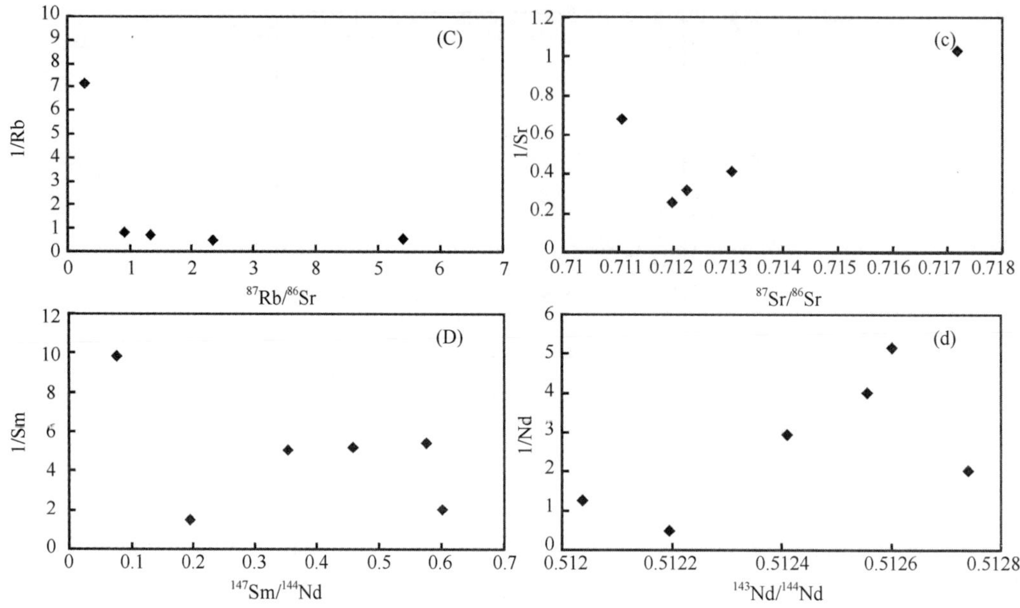

图 3-29　滇中典型碳酸盐岩型铅锌矿床闪锌矿 $^{87}Sr/^{86}Sr-Sr^{-1}$、$^{87}Rb/^{86}Sr-Rb^{-1}$、方解石 $^{147}Sm/^{144}Nd-Sm^{-1}$、$^{143}Nd/^{144}Nd-Nd^{-1}$ 关系图

（A）、（a）：大笑铅锌矿；（B）、（b）：花木箐铅锌矿；（C）、（c）：荒田铅锌矿；（D）、（d）：热水塘铅锌矿

本次获得大笑碳酸盐岩型铅锌矿床成矿年龄为 227±36Ma；花木箐碳酸盐岩型铅锌矿床成矿年龄为 188±24Ma；热水塘碳酸盐岩型铅锌矿床成矿年龄为 191±40Ma；荒田碳酸盐岩型铅锌矿床成矿年龄为 83.2±3.4Ma。研究区内测定的典型铅锌矿床中闪锌矿单矿物颗粒的成矿年龄与黄智龙等（2004a；2004b）利用闪锌矿单矿物颗粒 Rb-Sr 法测定的会泽铅锌矿床成矿年龄（226±1Ma、225±1Ma、226±7Ma）、李文博等（2004a；2004b）利用方解石 Sm-Nd 法测定的会泽铅锌矿床成矿年龄（225±38Ma、226±15Ma）、张长青等（2008；2005）利用黏土矿物 K-Ar 法测定会泽铅锌矿成矿年龄（176.5±2.5Ma）、蔺志永等（2010）利用闪锌矿单矿物颗粒 Rb-Sr 测定跑马铅锌矿床成矿年龄（200.1±4.0Ma）、周家喜（2011）利用硫化物单矿物颗粒 Rb-Sr 法测定天桥铅锌矿床成矿年龄（200.1±4.0Ma）、包广萍等（2013）利用方解石 Sm-Nd 法测定的茂租铅锌矿成矿年龄（196±13Ma）、张云新等（2014）利用闪锌矿单矿物颗粒 Rb-Sr 法测定的乐红铅锌矿床成矿年龄（200.1±4.0Ma）、刘玉平等（2007）测定都龙老君山花岗岩形成年龄（92.9±1.9Ma）、程彦博等（2009）测定的个旧白沙冲和北炮台岩体花岗岩形成年龄（77.4±2.5Ma 和 82.8±1.7Ma）基本一致，即前人获得年代学数据与本次取得的年代学数据在误差范围内是一致的。

由以上因素可知本次取得的成矿年代学数据可靠，所取得的年龄基本可以代表矿床的成矿年龄。

6. 成矿物质来源

$^{87}Sr/^{86}Sr$ 是判断成岩成矿物质来源的重要指标。在矿床地质研究中，常利用比值来示踪成矿物质来源。经本次测定大笑碳酸盐岩型铅锌矿床单矿物颗粒闪锌矿铷锶同位素

初始值为($^{87}Sr/^{86}Sr$)$_i$为 0.7127±0.0026；花木箐碳酸盐岩型铅锌矿床单矿物颗粒闪锌矿铷锶同位素的初始值($^{87}Sr/^{86}Sr$)$_i$为 0.7139±0.0017。荒田铅锌矿床闪锌矿单矿物颗粒的铷锶同位素的初始值($^{87}Sr/^{86}Sr$)$_i$为 0.71079±0.00013，暗示了成矿物质应来源于相对富放射性成因 Sr 的源区或成矿流体曾经流经富放射性成因 Sr 的地质体。而峨眉山玄武岩铷锶同位素初始值($^{87}Sr/^{86}Sr$)$_i$ 的变化范围为 0.703932～0.707818，地幔铷锶同位素的初始值($^{87}Sr/^{86}Sr$)$_i$ 为 0.704±0.002，扬子地块西南缘各时代沉积的碳酸盐岩($^{87}Sr/^{86}Sr$)$_i$的变化范围为 0.707256～0.72017，研究区基底岩石（苴林群、大红山群、昆阳群）($^{87}Sr/^{86}Sr$)$_i$ 的变化范围为 0.7243～0.7288，燕山期花岗岩铷锶同位素初始值($^{87}Sr/^{86}Sr$)$_i$ 的变化范围为 0.6858～0.7251，由以上可知研究区内典型碳酸盐岩型铅锌矿床的闪锌矿较地幔和峨眉山玄武岩有更多放射性成因 Sr。而研究区内基底岩石、各时代沉积碳酸盐岩、燕山期花岗岩中均含有较多放射成因的 Sr。说明研究区典型铅锌矿床成矿物质可能来自赋矿碳酸盐岩、基底岩石、燕山期花岗岩或者成矿流体曾经流经这些富放射性成因 Sr 的地质体。结合本次对典型碳酸盐岩型铅锌矿床单矿物颗粒闪锌矿铷锶同位素测年学取得的年代学数据和区域地质资料，可知大笑铅锌矿床、花木箐铅锌矿床成矿物质可能来自于研究区内碳酸盐岩与基底地层，或者成矿流体流经这些富放射性成因 Sr 的地质体；荒田铅锌矿床成矿物质则可能来自于燕山期花岗岩和赋矿碳酸盐岩，或者流经这些富放射性成因 Sr 的地质体；热水塘铅锌矿床 6 件方解石的初始值($^{143}Nd/^{144}Nd$)$_i$为 0.51195，而上、下地壳($^{143}Nd/^{144}Nd$)$_i$为 0.51212～0.50071，也表明方解石的来源与壳源物质关系密切。

7. 小结

经过对研究区内典型碳酸盐岩型铅锌矿床单矿物铷-锶、钐-钕同位素的研究表明，铅锌矿床成矿物质来源具有多源性：大笑、花木箐、热水塘铅锌矿床成矿年龄分别为 227±36Ma、188±24Ma、191±40Ma，其成矿年代大致相当于晚印支期-早燕山期（200±Ma），大笑、花木箐铅锌矿床成矿物质可能主要源自赋矿围岩碳酸盐岩或基底地层，部分深部流体参与成矿，而热水塘铅锌矿床脉石矿物方解石来自壳源；荒田铅锌矿床成矿年龄为 83.2±3.4Ma，其成矿时代大致相当于燕山晚期，铅锌矿床成矿物质来自赋矿地层与燕山期花岗岩。区内所有铅锌矿床均表现出成矿物质混合来源的特点，成矿年龄晚于成矿地层，为后生碳酸盐岩型铅锌矿床。

第四章　成矿作用及成矿模型

第一节　成 矿 作 用

一、成矿时代

区内碳酸盐岩型铅锌矿床中矿体多呈层状、似层状、透镜状、脉状等，部分矿体穿插赋矿地层，矿床均为成岩后形成的铅锌矿床。据闪锌矿单矿物颗粒和热液矿物方解石的 Rb-Sr 和 Sm-Nd 同位素测年，碳酸盐岩中铅锌矿床成矿期为两期，第一期成矿时代为227～188Ma（晚印支期-早燕山期），第二期成矿时代为 83Ma（晚燕山期），第一期矿为研究区与川滇黔铅锌主成矿期，而第二期主要局限于研究区的南部地区。

二、成矿环境

研究区位于扬子地块西南缘，区内南北向的川滇断裂（元谋-绿汁江断裂、普渡河-滇池断裂、西昌-易门断裂、小江断裂）与北东-南西向断裂构造具有多期活动特点，它们控制了本区岩浆活动、构造演化、赋矿地层沉积，制约与控制铅锌矿床的分布。

区内岩浆活动频繁，继前震旦纪后从古-中生带均有岩浆活动，最重要的是二叠纪基性火山活动（峨眉山玄武岩活动），其次为燕山期中酸性侵入活动。峨眉山玄武岩主要分布在研究区北部，燕山期中酸性岩浆岩主要分布在建水-个旧一带，基性火山活动对铅锌成矿流体的运移与就位产生了主要作用。

区内地层在地史演化过程中历经过基底、盖层与后期改造三个演化阶段，最终形成了特殊成矿构造背景。

1. 早期基底形成阶段

滇中铅锌成矿区具有双基双盖的特殊结构，区内出露最老的早元古代的苴林群、大红山群为区内结晶基底。早元古代末期（1700Ma）经历强烈的地质构造运动，基底发生变质，并不断隆起，使得结晶基底发生褶皱隆起，形成了早期的变质基底。

2. 早盖-晚基层形成阶段

中-晚元古代发育了第一个盖层——昆阳群。在该地质历史时期研究区地壳变现为强烈的拉张作用，并经后期晋宁运动（850Ma）发生变质，最终形成了研究区的早盖晚基层。

3. 晚期盖层形成阶段

自从晋宁运动以后，研究区进入了晚期盖层沉积时期。在盖层形成阶段中，受到澄江运动（570～700Ma）、加里东运动（417～570Ma）、华力西运动（260～417Ma）、印支运动（205～260Ma）、燕山运动（80～205Ma）、喜马拉雅运动的影响最终形成了盖层。

经历了以上三个阶段后，最终形成了滇中铅锌成矿区双基双盖的结构。

三、赋矿围岩

对典型碳酸盐岩型铅锌矿床赋矿围岩及矿区岩石常量元素的地球化学研究认为，滇中铅锌矿床除了荒田铅锌矿床少量矿体赋存于峨眉山玄武岩中，其他铅锌矿床（体）赋矿围岩均为灰岩、钙质白云岩等碳酸盐岩，赋矿碳酸盐岩中均含一定的二氧化硅和黏土矿物，含有二氧化硅可能是因为碳酸盐岩中含有一定量的硅质碎屑组分或者成矿过程中有硅化现象。

四、成矿流体

碳酸盐岩型铅锌矿床流体包裹体研究证明：成矿流体属于低-中温、均一温度众数范围为140～290℃；中等盐度、盐度众数范围为1.0～9wt%NaCl；低密度、密度众数范围为0.75～1.0g/cm^3，地表浅层（544～688m）成矿，富Cl流体。黄铁矿较低Co/Ni比值也证明了矿床成矿温度较低。各时代沉积碳酸盐岩为成矿提供了部分成矿流体，深部流体也可能参与了成矿作用，且成矿流体可能遭受了外来热液的混入。秦德先（1998）等对研究区内苏租-暮阳、热水塘铅锌矿床地下水成分进行测试分析后认为地下水参与了成矿，证明成矿流体曾遭受外来热液的混入。荒田铅锌矿床除了赋矿碳酸盐岩提供部分流体外，燕山期花岗岩可能也为成矿提供可成矿流体。

五、成矿物质来源

前人对研究区及邻区碳酸盐岩型铅锌矿床的成矿物质进行了大量的研究，但由于缺乏系统性和有利证据，导致对本区铅锌矿床成矿物来源认识存在争议。对成矿物质的来源争议主要集中在以下几个方面：①赋矿地层本身；②下伏地层及基底岩石；③多源特征，赋矿围岩和其下伏地层及基底岩石，以及基性岩浆活动都为成矿提供了部分成矿物质。

1. 碳、氧来源

典型碳酸盐岩型铅锌矿床成矿流体中C-O同位素的研究表明碳、氧来源于海相碳酸盐岩溶解与岩浆-幔源。如花木箐、苏租-暮阳、热水塘铅锌矿床成矿流体CO_2的形成机制主要为海相碳酸盐岩溶解作用，荒田铅锌矿床中存在有岩浆-幔源的CO_2，沈晓丽（2013）对荒田铅锌矿床的流体包裹的研究也证明这一观点。

2. 硫来源

研究区内，典型碳酸盐岩型铅锌矿床$\delta^{34}S$的变化范围较大，硫的来源有多种。如大笑、噜鲁、花木箐、苏租-暮阳、热水塘等碳酸盐岩型铅锌矿床中的硫主要来自海相硫酸盐，少量来自生物成因的硫；荒田碳酸盐岩型铅锌矿床硫可能主要来自燕山期岩浆岩，而各个矿床矿石矿物$\delta^{34}S_{\text{矿床硫化矿}}$＜赋矿地层$\delta^{34}S_{\text{赋矿地层}}$。且各个矿床的$\delta^{34}S$值随着地层$\delta^{34}S_{\text{赋矿地层}}$的变化而变化，表明赋矿地层中的硫酸盐为铅锌成矿提供了硫的来源。

3. 金属来源

滇中铅锌成矿区内碳酸盐岩型铅锌矿床成矿物质来源有多种，其中大笑、噜鲁、花木箐、苏租-暮阳、热水塘铅锌矿床成矿物质主要来自各时代沉积的碳酸盐岩和基底岩石，而荒田铅锌矿床成矿物质来源为赋矿碳酸盐岩和燕山期花岗岩。这与铅同位素的研究结果是一致的。

第二节 滇中两类铅锌矿床地球化学特征对比

通过对滇中典型碳酸盐岩型铅锌矿床的成矿地质背景、矿床地质特征、地球化学特征的对比和研究，按照矿床成因可将研究区内碳酸盐岩型铅锌矿床划分为：①沉积-构造-混合热液型铅锌矿床（如大笑、噜鲁、花木箐、苏租-暮阳等矿床）；②岩浆热液改造型铅锌矿床（如荒田铅锌矿床）两类矿床，其地球化学特征异同点如下（表 4-1）：

1. 矿石常量元素地球化学特征

沉积-构造-混合热液型铅锌矿床赋矿围岩为碳酸盐岩（钙质白云岩）；岩浆热液改造型铅锌矿床赋矿围岩除了碳酸盐岩（灰岩）外，峨眉山玄武岩中也赋存有脉状铅锌矿体。

2. 赋矿围岩常量元素地球化学特征

赋矿围岩均具有铅锌浓度克拉克浓度值＞1 的特征。

3. 稀土元素地球化学特征

研究区内铅锌矿床赋矿围岩和单矿物稀土元素地球化学特征研究表明，沉积-构造-混合热液型铅锌矿床成矿物质来自地层或者成矿流体来自赋矿地层，成矿流体有外来热液的混入，成矿流体为富 Cl 流体。燕山期花岗岩、赋矿地层均有可能为岩浆热液改造型铅锌矿床提供成矿流体或者成矿物质。

4. 流体包裹体特征

流体包裹特征研究表明沉积-构造-混合热液型铅锌矿床流体为中-低温（140～280℃）、低盐度（1～12wt%NaCl）、中-低密度（0.75～1.00g/cm^3）、成矿流体地表成矿（310～1180m），岩浆热液改造型铅锌矿床成矿流体为中-低温（150～210℃）、低盐度（10～14wt%NaCl）、低密度（0.65～1.07g/cm^3）、地表浅层成矿（80.09～2077.57m）。

表 4-1 滇中碳酸盐岩型铅锌矿床地球化学对比表

矿床类型	沉积-构造-混合热液型铅锌矿床	岩浆热液改造型铅锌
常量元素地球化学	赋矿围岩为钙质白云岩	赋矿围岩为灰岩、峨眉山玄武岩
微量元素地球化学	赋矿地层中 Pb、Zn 克拉克浓度值＞1	赋矿地层中 Pb、Zn 克拉克浓度值＞1
流体包裹体	中-低温、低盐度、中-低密度成矿、流体地表成矿	第二类铅锌矿床成矿流体为中-低温、低盐度、低密度、地表浅层成矿
硫同位素	硫主要来自海相硫酸盐，少量生物成因的硫	矿床硫主要来自岩浆岩
铅同位素	$^{206}Pb/^{204}Pb$ 变化范围为：17.43～18.768、$^{207}Pb/^{204}Pb$ 的变化范围为：15.441～15.946、$^{208}Pb/^{204}Pb$ 的变化范围为：37.061～38.821，成矿物质主要自上地壳和造山带	$^{206}Pb/^{204}Pb$ 变化范围为：18.136～18.512，$^{207}Pb/^{204}Pb$ 的变化范围为：15.603～15.779，$^{208}Pb/^{204}Pb$ 的变化范围为：38.346～38.570；成矿物质均来自造山带和上地壳
碳、氧同位素	成矿流体中 CO_2 可能为海相碳酸盐岩溶解作用	成矿流体中 CO_2 有部分来自岩浆岩
铷锶同位素	成矿物质主要来自各时代沉积的碳酸盐岩和基底岩石	燕山期花岗岩和赋矿围岩
成矿年代	晚印支期-早燕山期（188～227Ma）	晚燕山期（83Ma）
成矿特征	为后成铅锌矿床	为后成铅锌矿床
与岩浆活动的关系	与岩浆岩没有直接成因联系	与燕山期花岗岩作用有关

5. 硫同位素特征

沉积-构造-混合热液型铅锌矿床：硫化物 $\delta^{34}S$ 的变化范围为-24.79‰～22.44‰，脉石矿物重晶石 $\delta^{34}S$ 的变化范为 26.08‰～29.34‰，硫同位素直方图浓度中心为 8.0‰～16‰，成矿流体中硫主要来自海相硫酸盐，少量生物成因的硫；岩浆热液改造型铅锌矿床：硫化物 $\delta^{34}S$ 的变化范围为-0.05‰～10.49‰，硫同位素直方图浓度中心为-1.0‰～2.0‰，成矿流体中的硫主要来自深部岩浆作用。

6. 铅同位素特征

沉积-构造-混合热液型铅锌矿床铅同位素组成为：$^{206}Pb/^{204}Pb$ 的变化范围为 17.43～18.768，$^{207}Pb/^{204}Pb$ 的变化范围为 15.441～15.946，$^{208}Pb/^{204}Pb$ 的变化范围为 37.061～38.821；岩浆热液改造型铅锌矿床铅同位素组成为：$^{206}Pb/^{204}Pb$ 的变化范围为 18.136～18.512，$^{207}Pb/^{204}Pb$ 的变化范围为 15.603～15.779，$^{208}Pb/^{204}Pb$ 的变化范围为 38.346～38.570；成矿物质均来自造山带和上地壳。

7. 铷锶同位素特征

沉积-构造-混合热液型铅锌矿床成矿物质主要来自各时代沉积的碳酸盐岩和基底岩石；岩浆热液改造型铅锌矿床，成矿物质来自燕山期岩浆岩和赋矿围岩。

8. 成矿年代

沉积-构造-混合热液型铅锌矿床成矿年龄大致相当于晚印支期-早燕山期（200±Ma）；岩浆热液改造型铅锌矿床（荒田铅锌矿床）成矿年龄大致相当于燕山晚期（80±Ma）。

9. 成矿特征

两者均为后成铅锌矿床。

10. 与岩浆的关系

沉积-构造-混合热液型铅锌矿床与岩浆作用之间关系不明显，而岩浆热液改造型铅锌矿床的产出与燕山期花岗岩存在一定的关系。

第三节 滇中及邻区铅锌矿床、MVT 型铅锌矿床基本特征对比

通过研究，作者认为 MVT 型铅锌矿床、滇东北铅锌矿床、川西南铅锌矿床在矿床地质、地球化学等特征因素中明显有别于岩浆期后热液叠加-改造型铅锌矿床，而与沉积-构造-混合热液型铅锌矿床有诸多相似之处。因此，选择沉积-构造-混合热液型铅锌矿床与川-滇-黔成矿域内其铅锌矿床（大梁子、会泽、天宝山）和 MVT 型铅锌矿床进行异同对比分析（表 4-2），以便进一步了解扬子地台西缘铅锌成矿地质背景与成矿作用。

表 4-2 滇中铅锌成矿区-滇东北铅锌矿床-MVT 型铅锌矿床主要特征对比表

矿床类型	MVT 型铅锌矿床	大梁子、会泽铅锌矿床	沉积-构造-混合热液型铅锌矿床
构造背景	古老克拉通边缘、内部裂谷环境中，一般与构造运动或裂谷活动有关	扬子地块西南边缘，局部地区受加里东、印支、燕山期构造运动以及峨眉山地幔柱喷发的影响	位于扬子地块西南边缘

续表

矿床类型	MVT 型铅锌矿床	大梁子、会泽铅锌矿床	沉积-构造-混合热液型铅锌矿床
赋矿地层	石炭纪、泥盆纪、奥陶纪和寒武纪	震旦系灯影组、寒武系梅树村组、石炭系摆佐组为最主要的赋矿围岩，另外奥陶系、志留系大关组、泥盆系宰格组、泥盆系大关组等都有铅锌矿床存在	昆阳群黑山头组、震旦系灯影组、寒武系下统梅树村组、泥盆系曲靖组
控矿因素	断裂、岩性、岩性界面、岩相古地理等多种因素控矿	断层和破碎带、基底隆起、岩性界面、古喀斯特地貌、不整合面等是控制矿体展布的控制因素，其中断层和岩性界面表现尤为明显	断裂、地层、岩性、岩性突变层、岩相古地理、等因素控矿特征明显
矿体特征	层状、似层状、透镜状、脉状、网状	层状、透镜状，呈脉状、角砾状	层状、似层状、网脉状、角砾状
品位	Pb+Zn＜10%，Zn/（Zn+Pb）多为 0.8±	Pb+Zn：平均 14.5%，Zn/（Zn+Pb）＞0.9	Pb+Zn：18.30%～31.60%
矿石特征	矿石构造主要有块状、角砾状、浸染状、网脉状、条带状、韵律层等构造。硫化物具有胶状、骨骸状粗晶结构，脉石矿物为粗粒	块状、浸染状、脉状、网脉状、角砾状构造，细-中-粗粒结构	细粒-中-粗粒，自形-他形晶体，具有不同程度的交代结构，纹层状、条带状部分还有脉状、角砾状构造
矿物组成	闪锌矿、方铅矿、白铁矿、黄铁矿、白云石、方解石、雌黄铁矿、天青石、硬石膏、萤石、重晶石、沥青等，在个别矿区萤石、重晶石较为发育	矿物组合简单，矿石矿物主要有：闪锌矿、方铅矿、黄铁矿、磁黄铁矿、黄铜矿等，脉石矿物主要有：方解石、白云石、石英、重晶石等，在个别矿区还发育萤石和含银类矿物	闪锌矿、方铅矿、黄铁矿、黄铜矿、辉银矿、白铅矿、毒砂、白铁矿、铅矾、菱锌矿、菱铁矿、褐铁矿、方解石、石英、重晶石、硬（软）锰矿沥青等
流体包裹体	矿床流体包裹体均一温度范围为 75～150℃，仅有个别铅锌矿床成矿温度超过 200℃，成矿流体盐度范围一般为 5～10wt%NaCl	均一温度为 170～270℃，仅有个别温度>300℃，成矿流体盐度范围一般为：8.0～16.99wt%NaCl	气液相包裹体为主，石英包裹体均一温度为 100.00～300.00℃，盐度 0.36～22.92wt%NaCl
围岩蚀变	白云岩化、碧玉化、黏土化、黄铁矿化、硅质白云岩化	碳酸盐化、黄铁矿化，硅化，部分矿区发育萤石化、重晶石化、黏土矿化、退色化、沥青化等	硅化、重晶石化、黄铁矿化、褐铁矿化
硫同位素	硫化物硫同位素值变化范围很大可以从-20‰～+30‰左右，主要分布于+10‰～+25‰。主要来自海相蒸发岩	硫化物硫同位素变化范围为-6.50‰～+20.60‰，硫主要来自海相地层及蒸发岩，并具有生物成因的硫	硫化物 $\delta^{34}S$ 的变化范围为：-24.79‰～22.44‰；重晶石 $\delta^{34}S$ 的变化范围为：26.08‰～29.34‰，硫主要来自海相地层及蒸发岩，少量生物成因的硫
铅同位素	铅同位素组成比较复杂，区域上具有分带性，不具有放射性成因铅	铅具多源性，具有放射性成因的铅存在	铅具多源性，具有放射性成因的铅存在
碳、氧同位素	脉石矿物方解石和白云石的明显低于围岩，近矿围岩的 $\delta^{13}C$，$\delta^{18}O$ 介于二者之间说明其为正常围岩受成矿热液交代重结晶而致	脉石方解石的 $\delta^{13}C$ 和 $\delta^{18}O$ 同位素范围分别为：-5.3‰～-1.64‰ 和 12.96‰～22.95‰，围岩白云岩和方解石的 $\delta^{13}C$ 和 $\delta^{18}O$ 同位素范围分别为-3.6‰～3.15‰和 14.09‰～24.31‰	脉石矿物方解石 $\delta^{13}C_{PDB}$ 变化范围为-0.64‰～0.88‰，$\delta^{18}O_{SMOW}$ 变化范围为 17.54‰～21.38‰
成矿时代	元古界至白垩系，主要为泥盆纪到晚二叠纪，其次是白垩纪至第三纪	200±Ma	200±Ma
成矿特征	多以开放孔隙充填方式形成，具后生特征	具有后生特征，为热液蚀变型矿床	为后成铅锌矿床，为中-低温热液矿床
伴生元素	大部分矿床有银异常，有的具有铜、钴、镍异常	锗、镓、铟，个别矿床中有银	在个别矿床中含有银
与岩浆活动的关系	在时间和空间上一般与岩浆岩没有直接成因联系	与岩浆没有直接成因联系	与岩浆没有直接成因联系

1. 构造背景

世界上大部分 MVT 型矿床形成于稳定克拉通或者大陆架内部靠近造山带前陆盆地一侧，产于克拉通边缘沉积盆地内，另有一些矿床产于前陆冲断带的碳酸盐岩沉积环境；少数矿床则产于裂谷环境或裂谷环境附近。滇中铅锌成矿区以及和它相邻的滇东北铅锌成矿区、川西南铅锌成矿区内铅锌矿床均产于沉积盆地环境。

2. 成矿范围

MVT 型铅锌矿床分布区域广，可达几百平方公里，甚至形成金属省；滇中铅锌成矿区、滇东北铅锌成矿区、川西南铅锌成矿区、黔西北铅锌成矿区共同构成了川-滇-黔成矿省，其铅锌矿化范围比 MVT 型铅锌矿床分布范围更大。

3. 赋矿围岩

MVT 型矿床主要赋矿围岩为沉积岩，矿体主要产于白云岩，或交代灰岩、白云岩形成的白色亮晶白云岩中，还有少量的产于砂岩、页岩、砾岩中。滇中及其相邻的铅锌成矿区内铅锌矿体主要赋存在白云岩、灰岩等碳酸盐岩中。

4. 控矿因素

MVT 型铅锌矿床受到断层和破碎带、溶解坍塌角砾岩、生物礁组合、基底隆起、岩性界面、不整合面等多种因素控制，并且多种因素相互关联，不同矿区乃至矿床的控制因素有所侧重。滇中及其相邻的铅锌成矿区内矿体受断层破碎带、基底隆起、岩性界面、古喀斯特地貌、不整合面等因素控制，其中断层和岩性界面表现尤为明显。生物礁组合对该区的控制因素不甚显著。

5. 矿体特征

MVT 型铅锌矿床矿体形态复杂，矿体形态多以层状、似层状、透镜状沿层面呈水平状展布，还有少量矿体呈网脉状、角砾状产出。滇中与邻区铅锌矿床矿体形态主要为层状、似层状、透镜状、脉状，少量矿体成囊状、筒状，大部分矿体与围岩呈整合关系。

6. 品位特征

MVT 型铅锌矿床铅（Pb）+锌（Zn）品位一般＜10%，Zn/（Zn+Pb）多为 0.8±，滇中沉积-构造-混合热液型铅锌矿床铅（Pb）+锌（Zn）品位变化范围为 1.30%～31.60%，Zn/（Zn+Pb）变化范围为 0.016～0.6。邻区铅锌矿床铅（Pb）+锌（Zn）平均品位为 14.5%，Zn/（Zn+Pb）一般＞0.9。

7. 矿石特征

MVT 型铅锌矿床矿石构造主要有块状、角砾状、浸染状、网脉状、条带状、韵律层等构造。硫化物具有胶状、骨骸状粗晶结构，脉石矿物为粗粒。滇中铅锌成矿区沉积-构造-混合热液型铅锌矿床矿石结构构造为细粒-中-粗粒，自形-他形晶体，具有不同程度的交代结构，纹层状、条带状部分，还有脉状角砾状构造；邻区铅锌矿床结构构造为块状、浸染状、脉状、网脉状、角砾状构造，细-中-粗粒结构。

8. 矿物组成

MVT 型铅锌矿床的矿物组合简单，矿石矿物主要有：闪锌矿、方铅矿、黄铁矿、白铁矿；脉石矿物主要有：白云石、方解石、石英等，在个别矿区萤石、重晶石较为发育，少量矿物有磁黄铁矿、天青石、硬石膏、硫和沥青等。滇中沉积-构造-混合热液型铅锌矿床矿石矿物组合简单，矿石矿物组合为：闪锌矿、方铅矿、黄铁矿、黄铜矿、铅矾、白铅矿、菱锌矿、褐铁矿、方解石、石英、重晶石等。而且少数矿床具有独特的矿物组合，如大笑铅锌矿床中还发育有菱铁矿、辉银矿，噜鲁铅锌矿床中还发育有毒砂、白铁矿、硬（软）锰矿、沥青等矿物；邻区铅锌矿床矿物组合也比较简单，主要为闪锌矿、方铅矿、黄铁矿等，脉石矿物主要为方解石、白云石、石英、重晶石等，部分矿床中还有萤石产出；少量矿物为磁黄铁矿、黄铜矿等。

9. 流体包裹体

MVT 型铅锌矿床流体包裹体均一温度范围为 75～150℃，仅有个别铅锌矿床成矿温度超过 200℃，成矿流体盐度范围一般为 5～10wt%NaCl。滇中沉积-构造-混合热液型铅锌矿床包裹体均一温度范围为 100～300℃，盐度为 0.36～22.92wt%NaCl。邻区铅锌矿床均一温度为 170～270℃，仅有个别温度>300℃，成矿流体含盐度变化范围一般为 8.0～16.99wt%NaCl。

10. 围岩蚀变

MVT 铅锌矿床低温蚀变普遍发育，强度弱，蚀变通常与围岩碳酸盐岩的溶解、重结晶、热液交代和热液角砾岩化作用有关，常见的蚀变类型主要有：白云石化、方解石化、黄铁矿化，少数地区有有机质化、硅化、黏土化、云母化、长石化、碧玉化、重晶石化等。滇中沉积-构造-混合热液型铅锌矿床围岩蚀变主要为硅化、重晶石化、黄铁矿化、褐铁矿化。研究区与邻区铅锌矿围岩蚀变有：碳酸盐化、黄铁矿化、硅化，部分矿区发育萤石化、重晶石化、黏土矿化、褪色化、沥青化等多种形式。

11. 硫同位素

MVT 铅锌矿床硫化物硫同位素值变化范围较大，可以从−20‰～+30‰左右，主要分布于+10‰～+25‰，硫主要来自海相蒸发岩。滇中沉积-构造-混合热液型铅锌矿床硫化物 δ^{13}S 变化范围为−13.4‰～22.44‰，其浓度中心为 8‰～16‰，硫主要来自海相沉积岩，少量来自生物成因硫。邻区铅锌矿硫化物硫同位素变化范围为−6.50‰～+20.60‰，硫主要来自海相蒸发岩，并具有生物成因的硫。

12. 铅同位素

MVT 型铅同位素组成比较复杂，多数铅锌矿床富放射性成因铅，具有高 μ 值的矿区，同位素来源应为上地壳，另外少数矿床则具有低 μ 值的特征。滇中铅锌成矿区铅锌矿床 ^{206}Pb/^{204}Pb、^{207}Pb/^{204}Pb 和 ^{208}Pb/^{204}Pb 变化范围分别为 17.916～18.393、15.575～15.778 和 37.798～38.821，众数范围集中于 18.2～18.4、15.6～15.7 和 38.200～38.600，铅锌矿床具有壳源、上地壳和造山带特征。邻区大部分铅锌矿床具有壳源铅的特征。

13. 碳、氧同位素

MVT 型矿床按原矿围岩→近矿围岩→脉石矿物方解石的 δ^{13}C 和 δ^{18}O 同位素有逐渐降低的规律。滇中第一类铅锌矿床方解石的 δ^{13}C 和 δ^{18}O 同位素范围分别为−0.64‰～0.87‰和 17.54‰～21.38‰，低于赋矿围岩。邻区铅锌矿床脉石方解石的 δ^{13}C 和 δ^{18}O 同位素范围分别为-5.3‰～1.64‰和 12.96‰～22.95‰。

14. 成矿时代

MVT 型铅锌矿床，成矿时代跨度较大，自元古界至白垩系均有产出，其中：泥盆纪到晚二叠纪、白垩纪至第三纪两期，为 MVT 型铅锌矿床最主要的形成时期。滇中沉积-构造-混合热液型铅锌矿床形成时代为 188～227Ma，大致相当于三叠世。

15. 成矿特征

三者具有后成的特征。

16. 伴生元素

MVT 型铅锌矿伴生有银，个别矿床伴生有铜、钴、镍；滇中沉积-构造-混合热液型铅锌矿床均伴生有银；邻区矿床伴生有锗、镓、铟、银。

通过各方面因素的对比，滇中铅锌成矿区铅锌矿床与滇东北铅锌矿床存在极相似的成矿地质背景，而与 MVT 型铅锌矿床比较，虽然有相似之处，但应该属于另一成矿体系。

第四节 成 矿 模 式

成矿模式是对矿床赋存的地质环境、内外部特征、控矿因素、矿化的时空演化规律、矿化标志、成矿物质来源、成因机理和找矿标志的高度综合描述和解释，是将复杂多变的成矿作用和地质现象上升为成矿学的地质理论，并用文字、图表予以表达，使人们对同类或一组相似矿床的成矿特征有一个完整的概念，从整体上深化对矿床的认识。基于宏观矿床地质特征研究的基础上进行大量岩矿样品的测试分析与资料的综合整理，得出滇中沉积-构造-混合热液型铅锌矿床成矿作用与基底、盖层赋矿地层，控矿构造关系密切，成矿流体具有多源性，矿床（体）就位与成矿流体、围岩介质等物化条件密切相关。

滇中碳酸盐岩中铅锌矿床赋矿不同的时代形成的碳酸盐岩中，成矿物质主要来源于赋矿地层和基底地层，矿源层形成受到大地构造位置、岩相古地理环境、构造、沉积相等因素的控制。

区内早元古代末期发生了强烈褶皱运动（大致相当我国北方的吕梁运动），古老的结晶基底大红山群-苴林群发生了区域变质和混合岩化作用。受构造运动的影响，形成了一系列南北向深大断裂构造。以元谋-绿汁江断裂带为界，西部为滇中古陆接受风化剥蚀，东部则广泛地接受沉积区。在吕梁运动以后，在滇中铅锌成矿区发育了富含 Pb、Zn 硫化物的下震旦统昆阳群地层，部分地层为主要的赋矿层位，如黑山头组、大龙口组等。

中元古代末期的晋宁运动是云南乃至我国南方地区地质发展史中的重要事件之一，自此之后最终形成了滇中铅锌成矿区的变质基底。自晋宁运动以后研究区进入了被动大陆边缘演化阶段，全区大部分时间接受台地相的碳酸盐岩沉积，沉积物源主要来自滇中古陆地，陆源碎屑物含有较高的 Pb、Zn 元素。经过沉积成岩后，最终在研究区内形成了 Pb、Zn 背景值较高的地层，为后期的铅锌矿形成提供了物质基础。

区内铅锌矿床成矿物质和成矿流体均具有多来源的特征。当矿源层形成后，随着矿源层埋深的不断增加，含矿建造在上覆压力作用下释放出大量的地层建造水，地层建造水与沿着断裂运移的变质（岩浆岩）水、下渗地下水相互混合，混合后的流体沿着层间破碎带运移，在运移的过程中与围岩相互作用，萃取了矿源层中的有益物质，并溶解了流经的碳酸盐岩，并最终形成含矿热卤水。这种含矿热卤水沿地质薄弱部位（断层、层间破碎带）运移，最终在成矿有利的部分进行沉淀，最终形成了研究区内的铅锌矿床（图4-1）。同时，区内构造与岩浆活动较为潜力，它们是促使成矿流体迁移、就位成矿的强大驱动力与赋存空间。

当铅锌矿在有利部位沉淀后，受后期燕山-喜山期构造运动的影响，研究区内地壳发生升降运动，使得原深埋于地下的矿体出露于地表或埋藏深度变浅，并有部分矿体出露地表，接受地表风化剥蚀，在某些原生硫化矿床上部发育氧化矿。

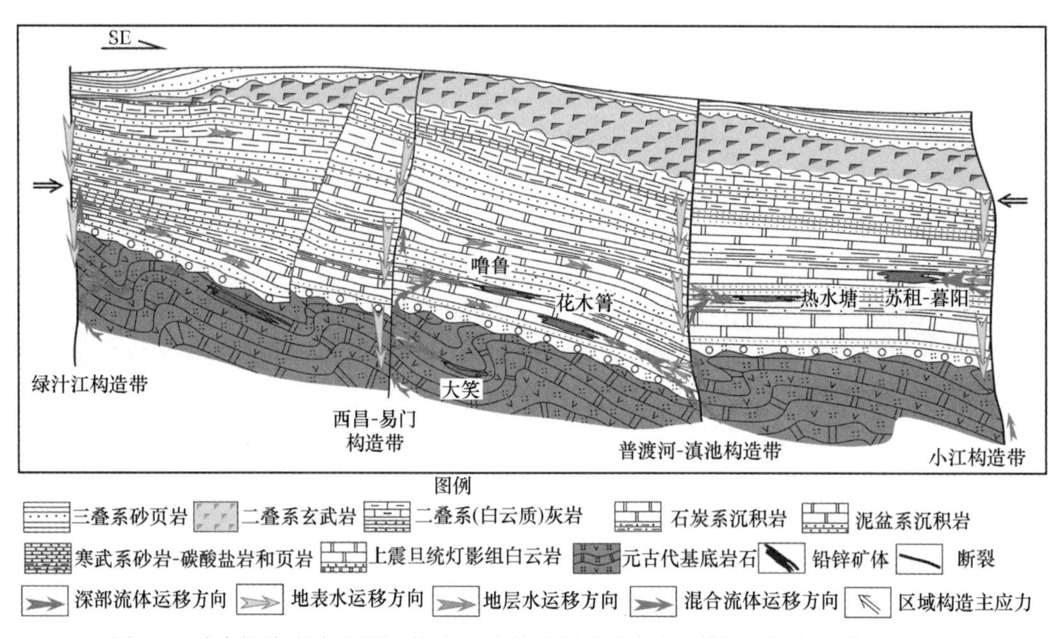

图 4-1　滇中铅锌成矿区沉积-构造-混合热液铅锌矿床成因模型（据刘心开，2015）

第五章　成矿规律与成矿预测

成矿规律与成矿预测学是在辩证唯物主义思想指导下，运用适合本地区的地质理论和假说，采用合理有效的途径和方法研究成矿规律，对不同范围的成矿远景做出预测评价，并在实践中不断检验预测效果，不断提高预测水平。

滇中碳酸盐岩型与其他类型铅锌矿床（点）在矿床地质、成矿条件、成矿规律方面兼有沉积矿床和热液矿床二重特征。地层、岩相古地因素着重控制矿源层的同生沉积，构造和岩性着重控制后期金属元素活化迁移和工业矿床的形成。大矿、富矿的形成受多种因素控制，是各种有利因素共同作用的结果。时间、空间分布规律则是矿源层形成和后期改造（叠加）成矿这两种地质作用的综合体现。

第一节　成 矿 规 律

一、地层控矿规律

1. 地层层位控矿

滇中铅锌成矿区碳酸盐岩型铅锌矿床（点）赋矿层位跨度较大，赋矿层位从中元古界到新生界第四系中均有铅锌矿床（点）存在，研究区内铅锌矿床（点）赋矿层位多达20 余个，其中昆阳群、上震旦系灯影组，下寒武统梅树村组（渔户村组）、双龙潭组，泥盆系曲靖组，二叠系茅口组（见表 2-1、彩图 2），尤以上震旦系灯影组与泥盆系曲靖组为重要的赋矿层。

昆阳群地层分布于普渡河-滇池断裂以西与东川地区，呈北北东-南南西展布，主要赋矿层位大龙口组、黑山头组、鹅头厂组地层，已知矿床（点）19 个；震旦系灯影组地层在普渡河-滇池断裂以西地区呈盖层覆于昆阳群地层之上，以东地区分布于宜良大兑冲一带、矿床（点）在东川西部相对较为集中；震旦系灯影组地层上覆为下寒武统地层，因受断裂影响呈北东-南西展布，矿床（点）多集中于震旦系灯影组与下寒武统梅树村组（渔户村组）地层交接处，分布于滇中北部地区；中泥盆统曲靖组分布于建水苏租-暮阳到弥勒西二乡一带，呈北东-南西向展布，矿床（点）集中于建水铜厂、苏租-暮阳一带；二叠与三叠系地层分布于建水南部地区，矿床（点）集中于碳酸盐岩地层中。

层位控矿在一定地区范围内表现更为明显。中泥盆统曲靖组在建水苏租-暮阳到弥勒西二乡一带，北西向全长 30～40km，十余处铅锌矿床（点）几乎都产于中泥盆系曲靖组内。下寒武统渔户村组在禄劝中槽子-银厂坡-昆阳中谊村，甚至到澄江旧城，华宁火特，宜良横水塘等地，面积上万平方千米，铅锌矿化产出都与该地层有关。在晋宁法古甸-石屏银厂坡相距上百千米，铅锌矿化都产于大龙口组。

铅锌矿床（点）层位控矿严格，矿化往往只集中于一、两个岩性层内。如建水北部苏租-暮阳铅锌矿区，在北东长约 20km，宽 10km，面积约 200km^2 的矿区内，共有中小型矿床 8 处。曲靖组按岩性又分成 5 段，总厚度 1900m。铅锌矿主要集中产于第一段生物灰岩之上的炭泥质白云岩和白云岩约 200m 厚度范围内（如图 5-1）。又如渔户村组中铅锌矿。渔户村组厚度 165～477m，自下而上又分为 5 段。铅锌矿只产于中部的中谊村段（磷块岩段）之上部或下部几十米厚度范围内。本区北部中槽子铅锌矿产于磷块岩之上，筇竹寺组炭质页岩之下；南部昆阳中谊村铅锌则产于磷块岩下部硅质白云岩中。

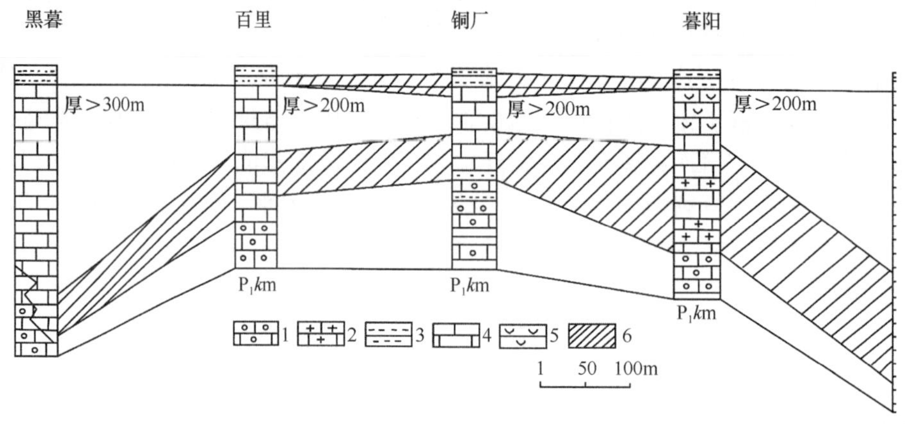

图 5-1 建水苏租-暮阳含矿地层对比图

1.黑色炭泥质白云岩；2.生物灰岩；3.石英砂岩；4.青灰色白云岩；5.灰白色白云岩

2. 控矿层位的递变

滇中铅锌成矿区控矿层位在时间空间上，具有明显的递变规律。总体规律是：从北往南，由西向东控矿地层层位由老到新，或由下到上，也即控矿层位有逐渐升高的趋势。如在武定-易门-峨山一带，主要控矿层位为昆阳群，其中以大龙口组为主，在禄劝以北、昆明、宜良一带，控矿层位主要为渔户村组、灯影组；在寻甸、宜良、华宁一带及其以东控矿层位为古生界；在石屏建水南部控矿层位则为古生界-中生界，其中以上古生界及中生界为主。这种控矿层位的递变，是本区地壳演化和大地构造演化的结果。本区在大地构造上处于康滇台背斜与滇东台褶带及滇东南加里东褶皱带的过渡地带。由于本区大地构造演化从早到晚，自西向东，由北往南发展，伴随地层时代由老变新，所以控矿层位也表现出规律性变化。

3. 控矿地层的地质构造位置

最有利的位置是，构造运动造成的长期沉积间断之后沉积形成的海进层序中部偏上部。这个部位往往处于碎屑岩向碳酸盐岩的过渡部位，岩性多为不纯的碳酸盐岩。在这个部位矿源层多靠碎屑岩一侧。滇中地区较重要的控矿层位都产于这个部位。如中泥盆统曲靖组、上震旦统陡山沱组和下二叠统茅口组。

康滇台背斜中寒武世以后地壳逐渐上升，中上寒武统、奥陶-志留系缺失层位较多，沉积厚度薄。在建水北部地区下泥盆统发育不全，厚度小。中泥盆统宣武田组假整合或超覆于震旦-志留等不同时代地层之上，岩性以砂岩为主夹碳酸盐岩，在矿区附近厚 100～200m，为长期沉积间断后海进层序下部。往上为曲靖组，第一段下部为生物灰岩，上部为炭泥质白云岩，为旋回上部。第二段为砂岩（含砾），上部夹泥灰岩，为第二旋回沉积。铅锌矿集中于第一旋回中偏上部生物灰岩与炭泥质白云岩过渡部位。又如陡山沱组。在康滇地背斜上澄江组、南沱组和陡山沱组之下都存在着不整合或假整合面。在牛首山区陡山沱组假整合或超覆于不同时代老地层之上。下部为砂岩或含砾砂岩，含黄铁矿，厚 270～400m，为长期沉积间断后海进层序下部；上部为白云岩夹泥炭质白云岩，为旋回上中部，铅锌矿产于炭泥质白云岩中。再往上整合覆盖灯影组硅质白云岩，为旋回最上部。

沉积间断代表地壳上升，遭受剥蚀作用，代表蚀源区矿质分离和预富集过程。这个过程越长，入海前沉积物源风化越彻底，矿质的分离和预富集也越好。由于长期沉积间断之后的沉积物富含铅锌，加之碎屑岩与碳酸盐岩的过渡建造沉积时水介质的动力和化学性质明显变化，有利于矿质的沉积。所以，在一些矿区不纯的碳酸盐中 Pb、Zn 原始含量高，如苏租-暮阳泥炭质白云岩含 Pb 679ppm、Zn 1483ppm。另外，这种不纯的碳酸盐岩常含炭质，如大兑冲、荒田等矿区。这些炭质不论在同生沉积还是后期改造中，对铅锌都有明显的富集作用。

二、岩相古地理控矿规律

最有利的岩相古地理环境是古陆边缘受古断裂（同生断裂）控制的陆表海内的次级支盆边缘，或水下隆起与水下凹陷过渡地带的半局限的海湾、潟湖和生物礁滩相。这种环境有许多有利因素：一是由于靠近古陆，沉积物源丰富，而且往往这种沉积物金属的预富集作用较好；二是由于同生断裂控制，沉积厚度大；三是由于这些部位水的动力条件和物理化学条件变化大，利于矿质的沉积；四是这些部位及其附近生物及有机质丰富，有利于金属元素富集。由于这些有利因素的综合作用，所以形成的地层铅锌的原始含量高，矿源丰富，后来成矿也好。已知滇中重要的控矿地层几乎无例外的形成于上述岩相古地理环境。如建水北部曲靖组，宜良-路南陡山沱组，禄劝北部渔户村组，昆阳群大龙口组等都形成于这种岩相古地理环境。

1. 中泥盆世曲靖期沉积环境控矿分析

滇中地区中寒武世开始，地壳总体上升，下古生界中上部地层缺层较多，说明曾凹经遭受风化剥蚀。早泥盆世海水由南向北侵入，在西昌-易门断裂以东，除牛首山古陆外，几乎都被海水淹没，沉积了碎屑岩夹碳酸盐岩建造。中泥盆世西有滇中古陆，中部有牛首山弧岛，地势及岩相差异仍较大，按岩相可分为三个不同的沉积区（如图 5-2），即北部武定-禄劝相对凹陷区（I_1^3），中部昆明-宣威相对隆起区（I_1^2）和南部建水-曲靖相对凹陷区（I_1^1）。隆起区以砂岩沉积为主，厚度较小，如富民关山地区，中上泥盆统厚度仅 210m；凹陷区以碳酸盐为主夹少量砂岩，厚度大，如弥勒宣武田剖面和三道箐剖面（云南二区队，1975），曲靖组厚 1242m。

建水-曲靖区受弥勒-师宗断裂控制，形成了北东向的狭长形海槽。在盘溪-曲江一带，处于小江断裂与弥勒-师宗断裂交汇附近，下沉强烈，沉积厚度大，如弥勒黑泥坡剖面（云南二区测队，1975）中泥盆统以灰岩和泥灰岩为主，厚度 1804m。苏租-暮阳矿区含矿岩系下部为生物灰岩，上部为含炭质的泥质白云岩夹砂岩，往东砂泥质减少，往西靠近滇中古陆，相变为砂岩。曲靖组厚 1900m，应为古陆边缘生物礁相和海湾潟湖相。这种环境物源丰富，形成的矿源层厚度大，原始沉积的 Pb、Zn 含量高，后来改造成矿也好。

2. 陡山沱期沉积环境控矿分析

晋宁运动使汤郎-易门断裂西侧褶皱上升，东侧下降，在会泽-石屏一带形成了近南北向凹陷，沉积了澄江砂岩。澄江运动造成了高山峻岭，形成了南沱冰碛层，其沉积盆地的位置和方向与澄江期大体一致，只是范围略为小些。

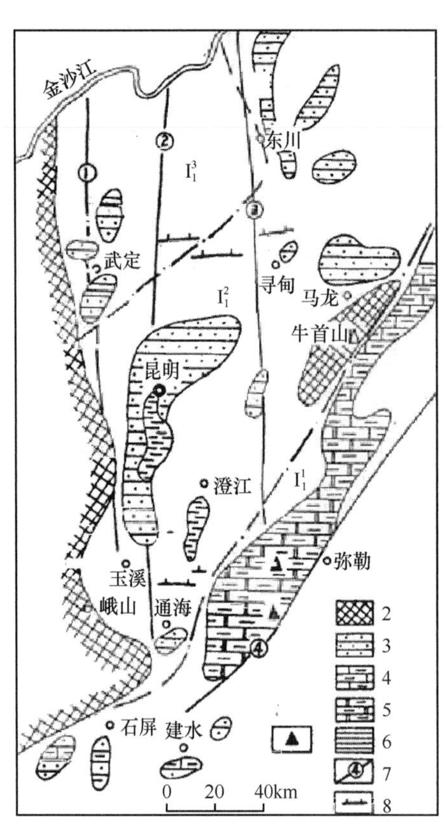

图 5-2 滇中地区中泥盆世古地理略图

1.铅锌矿床；2.古陆；3.砂岩；4.泥灰岩；5.泥质白云岩；6.页岩；7.南北向古断裂：①西昌-易门断裂；②滇池断裂；③小江断裂；④弥勒-师宗断裂；8.东西向古断裂：I_1^3 武定-禄劝凹陷区；I_1^2 昆明-宣威隆起区；I_1^1 建水-曲靖凹陷区

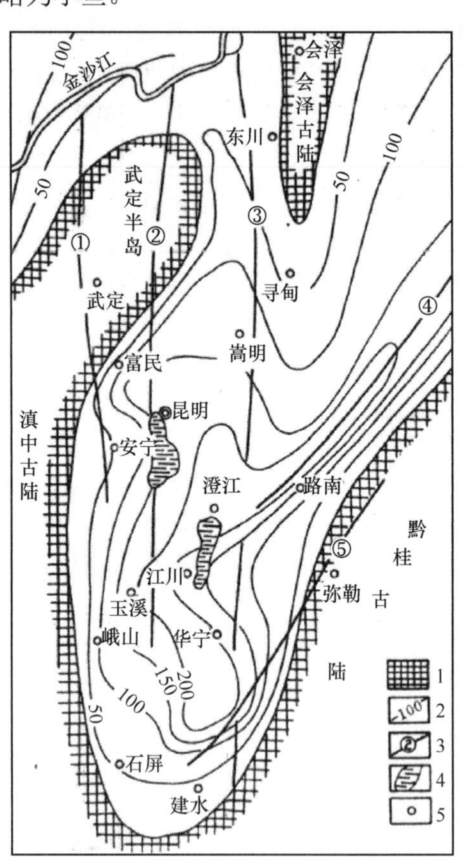

图 5-3 滇中地区陡山沱期古地理略图

1.古陆；2.等厚线；3.古断裂：①西昌-易门断裂；②普渡河-滇池断裂；③小江断裂；④曲靖-路南断裂；⑤弥勒-师宗断裂；4.湖泊；5.县址

陡山沱期开始，造陆运动逐渐变为造海运动。沉积范围比南沱期明显扩大。西部富民-安宁-峨山一线以西的武定半岛，滇中古陆和东部路南-建水一线以东的黔桂古陆，在石屏-建水以南连成一体，加之会泽古陆向南伸入，形成了几面被包围的沉积支盆（如图5-3）。曲靖-路南大断裂和小江大断裂为同生断裂，明显控制着沉积厚度的分布。在两条断裂交切部位沉积厚度最大，如宜良大兑冲以南陡山沱组厚 360～400m，并且几度曾处于闭塞的海湾潟湖环境，沉积了含黄铁矿的暗色砂岩和含炭泥质的白云岩（往上的灯影白云岩中局部还含芒硝和硬石膏），并伴随有铅锌的沉积，形成了矿源层。经后期改造形成了矿床。宜良大兑冲一带铅锌矿为较好佐证。

3. 大龙口期和渔户村期沉积环境控矿分析

渔户村组为一个穿时的地层单位。按照（罗惠麟，1982）资料，包括上震旦统顶部（旧城段、白泥哨段）和寒武系底部（小歪头山段、中谊村段、大海段）两个部分。

灯影期广泛海侵后，普遍上升，遭受了不同程度的剥蚀作用。渔户村期又发生了海侵，形成了南狭北宽的海槽（如图 5-4）。在本区的沉积范围大致东到牛首山古陆，西以汤郎-易门断裂与滇中古陆为界。小江断裂、普渡河-滇池断裂为同生断裂，明显控制了沉积岩相和沉积厚度的分布，在昆明-宜良一带存在着一个近东西向的隆起，将海槽分隔为南北两个支盆。北支盆在禄劝中槽子下沉强烈，以台凹硅质白云岩相为主，厚度 400～500m，中谊村段磷矿层厚 40～80m，Pb，Zn 丰度值高，后来形成了较好的铅锌矿；南支盆下沉缓慢，以台地泥砂质白云岩为主，沉积厚度 150～250m，中谊村段磷矿层厚度也小，为 20～60m，Pb 的丰度值较高，但 Zn 的丰度值较低，经后期改造形成了一些分散的单铅矿脉。

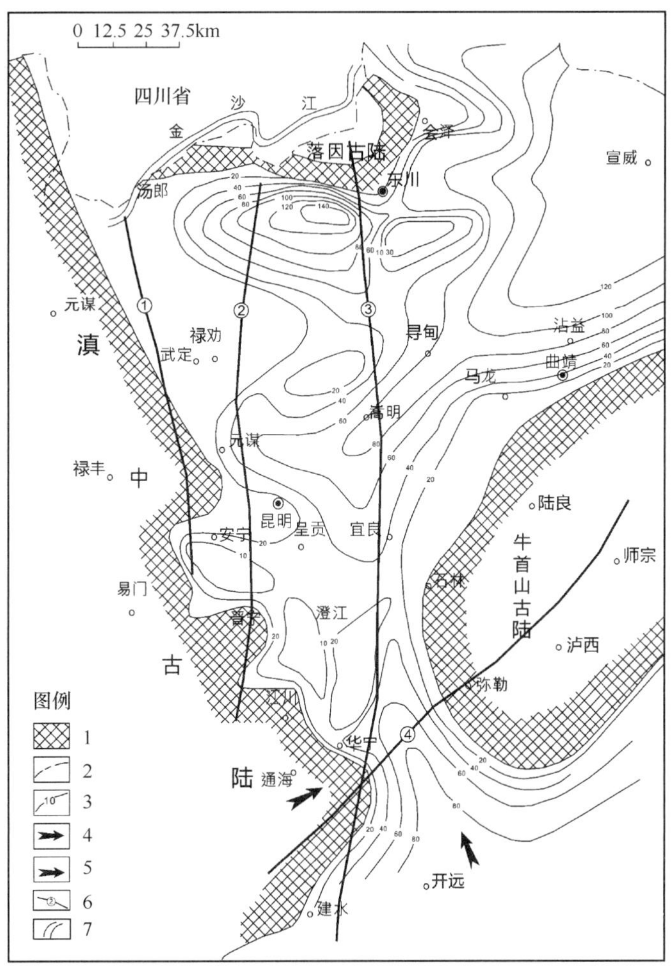

图 5-4　滇中早寒武世渔户村期岩相古地理图（据程理真等修改）

1.古陆分布及名称；2.省界；3.地层等厚度；4.古海流方向；5.陆源破碎方向；6.古断裂：①西昌-易门断裂；②普渡河-滇池断裂；③小江断裂；④弥勒-师宗断裂；7.金沙江

大龙口组是滇中地区昆阳群中铅锌矿的主要控矿地层。大龙口组中铅锌矿主要产于晋宁-峨山-石屏一带。含矿岩系为黑山头组火山碎屑岩之上的大龙口组的碳酸盐岩，属元古代地槽型海侵层序。含矿围岩为含炭质的深灰色灰岩和藻灰岩，其中可见黄铁矿、闪锌矿和方铅矿。矿体常呈沿层的透镜状和脉状产出，常与菱铁矿（风化后为褐铁矿）体共生。铅锌矿石富含铁，含锌大于含铅。如晋宁法古甸铅锌矿产于大龙口组灰黑色炭质灰岩中，矿带长 1.2km，宽 200m，一号矿体长 70m，厚 8.94～13.75m，平均含 Pb 1.65%，Zn 7. 28%，TFe 20%～30%。

大龙口期的岩相古地理特点是存在一系列东西向的隆起和凹陷。最大的是易门水下隆起和峨山凹陷（如图 5-5）。含矿岩系形成于隆起与凹陷的过渡地带，属台地上的礁滩和相对封闭的潟湖环境。在这种环境有铅锌等硫化物沉积，形成了矿源层，后经改造形成了工业矿体。

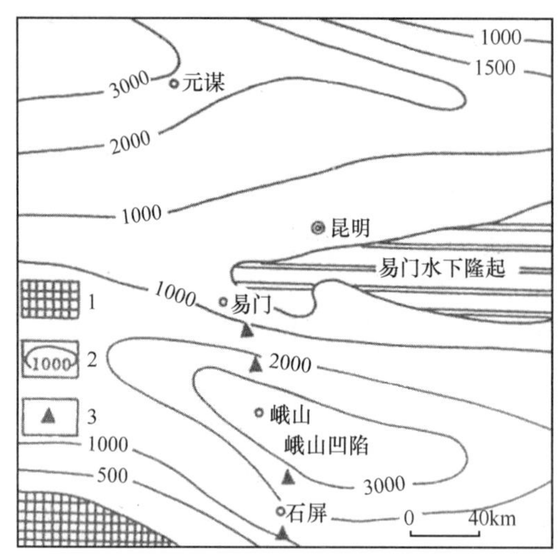

图 5-5 滇中地区大龙口期古地理图（据沈苏，1982，略加补充）

1.古地理；2.等厚线；3.铅锌矿点

三、岩性控矿规律

1. 岩性控矿

滇中铅锌矿几乎都产于碳酸盐岩中。储矿的碳酸盐岩多为碎屑岩向较纯碳酸盐过渡部位的不纯碳酸盐岩。如大兑冲铅锌矿主要储矿围岩为陡山沱组上部炭泥质白云岩，上覆为灯影组白云岩，下伏为含黄铁矿的石英砂岩。热水塘矿区储矿围岩为砂泥质白云岩和硅质白云岩，其下伏为砂岩夹碳酸盐岩，上盘为硅质岩。苏租-暮阳矿区储矿围岩为炭泥质白云岩，下盘为泥砂质石灰岩和生物灰岩，上盘为白云岩。

从化学成分看（表 5-1），由矿体下盘（或下伏）围岩、矿体到上盘围岩 SiO_2，Al_2O_3 总体降低，CaO、MgO 增加，说明泥砂质减少，碳酸盐增加，矿体产于过渡类型的岩石中。其主要原因：一是这种“过渡部位”的不纯碳酸盐岩，是同生沉积时沉积介质动力和物理化学性质变化过程的产物，沉积介质的变化有利于铅锌的沉淀，即铅锌原始含量较高；二是这种不纯碳酸盐（主要是白云岩）常含炭质和泥质、炭质和泥质可能对铅锌有吸附作用；三是含炭质岩石常含同生沉积的黄铁矿，即有硫的来源；四是碳酸盐岩性脆，化学性质比砂页岩活泼，裂隙发育，有利于后期改造过程中充填交代成矿。

表 5-1　滇中部分铅锌矿床岩石化学分析结果表

矿区与地层		化学成分						
		SiO_2	Al_2O_3	Fe_2O_3	S	CaO	MgO	样品数
大兑冲	矿体上盘白云岩	0.59	0	TFel.39	0.02	29.64	19.82	4
	含矿泥炭质白云岩	29.79	2.05	TFel.39	0.04	19.54	12.17	3
	矿体下伏砂岩	90.16	3.05	TFel4.11	0.13	0.07	0.05	5
苏租-暮阳	矿体上盘白云岩	14.41	2.61	3.01		23.80	15.84	27
	含矿的泥炭质白云岩	10.18	2.95	3.00		23.62	15.73	4
	矿体下盘砂泥质灰岩	15.24	8.00	4.50		20.80	1.73	15
热水塘	双龙潭组上部含矿硅质白云岩	6.70	0.81			27.46	19.78	3
	双龙潭组下部含矿硅质白云岩	34.14	5.46			15.99	11.76	3
	灯影组含矿硅质白云岩	40.76	1.63			18.53	9.98	4
	II#-1 矿体	11.71	0.46			27.87	16.29	6
	V#矿体	42.49	0.81			16.41	9.67	5

2. 岩性组合控矿

滇中地区一些铅锌矿区，矿体上覆地层中常含有泥质岩石。如渔户村组的铅锌矿，矿化被局限于寒武系筇竹寺组底部页岩之下。热水塘铅锌矿，矿体产于双龙潭组中，上覆为下奥陶统汤池组泥质粉砂岩或粉砂质泥岩。矿化产于泥质粉砂岩之下硅质白云岩中，越靠近泥质粉砂岩矿化越好，但泥质粉砂岩中未见矿化（如图 5-6）。这是因为硅质白云岩性脆，裂隙发育，同时化学性质活泼，容易被矿液充填交代，故成为储矿层；而泥质粉砂岩比硅质白云岩柔性，化学活泼性也较差，不易被矿液充填交代，成为阻挡层，阻止矿液向上逸散，在其下部形成了圈封空间。这种地层圈封空间有利于矿液流转沉淀。

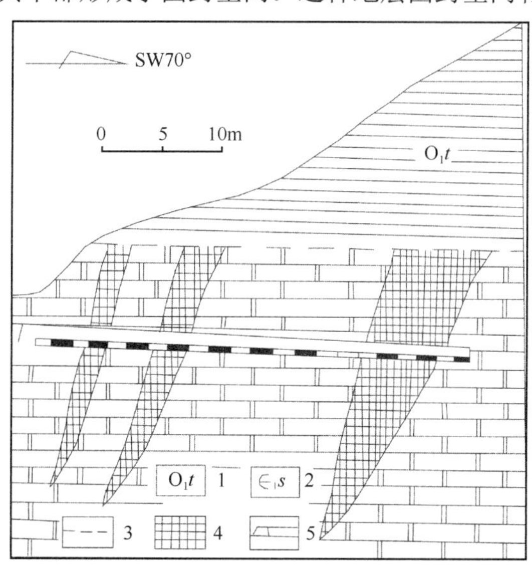

图 5-6　石屏热水塘铅锌矿III矿体构造控矿图

1.下奥陶统汤池组粉砂岩；2.中寒武统双龙潭组硅质白云岩；3.假整合界线；4.矿体；5.探矿工程

3. 含矿岩系厚度与成矿关系

滇中同一控矿地层在不同地区矿化差异较大，经详细对比研究发现，这主要是矿化受含矿岩系厚度控制的结果。一般规律是矿化强度与含矿岩系厚度大致呈正相关关系。如曲靖组中铅锌矿。在苏租-暮阳地区，曲靖组厚度大，为1900m。这个地区是已知云南泥盆系中铅锌矿化最强的地区，不但矿点多，而且矿化规律也较大，矿石品位高。该区往北东的弥勒西部地区，曲靖组厚1400～1700m，也有一些铅锌矿点，但矿化规模小。往南的石屏-元江一带，曲靖组厚度减少，为23m（建水鸭子塘、石关山剖面）、281.7m（元江东宜吉剖面），在曲靖组中很少有铅锌矿化。又如渔户村组中铅锌矿化。滇中地区渔户村组厚度从南往北增加，随之铅锌矿化增强。再如茅口组在石屏-建水南部厚度大于2000m，形成荒田-虾洞铅锌矿带，往北厚度变薄，矿化减弱。这是因为含矿岩系厚度大，原始铅锌潜在量多，矿源丰富，后来成矿也好。含矿岩系厚度小，原始铅锌潜在量也少，矿源不足，成矿差或不成矿。

四、构造控矿规律

构造是滇中铅锌矿形成的重要控制条件。一些规模较大的断裂构造在同生沉积时控制了海陆的空间分布，沉积盆地的轮廓和发展演化历史，控制了控矿地层的沉积相、厚度以及成矿元素的原始富集，总之，控制了矿源层的形成。在后期改造中控制了成矿元素活化迁移富集和工业矿体的形成。

滇中地区的控矿构造按其规模大小可分基底与盖层构造、成矿带构造、矿田构造和矿床构造4个类型。

1. 基底与盖层构造

滇中地区历经多次构造运动，具有双基双盖的特殊结构，早元古代末期结晶变质基底与中-晚元古代形成的昆阳群早盖晚基层，与晋宁运动以后形成的晚盖层。基底多由富含Pb、Zn多金属元素组成，其Pb、Zn等元素背景值较高、厚度大，为后期成矿与沉积提供了物源基础。同时，基底与盖层之间存在不整合界面，该界面为矿液运移提供了通道与赋存的空间。滇中铅锌矿床（体）形成与该界面密切相关。例如建水苏租-暮阳铅锌矿区中基底为昆阳群美党组（Pt_1km），上覆为中泥盆统曲靖组（D_2q）地层，二者呈现断层式接触，实际存在不整合面；石屏热水塘铅锌矿区中基底为昆阳群美党组（Pt_1km），下寒武统与震旦系灯影组（Zbdn）地层覆盖之上，在不同层位中均有铅锌矿体存在；东川大笑铅锌矿区中部为昆阳群地层，在该层之上覆盖于震旦系澄江组（Zz_1c）与灯影组（Zbdn）地层。因此，昆阳群地层提供了成矿物质，区域构造运动提供了强大驱动力，上覆地层提供了赋存空间。

2. 成矿带构造

在滇中成矿带构造有两种形式，一种是南北向的区域性断裂控矿构造，另一种是北东向的次一级断裂控矿构造（见彩图 2）。南北向区域断裂控矿构造由西向东主要有西昌-易门断裂，普渡河-滇池断裂和小江断裂。

西昌-易门断裂是昆阳群中铅锌矿的成矿构造，已知从北向南有武定县刺竹箐、桃树箐；晋宁县法古甸；峨山县育英村、左合莫；石屏县银厂坡、新寨、热水塘（黄山厂）、戛作白等铅锌矿床（点）分布，形成了南北向的断裂矿化富集带。该断裂元古代、中生代和新生代均有强裂活动，依次经历了张、压、剪力学性质的转变过程。元古代大致为昆阳群下亚群沉积时的西部边界和昆阳群上亚群沉积的东部边界，其张性特征配合东西向的隆起，控制了大龙口期次级支盆及其中矿源层的形成。晋宁运动-加里东运动为压性特征，控制矿源层中铅锌活化迁移和工业矿体的形成。

普渡河-滇池断裂是震旦-寒武系渔户村组铅锌矿的成矿带构造。自北而南渔户村组中铅锌矿，如禄劝北东部中槽子等一系列铅锌矿点（条），昆明、玉溪、石屏一带的铅锌矿点沿该断裂分布，形成了铅锌矿化富集带。该断裂震旦纪为张性，大致为渔户村组沉积时的西部边界断裂，配合东西向隆起，控制形成了南北支盆及其中矿源层的形成。加里东期-燕山期该断裂再度活动，以压性为主，形成了工业矿体。

小江断裂为古生代地层中铅锌矿床的成矿构造带，该断裂两侧分布苏租-暮阳矿带、路南-马龙成矿带、寻甸东部成矿带、东川-会泽成矿带、巧家东部成矿带。这 5 个成矿带自南往北大致等间距依次分布，平行排列，并与小江断裂呈“入”字形相交。小江断裂为岩石圈断裂，古、中、新生代都有明显活动。古生代及其以前以张性为主，对震旦纪和古生代岩相古地理环境和矿源层形成有明显控制作用。二叠纪控制了基性火山喷发活动，并对铅锌的后期改造成矿有重要控制作用。该断裂在燕山期还对个旧地区花岗岩及其有关成矿作用有明显控制作用，石屏-建水南端的铅锌矿主要在这个时期形成。

3. 矿田构造

本区最重要的矿田构造形式是其中断裂发育的背斜构造。这种构造形变强烈，在鞍部附近容易产生低压的虚脱空间。这种虚脱空间往往是矿液流转、停积和沉淀的场所。在背斜的中和面以下为相对高压空间，矿源层中铅锌易于活化迁出，并向上部低压的虚脱空间流转。切穿背斜的断裂有利于含矿热液流通。所以这种构造形式是本区最重要的矿田构造。特别上覆有泥质盖层时，地层-构造圈闭条件更好，更有利于成矿。中槽子矿区，苏租-暮阳矿区，大兑冲矿区都是这种矿田构造形式。

禄劝中槽子矿区为一近东西向复式背斜构造。背斜核部地层为渔户村组下白云岩段，两冀地层为渔户村组其他三段和筇竹寺组地层。复式背斜内又存在若干次级褶皱，其莫子山短轴向斜和放炮山向斜为重要次级构造。莫子山短轴向斜位于矿区西北部，轴迹呈北东—南西向，向北被窝塘地断裂断开。核部地层为渔户村组上白云岩段，向两翼依次出现渔户村组磷块岩段，含磷白云岩段和下白云岩段。放炮山向斜位于矿区南部，轴迹近南北向，核部地层为筇竹寺组二段，向两冀依次出现筇竹寺组一段、渔户村组上白云岩段、磷块岩段、含磷白云岩段和下白云岩段。莫子山短轴向斜中的矿化集中于核部，而放炮山向斜中的矿化产于北翼，形成了南北两个矿带（见图 5-7）。

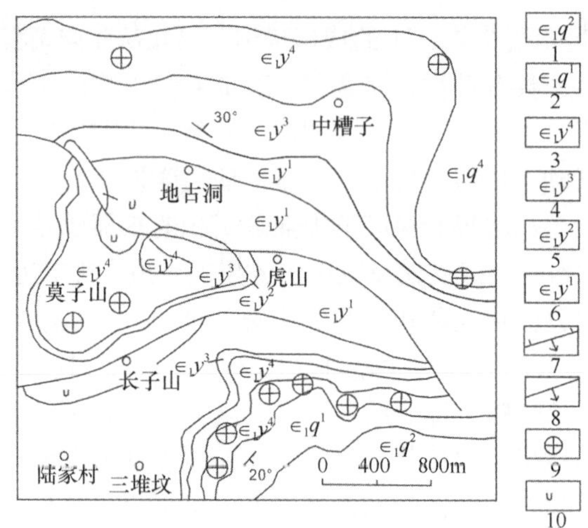

图 5-7　禄劝中槽子铅锌矿区地质矿产略图

1、2 下寒武统筇竹寺组：1.第二段砂岩；2.第一段页岩；3-6 震旦-寒武系渔户村组；
3.第四段白云岩；4.第三段磷块岩；5.第二段磷块岩及白云岩；6.第一段白云岩及白云质灰岩；
7.压性断裂；8.张性断裂；9.铅锌矿点；10.辉长辉绿岩

苏租-暮阳矿区为一北东向的背斜构造（图 2-11）。背斜核部由昆阳群美党组板岩组成，两翼为未变质的古生界，二者为断裂接触。7 个矿床沿背斜核部两侧两条纵向断裂分布，形成了两个矿带。

4. 矿床构造和矿体构造

滇中碳酸盐岩中铅锌矿床（体）多受到不同形式的断裂构造控制，主要有以下 3 种形式：

（1）单组断裂控矿。一般形成形态简单的脉状矿体。矿脉的规模、形态、产状与断裂规模、力学性质有关。如热水塘西矿区，一组南北向的平行断裂控矿，形成了几条大致平行排列的铅矿脉。断裂前期显张性，后期为压性。矿化主要受前期张性断裂的控制，形成了上大下小的楔形矿体，矿体沿长大于延深。而热水塘东矿区受北西向压扭性断裂控制，矿脉厚度较稳定，沿长小于延深。又如荒田矿床，矿体受玄武岩与灰岩接触带压性断裂破碎带控制。矿体厚度变化稳定，沿长小于延深。

（2）层向构造控矿。包括层间破碎、层间滑动构造控矿，是本区最普遍的一种构造控矿形式。往往形成一些似层状、透镜状的平行矿体。如暮阳铅锌矿床（图 2-12），矿化主要受层间断裂控制；东川大笑矿区的一些矿体，主要受层间破碎带控制（如图 2-3）；禄劝噜鲁铅锌矿主要矿体明显受层间构造控制（如图 2-8）。

（3）交切构造控矿。包括几组断裂相交切，断裂与层间构造相交。受这种构造控制的矿体往往形态和厚度变化很大，品位分布不均匀。如邵家山矿床，主矿体受北东、北西向两组断裂及层间构造交切部位控制。矿体形态、厚度、产状及品位变化频繁。

五、矿种类型规律

滇中铅锌成矿区内铅锌多金属矿种具有明显的时间、空间和成因规律。

在时间上从早到晚，在空间上从西到东，自北往南总体由铅锌菱铁矿、铅锌黄铁矿（黄铜矿），铅锌（铜）、单铅矿与伴生锡铋锑的铅锌演化趋势。

东部铅锌矿产于昆阳群中，是已知区内最老的铅锌矿，铅锌常与铁（铜）共生，而且多数矿区锌大于铅。如法古甸、落水洞为铅锌铁组合；银厂坡为铅锌（铜）组合。大宜良大兑冲铅锌矿，产于陡山沱组中，为铅锌硫铁矿组合，是区内较老的矿床。北部矿化多产于昆阳群，渔户村组中，为铅锌（铜）组合，如武定刺竹箐和禄劝中槽子、噜鲁铅锌矿。东部寻甸、宜良、建水北部矿化产于古生代地层中，为单铅或铅锌组合。南端（石屏-建水以南），以铅锌为主，常伴生锡、铋、锑。

上述矿种类型的规律变化，是受大地构造-岩浆演化控制的结果。昆阳群主要分布于西部，为元古代地槽沉积，时代较早。当时地壳分异较差，厚度较薄，伴有中基性火山作用，如富良棚组中火山岩，地层中基性岩特征元素 Fe、Cu、Zn 原始含量较高，由于继承性关系，后来改造形成工业矿体中 Fe、Cu、Zn 也较高。古生界分布于东部地区，沉积厚度较大，二叠纪以前缺乏火山活动。环境稳定，沉积分异好，矿源层中含 Fe、Cu 较低，后来改造形成的铅锌矿床组分单一，为单铅或铅锌组合。石屏、建水南部地区，燕山期花岗岩作用强烈，受其影响，二叠-三叠系地层中的一些铅锌矿常伴生有砷锡铋等花岗岩的特征元素。

六、大矿和富矿规律

从滇中地区情况看，苏租-暮阳北东向铅锌矿带和荒田-虾洞北西向铅锌矿带铅锌矿床规模较大，矿石品位也高，可算为大矿和富矿。因此，综合这两个地区的情况，大矿和富矿的形成主要有以下 3 个条件：

1. 矿源丰富

两个矿区的共同特点是，成矿物质来源丰富，铅锌至少有两个来源。苏租-暮阳地区，主要铅锌金属来自就地就近的矿源层，还有部分铅锌来自下伏不同时代的地层。由于就近或就地（曲靖组下部）矿源层厚度大、铅锌丰度值高，加之下伏一些地层中还有一些铅锌，所以矿质来源丰富。

荒田-虾洞矿区，铅锌金属主要来源于茅口组及其下伏地层。在石屏地区，铅锌矿源层较多，如昆阳群大龙口组、寒武系双龙潭组和泥盆系曲靖组。这些矿源层都可能为荒田-虾洞矿区的成矿提供矿源。此外，在后期岩浆热源叠加改造成矿过程中，中酸性岩浆热源也为成矿提供了部分铅锌，这些就是大矿和富矿形成的物质基础。

2. 圈封良好的储矿空间

两个地区矿田（床）构造都为背斜。矿体产于背斜靠鞍部附近。这种部位构造应力集中，纵横断裂和层间构造（包括层间破碎、层间滑动和层间剥离）发育，加之上面有泥质夹层（苏租-暮阳）或玄武质熔岩（荒田-虾洞）的屏蔽作用，形成了地层-构造圈闭空间。这种圈封空间是储矿有利场所。

苏租-暮阳铅锌矿，北东向的百里背斜为矿田构造。矿化主要受复背斜鞍部附近的纵向断裂控制，在背斜轴两侧形成了两个次级矿带。由于储矿空间地层-构造圈闭好，矿床较多，规模较大，矿石品位较高。多数矿体主要受层间构造控制，所以矿体形态以似层状和扁透镜状为主。

荒田矿床产于北西向倒转背斜倾没端。矿体产于背斜核部茅口组灰岩与翼部峨眉山玄武岩的整合面附近的层间构造中，形成了似层状矿体。背斜鞍部和玄武岩不透水层组合形成的构造-地层圈闭，是该大矿富矿床形成的重要条件。

3. 铅锌反复浓集和沉淀

两个地区另一个共同特点是，含矿岩系以碳酸盐为主，其中含有不等量的生物和炭质，岩石色调为灰黑、深灰色。

这种含有机质的碳酸盐岩，属碱性还原介质，对 Pb、Zn 有重要的固着作用。地层铅锌背景分析资料说明，这种岩石在同生沉积时就含一定铅锌。在后期改造成矿中，当含矿热液与之接触时，又使热液中铅锌发生沉淀。

在这两个矿区，由于构造-热液的多期次作用，矿源层中铅锌多次活化转迁，在储矿地层中反复浓集和沉淀，从而形成了大而富矿床。

第二节　成 矿 预 测

从滇中铅锌矿的成矿背景、矿床地质、地球化学与成矿规律研究成果的综合情况看，滇中地区铅锌矿最有成矿和找矿远景的重要地区为建水百里-大裴龙、大冷山-荒田-虾洞、禄劝中槽子-东川大笑、宜大兑冲-马龙大米槽、东川-会泽等区域。

一、建水百里-大裴龙铅锌成矿远景区

该区处于建水、弥勒、华宁三县接壤附近，为苏租-暮阳铅锌矿带的北东与南西延长部分，全长约 50km，有大中型铅锌矿床的成矿远景（见图 2-11）。其依据是：

（1）苏租-暮阳矿床的含矿岩系曲靖组大片断续出露。曲靖期岩相古地理为大陆边缘受同生断裂控制的北东向的海槽，沉积厚度达 1400～1700m，下伏有长期沉积间断面存在，基底为昆阳群地层，沉积物源富铅锌，为生物礁相和海湾潟湖相沉积。地层中 Pb、Zn 丰度值高，成矿物质来源丰富。同时，曲靖组富含生物及有机质，有利于铅锌硫化物沉淀，是良好的储矿层。

（2）在构造上处于小江断裂带与弥勒-师宗断裂带交切部位，构造具多期次作用，为矿源层中铅锌反复活化、迁移和富集成矿提供了动力及空间条件；基底地层与上覆地层之间存在着不整合界面为矿液运移提供通道与赋存空间；昆阳群地层为背斜核部，古生代碳酸盐岩地层不整合覆盖之上，节理裂隙较为发育，矿体多呈似层状、串珠状、透镜状产出。

（3）除已证实苏租-暮阳铅锌矿以外，已发现了恒格、百里、大冲、扯拉碑、黑暮等多处矿点与矿化异常，有扩大远景的可能。

二、大冷山-荒田-虾洞一带铅锌成矿远景区

该带位于石屏-建水南部，为一北西向的铅锌矿带，全长约 30km。带上已有大冷山、老寨、荒田、虾洞等矿床（点）。荒田、虾洞等矿床规模较大，矿石品位高，富银，伴生 Sb，Sn，Au 等金属。马南、新寨矿床（点），地质工作程度低，已知的矿床（点）与矿床（点）之间还有不少地质找矿工作的空白地带，若能进一步开展找矿工作，扩大找矿远景，增加储量的希望很大（见图 5-8）。其依据是：

（1）建水石屏地区地层中富含铅锌，有多个铅锌矿源层，已知自下而上有昆阳群大龙口组、上震旦统陡山沱组、灯影组，中下寒武统沧浪铺组、陡坡寺组、双龙潭组，中泥盆统曲靖组、下二叠统茅口组都有铅锌矿源层（或高值层）存在。而且这些地层大部分为茅口组下伏地层，在有利条件下都可为成矿提供矿质来源。

（2）本区处于云南三江、扬子、滇东南三大构造单元汇聚、交接部位的边缘凹陷带，沉积建造、岩浆活动、变质作用，都具有明显的过渡性质，有较大的活动性。区域构造以边界深大断裂为骨架，形成一系列北东向、北西向次级构造，尤以后者最为发育。主体构造为北西向他达-荒田-新寨复式背斜，核部为下二叠统茅口组和峨眉山玄武岩组，两翼为中、上三叠统地层；规模较大的断裂，有北西向红河北坡断裂、大冷山-老寨-牛滚塘断裂等，均属红河断裂的配套构造。有利于矿源层中铅锌活化、迁移和成矿。

（3）岩浆活动以华力西期基性喷发岩最为发育，沿上述两大断裂带状分布。早期从早、中石炭世开始，局部延续到上石炭世；晚期在早二叠世茅口中以海相-陆相玄武质熔岩为主，局部夹有中酸性喷发岩，同时还有次火山相的基性-超基性岩脉。航磁图上出现有线状磁异常带，反映玄武岩受断裂控制，沿断裂裂隙或链式喷发。其次，海西期有基性岩浆侵入作用，燕山期有花岗岩、闪长岩和正长斑岩侵入。中酸性岩浆侵入活动，对铅锌改造叠加成矿来说，既可提供矿源，也可以提供动力和热力条件。

（4）这一带下二叠统茅口组为康滇地轴南缘的局限台地潟湖相和生物礁相沉积，含丰富的生物化石和有机质。在同生沉积和后期改造（叠加）成矿中有利于铅锌的富集成矿。所以已知这一带的铅锌矿主要产于茅口组中。

（5）1∶20 万水系沉积物测量，显示为北西向延伸的 Cu、Pb、Zn、Ag 合异常带，各元素异常基本套合，浓集中心清晰，范围大、含量高。异常簇集区大致划分为两大片区：大冷山异常区，主元素 Pb、Zn、Cu 平均含量分别为 107ppm、206ppm、89ppm，伴生有零星 Au、As、Sb 异常，出露地层为三叠系、二叠系地层，大冷山铅锌矿位于异常内。荒川-虾洞异常区，主元素 Pb、Zn、Ag 和 Cu、Au、Sb 等，含量高，多元素异常基本套合，平均含量分别为：Pb 263ppm、Zn 720ppm、Ag 0.5ppm、Cu 141ppm、Sb 44ppm、Au 9ppb。出露地层位于二叠系玄武岩、灰岩及三叠系砂页岩、灰岩，分布有荒田、虾洞铅锌矿床和多处铅锌、锑矿点，异常尚有向南东延伸之势。

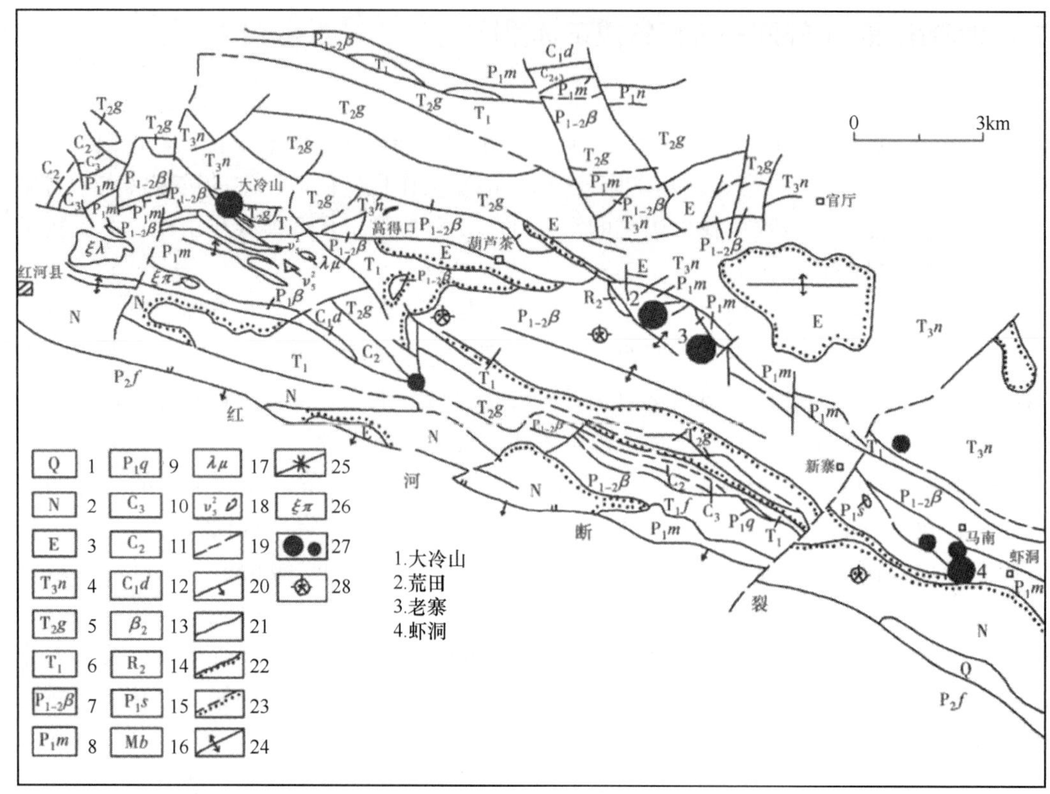

图 5-8　建水大冷山-虾洞铅锌成矿远景区地质图（据云南省地质矿产局第二地质大队资料 1990）

1.第四系；2.新近系；3.古近系；4.上三叠统鸟格组；5.中三叠统个旧组；6 下三叠统法郎组；7.下-中二叠统玄武岩组；8.下二叠统茅口组；9 下二叠统栖霞组；10.上石炭统；11.中石炭统；12 下石炭统大塘组；13.蚀变中基性岩；14.蚀变灰岩；15.强烈蚀变中基性岩；16.大理岩；17 酸性岩小岩株；18 基性、超基性岩；19.性质不明断层及推测断层；20 逆断层；21.地质界线；22 岩层不整合界线；23.推测不整合界线；24 背斜构造；25.向斜构造；26.斑状正长岩；27.矿（床）点；28 推测火山喷发中心

三、禄劝中槽子-东川大笑、朱家地铅锌成矿远景

该区指禄劝县北东及东川以南、以西一带找矿远景区，位于扬子地块西南边缘，小江深大断裂与普渡河-滇池深大断裂之间（见彩图 3）。

（1）基底为昆阳群地层，上覆盖层为震旦系灯影组与下寒武系地层，基底与盖层之间存在不整合界面，同时基底地层多为火山凝灰质物质、富含铅锌等多金属元素。盖层地层，特别是渔户村组在滇中地区有广泛分布，以碳酸盐、磷酸盐台地相为主，厚度 150～600m。在南部昆明-玉溪一带厚 150～250m，北部寻甸-禄劝一带厚 300～600m。厚度自南往北明显增加。

（2）盖层地层经后期改造，形成了广泛分布的 Pb、Zn 矿化。在矿种上南部以单铅矿化为主，往北变为铅锌共生矿化。在矿化强度上，南部矿点分散，矿化规模也不大，往北矿点成群成带分布，而且矿化规模也较大。如东川大笑、老银厂等至朱家地、上王山等地，基底为昆阳群地层，盖层为震旦系灯影组地层，后期改造是在基底地层中、不整合界面上，以及上覆地层中形成铅锌矿体（脉）。

（3）该区因受小江深大断裂与普渡河-滇池深大断裂活动影响，次级断裂构造十分发育，背斜构造为最好的储矿构造，从彩图 3 中可看出为铅锌矿化相对集中区。

（4）滇中地区二叠纪基性火山的喷出活动也有自南往北增强的趋势。滇东北地区铅锌成矿与二叠纪火山活动有一定关系。

总之，存在富含铅锌基底地层，下寒武系地层自南往北厚度增加，二叠纪基性火山活动加强，铅锌矿化也有变好的趋势。禄劝中槽子及其以北地区，该区铅锌矿点多，多沿层矿化，但地质研究程度低，目前尚未发现规模较大的矿床。若能进一步工作，有望找到大中型矿床。

四、宜良大兑冲-马龙大米槽地区成矿远景区

该区位于云南滇东地区，地理范围涉及马龙、陆良与宜良 3 县接壤区。西部以小江断裂与康滇地轴为临，东部与曲靖-路南断裂为界（见彩图 4）。

（1）区域出露地层由下而上为：晚元古代昆阳群黑山头（Pt_1hs）绢云母板岩、粉砂岩夹含炭质板岩、细砂岩，具有复理式韵律；晚元古代牛首山组（Pt*n*）流纹质凝灰岩、硅质岩、砂岩、粉砂岩；震旦系上统南沱组（Zb*n*）冰积砾岩与页岩，陡山沱组（Zb*d*）下部砂砾岩和上部不纯的碳酸盐岩，灯影组（Zb*dn*）白云岩；中泥盆统曲靖组（D_2q）碳酸盐岩；石炭系下统大塘组（C_1d）鲕状灰岩，中统威宁组（C_2w）和上统马平组（C_3m）碳酸盐岩。地层之间存在基底与盖层不整合界面，为矿液运移提供了通道与赋存空间。

（2）牛首山古陆近于北东-南西展布，古陆东侧基底出露位置较高，晚加里东构造运动后地壳下降遭受沉积作用，沉积地层为下古生代地层；古陆西侧受澄江运动影响，形成了北北东的石屏-曲靖冰积盆地，陡山沱期大致承袭了南沱期岩相古地理格局。沉积盆地限于宜良-马龙-曲靖一带。由于江川附近存在近东西向的水下隆起，北部南北向的会泽古陆往南向水下伸入，从而形成北东向狭长形的澄江-曲靖次级海槽。该海槽南东陡北西缓，在宜良大兑冲-马龙大米槽一带凹陷较深，形成了滞流还原、半还原环境，沉积形成了含炭质泥砂质白云岩，并伴随有黄铁矿、重晶石和 Cu、Pb、Zn 的原始沉积。地层连续较好。

（3）该区因受小江断裂与曲靖-路南断裂影响，北东-南西向断裂构造较为发育，同时存在不整合界面。因此，在后期成矿作用过程中在陡山沱组（Zb*d*）、灯影组（Zb*dn*）、曲靖组（D_2q）等碳酸盐岩地层中形成铅锌矿床（体）。矿床（体）与地层与北东-南西向断裂构造控制较为明显。

五、东川-会泽铅锌成矿远景区

该区位于昆明市东川区东面，会泽县老厂乡、大海乡、新街乡、待补镇境内。南北向的小江断裂带、曲靖断裂与北东向的五星厂断裂、矿山厂断裂构成的北东向的菱形断块区域（见彩图 5）。

（1）在矿山厂断裂破碎带南东侧，以震旦系灯影组（Zb*dn*）白云岩为背斜核部，背斜翼部为下寒武统地层，铅锌矿床（体）赋存于震旦系灯影组（Zb*dn*）地层、与灯影组（Zb*dn*）地层与下寒武统地层接触带附近，受北东-南西向断裂构造控制明显，已知矿床

（化）为雨碌、银厂、分水岭、哨碑、待补、大扎营等。

（2）在五星厂断裂破碎带北西侧，以震旦系灯影组（Zb*dn*）白云岩为背斜核部，背斜翼部为下寒武统地层，铅锌矿床（体）赋存于震旦系灯影组（Zb*dn*）地层、与灯影组（Zb*dn*）地层与下寒武统地层接触带附近，受北东-南西向断裂构造控制明显，已知矿床（化）为五星厂、娜姑银厂、白雾街等。

（3）受小江断裂构造的影响，区内地层呈南北向展布，与昆阳群地层构成核部地层，两翼为震旦系灯影组（Zb*dn*）与下寒武统地层，已发现矿床（点）分布于背斜东翼，受南北向断裂与震旦系灯影组（Zb*dn*）地层、灯影组（Zb*dn*）地层与下寒武统地层控制较为明显，已知矿床（点）为泥者箐、大箐、朱家箐、牛家箐、铅厂梁子等。

综上体征可以看出，该区存在于基底与盖层结构，南北向与次级北东-南西向断裂构造与褶皱构造较为发育，矿床（化）受层位与断裂构造控制明显。因此，在已知矿床（点）剖析的基础上扩大找矿远景。

参考文献

白江河，罗卫，尹展，赵姝丽. 2012.黔西北地区铅锌矿床稳定同位素研究[J] .西部探矿工程，2：137～141

白俊豪，黄智龙，朱丹，严再飞，罗泰义，周家喜. 2013. 云南金沙厂铅锌矿床硫同位素地球化学特征[J].（2）：256～264

包广萍，崔银亮，高建国. 2013.滇东北茂租铅锌矿床热液方解石稀土元素地球化学特征[J]. 矿物学报，（4）：681～685

毕献武，胡瑞忠，Cornell D H. 2001.富碱侵入岩与金成矿关系：云南省姚安金矿床成矿流体形成演化的微量元素和同位素证据[J].地球化学，30（3）：263～272

陈大，刘义.2012. 峨眉山玄武岩与铅锌成矿作用关系探讨[J]. 矿产勘查，3（4）：469～475

陈进. 1993. 麒麟厂铅锌硫化矿床成因及成矿模式探讨[J]. 有色金属矿产与勘查，2（2）：85～90

陈骏，王鹤年. 2004. 地球化学[M]. 北京：科学出版社

陈觅，刘俊安，赵生贵，吴兵，孙载波.2011. 贵州天桥铅锌矿床 REE 地球化学特征[J]. 矿物学报，31（3）：360～365.

陈士杰. 1986. 黔西滇东北铅锌矿成因探讨[J]. 贵州地质，8（3）：211～222

陈喜峰，彭润民. 2007. 铅锌矿床类型划分评析[J]. 2007，29（4）：209～214

陈秀洪，段媛媛，徐浙云，段瑜，陈昊博. 2013. 云南鲁甸火德红铅锌矿矿床地质特征及控矿成因[J]，地球地质与矿产，7：80～83

陈延生，李元. 2005. 会泽铅锌矿床成因问题探讨[J]. 矿业工程，3（6）：14～16

成会章. 2013. 天宝山铅锌矿床成因探讨[J]. 四川有色金属. 3：41～44

程彦博，毛景文，谢桂青，陈懋弘，杨宗喜. 2009. 与云南个旧超大型锡矿床有关的花岗岩锆石 U- Pb 定年及意义[J]. 矿床地质，28（3）：297～312

德赫姆 K c. 1959. 世界铅锌矿地质[M]. 北京：地质出版社：21～27

范建国，倪培，苏文超. 2000. 辽宁四道沟热液金矿床中石英的稀土元素特征及意义[J]. 岩石学报，16（4）：587～590

付绍洪. 2004.扬子地块西南缘铅锌成矿作用与分散元素镉镓锗富集规律[D]. 成都：成都理工大学博士学位论文

高建国. 1995. 滇南热水塘铅锌矿床地球化学与成因的研究[J]. 矿产与地质，9（3）：185～190

高建国. 1996. 宜良大兑冲沉积-改造型铅锌矿床特征及成因[J]. 昆明理工大学学报，21（3）：18～24

高建国，秦德先. 1995. 滇中铅锌矿床成矿控制因素及成矿预测[J]. 云南地质，15（1）：68～80

高建国，秦德先. 1995. 滇中碳酸盐岩区铅锌多金属矿床元素地球化学特征及矿源分析[J]，云南地质，14（2）：119～130

管士平，李忠维. 1999. 康滇地轴东缘岩石与铅锌矿石稀土元素地球化学研究[J]. 地质地球化学，27（3）：5～16

管士平，李忠雄. 1999. 康滇地轴东缘铅锌矿床铅硫同位素地球化学研究[J]. 地质地球化学，27（4）：45～54

郭洪中. 1994. 铅锌矿床类型划分及特征[J]. 地质地球化学，12（6）：4～8

郭文魁，张玉华. 1959. 1∶3000000 中国铅锌成矿规律略图简要说明[J]，地质论评，20（1）：17～3l.

韩润生，陈进，黄智龙. 2006. 构造成矿动力学及隐伏矿定位预测[M]. 北京：科学出版社

韩润生，刘丛强，黄智龙. 2001. 论云南会泽富铅锌矿床成矿模式[J]. 矿物学报，21（4）：674～680.

韩润生，邹海俊，胡彬，胡煜昭，薛传东.2007. 云南毛坪铅锌（银、锗）矿床流体包裹体特征及成矿流体来源[J]. 岩石学报，23（09）：2109～2118

胡耀国. 1999. 贵州银厂坡银多金属矿床银的赋存状态、成矿物质来源与成矿机制[D]. 贵阳：中国科学院地球化学研究

所博士学位论文

黄华，张长青，周云满，谢华锋，刘博，谢永富，董云涛，杨春海，董文伟.2014. 云南保山金厂河铁铜铅锌多金属矿床 Rb-Sr 等时线测年及其地质意义[J]. 矿床地质，33（1）：123～136

黄永磊，裴荣富，李进文，武俊德，李莉，王浩琳. 2007. 个旧老厂矿田花岗岩地球化学特征及其形成构造背景[J]. 地质学报，81（7）：980～984

黄智龙，陈进，韩润生. 2004a. 云南会泽超大型铅锌矿床地球化学及成因-兼论峨眉山玄武岩与铅锌成矿的关系[M]. 北京：地质出版社

黄智龙，陈进，刘丛强，韩润生，李文博，赵德顺，高德荣，冯志宏.2001. 峨眉山玄武岩与铅锌成矿：以云南会泽铅锌矿为例[J]. 矿物学报，21（4）：681～ 688

黄智龙，李文博，陈进. 2004b. 云南会泽超大型铅锌矿床 C，O 同位素地球化学[J]. 大地构造与成矿学，28（1）：53～59

金中国.2008. 黔西北地区铅锌矿控矿因素、成矿规律与找矿预测[M]. 北京：冶金工业出版社

克列特尔 B M.1958. 矿床的工业类型[J]. 地质学报，38（1）：22～62

李波. 2010. 滇东北地区会泽、松梁铅锌矿床流体地球化学与构造地球化学研究[D].昆明：昆明理工大学学位论文

李波，顾晓春，韩润生，文书明，邹国富，盛蕊，邱文龙，唐果. 2013. 松梁铅锌矿床构造体系及其对成矿时代的约束[J]，矿产与地质，27（s）：1～5

李厚民，沈远超，毛景文.2003. 石英、黄铁矿及其包裹体的稀土元素特征-以胶东焦家金矿为例[J]. 岩石学报，19（2）：267～274

李家盛，李采一，崔银亮.2005. 云南会泽铅锌矿喷流沉积成因研究[J]. 云南地质，24（3）：42～43

李连举，刘洪滔，刘继顺. 1999. 滇东北铅、锌、银矿床矿源层问题探讨[J]. 有色金属矿产与勘查，8（6）：333～339

李随民，魏明辉，李森文，李紫烨，李玉红，韩玉丑，李永峰. 2014. 张家口梁家沟铅锌银矿床 Rb-Sr、Sm-Nd 等时线年龄及其地质意义[J].中国地质，41（2）：529～539

李文博，黄智龙，陈进，韩润生，管涛，许成，高德荣，赵德顺. 2002. 云南会泽超大型铅锌矿床成矿物质来源：来自矿区外围地层及玄武岩成矿元素含量的证据[J]. 矿床地质，S1：413～416

李文博，黄智龙，陈进.2004a. 云南会泽超大型铅锌矿床成矿时代研究[J]. 矿物学报，24（2）：112～116

李文博，黄智龙，王银喜.2004b. 会泽超大型铅锌矿田方解石 Sm-Nd 等时线年龄及其地质意义[J]. 地质论评，50（2）：189～195

李文博，黄智龙，张冠. 2006. 云南会泽铅锌矿田成矿物质来源：Pb、S、C、H、O、Sr 同位素制约[J]. 岩石学报，22（10）：2567～2580

李肖龙，毛景文，程彦博. 2011. 云南个旧白沙冲和北炮台花岗岩岩石学地球化学研究及成因探讨[J]. 地质论评，57（6）：838～850

李泽琴，王奖臻，倪师军，李朝阳，胡晓强，李桃叶.2002. 川滇密西西比河谷型铅锌矿床成矿流体来源研究：流体 Na-C1-Br 体系的证据[J]. 矿物岩石，22（4）：38～41

李志昌，路远发，黄圭成. 2004. 放射性同位素地质学方法与进展[M]. 武汉：中国地质大学出版社

梁婷，王登红，屈文俊. 2007. 广西大厂锡多金属矿床方解石的 REE 地球化学特征[J]. 岩石学报，23（10）：2493～2503

廖文. 1984. 滇东、滇西 Pb-Zn 金属区 S，Pb 同位素组成特征与成矿模式探讨[J]. 地质与勘探，7（1）：1～6

林方成. 1995. 康滇地轴东缘铅锌矿床铅同位素组成特征及其成因意义[J]. 特提斯地质，19：131～139

林方成. 2005. 论扬子地台西缘层状铅锌矿床热水沉积成矿作用[D]. 成都：成都理工大学学位论文

林孝先，侯中健. 2014. 试论中国铅锌矿矿床类型划分[J]. 34（1）：8～14

蔺志永，王登红，张长青. 2010. 四川宁南跑马铅锌矿床的成矿时代及其地质意义[J]. 中国地质，37（2）：488～196

刘斌，段光贤.1987. NaCI-H_2O 溶液包裹体的密度式和等容式及其应用[J]. 矿物学报，7（4）：345～352

刘光富，何金坪. 2008. 川-滇-黔铅-锌成矿区成矿物质来源的铅同位素证据[J]. 矿物岩石地球化学通报，27（s）：215～216

刘家铎，阳正熙，张成江，李佑国，刘显凡，吴德超. 2003. 川滇黔相邻区域铜铅锌金银矿床与峨眉火成岩省的关系探讨[J]. 矿物岩石，23（4）：74～79

刘家铎，张成江，刘显凡. 2004. 扬子地台西南缘成矿规律及找矿方向[J]. 北京：地质出版社

刘家军，何明勤. 2004. 云南白秧坪银铜多金属矿集区碳氧同位素组成及其意义[J]. 矿床地质，（1）：1～10

刘建明，刘家军，郑明华. 1998. 微细浸染型金矿床的稳定同位素特征与成因探讨[J]. 地球化学，27（6）：585～591

刘树人. 1992. 滇东、滇中铅、锌矿普查远景区的展望[J]. 云南地质科技情报，1：14～15

刘文周，徐新煌. 1996. 论滇川黔铅锌成矿带矿床与构造的关系[J].成都理工学院学报，23（1）：71～77

刘心开，高建国，郭跃进. 2011. 川滇黔接壤地区铅锌矿床 REE 分配模式[J]. 矿物学报，（s）：616

刘心开，高建国，周家喜. 2013. 青海东昆仑果洛龙洼金矿床东区Ⅰ矿体群稀土元素地球化学[J]. 地球化学，42（2）：131～142

刘英超，侯增谦，杨竹森，田世洪，宋玉财，杨志明，王召林，李政. 2008. 密西西比河谷型（MVT）铅锌矿床：认识与进展[J]. 矿床地质，27（2）：253～264

刘瑛，吕风翔. 1983. 我国铅锌矿床成因类型及其时空分布[J]. 中国地质科学院南京地质矿产研究所所刊，4（1）：73～84

刘玉平，李正祥，李惠民，郭利果，徐伟，叶霖，李朝阳，皮道会. 2007. 都龙锡锌矿床锡石和锆石 U～ Pb 年代学：滇东南白垩纪大规模花岗岩成岩-成矿事件[J]. 岩石学报，23（5）：967～976

柳贺昌. 1996. 滇、川、黔成矿区的铅锌矿源层（岩）[J]. 地质与勘探，32（2）：12～18

柳贺昌，林文达. 1999. 滇东北铅锌银矿床规律研究[M]. 昆明：云南大学出版社：1～128

卢焕章.2004. 流体包裹体[M]. 北京：科学出版社

罗大锋，黄智龙，王峰，周家喜，李晓彪. 2012. 云南会泽超大型铅锌矿床成矿元素迁移和沉淀机制[J]，矿物学报，32（2）：288～293

毛德明.2001. 黔西北铅锌矿床 REE 特征及其意义[J]. 贵州地质，18（1）：12～17

毛光周，华仁民，高剑峰. 2006. 江西金山金矿床含金黄铁矿的稀土元素和微量元素特征[J].矿床地质，25（4）：412～426

毛景文，王志良，李厚民，王成玉，陈毓川.2003. 云南鲁甸地区二叠纪玄武岩中同矿床的碳氧同位素对成矿过程的指示[J]. 地质论评，49（6）：610～615

孟宪民，周圣生，郑直. 1966. 某些金属矿的找矿方向和方法的初步经验[J]. 地质论评，24（1）：34～41

欧锦秀. 1996. 贵州水城青山铅锌矿床的成矿地质特征[J]. 桂林冶金地质学院学报，16（3）：277～ 282

欧阳恒. 2010. 个旧花岗岩凹陷带岩矿地球化学研究[D]. 长沙：中南大学学位论文

潘杏南，赵济湘，张选阳，郑海翔，杨暹和，周国富，陶大理. 1987. 康滇构造与裂谷作用[M]. 重庆：重庆出版社

潘忠华，范德廉. 1996. 川东南脉状萤石-重晶石矿床同位素地球化学[J]. 岩石学报，l2（1）：127～136

彭建堂，胡瑞忠. 2001. 湘中锡矿山超大型锑矿床的碳、氧同位素体系[J]. 地质论评，47（1）：34～41

彭建堂，胡瑞忠，漆亮，蒋国豪.2002. 晴隆锑矿床中萤石的稀土元素特征及其指示意义[J]. 地质科学，37（3）：277～287

彭建堂，胡瑞忠，漆亮，赵车红，符亚洲. 2004. 锡矿山热液方解石的 REE 分配模式及其制约因素[J]. 地质论评，50（1）：25～32

彭建堂，胡瑞忠，赵军红，符亚洲，袁顺达. 2005. 湘西沃溪金锑钨矿床中白钨矿的稀土元素地球化学[J]. 地球化学，34（2）：115～122

齐文，侯满堂，王根宝. 2006. 上扬子地台震旦系铅锌矿床类型及找矿方向[J]. 地球科学与环境学报，28（2）：30～36

祁进平，宋要武，李双庆，陈福坤.2009. 河南省栾川县西沟铅锌银矿床单矿物铷-锶同位素组成特征[J]. 岩石学报，25（11）：2843～2854

钱建平. 2001. 黔西北威宁-水城铅锌成矿带动力成矿作用研究[J]. 地质地球化学，29（3）：134～139

秦德先，高建国，田毓龙.1998. 滇中铅锌矿床地质研究[M]. 昆明：云南科技出版社

秦德先，孟清. 1994. 滇中铅锌矿床地球化学与成因研究[J].地质科学，29（1）：29～40

秦德先. 1993. 滇中碳酸盐岩中铅锌矿床的地质特征及其成因研究[J]. 矿产与地质，7（33）：14～22

仇定茂. 2000. 云南永善金沙矿区的上部铅锌矿床[J].沉积与特提斯地质，20（2）：84～92

任纪舜，姜春发，张正坤. 1980. 中国大地构造及其演化 1∶4 000 000 中国大地构造图简要说明[M]. 北京：科学出版社

芮宗瑶，叶锦华，张立生，王龙生，梅燕雄. 2004. 扬子克拉通周边及其隆起边缘的铅锌矿床[J].中国地质，31（4）：337～344

沈良，饶细辉，施田仓. 2010. 云南银厂铅锌矿床地质特征及成因初探[J].西部探矿工程，4：131～133

沈良，饶细辉，韦文彪，张苗红，陶永林.2014. 云南会泽麻栗坪观音岩铅锌矿矿床地质特征与矿床成因[J]. 科学技术与工程，14（18）：149～155

沈能平，彭建堂，袁顺达，张东亮，符亚洲，胡瑞忠 . 2007. 湖北徐家山锑矿床方解石 C、O、Sr 同位素地球化学[J]. 地球化学，36（5）：479～485

沈晓丽.2013. 云南省红河州南部二叠纪基性岩浆成矿作用的研究[D].贵阳：中国科学院地球化学研究所博士学位论文

盛继福，李岩，范书义. 1999. 大兴安岭中段铜多金属矿床矿物微量元素研究[J]. 矿床地质，18（2）：153～160

石得凤，张术根，韩世礼，徐忠发. 2013. 闽中丁家山铅锌矿床同位素地球化学及其地质意义[J]. 矿床地质，2（5）：1003～1010

双燕，毕献武，胡瑞忠，彭建堂，李兆丽，李晓敏，袁顺达，齐有强. 2006. 芙蓉锡矿方解石稀土元素地球化学特征及其对成矿流体来源的指示[J]. 矿物岩石，26（2）：57～65

宋谢炎，侯增谦，曹志敏，卢纪仁，汪云亮，张成江，李佑国. 2001. 峨眉大火成岩省的岩石地球化学特征及时限[J]. 地质学报，75（4）：498～506

唐森宁. 1984. 黔西北滇东北层控铅锌矿床特征及其成矿模式[J]. 地质与勘探，20（12）：1～8

陶琰，胡瑞忠，朱飞霖，马言胜，叶霖，程增涛. 2010. 云南保山核桃坪铅锌矿成矿年龄及动力学背景分析[J]. 岩石学报，26（6）：1760～1772

田世洪，杨竹森，侯增谦，刘英超，高延光，王召林，宋玉财，薛万文，鲁海峰，王富春，苏媛娜，李真真，王银喜，张玉宝，朱田，俞长捷，于玉帅. 2010. 玉树地区东莫扎抓和莫海拉亨铅锌矿床 Rb-Sr 和 Sm-Nd 等时线年龄及其地质意义[J]. 矿床地质，28（6）：747～758

田毓龙，秦德先，林幼斌. 1999. 喷流热水沉积矿床研究的现状与进展[J]. 昆明理工大学学报，4（1）：150～156

涂光炽. 1984. 中国层控矿床地球化学[M]. 北京：科学出版社：16～20

王超伟，李元，罗海燕. 2009. 云南毛坪铅锌矿床的成因探讨[J]. 昆明理工大学学报，34（1）：7～11

王奖臻，李朝阳，李泽琴. 2001. 川滇黔地区密西西比河谷型铅锌矿床成矿地质背景及成因探讨[J]. 地质地球化学，29（2）：41～45

王奖臻，李朝阳，李泽琴. 2002. 川滇黔交界地区密西西比河谷型铅锌矿床与美国同类矿床对比[J]. 矿物岩石地球化学通报，21（2）：127～132

王可新，王建平，曾祥涛，曹瑞荣，程建军，贺志春，高创，张国刚，王罗. 2011. 陕西双王金矿床成矿流体的性质：来自黄铁矿微量元素的证据[J]. 矿物学报，（s）：510～511

王立强，程文斌，罗茂澄，向浩予.2012. 西藏蒙亚啊铅锌矿床金属硫化物、石英稀土元素组成特征及其成因研究[J]. 中国地质，39（3）：740～749

王乾，顾雪祥，付少洪. 2006. 四川大梁子铅锌矿床闪锌矿镉富集规律及其意义[J]. 矿物岩石地球化学通报，25（3）：291～292

王书来，王京彬，彭省临. 2004. 新疆可可塔勒铅锌矿成矿流体稀土元素地球化学特征[J]. 中国地质，31（3）：308～314

王小春. 1990. 论四川天宝山铅锌矿床的成矿物理化学条件[J]. 四川地质学报，10（1）：34～42

王秀璋，单强，梁华英，程景平，夏萍.1999. 金山金矿床成矿时代及矿床成因[J]. 地球化学，28（1）：10～17

王育民. 1983. 试论中国铅锌矿床类型及其基本特征[J]. 矿床地质，1：21～29

王则江，汪岸儒. 1985. 四川天宝山、大梁子铅锌矿床古岩溶洞穴沉积成因研究[J]. 地质与勘探，21（10）：8～15

王志良，毛景文.2004. 新疆巴音布鲁克乔霍特铜矿区钾长石花岗岩中钾长石的 ^{40}Ar-^{39}Ar 年龄及地质意义[J]. 岩石矿物学杂志，23（1）：11～16.

王中刚，于学元，赵振华. 1989. 稀土元素地球化学[M]. 北京：科学出版社

温守钦，朱恩静，王英鹏，张荣庆. 2010. 吉林白山金英金矿石英包裹体特征研究[J]. 矿床地质，29（s）：613～614

吴越，张长青，毛景文，张旺生. 2012. 扬子板块西南缘与印支期造山事件有关的 MVT 型铅锌矿床[J]，矿床地质，31（s）：451～452

肖宪国，黄智龙，周家喜，李晓彪，金中国，张伦尉. 2012. 黔西北筲箕湾铅锌矿床成矿物质来源：Pb 同位素证据[J]，矿物学报，（2）：294～299

谢家荣. 1963. 中国矿床学总论[M]. 北京：学术书刊出版社：56～172

谢静，常向阳，朱炳泉.2006. 滇东南建水二叠纪火山岩地球化学特征及其构造意义[J].中国科学院研究生院学报，23（3）：349～356

熊亮. 2010. 会泽金牛厂铅锌矿床地质地球化学特征及成矿预测[D]. 昆明：昆明理工大学学位论文

徐光平，翟建评，胡凯.1994. 成矿过程中流体的作用及其主要的研究方法[J]. 地质论评，14（4）：1～7

徐新煌，龙训荣，温春齐，刘文周.1996. 赤普铅锌矿床成矿物质来源研究[J]. 矿物岩石，16（3）：54～59

薛步高. 2006. 会泽超大富锗铅锌矿床地质特征及成因研究[J]. 化工矿产在质，28（1）：15～26

杨应选. 1994. 康滇地轴东缘铅锌矿研究的若干新进展[J]. 四川地质科技情报，（3）：22～25

杨应选，柯成熙，林方成.1994. 康滇地轴东缘铅锌矿床成因及成矿规律[M]. 成都：四川科学技术出版社：1～175

尹观，倪师军.2009. 同位素地球化学[M]. 北京：地质出版社

袁波，毛景文，闫兴虎，吴越，张锋，赵亮亮.2014. 四川大梁子铅锌矿成矿物质来源与成矿机制：硫、碳、氢、氧、锶同位素及闪锌矿微量元素制约[J]. 岩石学报，30（1）：209～220

袁见齐，朱上庆，翟裕生. 1987. 矿床学[M]. 北京：地质出版社

袁顺达，彭建堂，李向前，彭麒麟，符亚洲，沈能平，张东亮.2008. 湖南香花岭锡多金属矿床 C、O、Sr 同位素地球化学[J]. 地质学报，82（11）：1522～1530

曾荣，薛春纪，刘淑文. 2007. 云南金顶铅锌矿床成矿流体与流体稀土元素研究[J]. 地质与勘探，43（2）：55～60

曾文涛，包广萍，孙载波. 2013. 黔西北铅锌矿床硫同位素地球化学研究[J]. 矿物学报，（4）：653～657

张长青. 2008. 中国川滇黔交界地区密西西比型（MVT）铅锌矿床成矿模型[D]. 北京：中国地质科学院博士学位论文

张长青，李向辉，余金杰. 2008. 四川大梁子铅锌矿床单颗粒闪锌矿铷-锶测年及地质意义[J]. 地质论评，54（4）：532～538

张长青，毛景文，刘峰.2005. 云南会泽铅锌矿床粘土矿物 K-Ar 测年及其地质意义[J]. 矿床地质，24（3）：317～324

张长青，毛景文，吴锁平.2005. 川滇黔地区 MVT 铅锌矿床分布、特征及成因[J]. 矿床地质，24（3）：317～324

张长青，余金杰，毛景文，芮宗瑶. 2009. 密西西比型（MVT）铅锌矿床研究进展[J].矿床地质，28（2）：195～210

张铖，张振亮，黄智龙，严再飞. 2008. 会泽铅锌矿床 Pb、Zn 成矿物质来源探讨[J] . 甘肃地质，4：26～31

张立生. 1998. 康滇地轴东缘以碳酸盐为主岩的 Pb-Zn 矿床的几个地质问题[J]. 矿床地质，17：182～190

张荣伟.2013.云南茂租铅锌矿矿床地球化学特征与矿床成因研究[D]. 昆明：昆明理工大学硕士学位论文

张位及. 1984. 试论滇东北 Pb-Zn 矿床的沉积成因和成矿规律[J]. 地质与勘探，(7)：1～6.

张云湘，骆耀南，杨荣喜. 1998. 攀西裂谷[M]. 北京：地质出版社：1～47

张云新，吴越，田广，申亮，周云满，董文伟，曾荣，杨兴潮，张长青.2014. 云南乐红铅锌矿床成矿时代与成矿物质来源：Rb-Sr 和 S 同位素制约[J].矿物学报，(3)：305～311.

张运强，李胜荣，周起凤，崔举超，陈海燕，张秀宝，宋玉波，郭杰. 2012. 胶东金青顶金矿床成矿流体来源的黄铁矿微量元素及 He-Ar 同位素证据[J]. 中国地质，39（1)：195～204

张招崇，王福生. 2003. 峨眉山玄武岩 Sr、Nd、Pb 同位素特征及其物源探讨[J]. 地球科学，28（4)：431～439

张振亮. 2006. 云南会泽铅锌矿床成矿流体性质和来源一来自流体包裹体和水岩反应实验的证据[D]. 贵阳：中国科学院地球化学研究所博士学位论文

张振亮，黄智龙，饶冰，管涛，严再飞. 2005. 会泽铅锌矿床成矿流体浓缩机制[J]. 地球科学-中国地质大学学报，30（4)：443～450

张志斌，李朝阳，涂光炽. 2006. 川、滇、黔接壤地区铅锌矿床产出的大地构造演化背景及成矿作用[J]. 大地构造与成矿学，30（3)：343～354

张自超.1995. 我国某些元古宙及早寒武世碳酸盐岩石的银同位素组成[J]. 地质论评，41（4)：349～354

章明.2003. 云南会泽铅锌锗镉矿床地球化学特征及锗镉富集机制[D]. 成都：成都理工大学学位论文

赵春生，陈秀洪，段瑜.2014. 云南会泽拖车铅矿矿床地质成因[J]. 地球，(6)：19

赵振华.1997. 微量元素地球化学原理[M]. 北京：科学出版社

赵准. 1995. 滇东、滇东北地区铅锌矿床的成矿模式[J]. 云南地质，14（4)：364～376

甄世民，祝新友，李永胜，杜泽忠，巩小栋.公凡影，齐钒宇.2013. 关于密西西比河谷型（MVT）铅锌矿床的一此探讨[J]. 矿床地质，32（2)：367～379

郑杰，余大龙，杨忠琴. 2010. 黔东八克金矿床毒砂和黄铁矿微量元素地球化学研究[J]. 矿物学报，30（1)：107～114

郑伟，陈懋弘，徐林刚，赵海杰，凌世彬，吴越，胡耀国，田云，吴晓东. 2013. 广东天堂铜铅锌多金属矿床 Rb-Sr 等时线年龄及其地质意义[J]. 矿床地质，32（2)：259～272

郑永飞，陈江峰. 2000. 稳定同位素地球化学[M]. 北京：科学出版社

中国矿床编辑委员会. 1989. 中国矿床（上册）[M]. 北京：地质出版社

周朝宪. 1996. 滇东北麟麒厂锌铅矿床成矿金属来源、成矿流体特征和成矿机理研究[D].贵阳：中国科学院地球化学研究所硕士学位论文

周朝宪.1998. 滇东北麒麟厂铅锌矿床成矿金属来源、成矿流体特征和成矿机理研究[J]. 矿物岩石地球化学通报，17（1)：34～36

周家喜.2011. 黔西北铅锌成矿区分散元素及锌同位素地球化学[D]. 贵阳：中国科学院地球化学研究所博士学位论文

周家喜，黄智龙，高建国，王涛. 2012a. 滇东北茂租大型铅锌矿床成矿物质来源及成矿机制[J]. 矿物学报，32（3)：62～69

周家喜，黄智龙，周国富. 2009. 贵州天桥铅锌矿床分散元素赋存状态及规律[J]. 矿物学报，29（4)：471～476

周家喜，黄智龙，周国富，金中国，李晓彪，丁伟，谷静. 2010. 黔西北赫章天桥铅锌矿床成矿物质来源：S，Pb 同位素和 REE 制约[J]. 地质论评，56（4)：513～524

周家喜，黄智龙，周国富，曾乔松. 2012b. 黔西北天桥铅锌矿床热液方解石 C，O 同位素和 REE 地球化学[J]. 大地构造与成矿学，36（1)：93～101

周家云，郑荣才，朱志敏.2008. 拉拉铜矿黄铁矿微量元素地球化学特征及其成因意义[J]. 矿物岩石，28（3)：64～71

朱炳泉.1998. 地球科学中同位素体系理论与应用-兼论中国大陆壳慢演化[M]. 北京：科学出版社

朱赖民，胡瑞忠，袁海华，架世伟. 1997. 热液改造成矿机制-四川底舒铅锌矿床成矿作用研究[J].四川地质学报，17（3）：182～190

朱赖民，袁海华，栾世伟.1995. 四川底苏、大梁子铅锌矿床同位素地球化学特征及成矿物质来源探讨[J]. 矿物岩石，15（3）：72～79

朱上庆，黄华盛.1988. 层控矿床地质学[M]. 北京：冶金工业出版社：18～21

朱志敏，郑荣才，周家云，陈家彪，沈冰.2008. 四川木洛稀土矿床方解石元素地球化学特征及其成因意义[J]. 矿物学报，28（4）：455～460

邹海俊，韩润生，胡彬，刘鸿. 2004. 云南昭通毛坪铅锌矿床成矿物质来源的新证据 NE 向断裂构造岩微量元素 R 型因子分析结果[J]. 地质与勘探，40（5）：43～48

Alderton D H M，Pearce J A，Potts P J. 1980. Rare earth element mobility during granite afteration：Evidence from southwest England[J]. Earth and Planetary Science Letters，49：149 ～165

Anderson G M. 2008. The mixing hypothesis and the origin of Mis sissippi Valley-type ore deposits[J]，Eco. Geol，103：1683～1690

Anderson G M，Maequeen R W. 1988. Mississipi Valley-Type Lead-Zinc Deposits[J]. In：Roberts R G and Sheahan P A ed. Ore Deposit Models，Geoscience Canada Reprint Series 3：79～90

Banks D A and Boyce A J. 2002. Constraints on the origins of fluids forming irish Zn-Pb-Ba deposits：evidence from the composition of fluid inclusions[J]. Economic Geology，97：471～480

Barker S L L，Bennett V C，Cox S F，Norman M D，Gagan M K. 2009. Sm-Nd，Sr，C and O isotope systematics in hydrothermal calcite-fluorite veins：Implications for fluid-rock reaction and geochronology[J]. Chem Geol，268（1）：58～66

Bau M. 1991. Rare-earth element mobility during hydrothermal and metamorphic fluid-rock interaction and the significance of the oxidation state of europium[J]. Chem Geol，93（3～4）：219～230

Bodnar R J.1993. Revised equation and table for determining the freezing point depression of H_2O-NaCl solutions.Geochim. Cosmochim[J]. Acta，57（3）：200～208

Bradley D C and Leach D L. 2003. Tectonic controls of Mississippi Valley-type lead-zinc mineralization in orogenic forelands[J]，Mineralium Deposita，38：652～667

Brand U. 2004. Carbon，oxygen and strontium isotopes in Paleozoic carbonate components：An evaluation of original seawater chemistry proxies[J]. Chem Geol，204（1）：23～44

Brodst D A，and Pratt W P. 1973. United States mineral resources[J]. Wash D C：US Geological Survey Prof：820

Cathles L，M and Smith A.T. 1983. Thermal constraints on the formation of Mississippi Valley-type lead-zinc deposits and the implication for episodic basin dewatering and deposit genesis[J]. Econ.Geol, 78：983～1002

Chang X Y，Zhu B Q，Yu S J，Xia P.2003. Application of lead isotopes to geochemical exploration of gold deposits in Baoban，Hainan Province，China[J]. Chinese Journal of Geochemistry，22（3）：244～252

Chen Y J，Pirajno F，Li N，Cuo D S，and Lai Y. 2009. Isotope systematics and fluid inclusion studies of the Qiyugou breccia pipehosted gold deposit，Qinling organ，Henan province，China：implications for ore genesis[J]. Ore Geology Reviews，35：245～261

Christensen J N，Halliday A N，Vearncombs 1 R，and Kesler S E. 1995. Testing models of Mississippi Valley-type lead-zinc deposits and their implications for episodic basin dewatering and deposit genesis[J]. Economic Geology，90：877～884

Claypool G E. Hoslter W T，Kaplan I R，et a1.1980. The age curves of the sulfur and oxygen isotopes in marine sulphur and their mutual interpretation[J]. Chemical Geology，28：199～260

Cox D P. Singer D A. 1986. Mineral deposit models[M]. U. S. GS. Bulletin. 1693. Washington：United States Government Printing Office：90～93

Duane M J，Welke H L.and Allsopp H L . 1986. U-Pb age for some base-metal sulfide deposits in Ireland：Genetic implications for Mississippi Valley-type mineralization[J]. Geology，14：477～480

Eisenlohr B N.，Tompkins L A.，Chaties L.M.et al. 1994. Mississippi Valley-type deposist：Producst of brine expulsion by eustatically induced hydrocarbon generation an example for northwestern Australial[J]. Geology，22：315～318

Exley R A.1980. Microprobe studies of REE-rich accessory minerals：implications for Skye granite petrogenesis and REE mobility in hydrothermal systems[J]. Earth Plant. Sci. Lett.，48：97～110.

Flynn T R，Burnham C W. 1978. An experimental determination of rare earth partition coefficients between chloride containing vapor phase and silicate melts[J]. Geochimica et Cosmochimica Acta，42：685～701

Freemzn Co W H. 1985.Epigenetic deposits of doubtful igneous connection，Mississipi Valley Type Deposits，Guilbert[J]. In：John M and Park Charles F.The Geology of Ore Deposit，888～909

Fryer B J，Taylor R P. 1980. Rare-earth element distributions in unanimities：implications for ore genesis[J]. Chem. Geol.，63：101～108

Garven Brannon J C，Podosek F A，Mclimans R K. 1992. Alleghenian age of the upper Mississippi Valley-type zinc-lead deposit determined by Rb-Sr dating of sphalerite[J]. Nature，356：509～511

Garven G and Freeze R A. 1984. Theoretical analysis of the role of groundwater flow in the genesis of strata-bound ore deposits.1，Mathematical and numerical model[J]；2. Quantitative results，American Journal of Science, 284：1085～1174

Ge S and Garven G. 1992. Hydromechanical modeling of tectonically-driven groundwater flow with application to the Arkoma foreland basin[J]. Journal of Geophysical Reseacrh，97：9119～9144

Gorjan P. Veevers J J. Walter M R.2000. Neoproterozoic sulfur-isotope variation in Australia and global implications[J]. Precambrian Research，100：151～179

Grindia F，Cardellach E，Canals D，Banks D A. 2003. Geochemistry of the fluids related to epigenetic carbonate-hosted Zn-Pb deposits in the Maestrat Basin，Eastern Spain：fluid inclusion and isotope（Cl，C，O，S，Sr）evidence[J]. Economic Geology，98：944 ～954

Gvaren G. 1994. Genesis of stratabound ore deposits in the mid continental basins of North America I：The role of regional ground-water flow，a reply[J]. American Journal of Science，294：760～775

Haas J R，Shock E I，Sassani D C.1995. Rare earth elements in hydrothermal systems：Estimates of standard partial modal thermodynamic properties of aqueous complexes of the rare earth elements at high pressures and temperatures[J]. Geochimica et Cosmochimica Acta，59：4329～4350

Hall D L，Sterner S M，Bodnar R J. 1988. Freezing point depression of NaCl-KCl-H_2O solutions[J]. Economic Geology，83：197～202

Han R S，Liu C Q，Huang Z L，et al. 2007. Geological features and origin of the Huize carbonate- hosted Zn-Pb-（Ag）District，Yunnan，South China[J]. Ore Geology Reviews，31：360～383

Hoefs J. 1980. Stable Isotope Geochemistry. Springer-Verlag Berlin Heidelberg

Hollond H D. 1959. Some applications of thermochemical date to problems of ore deposits I. stability relations among the oxides sulfides，sulfates and carbonate of ore and gangue minerals[J]. Econ Geol，54：184～233

Huang F，Chakraborty P，Lundstrom C C，et al. 2010. Isotope fractionation in silicate melts by thermal diffusion[J]. Nature，464：

396～400

Huang Z L，Li W B，Chen J，et al. 2003. Carbon and oxygen isotope constraints on the mantle fluids join the mineralization of the Huize super-large Pb-Zn deposits，Yunnan Province，China[J]. J Geochem Explor，78/79：637～642

Huang Z L，Li X B，Zhou M F，Li W B and Jin Z G. 2010. REE and C-O isotopic geochemistry of calcites from the world-class Huize Pb-Zn deposits，Yunnan，China：Implications for the ore genesis[J]. Acta Geologica Sinica（English Edition），84（3）：597～613

Jackson S A and Beales F W. 1967. An aspect of sedimentary basin evolution：the concentration of Mississippi Valley-type ores during late stages of diagenesis[J]. Bulletin of Canadian Petroleum Geology，15：383～433

Keppler H. 1996. Constraints from partitioning experiments on the composition of subduction zone fluids[J]. Nature，380: 237～240

Leach D L，Sangster D F. 1993. Mississippi Valley-type lead-zinc deposits[J]. Geological Association of Canada Special Paper，289～314

Leach D L，Bradley D C，Lewchuk M，Symons D T A，Brannon J，de Marshy G.2001 . Mississippi Valley-type lead-zinc deposits through geological time；Implications from recent age-dating research[J]. Mineralium Deposita，36：711～740

Leach D L，Sangster D F，Kelley K D，et al. 2005. Sediment-hosted lead-zinc deposits：A global perspective[J] . Econ.Geol，100th Anniversary Volume：561～607

Lindgren W. 1913. Mineral Deposits[M]. New York：McGraw-Hill Book Company Inc.

Liu Xinkai，Gao Jianguo，Chang He，Tan Qingli. 2013. Distribution，characteristics and genesis of lead-zinc deposits in central Yunnan Province[J]. Advanced material research.，2240～2243

Li W B，Huang Z L，Qi L. 2007. REE geochemistry of sulfides from the Huize Zn-Pb ore field，Yunnan Province：Implication for the sources of ore-forming metals[J]. Acta Geologica Sinica（English Edition），81（3）：442～449

Lottermoser B G. 1992. Rare earth elements and hydrothermal ore formation processes[J]. Ore Geol. Rev., 7：25～41

Massimo Chiaradia，Dmitry Konopelko，Reimar Seltmann，and Robert A Cliff. 2006. Lead isotope variations across terrane boundaries of the Tien Shan and Chinese Altay[J]. Mineraliun Deposita，41（5）：411～428

Michard A. 1989. Rare earth element systematic in hydrothermal fluids .Geochim. Cosmochim. Acta，53：745～750

Mineyev D A. 1963. Geochemical differentiation elements[J]. Geochem.，12：1129～1149

Morgan J W，Wandless G A.1980. Rare earth element distribution in some hydrothermal minerals：Evidence for crystallographic control[J]. Geochim. Cosmochim. Acta，44：973～980

Nakai S，Halliday A N，Kesler S E，Jones H D，Kyle J R，Lanes T E.1993. Rb-Sr dating of sphalerites from Mississippi Valley-type ore deposits[J]. Geochimica et Cosmochimica Acta，57：417～427

Nakai S，Halliday A N，Kesler S E，Jones H D.1990. Rb-Sr dating of sphalerites from Tennessee and the genesis of Mississippi Valley-type ore deposits[J]. Nature，346：354～357

Niggli P. 1925. Abhandlungen zur Praktischen Geologie und Berg wirtschaftslehre[J]. Halle：Knappl.

Niggli P.1941. Die Systematik der magnatischen Erzlagerstätten[J]. Schw. Min. Pet Mitt.，21：161～172

OHMOTO. H. 1972. Systematics of sulfur and carbon isotopes in hydrothermal ore deposits[J]. Econ Geol，67：551～554

OHMOTO. H. RYE. R. 1979.Isotope of Sulfur and Carbon. In Geochemistry of Hydrothermal Ore Deposits. New York：John Wiley and Sons: 509～567

Person M A and Garven G. 1994. A sensitivity study of the driving forces on fluid flow during continental rift evolution[J]. Geological Society of America Bulletin，106：461～475

Plmulee G S，Goldhaber M B，Rowan E L. 1995. The potential role of magmatic gases in the genesis of Thinois-Kenotcky fluorspar deposits：implications from chemical reaction path modeling[J]. Econ.Geol，90：999～1011

Plmulee G S，Leach D L，Hofstra A H，et al.1994. Chemical reaction path modeling of ore deposition in Mississippi Valley-type Pb-Zn deposition of Ozark region，U.S. mid-continent[J]. Econ.Geol，89：1361～1383

Ramboz C and Chaerf A.1988. Temperautre，pressure，burial history and Paleohydorlogy of the Les Malines Pb-Zn deposit：Reconstruction from the aqueous inclusions in barite[J]. Econ Goelogy，83：784～800

Sangster D F. 1983. Mississippi Valley-type deposit s：A geologic mélange. Kisvarsanyi K，Grant S K，Pratt W P and Koenig J W. Proceedings of the International Conference on Mississippi Valley-type Lead-zinc Deposits[D]. Missouri：University of Missouri-Rolla：7～19

Sangster D F. 1996. Mississippi Valley-type lead-zine，In：Geology of Canadian mineral deposit types（eds：O.R.Eckstrand，W.D. Sinclair，and R.I.Thorpe）[J]，Geol.Surv.Can.，Geol.Cna.，(8)：253～261（i.e.GSA，The Geology of North America.v～1）

Sicree A A，Barnes H.1996. Upper Mississippi Valley district ore fluid model；The role of organic complexes[J]. Ore Geol Rev.，11：105～131

Spangenberg J，Fontbote L，Sharp Z D，Hunziker J. 1996. Carbon and oxygen isotope study hydrothermal carbonates in the zinc-lead deposits of the San Vicente district，central Peru：A quantitative modeling on mixing processes and CO_2 degassing[J]. Chemical Geology，133：289～315

Spirakis C S，Heyl A V. 1995. Evaluation of proposed precipitation mechanisms for Mississippi Valley-type deposits[J]. Ore Geo1. Rev. 10：1～17

Strauss H. 1993. The sulfur isotopic record of Precambrian sulfates：new data and a critical evaluation of the existing record[J]. Precambrian Research，63：225～246

Strauss H. 2002. The isotopic composition of Precambrian sulphides-seawater chemistry and biological evolution. Spec[J]. Publs. Int. Ass. Sediment，33：67～105

Sverjensky D A. 1986. Genesis of Mississippi Valley-typ lead-zinc deposits[J]. Ann.Rev.Earth-plant Sci，14：177～199

Taylor B E.1986. Magmatic volatiles：isotopic variation of C、H，and S[J]. Econ.Geol.，16（1）：185～225

Terakado Y，Masuda A. 1988. The coprecipitation of rare-earth elements with calcite and aragonite. Chem[J] . Geol.，69：103～110

Veizer J，Ala D，Azmy K，Bruckschen P，Buhl D，Bruhn F，Carden GAF，Diener A，Ebneth S，Godderis Y，Jasper T，Korte C，Pawallek F，Podlaha OG and Strauss H.1999. $^{87}Sr/^{86}Sr$，$\delta^{13}C$ and $\delta^{18}O$ evolution of Phanerozoic seawater[J]. Chem. Geol，161：59～88

Wilkinson J J，Stoffell B，Wilkinson C C，Jeffries T E，Appold M S. 2009. Anomalously metal-rich fluids from hydrothermal ore deposits[J]. Science，323：764～767

Wolf K H.1976. Handbook of strta-bound and stratiform ore deposits[M]. New York：Elsevier Scientific Publishing Company：469～507

Wood S A. 1990. The aqueous geochemistry of the rare-earth elements and yttrium. 1. Review of available low-temperature data for inorganic complexes and the inorganic REE speciation of natural waters[J]. Chem. Geol.，82：159～186

Wouter Heijlen and Philippen Muehez. 2003. Carbonate-hosted Zn-Pb deposits in Upper Silesia，Poland：origin and evolution of mineralizing fluids and constraints on genetic models[J]. Economic Geology，98：911～932

Yaxley G M，Green D H，Kamenetsky V. 1998. Carbonatite metasomatism in the southeastern Australian lithosphere[J]. Journal of Petrology，39：1917～1930

Zartman R E，Doe B R.1981. Plumbotectonics - the model[J]. Tectonophysics，75：135～162

Zhou C X，Wei C S，Guo J Y .2001a. The source of metals in the Qilingchang Pb-Zn deposit，Northeastern China：Pb-Sr isotope constraints[J]. Econ Geol，96：583～598

Zhou C X，Wei C S，Guo J Y，et al. 2001b. The source of metal in the Qi Lin chang Pb-Zn deposit，Northeastern YunNan，china：Pb-Sr isotope constraints[J]. Econ. Geol.，96：583～598

Zhou J X，Gao J G，Chen D，Liu X K. 2013. Ore genesis of the Tianbaoshan carbonate-hosted Pb-Zn deposit，Southwest China：Geologic and isotopic（C-H-O-S-Pb）evidence[J]. International Geology Review，55（10）：1300～1310

Zhou J X，Huang Z L，Bao G P，Gao J G. 2013. Geological and sulfur-lead-strontium isotopic studies of the Shaojiwan Pb-Zn deposit，southwest China：Implications for the origin of hydrothermal fluids[J]. Journal of Geochemical Exploration，128：51～61

Zhou J X，Huang Z L，Bao G P，Gao J G. 2013. Sources and thermo-chemical sulfate reduction for reduced sulfur in the hydorthermal fluids，southeastern SYG Pb-Zn metallogenic province，SW China[J]. Journal of Earth Science，24（5）：759～771

Zhou J X，Huang Z L，Gao J G，Yan Z F. 2013. Geological and C-O-S-Pb-Sr isotopic constraints on the origin of the Qingshan carbonate-hosted Pb-Zn deposit，Southwest China[J]. International Geology Review，55：904～916

Zhou J X，Huang Z L，LV Z C，Zhu X K，Gao J G，Mirnejad H.2014. Geology，isotope geochemistry and ore genesis of the Shanshulin carbonate-hosted Pb-Zn deposit，southwest China[J]. Ore Geology Reviews，63：209～225

Zhou J X，Huang Z L，Yan Z F. 2013. The origin of the Maozu carbonate-hosted Pb-Zn deposit，southwest China：Constrained by C-O-S-Pb isotopic compositions and Sm-Nd isotopic age[J]. Journal of Asian Earth Sciences，73：39～47

Zhou J X，Huang Z L，Zhou M F，Li X B，Jin Z G. 2013. Constraints of C-O-S-Pb isotope compositions and Rb-Sr isotopic age on the origin of the Tianqiao carbonate-hosted Pb-Zn deposit，SW China[J]. Ore Geology Reviews，53：77～92

Zhou J X，Huang Z L，Zhou M F，Zhu X K，Muchez P. 2014. Zinc，sulfur and lead isotopic variations in carbonate-hosted Pb-Zn sulfide deposits，southwest China[J]. Ore Geology Reviews，58：41～54

Zhou J X，Wang J S，Yang D Z，Liu J H. 2013. H-O-S-Cu-Pb isotopic constraints on the origin of the Nage Cu-Pb deposit，southeast Guizhou province，SW China[J]. Acta Geologica Sinica（English Edition），87（5）：1334～1343

附　　表

滇中铅锌矿产地基本信息表说明

（1）本表为《滇中碳酸盐岩型铅锌矿床地质与地球化学分析》一书附表。

（2）本表矿产地根据其规模及矿产地已有资料分为矿床、矿点、矿化点三类。矿床规模按 2000 年 4 月 24 日国土资源部国土资发（2000）133 号文“关于印发《矿产资源储量规模划分标准》的通知”执行。上述“通知”小型矿床只有上限，未定下限，本表将小型矿床规模上限的 1/20 定为其下限；矿产地中云南部分上储量表的资源储量以《截止 2009 年底云南省矿产资源储量简表》为准，邻区上表及未上表（包括云南）的资源储量以收集资料中资源储量数据为依据。矿点为资源储量小于小型下限或仅有品位资料的矿产地；有来源依据，但无资源储量、品位资料的矿产地为矿化点。

（3）本表的矿床类型按层控（沉积-改造）矿床；碳酸盐型、变质岩型、砂页岩型与酸性、中酸性岩有关的铅锌矿床；热液型与风化作用有关的矿床；砂矿型分类进行统计。

（4）本表矿产地编号一般遵循从左到右、从上到下的顺序，图中坐标方格如此，方格中矿产地具体编号亦如此，即：坐标方格先编左侧或上方的方格，后编右边或下边方格；同一坐标方格中，先编位于左侧或上方矿产地，后编位于右边或下边的矿产地。但补遗表中的矿产地编号未遵循以上原则。

（5）本表中铅锌矿产地位置见彩图 2。

矿产地名	狮子硐	规模	矿点	1/20 万图幅	鲁甸幅
编号	1			所在行政区	云南省巧家县荞麦地乡
地理坐标	东经 103°12′50″，北纬 27°01′04″			成因类型	沉积-改造矿床
主要矿产	Pb、 Zn			伴（共）生矿产	
地质背景	矿床大地构造位于扬子准地台西南缘，按铅锌成矿单元划分，属扬子铅锌成矿区。成矿区内，沉积盖层发育，岩浆活动较弱。区内，岩浆（火山）岩及沉积盖层 Pb、Zn 丰度值较高，沉积时的“同生断裂”及燕山末期强烈的构造运动，对铅锌矿床的形成及富集起到了重要作用，铅锌矿床主要为层控型（沉积-改造）矿床，仅在局部地区有与酸性-中酸性岩浆岩有关的热液矿床分布			矿床（点）地质特征	含矿围岩为上震旦统灯影组块状白云岩。矿点与铅扩散晕重合
矿体规模、形态、产状、品位	矿体呈透镜状，长 100 米，延深 3～5 米，厚 0.3～2 米，Pb 1.2%，Zn 5.23%，受裂隙构造控制			矿石类型，矿石结构、构造，矿物共生组合	矿石矿物：方铅矿、闪锌矿，呈粒状、细脉状
围岩蚀变				矿石可选性	
勘查程度	预查			现状	
资料来源	317 队资料、1/20 万鲁甸幅			找矿远景	
资源储量				备注	

矿产地名	哩咳	规模	矿点	1/20 万图幅	鲁甸幅
编号	2			所在行政区	云南省巧家县小河乡
地理坐标	东经 103°41′34″，北纬 26°59′32″			成因类型	沉积-改造矿床
主要矿产	Pb、 Zn			伴（共）生矿产	
地质背景	矿床大地构造位于扬子准地台西南缘，按铅锌成矿单元划分，属扬子铅锌成矿区。成矿区内，沉积盖层发育，岩浆活动较弱。区内，岩浆（火山）岩及沉积盖层 Pb、Zn 丰度值较高，沉积时的“同生断裂”及燕山末期强烈的构造运动，对铅锌矿床的形成及富集起到了重要作用，铅锌矿床主要为层控型（沉积-改造）矿床，仅在局部地区有与酸性-中酸性岩浆岩有关的热液矿床分布			矿床（点）地质特征	含矿围岩为上泥盆统白云岩，解放前开采过铅矿
矿体规模、形态、产状、品位	矿化带断续长 300 余米，矿化沿层间破碎带分布			矿石类型，矿石结构、构造，矿物共生组合	矿石矿物：方铅矿、闪锌矿
围岩蚀变				矿石可选性	
勘查程度	预查			现状	
资料来源	317 队资料、1/20 万鲁甸幅			找矿远景	
资源储量				备注	

矿产地名	龙头山	规模	矿点	1/20 万图幅	镇雄幅
编号	3			所在行政区	云南省彝良县海子乡
地理坐标	东经 104°09′51″，北纬 27°31′11″			成因类型	沉积-改造矿床
主要矿产	Pb、Zn			伴（共）生矿产	
地质背景	矿床大地构造位于扬子准地台西南缘，按铅锌成矿单元划分，属扬子铅锌成矿区。成矿区内，沉积盖层发育，岩浆活动较弱。区内，岩浆（火山）岩及沉积盖层 Pb、Zn 丰度值较高，沉积时的“同生断裂”及燕山末期强烈的构造运动，对铅锌矿床的形成及富集起到了重要作用，铅锌矿床主要为层控型（沉积-改造）矿床，仅在局部地区有与酸性-中酸性岩浆岩有关的热液矿床分布			矿床（点）地质特征	矿化赋存于中志留统大路寨组灰岩
矿体规模、形态、产状、品位	沿层间裂隙中有铅锌矿化及重晶石细脉状充填； 矿化规模较小，目估品位较低			矿石类型，矿石结构、构造，矿物共生组合	矿点为白云岩型铅锌矿石，矿石呈浸染状；矿石矿物主要见方铅矿、闪锌矿。脉石矿物有白云石、方解石等
围岩蚀变	白云岩化、方解石化			矿石可选性	
勘查程度	预查			现状	
资料来源	317 队踏勘资料			找矿远景	
资源储量				备注	

<table>
<tr><td>矿产地名</td><td>吉兆地</td><td>规模</td><td>矿点</td><td>1/20 万图幅</td><td>鲁甸幅</td></tr>
<tr><td>编号</td><td colspan="3">4</td><td>所在行政区</td><td>云南省巧家县崇溪乡</td></tr>
<tr><td>地理坐标</td><td colspan="3">东经 103° 04′ 15″，北纬 26° 54′ 53″</td><td>成因类型</td><td>沉积-改造矿床</td></tr>
<tr><td>主要矿产</td><td colspan="3">Pb、Zn</td><td>伴（共）生矿产</td><td></td></tr>
<tr><td>地质背景</td><td colspan="3">矿床大地构造位于扬子准地台西南缘，按铅锌成矿单元划分，属扬子铅锌成矿区。成矿区内，沉积盖层发育，岩浆活动较弱。区内，岩浆（火山）岩及沉积盖层 Pb、Zn 丰度值较高，沉积时的“同生断裂”及燕山末期强烈的构造运动，对铅锌矿床的形成及富集起到了重要作用，铅锌矿床主要为层控型（沉积-改造）矿床，仅在局部地区有与酸性-中酸性岩浆岩有关的热液矿床分布</td><td>矿床（点）地质特征</td><td>含矿围岩为中上奥陶统大箐组中厚层状结晶白云岩。该点为检查熊家坪子铅重砂异常时发现的原生矿矿化点</td></tr>
<tr><td>矿体规模、形态、产状、品位</td><td colspan="3">矿化呈细脉状，沿白云岩层间裂隙及细小破碎带充填，矿脉厚 0.05～0.10 米，延长 1～2 米，矿化体产状与围岩一致</td><td>矿石类型，矿石结构、构造，矿物共生组合</td><td>仅见褐铁矿及少量黄铁矿氧化残余，推测原生矿物组合为方铅矿、闪锌矿及黄铁矿</td></tr>
<tr><td>围岩蚀变</td><td colspan="3">方解石化</td><td>矿石可选性</td><td></td></tr>
<tr><td>勘查程度</td><td colspan="3">踏勘</td><td>现状</td><td></td></tr>
<tr><td>资料来源</td><td colspan="3">317 队资料、1/20 万鲁甸幅</td><td>找矿远景</td><td></td></tr>
<tr><td>资源储量</td><td colspan="3"></td><td>备注</td><td></td></tr>
</table>

矿产地名	宋家营	规模	矿点	1/20万图幅	鲁甸幅
编号	5			所在行政区	云南省巧家县崇溪乡
地理坐标	东经103°09′20″，北纬26°56′10″			成因类型	沉积-改造矿床
主要矿产	Pb、Zn			伴（共）生矿产	
地质背景	矿床大地构造位于扬子准地台西南缘，按铅锌成矿单元划分，属扬子铅锌成矿区。成矿区内，沉积盖层发育，岩浆活动较弱。区内，岩浆（火山）岩及沉积盖层Pb、Zn丰度值较高，沉积时的“同生断裂”及燕山末期强烈的构造运动，对铅锌矿床的形成及富集起到了重要作用，铅锌矿床主要为层控型（沉积-改造）矿床，仅在局部地区有与酸性-中酸性岩浆岩有关的热液矿床分布			矿床（点）地质特征	含矿围岩为中志留统大路寨组顶部深灰色瘤状白云岩，厚0.6米，延长不清
矿体规模、形态、产状、品位	见方铅矿、黄铁矿、褐铁矿矿化			矿石类型，矿石结构、构造，矿物共生组合	
围岩蚀变				矿石可选性	
勘查程度	预查			现状	
资料来源	317队资料、1/20万鲁甸幅			找矿远景	
资源储量				备注	

<table>
<tr><td>矿产地名</td><td>刘家沟</td><td>规模</td><td>矿点</td><td>1/20 万图幅</td><td>筠连幅</td></tr>
<tr><td>编号</td><td colspan="3">6</td><td>所在行政区</td><td>云南省盐津县</td></tr>
<tr><td>地理坐标</td><td colspan="3">东经 103°35′52″，北纬 26°51′55″</td><td>成因类型</td><td>沉积-改造矿床</td></tr>
<tr><td>主要矿产</td><td colspan="3">Pb、Zn</td><td>伴（共）生矿产</td><td></td></tr>
<tr><td>地质背景</td><td colspan="3">矿床大地构造位于扬子准地台西南缘，按铅锌成矿单元划分，属扬子铅锌成矿区。成矿区内，沉积盖层发育，岩浆活动较弱。区内，岩浆（火山）岩及沉积盖层 Pb、Zn 丰度值较高，沉积时的“同生断裂”及燕山末期强烈的构造运动，对铅锌矿床的形成及富集起到了重要作用，铅锌矿床主要为层控型（沉积-改造）矿床，仅在局部地区有与酸性-中酸性岩浆岩有关的热液矿床分布</td><td>矿床（点）地质特征</td><td>赋矿围岩为下石炭统白云岩</td></tr>
<tr><td>矿体规模、形态、产状、品位</td><td colspan="3">为沿层铅锌矿化</td><td>矿石类型，矿石结构、构造，矿物共生组合</td><td>金属矿物：方铅矿、菱锌矿、褐铁矿。
脉石矿物：铁白云石、方解石</td></tr>
<tr><td>围岩蚀变</td><td colspan="3"></td><td>矿石可选性</td><td></td></tr>
<tr><td>勘查程度</td><td colspan="3">预查</td><td>现状</td><td></td></tr>
<tr><td>资料来源</td><td colspan="3">317 队、《滇东北铅锌矿床规律与预测》</td><td>远景评价</td><td></td></tr>
<tr><td>资源储量</td><td colspan="3"></td><td>备注</td><td></td></tr>
</table>

矿产地名	马洪厂	规模	矿点	1/20 万图幅	鲁甸幅
编号	7			所在行政区	云南省巧家县
地理坐标	东经 103°04′26″，北纬 26°48′23″			成因类型	沉积-改造矿床
主要矿产	Pb、 Zn			伴（共）生矿产	
地质背景	矿床大地构造位于扬子准地台西南缘，按铅锌成矿单元划分，属扬子铅锌成矿区。成矿区内，沉积盖层发育，岩浆活动较弱。区内，岩浆（火山）岩及沉积盖层 Pb、Zn 丰度值较高，沉积时的“同生断裂”及燕山末期强烈的构造运动，对铅锌矿床的形成及富集起到了重要作用，铅锌矿床主要为层控型（沉积-改造）矿床，仅在局部地区有与酸性-中酸性岩浆岩有关的热液矿床分布			矿床（点）地质特征	矿点位于马洪厂-大宝厂背斜逆断层带北西翼。 含矿围岩为上震旦统灯影组块状白云岩
矿体规模、形态、产状、品位	矿化带沿走向北东 30°～35°，倾向北西，倾角 45°，层间破碎带产出，矿体长为 120～190 米，斜深 35～60 米，厚 0.14～4 米，铁帽分布范围 0.023 平方千米。矿点万人硐 Pb 0.008%～5%,平均 2.22%; Zn 0.031%～25.78%，平均 13.86%； Ag 0～59.93g/t,平均 31.49g/t； Cu 0.026% 据 1/20 万鲁甸幅：矿体呈不规则扁豆体、裂隙脉状分布			矿石类型，矿石结构、构造，矿物共生组合	矿石矿物：方铅矿、闪锌矿、黄铁矿、褐铁矿；脉石矿物：石英
围岩蚀变				矿石可选性	民采点
勘查程度	预查			现状	
资料来源	317 队资料、1/20 万鲁甸幅			找矿远景	
资源储量				备注	

矿产地名	大宝厂	规模	矿点	1/20 万图幅	鲁甸幅
编号	8			所在行政区	云南省巧家县小河乡
地理坐标	东经 103°03′41″，北纬 26°46′58″			成因类型	沉积-改造矿床
主要矿产	Pb、Zn			伴（共）生矿产	
地质背景	矿床大地构造位于扬子准地台西南缘，按铅锌成矿单元划分，属扬子铅锌成矿区。成矿区内，沉积盖层发育，岩浆活动较弱。区内，岩浆（火山）岩及沉积盖层 Pb、Zn 丰度值较高，沉积时的“同生断裂”及燕山末期强烈的构造运动，对铅锌矿床的形成及富集起到了重要作用，铅锌矿床主要为层控型（沉积-改造）矿床，仅在局部地区有与酸性-中酸性岩浆岩有关的热液矿床分布			矿床（点）地质特征	位于背斜逆断层的北西翼。 含矿围岩为上震旦统灯影组块状白云岩
矿体规模、形态、产状、品位	据 1957 年滇北普查队资料：矿体为沿层透镜体，走向北西 10°～15°，倾向北西，倾角 65°～75°，共 7 条矿体。矿体长 15～35 米，厚 1～6 米。大宝硐 Pb 0～4.59%、平均 1.08%，Zn 1.99%～20.24%、平均 8.59%；Ag 33.95～293.33g/t、平均 117.86g/t 据 1/20 万鲁甸幅资料：矿化带沿北东 7°～20°裂隙发育，长 20～50 米，厚 1～10 米，呈粒状、星点状、细脉状分布于白云岩中。Pb 4.5%，Zn 17.88%			矿石类型，矿石结构、构造，矿物共生组合	矿石矿物：方铅矿、闪锌矿、黄铁矿、褐铁矿。 脉石矿物：石英
围岩蚀变				矿石可选性	
勘查程度	预查			现状	
资料来源	317 队资料、1/20 万鲁甸幅			找矿远景	
资源储量				备注	

矿产地名	银厂坡	规模	矿点	1/20 万图幅	镇雄幅
编号	9			所在行政区	云南省彝良县龙街镇
地理坐标	东经 104°06′33″，北纬 27°24′03″			成因类型	沉积-改造矿床
主要矿产	Pb、Zn			伴（共）生矿产	
地质背景	矿床大地构造位于扬子准地台西南缘，按铅锌成矿单元划分，属扬子铅锌成矿区。成矿区内，沉积盖层发育，岩浆活动较弱。区内，岩浆（火山）岩及沉积盖层 Pb、Zn 丰度值较高，沉积时的“同生断裂”及燕山末期强烈的构造运动，对铅锌矿床的形成及富集起到了重要作用，铅锌矿床主要为层控型（沉积-改造）矿床，仅在局部地区有与酸性-中酸性岩浆岩有关的热液矿床分布			矿床（点）地质特征	北东向 F1 断裂为主要控矿构造，矿化围岩为上泥盆统宰格组白云岩
矿体规模、形态、产状、品位	沿 F1 断裂矿化蚀变带长 50 米，宽 5 米。1952 年采氧化矿，小坑可见矿体厚 0.21 米，长 15 米，矿化沿断裂分布，呈脉状			矿石类型，矿石结构、构造，矿物共生组合	矿石为白云岩型铅锌氧化矿，主要矿石矿物有白铅矿、水锌矿，少量氧化残留方铅矿、闪锌矿
围岩蚀变	白云岩化、方解石化			矿石可选性	
勘查程度	预查			现状	
资料来源	317 队踏勘资料			远景评价	
资源储量				备注	

矿产地名	矿山厂	规模	大型	1/20 万图幅	威宁幅
编号	10			所在行政区	云南省会泽县
地理坐标	东经 103°43′34″，北纬 26°38′57″			成因类型	沉积-改造矿床
主要矿产	V 、Pb、Zn			伴（共）生矿产	Ag、Ge、V_2O_5、Bi
地质背景	矿床大地构造位于扬子准地台西南缘，按铅锌成矿单元划分，属扬子铅锌成矿区。成矿区内，沉积盖层发育，岩浆活动较弱。区内，岩浆（火山）岩及沉积盖层 Pb、Zn 丰度值较高，沉积时的“同生断裂”及燕山末期强烈的构造运动，对铅锌矿床的形成及富集起到了重要作用，铅锌矿床主要为层控型（沉积-改造）矿床，仅在局部地区有与酸性-中酸性岩浆岩有关的热液矿床分布			矿床（点）地质特征	矿区位于矿山厂逆断裂上盘，矿区构造形式为“典型 的背斜 逆断层”。 矿区含矿围岩主要为下石炭统摆佐组白云岩，仅有极少数矿体产于上泥盆统宰格组白云岩。 区内矿体主要为沿层产出的似层状、透镜状、囊状。 此外，在喀斯特洼地、落水洞中，也有砂矿富集
矿体规模、形态、产状、品位	在矿区走向长 1520 米，倾斜 1050 米范围内，共发现 260 余个矿体，其中，以 1 号、13 号最大。1 号矿体水平长 223 米，倾斜长 1050 米，平均厚 20 米，矿石量 80 万吨；13 号矿体斜面积 7 万平方米。矿体为中-缓倾斜，倾角 24°～30°。 砂矿成似层状、透镜状产于第四纪冲积-残坡积中			矿石类型，矿石结构、构造，矿物共生组合	矿石以土状、半土状氧化矿为主，氧化带深度＞520 米。 矿物组合：铅铁钒、白铅矿、异极矿、硅锌矿、菱锌矿及少量残留的方铅矿、闪锌矿。 脉石矿物：白云石、方解石
围岩蚀变	白云石化、方解石化、铁锰碳酸盐化			矿石可选性	可选
勘查程度	勘查			现状	开采矿区
资料来源	317 队、《截止 2009 年底云南省矿产资源储量简表》			远景评价	尚有找矿前景
资源储量	截至 2009 年年底矿山累计查明脉矿资源储量：Pb 437904 吨，其中：资源量 32136 吨，基础储量 405768 吨；Zn 1106917 吨，其中：资源量 1137291 吨，基础储量 1037291 吨。砂矿资源储量 Pb 82507 吨，其中：资源量 1015 吨，基础储量 81492 吨；Zn 180155 吨，其中：资源量 7438 吨，基础储量 172717 吨。并伴生银、锗、钒、铋等			备注	

矿产地名	双石头	规模	矿点	1/20 万图幅	威宁幅
编号	11			所在行政区	云南省会泽县
地理坐标	东经 103°40′00″，北纬 26°38′20″			成因类型	沉积-改造矿床
主要矿产	V 、Pb、Zn			伴（共）生矿产	
地质背景	矿床大地构造位于扬子准地台西南缘，按铅锌成矿单元划分，属扬子铅锌成矿区。成矿区内，沉积盖层发育，岩浆活动较弱。区内，岩浆（火山）岩及沉积盖层 Pb、Zn 丰度值较高，沉积时的“同生断裂”及燕山末期强烈的构造运动，对铅锌矿床的形成及富集起到了重要作用，铅锌矿床主要为层控型（沉积-改造）矿床，仅在局部地区有与酸性-中酸性岩浆岩有关的热液矿床分布			矿床（点）地质特征	矿体位于矿山厂逆断裂北东。 含矿围岩为上泥盆统宰格组白云岩
矿体规模、形态、产状、品位	矿体呈沿层透镜状产出			矿石类型，矿石结构、构造，矿物共生组合	矿石呈网脉状构造。 矿物组合：方铅矿、闪锌矿。 脉石矿物：白云石、方解石
围岩蚀变				矿石可选性	
勘查程度	预查			现状	解放前开采过，有采矿老硐存在，现状不明
资料来源	317 队、《滇东北铅锌矿床规律与预测》			远景评价	
资源储量				备注	

<table>
<tr><td>矿产地名</td><td>小竹箐</td><td>规模</td><td>小型</td><td>1/20 万图幅</td><td>东川幅</td></tr>
<tr><td>编号</td><td colspan="3">12</td><td>所在行政区</td><td>云南省会泽县</td></tr>
<tr><td>地理坐标</td><td colspan="3">东经 103°43′45″，北纬 26°35′30″</td><td>成因类型</td><td>沉积改造矿床</td></tr>
<tr><td>主要矿产</td><td colspan="3">Pb、Zn</td><td>伴（共）生矿产</td><td>Ag 48.28g/t</td></tr>
<tr><td>地质背景</td><td colspan="3">矿床大地构造位于扬子准地台西南缘，按铅锌成矿单元划分，属扬子铅锌成矿区。成矿区内，沉积盖层发育，岩浆活动较弱。区内，岩浆（火山）岩及沉积盖层 Pb、Zn 丰度值较高，沉积时的“同生断裂”及燕山末期强烈的构造运动，对铅锌矿床的形成及富集起到了重要作用，铅锌矿床主要为层控型（沉积-改造）矿床，仅在局部地区有与酸性-中酸性岩浆岩有关的热液矿床分布</td><td>矿床（点）地质特征</td><td>含矿地层分别为震旦系上统灯影组（Z_2dn）白云岩和二叠系下统茅口组（P_1m）白云质灰岩</td></tr>
<tr><td>矿体规模、形态、产状、品位</td><td colspan="3">已知控制 3 个矿体：Ⅰ矿体呈脉状产出，总体走向 N8° E，倾向 SE，倾角 65°～75°。长度 420m、延伸（斜深）11～240 米，厚度 0.56～1.40 米，平均 1.23 米。矿体平均品位：Pb 5.43%、Zn 5.77%、伴生 Ag 47.97g/t。Ⅱ矿体呈脉状产出，总体走向 N51° E，倾向 SE，倾角 65°～70°。控制长度 110 米，见矿厚度为 0.73～1.16 米，平均 1.03 米，矿体平均品位 Pb 5.40%、Zn 7.77%、伴生 Ag 53.74g/t。Ⅲ矿体与Ⅱ号矿体总体走向相同（NE～SW），倾向 SE，倾角 63°～70°；平均品位 Pb 2.86%、Zn 6.27%。走向控制最长 290 米，倾斜控制延伸 130 米，矿体厚度最大 3.82 米，最小 2.57 米，平均 3.26 米。
铅含量为 1.95%～4.69%，平均品位 2.86%，品位变化系数 30%，组分含量较均匀。锌含量为 4.40%～8.66%，平均 6.27%，品位变化系数 20%，组分含量均匀。铅加锌平均品位 9.13%。伴生银含量 22.2～61.6g/t ，平均 35.01g/t</td><td>矿石类型，矿石结构、构造，矿物共生组合</td><td>矿石矿物主要为闪锌矿、方铅矿、铅矾、白铅矿、异极矿、黄铁矿、褐铁矿等；脉石矿物主要为方解石、白云石，少量黏土、重晶石等。矿石结构以粒状结构为主，次有粒状变晶结构、交代残余结构、溶蚀、放射状、环带状结构等。矿石构造：硫化矿石以致密块状、斑块状、浸染状为主，次有角砾状、细脉状、条带状、网脉状。氧化矿石以网格状、蜂窝状为主，少量角砾状</td></tr>
<tr><td>围岩蚀变</td><td colspan="3"></td><td>矿石可选性</td><td></td></tr>
<tr><td>勘查程度</td><td colspan="3"></td><td>现状</td><td></td></tr>
<tr><td>资料来源</td><td colspan="3">截至 2009 年年底查明</td><td>找矿远景</td><td></td></tr>
<tr><td>资源储量</td><td colspan="3">铅锌矿资源储量矿石量（332+333）：969.97 千吨，Zn 金属量：60404 吨，Pb 金属量：32399 吨。另外，还有伴生 Ag 金属量：36.65 吨，平均品位 41.65g/t</td><td>备注</td><td></td></tr>
</table>

矿产地名	五星厂	规模	中型	1/20 万图幅	威宁幅
编号	13			所在行政区	云南省会泽县
地理坐标	东经 103°17′25″，北纬 26°33′44″			成因类型	沉积-改造矿床
主要矿产	V、Pb、Zn			伴（共）生矿产	Co、Mo、Sb、Ti、Se、Te
地质背景	矿床大地构造位于扬子准地台西南缘，按铅锌成矿单元划分，属扬子铅锌成矿区。成矿区内，沉积盖层发育，岩浆活动较弱。区内，岩浆（火山）岩及沉积盖层 Pb、Zn 丰度值较高，沉积时的“同生断裂”及燕山末期强烈的构造运动，对铅锌矿床的形成及富集起到了重要作用，铅锌矿床主要为层控型（沉积-改造）矿床，仅在局部地区有与酸性-中酸性岩浆岩有关的热液矿床分布			矿床（点）地质特征	矿区位于五星厂逆断裂上盘，矿区构造形式为典型的“背斜逆断层”。 矿区含矿围岩为灯影组硅质白云岩。 区内矿体主要沿与主断裂平行的断裂带及其羽状断裂及其交汇处产出，区内羽状断裂有走向为北西 5°～7°、北西 15°、北西 25°～60°，倾向南西，倾角 58°～85°三组
矿体规模、形态、产状、品位	矿体呈脉状、透镜状、筒状、似层状沿断裂产出。全区共圈定矿体 60 余条，单个矿体长 100～400 米，厚 5～10 米，倾斜长 68～80 米（少数大于 100 米），倾角 50°～80°。 平均品位：Pb 2.23%，Zn 3.31%			矿石类型，矿石结构、构造，矿物共生组合	主要金属矿物：闪锌矿、方铅矿、黄铁矿，白铅矿、菱锌矿、褐铁矿。脉石矿物：石英、白云石、方解石。 矿石构造：块状、角砾状、浸染状
围岩蚀变	白云石化、方解石化、铁锰碳酸盐化			矿石可选性	可选
勘查程度	详查			现状	停采矿区
资料来源	317 队、《截止 2009 年底云南省矿产资源储量简表》			远景评价	尚有找矿前景
资源储量	截至 2009 年年底矿山累计查明资源储量 Pb 255893 吨，Zn 98905 吨，全为基础储量。并伴生银、锗、钒、铋等			备注	

矿产地名	范合落（车家坪子）	规模	矿点	1/20 万图幅	威宁幅
编号	14			所在行政区	云南省会泽县
地理坐标	东经 103°41′32″，北纬 26°32′43″			成因类型	沉积-改造矿床
主要矿产	Pb、Zn			伴（共）生矿产	
地质背景	矿床大地构造位于扬子准地台西南缘，按铅锌成矿单元划分，属扬子铅锌成矿区。成矿区内，沉积盖层发育，岩浆活动较弱。区内，岩浆（火山）岩及沉积盖层 Pb、Zn 丰度值较高，沉积时的“同生断裂”及燕山末期强烈的构造运动，对铅锌矿床的形成及富集起到了重要作用，铅锌矿床主要为层控型（沉积-改造）矿床，仅在局部地区有与酸性-中酸性岩浆岩有关的热液矿床分布			矿床（点）地质特征	位于麒麟厂逆断层南西延长方向断裂上盘。 赋矿围岩为下石炭统摆佐组白云岩
矿体规模、形态、产状、品位	沿层散点状铅锌矿化。 Pb 0.001%～0.003%，Zn 0.01%～0.017%			矿石类型，矿石结构、构造，矿物共生组合	金属矿物：方铅矿、菱锌矿、褐铁矿。 脉石矿物：铁白云石、方解石
围岩蚀变				矿石可选性	
勘查程度	预查			现状	
资料来源	317 队、《滇东北铅锌矿床规律与预测》			远景评价	
资源储量				备注	

矿产地名	娜姑银厂	规模	小型	1/20 万图幅	东川幅
编号	15			所在行政区	云南省会泽县
地理坐标	东经 103°14′00″，北纬 26°30′00″			成因类型	沉积-改造矿床
主要矿产	Pb、 Zn			伴（共）生矿产	Ag 18.95g/t, Ge 0.0020%
地质背景	矿床大地构造位于扬子准地台西南缘，按铅锌成矿单元划分，属扬子铅锌成矿区。成矿区内，沉积盖层发育，岩浆活动较弱。区内，岩浆（火山）岩及沉积盖层 Pb、Zn 丰度值较高，沉积时的“同生断裂”及燕山末期强烈的构造运动，对铅锌矿床的形成及富集起到了重要作用，铅锌矿床主要为层控型（沉积-改造）矿床，仅在局部地区有与酸性-中酸性岩浆岩有关的热液矿床分布			矿床（点）地质特征	赋矿地层为上震旦统灯影组白云岩
矿体规模、形态、产状、品位	缺矿区具体资料。矿区位于五星厂铅锌矿南西，可参考五星厂铅锌矿资料			矿石类型，矿石结构、构造，矿物共生组合	缺矿区具体资料。矿区位于五星厂铅锌矿南西，可参考五星厂铅锌矿资料
围岩蚀变				矿石可选性	
勘查程度				现状	
资料来源	《截至 2009 年年底云南省矿床资源储量简表》			找矿远景	
资源储量	截至 2009 年年底查明资源储量：Pb 12052 吨，品位 1.99%；Zn 20734 吨，品位 3.41%			备注	

矿产地名	白雾街	规模	矿点	1/20 万图幅	威宁幅
编号	16			所在行政区	云南省会泽县
地理坐标	东经 103°14′53″，北纬 26°28′42″			成因类型	沉积-改造矿床
主要矿产	V 、Pb、Zn			伴（共）生矿产	Co、Mo、Sb、Ti、Se、Te
地质背景	矿床大地构造位于扬子准地台西南缘，按铅锌成矿单元划分，属扬子铅锌成矿区。成矿区内，沉积盖层发育，岩浆活动较弱。区内，岩浆（火山）岩及沉积盖层 Pb、Zn 丰度值较高，沉积时的“同生断裂”及燕山末期强烈的构造运动，对铅锌矿床的形成及富集起到了重要作用，铅锌矿床主要为层控型（沉积-改造）矿床，仅在局部地区有与酸性-中酸性岩浆岩有关的热液矿床分布			矿床（点）地质特征	区内走向北西 60° 的羽状断裂发育。 矿区含矿围岩为下寒武统渔户村组白云岩。 矿体沿北西向断裂破碎带产出
矿体规模、形态、产状、品位	方铅矿、闪锌矿沿北西向断裂破碎带呈散点状、细脉状产出或分布在断层角砾岩中，矿化分布不均。1 号老硐矿石品位 Pb 3.2%，Zn 0.51%，Cu 0.03%。光谱分析 Ag 3～100ppm			矿石类型，矿石结构、构造，矿物共生组合	主要金属矿物：闪锌矿、方铅矿、褐铁矿。 脉石矿物：白云石、方解石。 矿石构造：浸染状、散点状
围岩蚀变	白云石化、方解石化、铁锰碳酸盐化、重晶石化、石英化、褐铁矿化			矿石可选性	
勘查程度	普查			现状	
资料来源	317 队			远景评价	
资源储量				备注	

矿产地名	滥银厂	规模	矿点	1/20 万图幅	威宁幅
编号	17			所在行政区	云南省会泽县
地理坐标	东经 103°38′32″，北纬 26°30′53″			成因类型	沉积-改造矿床
主要矿产	V、Pb、Zn			伴（共）生矿产	Co、Mo、Sb、Ti、Se、Te
地质背景	矿床大地构造位于扬子准地台西南缘，按铅锌成矿单元划分，属扬子铅锌成矿区。成矿区内，沉积盖层发育，岩浆活动较弱。区内，岩浆（火山）岩及沉积盖层 Pb、Zn 丰度值较高，沉积时的“同生断裂”及燕山末期强烈的构造运动，对铅锌矿床的形成及富集起到了重要作用，铅锌矿床主要为层控型（沉积-改造）矿床，仅在局部地区有与酸性-中酸性岩浆岩有关的热液矿床分布			矿床（点）地质特征	矿区位于矿山厂逆断裂上盘，矿区为一拖曳倾没背斜构造。区内羽状断裂走向北东、北西、东西向发育。 矿区含矿围岩为下石炭统摆佐组白云岩。 矿体沿层产出
矿体规模、形态、产状、品位	区内探槽控制主要矿体长约 60 米，最厚达 20，平均厚 6.5 米，平均品位 Pb 1.67%，Zn 3.98%。钻孔控制垂深 50～60 米，见浸染状锌矿体，Zn 品位 1.88%，Pb 0.01%～0.03%，厚 2.81 米			矿石类型，矿石结构、构造，矿物共生组合	主要金属矿物：闪锌矿、方铅矿、褐铁矿。 脉石矿物：石英、白云石、方解石。 矿石构造：浸染状
围岩蚀变	白云石化、方解石化、铁锰碳酸盐化、重晶石化、石英化、褐铁矿化			矿石可选性	
勘查程度	普查			现状	
资料来源	317 队			远景评价	
资源储量				备注	

<table>
<tr><td>矿产地名</td><td>拖车</td><td>规模</td><td>矿点</td><td>1/20 万图幅</td><td>东川幅</td></tr>
<tr><td>编号</td><td colspan="3">18</td><td>所在行政区</td><td>云南省会泽县</td></tr>
<tr><td>地理坐标</td><td colspan="3">东经 103°10′57″，北纬 26°24′08″</td><td>成因类型</td><td>沉积-改造矿床</td></tr>
<tr><td>主要矿产</td><td colspan="3">Pb、Zn</td><td>伴（共）生矿产</td><td></td></tr>
<tr><td>地质背景</td><td colspan="3">矿床大地构造位于扬子准地台西南缘，按铅锌成矿单元划分，属扬子铅锌成矿区。成矿区内，沉积盖层发育，岩浆活动较弱。区内，岩浆（火山）岩及沉积盖层 Pb、Zn 丰度值较高，沉积时的“同生断裂”及燕山末期强烈的构造运动，对铅锌矿床的形成及富集起到了重要作用，铅锌矿床主要为层控型（沉积-改造）矿床，仅在局部地区有与酸性-中酸性岩浆岩有关的热液矿床分布</td><td>矿床（点）地质特征</td><td>矿点位于拖车西侧断裂旁侧。
赋矿地层为震旦系灯影组、下寒武统渔户村组硅质白云岩、泥质灰岩。
矿体沿北西走向断裂产出</td></tr>
<tr><td>矿体规模、形态、产状、品位</td><td colspan="3">见三条含矿断裂破碎带，破碎带间距 20 米，呈雁行状片理排列。三条矿脉长度分别为 60 米、50 米、20 米，宽度为 1.2 米、0.8 米、0.6 米，1 号矿脉品位：Pb 21.75%，Zn 0.091%，Cu 0.12%；2 号矿脉品位：Pb 28.85%，Zn 0.51%，Cu 0.19%</td><td>矿石类型，矿石结构、构造，矿物共生组合</td><td>金属矿物：方铅矿、闪锌矿。
脉石矿物：方解石</td></tr>
<tr><td>围岩蚀变</td><td colspan="3">硅化、重晶石化</td><td>矿石可选性</td><td></td></tr>
<tr><td>勘查程度</td><td colspan="3">预查</td><td>现状</td><td></td></tr>
<tr><td>资料来源</td><td colspan="3">《滇东北铅锌矿床规律与预测》</td><td>找矿远景</td><td></td></tr>
<tr><td>资源储量</td><td colspan="3"></td><td>备注</td><td></td></tr>
</table>

矿产地名	泥者箐	规模	矿点	1/20 万图幅	东川幅
编号	19			所在行政区	云南省会泽县
地理坐标	东经 103°12′59″，北纬 26°21′40″			成因类型	沉积-改造矿床
主要矿产	Pb、Zn			伴（共）生矿产	
地质背景	矿床大地构造位于扬子准地台西南缘，按铅锌成矿单元划分，属扬子铅锌成矿区。成矿区内，沉积盖层发育，岩浆活动较弱。区内，岩浆（火山）岩及沉积盖层 Pb、Zn 丰度值较高，沉积时的“同生断裂”及燕山末期强烈的构造运动，对铅锌矿床的形成及富集起到了重要作用，铅锌矿床主要为层控型（沉积-改造）矿床，仅在局部地区有与酸性-中酸性岩浆岩有关的热液矿床分布			矿床（点）地质特征	矿点位于大寨-五星背斜东翼。 赋矿地层为震旦系灯影组硅质白云岩。 矿体沿层产出
矿体规模、形态、产状、品位	矿体为沿层产出的透镜体，方铅矿、闪锌矿呈团块、团斑状产出。矿化厚度 0.8～1.5 米，刻槽采样品位变化较大，拣块样品矿石品位 Pb+Zn 可达 20%～40%			矿石类型，矿石结构、构造，矿物共生组合	金属矿物：方铅矿、闪锌矿、黄铁矿。 脉石矿物：方解石、重晶石
围岩蚀变	方解石化、重晶石化			矿石可选性	
勘查程度	预查			现状	
资料来源	《滇东北铅锌矿床规律与预测》、317 队			找矿远景	
资源储量				备注	

矿产地名	大箐	规模	矿点	1/20 万图幅	东川幅
编号	20			所在行政区	云南省会泽县
地理坐标	东经 103°12′56″，北纬 26°20′19″			成因类型	沉积-改造矿床
主要矿产	Pb、Zn			伴（共）生矿产	
地质背景	矿床大地构造位于扬子准地台西南缘，按铅锌成矿单元划分，属扬子铅锌成矿区。成矿区内，沉积盖层发育，岩浆活动较弱。区内，岩浆（火山）岩及沉积盖层 Pb、Zn 丰度值较高，沉积时的“同生断裂”及燕山末期强烈的构造运动，对铅锌矿床的形成及富集起到了重要作用，铅锌矿床主要为层控型（沉积-改造）矿床，仅在局部地区有与酸性-中酸性岩浆岩有关的热液矿床分布			矿床（点）地质特征	矿点位于大寨-五星背斜东翼。 赋矿地层为震旦系灯影组含燧石条带白云岩。 矿体沿层产出
矿体规模、形态、产状、品位	矿体为沿层产出的透镜体，沿大箐沟两侧均有矿体露头及老硐分布。方铅矿、闪锌矿呈团块、团斑状产出。已控制矿体走向长 30 米，倾斜长 80 米，该点不同采样方法品位变化较大，刻槽采样厚度 2～2.1 米，品位 Pb 0.89%～1.10%，Zn 0.24%～0.74%；拣块样品位：Pb 28.03%～54.65%			矿石类型，矿石结构、构造，矿物共生组合	金属矿物：方铅矿、闪锌矿、黄铁矿。 脉石矿物：方解石、重晶石。 矿石呈团块状、团斑状
围岩蚀变	方解石化、重晶石化			矿石可选性	
勘查程度	预查			现状	
资料来源	《滇东北铅锌矿床规律与预测》、317 队			找矿远景	
资源储量				备注	

矿产地名	朱家箐	规模	矿点	1/20 万图幅	东川幅
编号	21			所在行政区	云南省会泽县
地理坐标	东经 103°13′05″，北纬 26°19′17″			成因类型	沉积-改造矿床
主要矿产	Pb、Zn			伴（共）生矿产	
地质背景	矿床大地构造位于扬子准地台西南缘，按铅锌成矿单元划分，属扬子铅锌成矿区。成矿区内，沉积盖层发育，岩浆活动较弱。区内，岩浆（火山）岩及沉积盖层 Pb、Zn 丰度值较高，沉积时的“同生断裂”及燕山末期强烈的构造运动，对铅锌矿床的形成及富集起到了重要作用，铅锌矿床主要为层控型（沉积-改造）矿床，仅在局部地区有与酸性-中酸性岩浆岩有关的热液矿床分布			矿床（点）地质特征	矿点位于大寨-五星背斜东翼。 赋矿地层为震旦系灯影组燧石条带白云岩。 矿体沿层产出
矿体规模、形态、产状、品位	矿体为沿层产出，沿沟两侧有老硐分布。见方铅矿、闪锌矿，以硫化矿为主。已知老硐控制矿体走向长 50 米左右			矿石类型，矿石结构、构造，矿物共生组合	金属矿物：方铅矿、闪锌矿、黄铁矿。 脉石矿物：方解石、重晶石
围岩蚀变	方解石化、重晶石化			矿石可选性	
勘查程度	预查			现状	
资料来源	《滇东北铅锌矿床规律与预测》、317 队			找矿远景	
资源储量				备注	

矿产地名	牛家箐	规模	小型	1/20 万图幅	东川幅
编号	22			所在行政区	云南省会泽县
地理坐标	东经 103°13′04″，北纬 26°18′06″			成因类型	沉积-改造矿床
主要矿产	Pb、Zn			伴（共）生矿产	
地质背景	矿床大地构造位于扬子准地台西南缘，按铅锌成矿单元划分，属扬子铅锌成矿区。成矿区内，沉积盖层发育，岩浆活动较弱。区内，岩浆（火山）岩及沉积盖层 Pb、Zn 丰度值较高，沉积时的“同生断裂”及燕山末期强烈的构造运动，对铅锌矿床的形成及富集起到了重要作用，铅锌矿床主要为层控型（沉积-改造）矿床，仅在局部地区有与酸性-中酸性岩浆岩有关的热液矿床分布			矿床（点）地质特征	矿点位于大寨-五星背斜东翼。 赋矿地层为震旦系灯影组含燧石条带白云岩。 矿体沿层产出
矿体规模、形态、产状、品位	矿体为沿层产出，沿沟两侧均有老硐分布。已知矿化长度 300 余米，平均厚 3.5 米。品位 Pb 4.45%、Zn 0.62%、Ag 20.6～23.2g/t			矿石类型，矿石结构、构造，矿物共生组合	金属矿物：方铅矿、闪锌矿、黄铁矿,少量黄铜矿、斑铜矿及其氧化产物。 脉石矿物：方解石、重晶石。 矿石以硫化矿为主，呈细脉状、浸染状
围岩蚀变	方解石化、重晶石化			矿石可选性	
勘查程度	预查			现状	
资料来源	《滇东北铅锌矿床规律与预测》、317 队			找矿远景	
资源储量	估计远景 Pb+Zn 7300 吨			备注	

矿产地名	外河	规模	矿点	1/20 万图幅	东川幅
编号	23			所在行政区	云南省会泽县
地理坐标	东经 103°13′13″，北纬 26°15′23″			成因类型	沉积-改造矿床
主要矿产	Pb、Zn			伴（共）生矿产	
地质背景	矿床大地构造位于扬子准地台西南缘，按铅锌成矿单元划分，属扬子铅锌成矿区。成矿区内，沉积盖层发育，岩浆活动较弱。区内，岩浆（火山）岩及沉积盖层 Pb、Zn 丰度值较高，沉积时的“同生断裂”及燕山末期强烈的构造运动，对铅锌矿床的形成及富集起到了重要作用，铅锌矿床主要为层控型（沉积-改造）矿床，仅在局部地区有与酸性-中酸性岩浆岩有关的热液矿床分布			矿床（点）地质特征	矿点位于大寨-五星背斜东翼。 赋矿地层为震旦系灯影组硅质白云岩。 矿体沿层产出
矿体规模、形态、产状、品位	矿体为沿层产出的似层状、透镜状，该点沿沟两侧均有矿体露头及老硐分布。矿化共两层，厚度 0.8～1.5 米，矿体延深较大。方铅矿、闪锌矿呈浸染状、块状产出。品位 Pb+Zn 3～>20%			矿石类型，矿石结构、构造，矿物共生组合	金属矿物：方铅矿、闪锌矿、黄铁矿。 脉石矿物：方解石、重晶石
围岩蚀变	方解石化、重晶石化			矿石可选性	
勘查程度	踏勘			现状	民采点
资料来源	《滇东北铅锌矿床规律与预测》、317 队			找矿远景	
资源储量				备注	该点后经云南有色地质局昆明勘查院工作，探获铅锌资源储量 1 万余吨，但未获取具体资料

矿产地名	铅厂梁子	规模	矿点	1/20 万图幅	东川幅
编号	24			所在行政区	云南省会泽县
地理坐标	东经 103°12′57″，北纬 26°14′31″			成因类型	沉积-改造矿床
主要矿产	Pb、Zn			伴（共）生矿产	
地质背景	矿床大地构造位于扬子准地台西南缘，按铅锌成矿单元划分，属扬子铅锌成矿区。成矿区内，沉积盖层发育，岩浆活动较弱。区内，岩浆（火山）岩及沉积盖层 Pb、Zn 丰度值较高，沉积时的“同生断裂”及燕山末期强烈的构造运动，对铅锌矿床的形成及富集起到了重要作用，铅锌矿床主要为层控型（沉积-改造）矿床，仅在局部地区有与酸性-中酸性岩浆岩有关的热液矿床分布			矿床（点）地质特征	该点为外河矿床南延，地质特征同外河
矿体规模、形态、产状、品位	同外河矿床			矿石类型，矿石结构、构造，矿物共生组合	金属矿物：方铅矿、闪锌矿、黄铁矿。 脉石矿物：方解石、重晶石
围岩蚀变	方解石化、重晶石化			矿石可选性	
勘查程度	预查			现状	民采点
资料来源	《滇东北铅锌矿床规律与预测》、317 队			找矿远景	
资源储量				备注	

矿产地名	大笑	规模	矿床	1/20 万图幅	会理幅
编号	25			所在行政区	云南省昆明市东川区
地理坐标	东经 102°49′50″～102°50′40″，北纬 26°17′37″～26°18′00″			成因类型	沉积-改造矿床
主要矿产	Pb、Zn			伴（共）生矿产	Zn、Fe、Ag
地质背景	矿床大地构造位于扬子准地台西南缘，按铅锌成矿单元划分，属扬子铅锌成矿区。成矿区内，沉积盖层发育，岩浆活动较弱。区内，岩浆（火山）岩及沉积盖层 Pb、Zn 丰度值较高，沉积时的“同生断裂”及燕山末期强烈的构造运动，对铅锌矿床的形成及富集起到了重要作用，铅锌矿床主要为层控型（沉积-改造）矿床，仅在局部地区有与酸性-中酸性岩浆岩有关的热液矿床分布			矿床（点）地质特征	矿区内出露地层为昆阳群黑山组地层。处在宝九大断裂的北端与金沙江断裂的交汇处。铅矿赋存在白河厂背斜轴部南翼的昆阳群望厂组的层间裂隙及羽状裂隙中，背斜北东翼地层大部分已被剥蚀，铅矿体大都出现在背斜核部近于育立的褪色炭质板岩地层层间裂隙中，与岩层产状一致，走向 NW，直立或 SW 倾，倾角 70°～85°
矿体规模、形态、产状、品位	矿脉呈群出现，在空间上呈断续羽状排列，沿背斜轴部及背斜南西翼分布，分布范围长约（NW）1200 米，宽约（SW）500 米，矿体呈脉状、似层状产出，厚 0.1～4 米，局部膨大可达 6.5 米（见图 2），铅含量 7.8%～67.8%，平均 29.52%；锌含量 2.37%～10.6%，平均 5.71%；铁含量 16.4%～20.3%，平均 18.6%；银 60～100g/t			矿石类型，矿石结构、构造，矿物共生组合	矿石矿物有方铅矿、银、少量闪锌矿、黄铁矿、褐铁矿。脉石矿物主要有石英、方解石。矿石的结构主要以自形-半自形-他形粒状结构，交代残条结构，变晶结构。矿石的构造主要为浸染状构造、块状构造、散点状构造、斑点状构造、条带状构造、脉状构造
围岩蚀变	围岩蚀变主要为硅化、黄铁矿化、褐铁矿化、绢云母化			矿石可选性	
勘查程度	普查-详查			现状	民采矿山
资料来源	1/20 万会理幅			找矿远景	具有一定的找矿前景
资源储量	截止 2009 年 12 月 31 日止，云南正瑞鑫矿业有限公司核查矿区内累计查明 122b 类铅资源储量：矿石量 276.70 千吨，铅金属量 80878 吨，平均品位 29.23%。保有 122b 类资源储量：矿石量 164.97 千吨，金属量 48218 吨，平均品位 29.23%			备注	

矿产地名	下白河	规模	矿点	1/20 万图幅	会理幅
编号	26			所在行政区	云南省昆明市东川区
地理坐标	东经 102°50′38″，北纬 26°18′42″			成因类型	沉积-改造矿床
主要矿产	Pb、Zn			伴（共）生矿产	
地质背景	矿床大地构造位于扬子准地台西南缘，按铅锌成矿单元划分，属扬子铅锌成矿区。成矿区内，沉积盖层发育，岩浆活动较弱。区内，岩浆（火山）岩及沉积盖层 Pb、Zn 丰度值较高，沉积时的“同生断裂”及燕山末期强烈的构造运动，对铅锌矿床的形成及富集起到了重要作用，铅锌矿床主要为层控型（沉积-改造）矿床，仅在局部地区有与酸性-中酸性岩浆岩有关的热液矿床分布			矿床（点）地质特征	赋矿地层为昆阳群白云岩。 矿体沿层间裂隙及羽状裂隙中的石英脉产出
矿体规模、形态、产状、品位	矿化石英脉呈不规则状产出。脉长 1～30 米，厚 0.2～3.5 米，以铅为主，品位：Pb 1%～5%			矿石类型，矿石结构、构造，矿物共生组合	金属矿物：方铅矿、少量闪锌矿。 脉石矿物：方解石
围岩蚀变	局部围岩硅化、绿泥石化、绢云母化			矿石可选性	
勘查程度	预查			现状	
资料来源	1/20 万会理幅			找矿远景	
资源储量				备注	1/20 万只有关于该类型矿化的统一描述，无矿产地具体资料

矿产地名	小营盘	规模	矿点	1/20 万图幅	会理幅
编号	27			所在行政区	云南省昆明市东川区
地理坐标	东经 102°51′56″，北纬 26°15′28″			成因类型	沉积-改造矿床
主要矿产	Pb、Zn			伴（共）生矿产	
地质背景	矿床大地构造位于扬子准地台西南缘，按铅锌成矿单元划分，属扬子铅锌成矿区。成矿区内，沉积盖层发育，岩浆活动较弱。区内，岩浆（火山）岩及沉积盖层 Pb、Zn 丰度值较高，沉积时的“同生断裂”及燕山末期强烈的构造运动，对铅锌矿床的形成及富集起到了重要作用，铅锌矿床主要为层控型（沉积-改造）矿床，仅在局部地区有与酸性-中酸性岩浆岩有关的热液矿床分布			矿床（点）地质特征	矿点位于二台坡断裂与贵城断裂之间。 赋矿地层为震旦系灯影组白云岩、白云质灰岩
矿体规模、形态、产状、品位	铅锌矿化沿羽状裂隙及层间裂隙形成方铅矿-重晶石脉、方铅矿-闪锌矿-石英-方解石脉，特别是在东西向、南北向断裂交汇处，矿脉常常成群分布。脉长一般 1～10 米，厚 0.2～1.2 米，品位一般 Pb 0.3%～2%，Zn 0.1%～1%，Cu 0.1%～0.8%			矿石类型，矿石结构、构造，矿物共生组合	金属矿物：方铅矿、闪锌矿呈散点状或条带状分布。 脉石矿物：重晶石、方解石、石英
围岩蚀变	硅化、褪色、重结晶			矿石可选性	
勘查程度	预查			现状	
资料来源	1/20 万会理幅			找矿远景	
资源储量				备注	1/20 万区调报告中，只有关于该类型矿化的统一描述，无矿产地具体资料

矿产地名	二荒地	规模	矿点	1/20 万图幅	会理幅
编号	28			所在行政区	四川省会东县
地理坐标	东经 102°53′26″，北纬 26°14′20″			成因类型	与酸性、中酸性花岗岩有关的热液矿床
主要矿产	Pb、Zn			伴（共）生矿产	Ga、Ag、Cd、Ge
地质背景	矿床大地构造位于扬子准地台西南缘，按铅锌成矿单元划分，属扬子铅锌成矿区。成矿区内，沉积盖层发育，岩浆活动较弱。区内，岩浆（火山）岩及沉积盖层 Pb、Zn 丰度值较高，沉积时的“同生断裂”及燕山末期强烈的构造运动，对铅锌矿床的形成及富集起到了重要作用，铅锌矿床主要为层控型（沉积-改造）矿床，仅在局部地区有与酸性-中酸性岩浆岩有关的热液矿床分布			矿床（点）地质特征	位于二台坡断裂与贵城断裂两侧。 铅锌矿产于上震旦统灯影组白云岩、白云质灰岩中。矿化沿层间裂隙及断裂的羽状断裂形成方铅矿-重晶石脉、方铅矿-闪锌矿-石英-方解石脉，在东西、南北向断裂交汇处，矿脉往往成群分布
矿体规模、形态、产状、品位	矿脉长 1～10 米，厚 0.2～1.2 米。 矿石品位：Pb 最高 19.7%，一般 0.3%～2%；Zn 最高 20%，一般 0.1%～1%；Cu 含量 0.1%～0.8%			矿石类型，矿石结构、构造，矿物共生组合	矿石为团斑状、星点状、条带状。 矿石矿物：方铅矿、闪锌矿及少量黄铜矿、孔雀石。 脉石矿物：重晶石、石英、方解石
围岩蚀变	褪色普遍，局部硅化、重结晶			矿石可选性	
勘查程度	预查			现状	
资料来源	1/20 万会理幅			找矿远景	
资源储量				备注	矿床特征描述据 1/20 万会理幅报告。报告中对矿床（点）为分类综述，无具体矿点资料。因此，对具体矿床（点）使用以上资料时需谨慎

矿产地名	九龙村	规模	矿点	1/20 万图幅	会理幅
编号	29			所在行政区	云南省昆明市东川区
地理坐标	东经 102°53′42，北纬 26°14′05″			成因类型	与酸性、中酸性花岗岩有关的热液矿床
主要矿产	Pb、Zn			伴（共）生矿产	Ga、Ag、Cd、Ge
地质背景	矿床大地构造位于扬子准地台西南缘，按铅锌成矿单元划分，属扬子铅锌成矿区。成矿区内，沉积盖层发育，岩浆活动较弱。区内，岩浆（火山）岩及沉积盖层 Pb、Zn 丰度值较高，沉积时的“同生断裂”及燕山末期强烈的构造运动，对铅锌矿床的形成及富集起到了重要作用，铅锌矿床主要为层控型（沉积-改造）矿床，仅在局部地区有与酸性-中酸性岩浆岩有关的热液矿床分布			矿床（点）地质特征	位于二台坡断裂与贵城断裂两侧。 铅锌矿产于上震旦系灯影组白云岩、白云质灰岩中。矿化沿层间裂隙及断裂的羽状断裂形成方铅矿-重晶石脉、方铅矿-闪锌矿-石英-方解石脉，在东西、南北向断裂交汇处，矿脉往往成群分布
矿体规模、形态、产状、品位	矿脉长 1～10 米，厚 0.2～1.2 米。 矿石品位：Pb 最高 19.7%，一般 0.3%～2%；Zn 最高 20%，一般 0.1%～1%；Cu 含量 0.1%～0.8%			矿石类型，矿石结构、构造，矿物共生组合	矿石为团斑状、星点状、条带状。 矿石矿物：方铅矿、闪锌矿及少量黄铜矿、孔雀石。 脉石矿物：重晶石、石英、方解石
围岩蚀变	褪色普遍，局部硅化、重结晶			矿石可选性	
勘查程度	预查			现状	
资料来源	1/20 万会理幅			找矿远景	
资源储量				备注	矿床特征描述据 1/20 万会理幅报告。报告中对矿床（点）为分类综述，无具体矿点资料。因此，对具体矿床（点）使用以上资料时需谨慎

<table>
<tr><td>矿产地名</td><td>小银厂</td><td>规模</td><td>矿点</td><td>1/20 万图幅</td><td>会理幅</td></tr>
<tr><td>编号</td><td colspan="3">30</td><td>所在行政区</td><td>云南省昆明市东川区</td></tr>
<tr><td>地理坐标</td><td colspan="3">东经 102°54′43″，北纬 26°13′35″</td><td>成因类型</td><td>沉积-改造矿床</td></tr>
<tr><td>主要矿产</td><td colspan="3">Pb、Zn</td><td>伴（共）生矿产</td><td></td></tr>
<tr><td>地质背景</td><td colspan="3">矿床大地构造位于扬子准地台西南缘，按铅锌成矿单元划分，属扬子铅锌成矿区。成矿区内，沉积盖层发育，岩浆活动较弱。区内，岩浆（火山）岩及沉积盖层 Pb、Zn 丰度值较高，沉积时的“同生断裂”及燕山末期强烈的构造运动，对铅锌矿床的形成及富集起到了重要作用，铅锌矿床主要为层控型（沉积-改造）矿床，仅在局部地区有与酸性-中酸性岩浆岩有关的热液矿床分布</td><td>矿床（点）地质特征</td><td>矿点位于二台坡断裂与贵城断裂之间。
赋矿地层为震旦系灯影组白云岩、白云质灰岩</td></tr>
<tr><td>矿体规模、形态、产状、品位</td><td colspan="3">铅锌矿化沿羽状裂隙及层间裂隙形成方铅矿-重晶石脉、方铅矿-闪锌矿-石英-方解石脉，特别是在东西向、南北向断裂交汇处，矿脉常常成群分布。脉长一般 1～10 米，厚 0.2～1.2 米，品位一般 Pb 0.3%～2%、Zn 0.1%～1%、Cu 0.1%～0.8%</td><td>矿石类型，矿石结构、构造，矿物共生组合</td><td>金属矿物：方铅矿、闪锌矿呈散点状或条带状分布。
脉石矿物：重晶石、方解石、石英</td></tr>
<tr><td>围岩蚀变</td><td colspan="3">硅化、褪色、重结晶</td><td>矿石可选性</td><td></td></tr>
<tr><td>勘查程度</td><td colspan="3">踏勘</td><td>现状</td><td></td></tr>
<tr><td>资料来源</td><td colspan="3">1/20 万会理幅</td><td>找矿远景</td><td></td></tr>
<tr><td>资源储量</td><td colspan="3"></td><td>备注</td><td>1/20 万区调报告中，只有关于该类型矿化的统一描述，无矿产地具体资料</td></tr>
</table>

矿产地名	月亮田	规模	矿点	1/20 万图幅	东川幅
编号	31			所在行政区	云南省昆明市东川区
地理坐标	东经 103°04′36″，北纬 26°13′49″			成因类型	沉积-改造矿床
主要矿产	Pb、Zn			伴（共）生矿产	
地质背景	矿床大地构造位于扬子准地台西南缘，按铅锌成矿单元划分，属扬子铅锌成矿区。成矿区内，沉积盖层发育，岩浆活动较弱。区内，岩浆（火山）岩及沉积盖层 Pb、Zn 丰度值较高，沉积时的“同生断裂”及燕山末期强烈的构造运动，对铅锌矿床的形成及富集起到了重要作用，铅锌矿床主要为层控型（沉积-改造）矿床，仅在局部地区有与酸性-中酸性岩浆岩有关的热液矿床分布			矿床（点）地质特征	矿点在构造上与东西向黄水箐断裂与南北向新塘断裂有关。 铅锌矿化赋存地层可能为昆阳群青龙山组白云岩
矿体规模、形态、产状、品位	矿体为沿层产出，受层间构造控制，共控制 11 个矿体,较大的矿体为：1 号矿体：为单锌矿体，长＞120 米，水平厚 12.82 米，Zn 品位 5.99%；10 号矿体：10 号矿体长＞55 米，厚 4 米，为单锌矿体，品位 9.45%；5 号矿体厚 1.35 米，为单铅矿体，品位 3.84%			矿石类型，矿石结构、构造，矿物共生组合	金属矿物：方铅矿、闪锌矿、黄铁矿。 脉石矿物：方解石、重晶石
围岩蚀变	方解石化、重晶石化			矿石可选性	
勘查程度	预查			现状	
资料来源	《滇东北铅锌矿床规律与预测》、东川队			找矿远景	
资源储量				备注	

矿产地名	猴子坡	规模	矿点	1/20 万图幅	东川幅
编号	32			所在行政区	云南省昆明市东川区
地理坐标	东经 103°05′14″，北纬 26°14′29″			成因类型	沉积-改造矿床
主要矿产	Pb、Zn			伴（共）生矿产	
地质背景	矿床大地构造位于扬子准地台西南缘，按铅锌成矿单元划分，属扬子铅锌成矿区。成矿区内，沉积盖层发育，岩浆活动较弱。区内，岩浆（火山）岩及沉积盖层 Pb、Zn 丰度值较高，沉积时的“同生断裂”及燕山末期强烈的构造运动，对铅锌矿床的形成及富集起到了重要作用，铅锌矿床主要为层控型（沉积-改造）矿床，仅在局部地区有与酸性-中酸性岩浆岩有关的热液矿床分布			矿床（点）地质特征	矿点在构造上与东西向黄水箐断裂与南北向新塘断裂有关。 铅锌矿化赋存地层可能为昆阳群青龙山组白云岩
矿体规模、形态、产状、品位	矿体受断裂构造控制，呈脉状产出。据老硐采样： 8 号老硐：锌矿体厚 10.25 米，Zn 6.24%；铅矿体厚 4.4 米，Pb 2.41%。 老硐共采样 7 件，其中铅锌重合者 3 件。 10 号老硐：矿体厚 2.5 米，Pb 品位 3.14%			矿石类型，矿石结构、构造，矿物共生组合	金属矿物：方铅矿、闪锌矿、黄铁矿。 脉石矿物：方解石、重晶石
围岩蚀变	方解石化、重晶石化			矿石可选性	
勘查程度	预查			现状	
资料来源	《滇东北铅锌矿床规律与预测》、东川队			找矿远景	
资源储量				备注	

矿产地名	发西期	规模	矿点	1/20 万图幅	会理幅
编号	33			所在行政区	云南省禄劝县
地理坐标	东经 104°41′38″，北纬 26°12′44″			成因类型	沉积-改造矿床
主要矿产	Pb、Zn			伴（共）生矿产	
地质背景	矿床大地构造位于扬子准地台西南缘，按铅锌成矿单元划分，属扬子铅锌成矿区。成矿区内，沉积盖层发育，岩浆活动较弱。区内，岩浆（火山）岩及沉积盖层 Pb、Zn 丰度值较高，沉积时的“同生断裂”及燕山末期强烈的构造运动，对铅锌矿床的形成及富集起到了重要作用，铅锌矿床主要为层控型（沉积-改造）矿床，仅在局部地区有与酸性-中酸性岩浆岩有关的热液矿床分布			矿床（点）地质特征	位于德干断裂构造东侧。 赋矿地层为上震旦统顶部白云岩
矿体规模、形态、产状、品位	铅锌矿化主要沿层间裂隙及北西向断裂破碎带产出。 品位：Pb 0.5%～6.6%、Zn 1%～26%、Cd 0.1%～0.5%			矿石类型，矿石结构、构造，矿物共生组合	金属矿物：方铅矿为主，闪锌矿较少。 脉石矿物：石英、白云石、方解石等
围岩蚀变	硅化、方解石化			矿石可选性	
勘查程度	普查			现状	
资料来源	1/20 万会理幅			远景评价	无远景
资源储量				备注	

矿产地名	包谷山	规模	矿点	1/20 万图幅	会理幅
编号	34			所在行政区	云南省昆明市东川区
地理坐标	东经 102°48′30″，北纬 26°12′07″			成因类型	沉积-改造矿床
主要矿产	Pb、Zn			伴（共）生矿产	
地质背景	矿床大地构造位于扬子准地台西南缘，按铅锌成矿单元划分，属扬子铅锌成矿区。成矿区内，沉积盖层发育，岩浆活动较弱。区内，岩浆（火山）岩及沉积盖层 Pb、Zn 丰度值较高，沉积时的“同生断裂”及燕山末期强烈的构造运动，对铅锌矿床的形成及富集起到了重要作用，铅锌矿床主要为层控型（沉积-改造）矿床，仅在局部地区有与酸性-中酸性岩浆岩有关的热液矿床分布			矿床（点）地质特征	矿点位于二台坡断裂与贵城断裂之间。 赋矿地层为震旦系灯影组白云岩、白云质灰岩
矿体规模、形态、产状、品位	铅锌矿化沿羽状裂隙及层间裂隙形成方铅矿-重晶石脉、方铅矿-闪锌矿-石英-方解石脉，特别是在东西向、南北向断裂交汇处，矿脉常常成群分布。脉长 1～10 米，厚 0.2～1.2 米，品位：Pb 0.3%～2%、Zn 0.1%～1%、Cu 0.1%～0.8%			矿石类型，矿石结构、构造，矿物共生组合	金属矿物：方铅矿、闪锌矿呈散点状或条带状分布。 脉石矿物：重晶石、方解石、石英
围岩蚀变	硅化、褪色、重结晶			矿石可选性	
勘查程度	预查			现状	
资料来源	1/20 万会理幅			找矿远景	
资源储量				备注	1/20 万区调报告中，只有关于该类型矿化的统一描述，无矿产地具体资料

矿产地名	老银厂	规模	矿点	1/20 万图幅	会理幅
编号	35			所在行政区	云南省昆明市东川区
地理坐标	东经 102°50′08″，北纬 26°11′51″			成因类型	沉积-改造矿床
主要矿产	Pb、Zn			伴（共）生矿产	
地质背景	矿床大地构造位于扬子准地台西南缘，按铅锌成矿单元划分，属扬子铅锌成矿区。成矿区内，沉积盖层发育，岩浆活动较弱。区内，岩浆（火山）岩及沉积盖层 Pb、Zn 丰度值较高，沉积时的“同生断裂”及燕山末期强烈的构造运动，对铅锌矿床的形成及富集起到了重要作用，铅锌矿床主要为层控型（沉积-改造）矿床，仅在局部地区有与酸性-中酸性岩浆岩有关的热液矿床分布			矿床（点）地质特征	矿点位于二台坡断裂与贵城断裂之间。 赋矿地层为震旦系灯影组白云岩、白云质灰岩
矿体规模、形态、产状、品位	铅锌矿化沿羽状裂隙及层间裂隙形成方铅矿-重晶石脉、方铅矿-闪锌矿-石英-方解石脉，特别是在东西向、南北向断裂交汇处，矿脉常常成群分布。脉长一般 1～10 米，厚 0.2～1.2 米，品位：Pb 0.3%～2%、Zn 0.1%～1%、Cu 0.1%～0.8%			矿石类型，矿石结构、构造，矿物共生组合	金属矿物：方铅矿、闪锌矿呈散点状或条带状分布。 脉石矿物：重晶石、方解石、石英
围岩蚀变	硅化、褪色、重结晶			矿石可选性	
勘查程度	预查			现状	
资料来源	1/20 万会理幅			找矿远景	
资源储量				备注	1/20 万区调报告中，只有关于该类型矿化的统一描述，无矿产地具体资料

<table>
<tr><td>矿产地名</td><td>小场院</td><td>规模</td><td>矿点</td><td>1/20 万图幅</td><td>会理幅</td></tr>
<tr><td>编号</td><td colspan="3">36</td><td>所在行政区</td><td>云南省昆明市东川区</td></tr>
<tr><td>地理坐标</td><td colspan="3">东经 102°51′47″，北纬 26°11′26″</td><td>成因类型</td><td>沉积-改造矿床</td></tr>
<tr><td>主要矿产</td><td colspan="3">Pb、Zn</td><td>伴（共）生矿产</td><td></td></tr>
<tr><td>地质背景</td><td colspan="3">矿床大地构造位于扬子准地台西南缘，按铅锌成矿单元划分，属扬子铅锌成矿区。成矿区内，沉积盖层发育，岩浆活动较弱。区内，岩浆（火山）岩及沉积盖层 Pb、Zn 丰度值较高，沉积时的“同生断裂”及燕山末期强烈的构造运动，对铅锌矿床的形成及富集起到了重要作用，铅锌矿床主要为层控型（沉积-改造）矿床，仅在局部地区有与酸性-中酸性岩浆岩有关的热液矿床分布</td><td>矿床（点）地质特征</td><td>矿点位于二台坡断裂与贵城断裂之间。
赋矿地层为震旦系灯影组白云岩、白云质灰岩</td></tr>
<tr><td>矿体规模、形态、产状、品位</td><td colspan="3">铅锌矿化沿羽状裂隙及层间裂隙形成方铅矿-重晶石脉、方铅矿-闪锌矿-石英-方解石脉，特别是在东西向、南北向断裂交汇处，矿脉常常成群分布。脉长一般 1～10 米，厚 0.2～1.2 米，品位：Pb 0.3%～2%、Zn 0.1%～1%、Cu 0.1%～0.8%</td><td>矿石类型，矿石结构、构造，矿物共生组合</td><td>金属矿物：方铅矿、闪锌矿呈散点状或条带状分布。
脉石矿物：重晶石、方解石、石英</td></tr>
<tr><td>围岩蚀变</td><td colspan="3">硅化、褪色、重结晶</td><td>矿石可选性</td><td></td></tr>
<tr><td>勘查程度</td><td colspan="3">预查</td><td>现状</td><td></td></tr>
<tr><td>资料来源</td><td colspan="3">1/20 万会理幅</td><td>找矿远景</td><td></td></tr>
<tr><td>资源储量</td><td colspan="3"></td><td>备注</td><td>1/20 万区调报告中，只有关于该类型矿化的统一描述，无矿产地具体资料</td></tr>
</table>

矿产地名	色地	规模	矿点	1/20 万图幅	会理幅
编号	37			所在行政区	云南省昆明市东川区
地理坐标	东经 102°49′04″，北纬 26°10′51″			成因类型	沉积-改造矿床
主要矿产	Pb、Zn			伴（共）生矿产	
地质背景	矿床大地构造位于扬子准地台西南缘，按铅锌成矿单元划分，属扬子铅锌成矿区。成矿区内，沉积盖层发育，岩浆活动较弱。区内，岩浆（火山）岩及沉积盖层 Pb、Zn 丰度值较高，沉积时的“同生断裂”及燕山末期强烈的构造运动，对铅锌矿床的形成及富集起到了重要作用，铅锌矿床主要为层控型（沉积-改造）矿床，仅在局部地区有与酸性-中酸性岩浆岩有关的热液矿床分布			矿床（点）地质特征	矿点位于二台坡断裂与贵城断裂之间。 赋矿地层为震旦系灯影组白云岩、白云质灰岩
矿体规模、形态、产状、品位	铅锌矿化沿羽状裂隙及层间裂隙形成方铅矿-重晶石脉、方铅矿-闪锌矿-石英-方解石脉，特别是在东西向、南北向断裂交汇处，矿脉常常成群分布。脉长一般 1～10 米，厚 0.2～1.2 米，品位：Pb 0.3%～2%、Zn 0.1%～1%、Cu 0.1%～0.8%			矿石类型，矿石结构、构造，矿物共生组合	金属矿物：方铅矿、闪锌矿呈散点状或条带状分布。 脉石矿物：重晶石、方解石、石英
围岩蚀变	硅化、褪色、重结晶			矿石可选性	
勘查程度	预查			现状	
资料来源	1/20 万会理幅			找矿远景	
资源储量				备注	1/20 万区调报告中，只有关于该类型矿化的统一描述，无矿产地具体资料

矿产地名	老旁梁	规模	矿点	1/20 万图幅	会理幅
编号	38			所在行政区	云南省昆明市东川区
地理坐标	东经 102°52′48″，北纬 26°10′22″			成因类型	沉积-改造矿床
主要矿产	Pb、Zn			伴（共）生矿产	
地质背景	矿床大地构造位于扬子准地台西南缘，按铅锌成矿单元划分，属扬子铅锌成矿区。成矿区内，沉积盖层发育，岩浆活动较弱。区内，岩浆（火山）岩及沉积盖层 Pb、Zn 丰度值较高，沉积时的“同生断裂”及燕山末期强烈的构造运动，对铅锌矿床的形成及富集起到了重要作用，铅锌矿床主要为层控型（沉积-改造）矿床，仅在局部地区有与酸性-中酸性岩浆岩有关的热液矿床分布			矿床（点）地质特征	矿点位于二台坡断裂与贵城断裂之间。 赋矿地层为震旦系灯影组白云岩、白云质灰岩
矿体规模、形态、产状、品位	铅锌矿化沿羽状裂隙及层间裂隙形成方铅矿-重晶石脉、方铅矿-闪锌矿-石英-方解石脉，特别是在东西向、南北向断裂交汇处，矿脉常常成群分布。脉长 1～10 米，厚 0.2～1.2 米，品位：Pb 0.3%～2%、Zn 0.1%～1%、Cu 0.1%～0.8%			矿石类型，矿石结构、构造，矿物共生组合	金属矿物：方铅矿、闪锌矿呈散点状或条带状分布。 脉石矿物：重晶石、方解石、石英
围岩蚀变	硅化、褪色、重结晶			矿石可选性	
勘查程度	预查			现状	
资料来源	1/20 万会理幅			找矿远景	
资源储量				备注	1/20 万区调报告中，只有关于该类型矿化的统一描述，无矿产地具体资料

矿产地名	大转湾	规模	矿点	1/20 万图幅	会理幅
编号	39			所在行政区	云南省禄劝县
地理坐标	东经 102°51′41，北纬 26°10′41″			成因类型	与酸性、中酸性花岗岩有关的热液矿床
主要矿产	Pb、Zn			伴（共）生矿产	Ga、Ag、Cd、Ge
地质背景	矿床大地构造位于扬子准地台西南缘，按铅锌成矿单元划分，属扬子铅锌成矿区。成矿区内，沉积盖层发育，岩浆活动较弱。区内，岩浆（火山）岩及沉积盖层 Pb、Zn 丰度值较高，沉积时的“同生断裂”及燕山末期强烈的构造运动，对铅锌矿床的形成及富集起到了重要作用，铅锌矿床主要为层控型（沉积-改造）矿床，仅在局部地区有与酸性-中酸性岩浆岩有关的热液矿床分布			矿床（点）地质特征	位于二台坡断裂与贵城断裂两侧。 铅锌矿产于上震旦统灯影组白云岩、白云质灰岩中。矿化沿层间裂隙及断裂的羽状断裂形成方铅矿-重晶石脉、方铅矿-闪锌矿-石英-方解石脉，在东西、南北向断裂交汇处，矿脉往往成群分布
矿体规模、形态、产状、品位	矿脉长 1～10 米，厚 0.2～1.2 米。 矿石品位：Pb 最高 19.7%，一般 0.3%～2%；Zn 最高 20%，一般 0.1%～1%；Cu 含量 0.1%～0.8%			矿石类型，矿石结构、构造，矿物共生组合	矿石为团斑状、星点状、条带状。 矿石矿物：方铅矿、闪锌矿及少量黄铜矿、孔雀石。 脉石矿物：重晶石、石英、方解石
围岩蚀变	褪色普遍，局部硅化、重结晶			矿石可选性	
勘查程度	预查			现状	
资料来源	1/20 万会理幅			找矿远景	
资源储量				备注	矿床特征描述据 1/20 万会理幅报告。报告为对矿床（点）分类综述，无具体矿点资料。因此，对具体矿床（点）使用以上资料时需谨慎

矿产地名	雨碌	规模	小型	1/20 万图幅	地层幅
编号	40			所在行政区	云南省会泽县
地理坐标	东经 103°34′36″，北纬 26°22′03″			成因类型	沉积-改造矿床
主要矿产	Pb、Zn			伴（共）生矿产	
地质背景	矿床大地构造位于扬子准地台西南缘，按铅锌成矿单元划分，属扬子铅锌成矿区。成矿区内，沉积盖层发育，岩浆活动较弱。区内，岩浆（火山）岩及沉积盖层 Pb、Zn 丰度值较高，沉积时的“同生断裂”及燕山末期强烈的构造运动，对铅锌矿床的形成及富集起到了重要作用，铅锌矿床主要为层控型（沉积-改造）矿床，仅在局部地区有与酸性-中酸性岩浆岩有关的热液矿床分布			矿床（点）地质特征	赋矿地层为震旦系灯影组、下寒武统渔户村组硅质白云岩、白云质泥质灰岩。 铅锌黄铁矿矿体沿层产出，地层（矿体）产状：北东 25°～45°，倾向北西，倾角 40°～45°
矿体规模、形态、产状、品位	矿体长 720 米，斜深 250 米，厚 3 米，有数个透镜体组成：1 号矿体规模 456 米×240 米×1.45 米，黄铁矿品位 69.06%，Pb 1.28%，Zn 3.62%；2 号矿体规模 264 米×250 米×1.73 米，黄铁矿品位 40.09%，Pb 1.39%，Zn 3.96%。矿体与裂隙交叉处或岩层挠曲处明显膨大变富			矿石类型，矿石结构、构造，矿物共生组合	金属矿物：黄铁矿、方铅矿、闪锌矿。 脉石矿物：白云石、重晶石、石英
围岩蚀变	硅化、重晶石化			矿石可选性	
勘查程度	预查			现状	
资料来源	《滇东北铅锌矿成矿规律与预测》、《截止 2009 年底云南省资源储量简表》			找矿远景	
资源储量	截止 2009 年底累计查明资源储量：Pb 7300 吨，其中：资源量 5608 吨，基础储量 1692 吨；Zn 13028 吨，其中：资源量 7266 吨，基础储量 5762 吨。伴生黄铁矿 27.1 万吨，7300 吨，其中：资源量 9.9 万吨，基础储量 17.2 万吨			备注	

矿产地名	铁厂	规模	小型	1/20万图幅	地层幅
编号	41			所在行政区	云南省会泽县
地理坐标	东经 103°31′09″，北纬 26°19′48″			成因类型	沉积-改造矿床
主要矿产	Pb、Zn			伴（共）生矿产	
地质背景	矿床大地构造位于扬子准地台西南缘，按铅锌成矿单元划分，属扬子铅锌成矿区。成矿区内，沉积盖层发育，岩浆活动较弱。区内，岩浆（火山）岩及沉积盖层 Pb、Zn 丰度值较高，沉积时的“同生断裂”及燕山末期强烈的构造运动，对铅锌矿床的形成及富集起到了重要作用，铅锌矿床主要为层控型（沉积-改造）矿床，仅在局部地区有与酸性-中酸性岩浆岩有关的热液矿床分布			矿床（点）地质特征	矿点位于雨碌矿床南西。 赋矿地层为震旦系灯影组、下寒武统渔户村组燧石条带白云岩、白云质泥质灰岩。铅锌黄铁矿矿体沿层及裂隙产出
矿体规模、形态、产状、品位	矿体呈似层状及脉状产出。 矿体以铅为主，平均品位 Pb 1.62%			矿石类型，矿石结构、构造，矿物共生组合	金属矿物：方铅矿，少量黄铁矿、闪锌矿。 脉石矿物：方解石、白云石
围岩蚀变	白云石化、方解石化			矿石可选性	
勘查程度	普查			现状	
资料来源	317 队			找矿远景	
资源储量	Pb 9895 吨			备注	

矿产地名	大地头	规模	矿点	1/20 万图幅	地层幅
编号	42			所在行政区	云南省会泽县
地理坐标	东经 103°33′27″，北纬 26°21′13″			成因类型	沉积-改造矿床
主要矿产	Pb、Zn			伴（共）生矿产	
地质背景	矿床大地构造位于扬子准地台西南缘，按铅锌成矿单元划分，属扬子铅锌成矿区。成矿区内，沉积盖层发育，岩浆活动较弱。区内，岩浆（火山）岩及沉积盖层 Pb、Zn 丰度值较高，沉积时的“同生断裂”及燕山末期强烈的构造运动，对铅锌矿床的形成及富集起到了重要作用，铅锌矿床主要为层控型（沉积-改造）矿床，仅在局部地区有与酸性-中酸性岩浆岩有关的热液矿床分布			矿床（点）地质特征	该点为雨碌矿点南延。容矿地层为震旦系灯影组燧石条带白云岩。矿点见褐铁矿矿体沿层产出
矿体规模、形态、产状、品位	褐铁矿体呈沿层产出的囊状体，白云石、方解石网脉发育，可能为黄铁矿型铅锌氧化矿（铁帽）。囊状体斜长＞20 米，厚 3～5 米。褐铁矿未做分析			矿石类型，矿石结构、构造，矿物共生组合	金属矿物：褐铁矿。脉石矿物：白云石、方解石
围岩蚀变	硅化、重晶石化			矿石可选性	
勘查程度	预查			现状	
资料来源	317 队			找矿远景	
资源储量				备注	

矿产地名	银厂	规模	小型	1/20 万图幅	地层幅
编号	43			所在行政区	云南省会泽县
地理坐标	东经 103°30′35″，北纬 26°18′00″			成因类型	沉积-改造矿床
主要矿产	Pb、Zn			伴（共）生矿产	Bi、V_2O_5
地质背景	矿床大地构造位于扬子准地台西南缘，按铅锌成矿单元划分，属扬子铅锌成矿区。成矿区内，沉积盖层发育，岩浆活动较弱。区内，岩浆（火山）岩及沉积盖层 Pb、Zn 丰度值较高，沉积时的“同生断裂”及燕山末期强烈的构造运动，对铅锌矿床的形成及富集起到了重要作用，铅锌矿床主要为层控型（沉积-改造）矿床，仅在局部地区有与酸性-中酸性岩浆岩有关的热液矿床分布			矿床（点）地质特征	矿区位于银厂逆断层上盘。 赋矿地层为震旦系灯影组、下寒武统渔户村组硅质或燧石条带白云岩、白云质泥质灰岩。 矿体产状与地层基本一致，产状：北西 68°～80°，倾向南西，倾角 61°～88°；矿区也有穿层的矿脉
矿体规模、形态、产状、品位	矿区共揭露矿体 19 个，主要为沿层产出的似层状、脉状矿体。单个矿体长 55～810 米，斜深 10～142 米，平均厚 1.03～5.27 米， 品位变化范围：Pb 0.5%～3.77%			矿石类型，矿石结构、构造，矿物共生组合	金属矿物：方铅矿、黄铁矿、闪锌矿少量。 脉石矿物：白云石、重晶石、石英。 矿石类型：似层状矿体为重晶石-白云岩-石英型，脉状矿体为铅锌黄铁矿重晶石型
围岩蚀变	硅化、重晶石化			矿石可选性	
勘查程度	勘查			现状	
资料来源	《滇东北铅锌矿成矿规律与预测》、《截止 2009 年底云南省资源储量简表》			找矿远景	
资源储量	截至 2009 年年底累计查明资源储量：Pb 38228 吨，其中：资源量 3824 吨，基础储量 34404 吨			备注	

矿产地名	大扎营	规模	矿点	1/20 万图幅	东川幅
编号	44			所在行政区	云南省会泽县
地理坐标	东经 103°32′54″，北纬 26°17′30″			成因类型	沉积-改造矿床
主要矿产	Pb、Zn			伴（共）生矿产	
地质背景	矿床大地构造位于扬子准地台西南缘，按铅锌成矿单元划分，属扬子铅锌成矿区。成矿区内，沉积盖层发育，岩浆活动较弱。区内，岩浆（火山）岩及沉积盖层 Pb、Zn 丰度值较高，沉积时的“同生断裂”及燕山末期强烈的构造运动，对铅锌矿床的形成及富集起到了重要作用，铅锌矿床主要为层控型（沉积-改造）矿床，仅在局部地区有与酸性-中酸性岩浆岩有关的热液矿床分布			矿床（点）地质特征	赋矿地层为下寒武统渔户村组白云质、泥质灰岩。 铅锌黄铁矿矿体沿层间裂隙产出，产状与地层一致
矿体规模、形态、产状、品位	矿化带有数条脉体组成，长 80～100 米，矿体长数米至数十米，厚 0.4～0.8 米，一般品位较低，个别 Pb 达 2.80%			矿石类型，矿石结构、构造，矿物共生组合	金属矿物：黄铁矿、方铅矿、孔雀石。 脉石矿物：白云石、方解石、石英
围岩蚀变	白云石化、方解石化			矿石可选性	
勘查程度	预查			现状	
资料来源	《滇东北铅锌矿成矿规律与预测》			找矿远景	
资源储量				备注	

矿产地名	谭家箐	规模	矿点	1/20 万图幅	地层幅
编号	45			所在行政区	云南省会泽县
地理坐标	东经 103°28′37″，北纬 26°17′20″			成因类型	沉积-改造矿床
主要矿产	Pb、Zn			伴（共）生矿产	
地质背景	矿床大地构造位于扬子准地台西南缘，按铅锌成矿单元划分，属扬子铅锌成矿区。成矿区内，沉积盖层发育，岩浆活动较弱。区内，岩浆（火山）岩及沉积盖层 Pb、Zn 丰度值较高，沉积时的“同生断裂”及燕山末期强烈的构造运动，对铅锌矿床的形成及富集起到了重要作用，铅锌矿床主要为层控型（沉积-改造）矿床，仅在局部地区有与酸性-中酸性岩浆岩有关的热液矿床分布			矿床（点）地质特征	矿点位于雨碌矿床南西。 赋矿地层为震旦系灯影组燧石条带白云岩。 铅锌黄铁矿矿体北东向产出
矿体规模、形态、产状、品位	矿体沿断裂呈脉状产出，从采空区观察，矿体厚 0.5～2 米，延深大于 20 米，矿石主要为铅锌黄铁矿矿石			矿石类型，矿石结构、构造，矿物共生组合	金属矿物：黄铁矿、方铅矿、闪锌矿。 脉石矿物：方解石、白云石
围岩蚀变	白云石化、方解石化			矿石可选性	
勘查程度	普查			现状	停采
资料来源	317 队			找矿远景	
资源储量				备注	

矿产地名	分水岭	规模	矿点	1/20 万图幅	东川幅
编号	46			所在行政区	云南省会泽县
地理坐标	东经 103°26′33″，北纬 26°15′22″			成因类型	沉积-改造矿床
主要矿产	Pb、Zn			伴（共）生矿产	
地质背景	矿床大地构造位于扬子准地台西南缘，按铅锌成矿单元划分，属扬子铅锌成矿区。成矿区内，沉积盖层发育，岩浆活动较弱。区内，岩浆（火山）岩及沉积盖层 Pb、Zn 丰度值较高，沉积时的“同生断裂”及燕山末期强烈的构造运动，对铅锌矿床的形成及富集起到了重要作用，铅锌矿床主要为层控型（沉积-改造）矿床，仅在局部地区有与酸性-中酸性岩浆岩有关的热液矿床分布			矿床（点）地质特征	位于雨碌构造带西南侧，铅锌矿体沿羽状裂隙产出。 赋矿地层为震旦系灯影组硅质白云岩
矿体规模、形态、产状、品位	矿化与断裂有关。 铅锌矿物沿断裂破碎带及两侧成细脉状分布，细脉长<1 米，单脉厚 0.01～0.05 米，矿脉分布极稀疏			矿石类型，矿石结构、构造，矿物共生组合	金属矿物：方铅矿、闪锌矿、黄铁矿。 脉石矿物：方解石、白云石、重晶石
围岩蚀变				矿石可选性	
勘查程度	预查			现状	
资料来源	317 队踏勘资料			找矿远景	
资源储量				备注	

矿产地名	波模村	规模	矿点	1/20 万图幅	东川幅
编号	47			所在行政区	云南省会泽县
地理坐标	东经 103°24′33″，北纬 26°13′35″			成因类型	沉积-改造矿床
主要矿产	Pb、Zn			伴（共）生矿产	
地质背景	矿床大地构造位于扬子准地台西南缘，按铅锌成矿单元划分，属扬子铅锌成矿区。成矿区内，沉积盖层发育，岩浆活动较弱。区内，岩浆（火山）岩及沉积盖层 Pb、Zn 丰度值较高，沉积时的“同生断裂”及燕山末期强烈的构造运动，对铅锌矿床的形成及富集起到了重要作用，铅锌矿床主要为层控型（沉积-改造）矿床，仅在局部地区有与酸性-中酸性岩浆岩有关的热液矿床分布			矿床（点）地质特征	位于雨碌构造带西南侧，铅锌矿体沿待补羽状裂隙产出。 赋矿地层为震旦系灯影组硅质白云岩
矿体规模、形态、产状、品位	矿化与两组裂隙有关。矿化带长 680 米，脉长数米至十余米，厚＜0.85 米，品位 Pb 2.26%～16.84%，Zn 0.45%～5.96%			矿石类型，矿石结构、构造，矿物共生组合	金属矿物：方铅矿、闪锌矿、黄铁矿。 脉石矿物：方解石、白云石、重晶石
围岩蚀变				矿石可选性	
勘查程度	预查			现状	
资料来源	《滇东北铅锌矿成矿规律与预测》			找矿远景	
资源储量				备注	

矿产地名	哨碑	规模	矿点	1/20 万图幅	东川幅
编号	48			所在行政区	云南省会泽县
地理坐标	东经 103°25′02″，北纬 26°11′43″			成因类型	沉积-改造矿床
主要矿产	Pb、Zn			伴（共）生矿产	
地质背景	矿床大地构造位于扬子准地台西南缘，按铅锌成矿单元划分，属扬子铅锌成矿区。成矿区内，沉积盖层发育，岩浆活动较弱。区内，岩浆（火山）岩及沉积盖层 Pb、Zn 丰度值较高，沉积时的“同生断裂”及燕山末期强烈的构造运动，对铅锌矿床的形成及富集起到了重要作用，铅锌矿床主要为层控型（沉积-改造）矿床，仅在局部地区有与酸性-中酸性岩浆岩有关的热液矿床分布			矿床（点）地质特征	位于雨碌构造带西南侧，铅锌矿体沿待补羽状裂隙产出。 赋矿地层为震旦系灯影组硅质白云岩、粉砂岩
矿体规模、形态、产状、品位	矿化带为两条北西 15° 的断裂破碎带，长 70 米，呈雁行状排列，宽 1～3 米，品位：Pb 0.84%～11%、Cu 0.03%			矿石类型，矿石结构、构造，矿物共生组合	金属矿物：方铅矿。 脉石矿物：重晶石
围岩蚀变				矿石可选性	
勘查程度	预查			现状	
资料来源	《滇东北铅锌矿成矿规律与预测》			找矿远景	
资源储量				备注	

矿产地名	待补	规模	矿点	1/20 万图幅	东川幅
编号	49			所在行政区	云南省会泽县
地理坐标	东经 103°26′30″，北纬 26°11′32″			成因类型	沉积-改造矿床
主要矿产	Pb、Zn			伴（共）生矿产	
地质背景	矿床大地构造位于扬子准地台西南缘，按铅锌成矿单元划分，属扬子铅锌成矿区。成矿区内，沉积盖层发育，岩浆活动较弱。区内，岩浆（火山）岩及沉积盖层 Pb、Zn 丰度值较高，沉积时的“同生断裂”及燕山末期强烈的构造运动，对铅锌矿床的形成及富集起到了重要作用，铅锌矿床主要为层控型（沉积-改造）矿床，仅在局部地区有与酸性-中酸性岩浆岩有关的热液矿床分布			矿床（点）地质特征	位于雨碌构造带西南侧，铅锌矿体沿待补羽状裂隙产出。 赋矿地层为震旦系灯影组硅质白云岩
矿体规模、形态、产状、品位	矿化为两条相距 10 米呈雁行状排列的重晶石脉，脉体长 40 米，宽 0.5～2 米。矿化不均匀，品位：Pb 4.11%、Zn 0.14%、Cu 0.03%			矿石类型，矿石结构、构造，矿物共生组合	金属矿物：闪锌矿、方铅矿。 脉石矿物：萤石、石英
围岩蚀变				矿石可选性	
勘查程度	预查			现状	
资料来源	《滇东北铅锌矿成矿规律与预测》			找矿远景	
资源储量				备注	

矿产地名	金牛厂	规模	矿点	1/20 万图幅	东川幅
编号	50			所在行政区	云南省会泽县
地理坐标	东经 103°18′03″，北纬 26°07′41″			成因类型	沉积-改造矿床
主要矿产	Pb、Zn			伴（共）生矿产	
地质背景	矿床大地构造位于扬子准地台西南缘，按铅锌成矿单元划分，属扬子铅锌成矿区。成矿区内，沉积盖层发育，岩浆活动较弱。区内，岩浆（火山）岩及沉积盖层 Pb、Zn 丰度值较高，沉积时的“同生断裂”及燕山末期强烈的构造运动，对铅锌矿床的形成及富集起到了重要作用，铅锌矿床主要为层控型（沉积-改造）矿床，仅在局部地区有与酸性-中酸性岩浆岩有关的热液矿床分布			矿床（点）地质特征	位于矿山厂-金牛厂逆断层南西端，关仓箐背斜逆断层带。羽状裂隙发育。 赋矿地层为震旦系灯影组、下寒武统渔户村组硅质白云岩、砂泥质白云岩
矿体规模、形态、产状、品位	矿化带长 5600 米，矿体沿层透镜体及脉状产出，单个矿体长 20～600 米，倾斜延深 170 米，厚 1.65～2.48 米。 品位 Pb 0.5%～11.87%，平均 1.88%			矿石类型，矿石结构、构造，矿物共生组合	金属矿物：方铅矿、少量闪锌矿、黄铁矿、黄铜矿。 脉石矿物：白云石、方解石、重晶石、石英
围岩蚀变				矿石可选性	
勘查程度	预查			现状	
资料来源	《滇东北铅锌矿成矿规律与预测》、317 队			找矿远景	
资源储量	Pb 73.14 吨			备注	

矿产地名	岔箐	规模	矿点	1/20 万图幅	会理幅
编号	51			所在行政区	云南省昆明市东川区
地理坐标	东经 103°04′00″，北纬 26°11′12″			成因类型	沉积-改造矿床
主要矿产	Pb、Zn			伴（共）生矿产	
地质背景	矿床大地构造位于扬子准地台西南缘，按铅锌成矿单元划分，属扬子铅锌成矿区。成矿区内，沉积盖层发育，岩浆活动较弱。区内，岩浆（火山）岩及沉积盖层 Pb、Zn 丰度值较高，沉积时的“同生断裂”及燕山末期强烈的构造运动，对铅锌矿床的形成及富集起到了重要作用，铅锌矿床主要为层控型（沉积-改造）矿床，仅在局部地区有与酸性-中酸性岩浆岩有关的热液矿床分布			矿床（点）地质特征	赋矿地层为震旦系灯影组白云岩、白云质灰岩
矿体规模、形态、产状、品位	铅锌矿化方解石脉、白云石脉，矿化极不均匀			矿石类型，矿石结构、构造，矿物共生组合	金属矿物：方铅矿、闪锌矿呈散点状或条带状分布 脉石矿物：重晶石、方解石、石英
围岩蚀变	硅化、褪色、重结晶			矿石可选性	
勘查程度	预查			现状	
资料来源	《云南省区域矿床总结》			找矿远景	
资源储量				备注	

<table>
<tr><td>矿产地名</td><td>罗小树</td><td>规模</td><td>矿点</td><td>1/20 万图幅</td><td>会理幅</td></tr>
<tr><td>编号</td><td colspan="3">52</td><td>所在行政区</td><td>云南省昆明市东川区</td></tr>
<tr><td>地理坐标</td><td colspan="3">东经 103°01′28″，北纬 26°10′18″</td><td>成因类型</td><td>沉积-改造矿床</td></tr>
<tr><td>主要矿产</td><td colspan="3">Pb、Zn</td><td>伴（共）生矿产</td><td></td></tr>
<tr><td>地质背景</td><td colspan="3">矿床大地构造位于扬子准地台西南缘，按铅锌成矿单元划分，属扬子铅锌成矿区。成矿区内，沉积盖层发育，岩浆活动较弱。区内，岩浆（火山）岩及沉积盖层 Pb、Zn 丰度值较高，沉积时的“同生断裂”及燕山末期强烈的构造运动，对铅锌矿床的形成及富集起到了重要作用，铅锌矿床主要为层控型（沉积-改造）矿床，仅在局部地区有与酸性-中酸性岩浆岩有关的热液矿床分布</td><td>矿床（点）地质特征</td><td>赋矿地层为震旦系灯影组白云岩、白云质灰岩</td></tr>
<tr><td>矿体规模、形态、产状、品位</td><td colspan="3">铅锌矿化产于断裂旁侧的羽状、层间裂隙。
含铅 0.3%～2%，最高达 19.7%</td><td>矿石类型，矿石结构、构造，矿物共生组合</td><td>矿石呈散点状、团斑（块）状分布。
金属矿物：方铅矿、少量闪锌矿。
脉石矿物：重晶石、方解石、石英</td></tr>
<tr><td>围岩蚀变</td><td colspan="3">硅化、褪色、重结晶</td><td>矿石可选性</td><td></td></tr>
<tr><td>勘查程度</td><td colspan="3">预查</td><td>现状</td><td></td></tr>
<tr><td>资料来源</td><td colspan="3">《云南省区域矿床总结》</td><td>找矿远景</td><td></td></tr>
<tr><td>资源储量</td><td colspan="3"></td><td>备注</td><td></td></tr>
</table>

矿产地名	朱家地	规模	矿点	1/20 万图幅	会理幅
编号	53			所在行政区	云南省昆明市东川区
地理坐标	东经 103°00′25″，北纬 26°09′42″			成因类型	沉积-改造矿床
主要矿产	Pb、Zn			伴（共）生矿产	
地质背景	矿床大地构造位于扬子准地台西南缘，按铅锌成矿单元划分，属扬子铅锌成矿区。成矿区内，沉积盖层发育，岩浆活动较弱。区内，岩浆（火山）岩及沉积盖层 Pb、Zn 丰度值较高，沉积时的“同生断裂”及燕山末期强烈的构造运动，对铅锌矿床的形成及富集起到了重要作用，铅锌矿床主要为层控型（沉积-改造）矿床，仅在局部地区有与酸性-中酸性岩浆岩有关的热液矿床分布			矿床（点）地质特征	矿点位于二台坡断裂与贵城断裂之间。赋矿地层为震旦系灯影组白云岩、白云质灰岩
矿体规模、形态、产状、品位	铅锌矿化沿羽状裂隙及层间裂隙形成方铅矿-重晶石脉、方铅矿-闪锌矿-石英-方解石脉，特别是在东西向、南北向断裂交汇处，矿脉常常成群分布。脉长 1～10 米，厚 0.2～1.2 米，品位：Pb 0.3%～2%、Zn 0.1%～1%、Cu 0.1%～0.8%			矿石类型，矿石结构、构造，矿物共生组合	金属矿物：方铅矿、闪锌矿呈散点状或条带状分布。 脉石矿物：重晶石、方解石、石英
围岩蚀变	硅化、褪色、重结晶			矿石可选性	
勘查程度	预查			现状	
资料来源	1/20 万会理幅			找矿远景	
资源储量				备注	1/20 万区调报告中，只有关于该类型矿化的统一描述，无矿产地具体资料

矿产地名	上王山	规模	矿点	1/20 万图幅	会理幅
编号	54			所在行政区	云南省禄劝县
地理坐标	东经 102°59′37″，北纬 26°08′43″			成因类型	沉积-改造矿床
主要矿产	Pb、 Zn			伴（共）生矿产	
地质背景	矿床大地构造位于扬子准地台西南缘，按铅锌成矿单元划分，属扬子铅锌成矿区。成矿区内，沉积盖层发育，岩浆活动较弱。区内，岩浆（火山）岩及沉积盖层 Pb、Zn 丰度值较高，沉积时的“同生断裂”及燕山末期强烈的构造运动，对铅锌矿床的形成及富集起到了重要作用，铅锌矿床主要为层控型（沉积-改造）矿床，仅在局部地区有与酸性-中酸性岩浆岩有关的热液矿床分布			矿床（点）地质特征	位于二台坡断裂与贵城断裂两侧。 铅锌矿产于上震旦系灯影组白云岩、白云质灰岩中。矿化沿层间裂隙及断裂的羽状断裂形成方铅矿-重晶石脉、方铅矿-闪锌矿-石英-方解石脉，在东西、南北向断裂交汇处，矿脉往往成群分布
矿体规模、形态、产状、品位	矿脉长 1～10 米，厚 0.2～1.2 米。 矿石品位：Pb 最高 19.7%，一般 0.3%～2%；Zn 最高 20%，一般 0.1%～1%；Cu 含量 0.1%～0.8%			矿石类型，矿石结构、构造，矿物共生组合	矿石为团斑状、星点状、条带状。 矿石矿物：方铅矿、闪锌矿及少量黄铜矿、孔雀石。 脉石矿物：重晶石、石英、方解石
围岩蚀变				矿石可选性	
勘查程度	预查			现状	
资料来源	1/20 万会理幅			找矿远景	
资源储量				备注	矿床特征描述据 1/20 万会理幅报告。报告中对矿床（点）为分类综述，无具体矿点资料。因此，对具体矿床（点）使用以上资料时需谨慎

矿产地名	石庄	规模	小型	1/20 万图幅	东川幅
编号	55			所在行政区	云南省昆明市东川区
地理坐标	东经 102°59′00″，北纬 26°07′30″			成因类型	沉积-改造矿床
主要矿产	Pb、 Zn			伴（共）生矿产	
地质背景	矿床大地构造位于扬子准地台西南缘，按铅锌成矿单元划分，属扬子铅锌成矿区。成矿区内，沉积盖层发育，岩浆活动较弱。区内，岩浆（火山）岩及沉积盖层 Pb、Zn 丰度值较高，沉积时的“同生断裂”及燕山末期强烈的构造运动，对铅锌矿床的形成及富集起到了重要作用，铅锌矿床主要为层控型（沉积-改造）矿床，仅在局部地区有与酸性-中酸性岩浆岩有关的热液矿床分布			矿床（点）地质特征	赋存于震旦系灯影组上部硅质白云岩及下寒武统筇竹寺组下段的浅灰色薄层砂质板岩中，严格受近南北向的张性构造控制，倾角陡直
矿体规模、形态、产状、品位	区内工程共揭露九个矿体，其中Ⅶ号矿体为主矿体，其资源储量占估算资源储量总量的 56.17%。该矿体呈似层状沿断裂破碎带产出，工程控制长 613 米，总体走向近南北，向东陡倾，倾角 63°～76°。矿石品位：Pb 0.54%～23.13%,平均 2.8%；Zn 1.5%～24.38%,平均 8.72%			矿石类型，矿石结构、构造，矿物共生组合	矿石矿物以闪锌矿、方铅矿为主，此外可见少量铜蓝、孔雀石、黄铜矿、黄铁矿、褐铁矿、辉铜矿
围岩蚀变	硅化为主，其次为绿帘石化			矿石可选性	
勘查程度				现状	
资料来源	《截止 2009 年底云南省矿床资源储量简表》			找矿远景	
资源储量	截至 2009 年年底查明资源储量：Pb 7519 吨，品位 2.80%；Zn 23389 吨，品位 8.27%			备 注	

矿产地名	中槽子	规模	矿点	1/20 万图幅	会理幅
编号	56			所在行政区	云南省禄劝县
地理坐标	东经 102°53′51″，北纬 26°03′37″			成因类型	与酸性、中酸性花岗岩有关的热液矿床
主要矿产	Pb、 Zn			伴（共）生矿产	Ga、Ag、Cd、Ge
地质背景	矿床大地构造位于扬子准地台西南缘，按铅锌成矿单元划分，属扬子铅锌成矿区。成矿区内，沉积盖层发育，岩浆活动较弱。区内，岩浆（火山）岩及沉积盖层 Pb、Zn 丰度值较高，沉积时的“同生断裂”及燕山末期强烈的构造运动，对铅锌矿床的形成及富集起到了重要作用，铅锌矿床主要为层控型（沉积-改造）矿床，仅在局部地区有与酸性-中酸性岩浆岩有关的热液矿床分布			矿床（点）地质特征	位于二台坡断裂与贵城断裂两侧。 铅锌矿产于上震旦统灯影组白云岩、白云质灰岩中。矿化沿层间裂隙及断裂的羽状断裂形成方铅矿-重晶石脉、方铅矿-闪锌矿-石英-方解石脉，在东西、南北向断裂交汇处，矿脉往往成群分布
矿体规模、形态、产状、品位	矿脉长 1～10 米，厚 0.2～1.2 米。 矿石品位：Pb 最高 19.7%，一般 0.3%～2%；Zn 最高 20%，一般 0.1%～1%；Cu 含量 0.1%～0.8%			矿石类型，矿石结构、构造，矿物共生组合	矿石为团斑状、星点状、条带状。 矿石矿物：方铅矿、闪锌矿及少量黄铜矿、孔雀石。 脉石矿物：重晶石、石英、方解石
围岩蚀变	褪色普遍，局部硅化、重结晶			矿石可选性	
勘查程度	预查			现状	
资料来源	1/20 万会理幅			找矿远景	
资源储量				备注	矿床特征描述据 1/20 万会理幅报告。报告中对矿床（点）为分类综述，无具体矿点资料。因此，对具体矿床（点）使用以上资料时需谨慎

矿产地名	新槽子	规模	矿点	1/20 万图幅	会理幅
编号	57			所在行政区	云南省昆明市东川区
地理坐标	东经 102°52′33″，北纬 26°00′57″			成因类型	沉积-改造矿床
主要矿产	Pb、Zn			伴（共）生矿产	
地质背景	矿床大地构造位于扬子准地台西南缘，按铅锌成矿单元划分，属扬子铅锌成矿区。成矿区内，沉积盖层发育，岩浆活动较弱。区内，岩浆（火山）岩及沉积盖层 Pb、Zn 丰度值较高，沉积时的“同生断裂”及燕山末期强烈的构造运动，对铅锌矿床的形成及富集起到了重要作用，铅锌矿床主要为层控型（沉积-改造）矿床，仅在局部地区有与酸性-中酸性岩浆岩有关的热液矿床分布			矿床（点）地质特征	矿点位于二台坡断裂与贵城断裂之间。赋矿地层为震旦系灯影组白云岩、白云质灰岩
矿体规模、形态、产状、品位	铅锌矿化沿羽状裂隙及层间裂隙形成方铅矿-重晶石脉、方铅矿-闪锌矿-石英-方解石脉，特别是在东西向、南北向断裂交汇处，矿脉常常成群分布。脉长 1～10 米，厚 0.2～1.2 米，品位：Pb 0.3%～2%、Zn 0.1%～1%、Cu 0.1%～0.8%			矿石类型，矿石结构、构造，矿物共生组合	金属矿物：方铅矿、闪锌矿呈散点状或条带状分布。 脉石矿物：重晶石、方解石、石英
围岩蚀变	硅化、褪色、重结晶			矿石可选性	
勘查程度	预查			现状	
资料来源	1/20 万会理幅			找矿远景	
资源储量				备注	1/20 万区调报告中，只有关于该类型矿化的统一描述，无矿产地具体资料

矿产地名	大石板	规模	矿点	1/20 万图幅	水城幅
编号	58			所在行政区	云南省宣威市
地理坐标	东经 103°38′17″，北纬 26°03′49″			成因类型	沉积-改造矿床
主要矿产	Pb、Zn			伴（共）生矿产	
地质背景	矿床大地构造位于扬子准地台西南缘，按铅锌成矿单元划分，属扬子铅锌成矿区。成矿区内，沉积盖层发育，岩浆活动较弱。区内，岩浆（火山）岩及沉积盖层 Pb、Zn 丰度值较高，沉积时的“同生断裂”及燕山末期强烈的构造运动，对铅锌矿床的形成及富集起到了重要作用，铅锌矿床主要为层控型（沉积-改造）矿床，仅在局部地区有与酸性-中酸性岩浆岩有关的热液矿床分布			矿床（点）地质特征	位于南北向平顶山背斜西翼，岩层产状 295°～310°∠40°～56°，矿化沿 100°∠40°～45°的节理裂隙发育。 赋矿围岩为下二叠统茅口组上部灰色块状灰岩
矿体规模、形态、产状、品位	矿化地段分布有 5 个老硐，控制长度 200 米，掘进斜深 5~20 米。矿化微弱，不连续，光谱分析 Pb 0.015%，Zn 0.08%			矿石类型，矿石结构、构造，矿物共生组合	氧化矿，矿石为皮壳状褐铁矿。 金属矿物：白铅矿、铅矾、水锌矿、褐铁矿。 脉石矿物：白云石、方解石
围岩蚀变	白云石化、方解石化			矿石可选性	
勘查程度	预查			现状	
资料来源	1/20 万水城幅			远景评价	
资源储量				备注	

矿产地名	宜拉格	规模	矿点	1/20 万图幅	会理幅
编号	59			所在行政区	云南省禄劝县
地理坐标	东经 102°32′36″，北纬 25°59′08″			成因类型	沉积改造矿床
主要矿产	Pb、 Zn			伴（共）生矿产	Ga、Ag、Cd、Ge
地质背景	矿床大地构造位于扬子准地台西南缘，按铅锌成矿单元划分，属扬子铅锌成矿区。成矿区内，沉积盖层发育，岩浆活动较弱。区内，岩浆（火山）岩及沉积盖层 Pb、Zn 丰度值较高，沉积时的“同生断裂”及燕山末期强烈的构造运动，对铅锌矿床的形成及富集起到了重要作用，铅锌矿床主要为层控型（沉积-改造）矿床，仅在局部地区有与酸性-中酸性岩浆岩有关的热液矿床分布			矿床（点）地质特征	铅锌矿产于下侏罗统白果湾组灰色砂、页岩中
矿体规模、形态、产状、品位	矿脉沿倾向 205°、倾角 66°的正断层产出，长度不清，厚 0.3～0.5 米			矿石类型，矿石结构、构造，矿物共生组合	矿石为星点状。 矿石矿物：方铅矿、闪锌矿。 脉石矿物：方解石
围岩蚀变				矿石可选性	
勘查程度	预查			现状	
资料来源	1/20 万会理幅			找矿远景	
资源储量				备注	

矿产地名	高宗科	规模	矿点	1/20 万图幅	会理幅
编号	60			所在行政区	云南省禄劝县
地理坐标	东经 102°38′07″，北纬 25°58′00″			成因类型	沉积-改造矿床
主要矿产	Pb、Zn			伴（共）生矿产	
地质背景	矿床大地构造位于扬子准地台西南缘，按铅锌成矿单元划分，属扬子铅锌成矿区。成矿区内，沉积盖层发育，岩浆活动较弱。区内，岩浆（火山）岩及沉积盖层 Pb、Zn 丰度值较高，沉积时的“同生断裂”及燕山末期强烈的构造运动，对铅锌矿床的形成及富集起到了重要作用，铅锌矿床主要为层控型（沉积-改造）矿床，仅在局部地区有与酸性-中酸性岩浆岩有关的热液矿床分布			矿床（点）地质特征	位于德干断裂东侧。赋矿地层为上震旦统顶部白云岩
矿体规模、形态、产状、品位	铅锌矿化主要沿层间裂隙产出，矿带长 100 米，宽 0.2 米			矿石类型，矿石结构、构造，矿物共生组合	金属矿物：方铅矿为主，闪锌矿较少。 脉石矿物：石英、白云石、方解石等
围岩蚀变	硅化、方解石化			矿石可选性	
勘查程度	普查			现状	
资料来源	1/20 万会理幅			远景评价	无远景
资源储量				备注	

矿产地名	结鲁	规模	矿点	1/20 万图幅	武定幅
编号	61			所在行政区	云南省禄劝县
地理坐标	东经 102°44′44″，北纬 25°58′31″			成因类型	沉积-改造矿床
主要矿产	Pb、Zn			伴（共）生矿产	
地质背景	矿床大地构造位于扬子准地台西南缘，按铅锌成矿单元划分，属扬子铅锌成矿区。成矿区内，沉积盖层发育，岩浆活动较弱。区内，岩浆（火山）岩及沉积盖层 Pb、Zn 丰度值较高，沉积时的“同生断裂”及燕山末期强烈的构造运动，对铅锌矿床的形成及富集起到了重要作用，铅锌矿床主要为层控型（沉积-改造）矿床，仅在局部地区有与酸性-中酸性岩浆岩有关的热液矿床分布			矿床（点）地质特征	矿点位于南北向铅厂-龙泉村（普渡河）断裂旁侧。 矿体产于震旦系灯影组硅质、白云质灰岩顶部，其距渔户村组假整合面 50～100 米
矿体规模、形态、产状、品位	矿化脉厚 0.4 米，产状 40° ∠40° 。脉长及品位不清			矿石类型，矿石结构、构造，矿物共生组合	金属矿物：方铅矿。 脉石矿物：方解石
围岩蚀变	硅化、重晶石化			矿石可选性	
勘查程度	预查			现状	
资料来源	1/20 万武定幅			找矿远景	
资源储量				备注	

矿产地名	大坪子	规模	矿点	1/20 万图幅	武定幅
编号	62			所在行政区	云南省禄劝县
地理坐标	东经 102°54′49″，北纬 25°56′03″			成因类型	沉积-改造矿床
主要矿产	Pb			伴（共）生矿产	Cu0.09%,Zn0.06%
地质背景	矿床大地构造位于扬子准地台西南缘，按铅锌成矿单元划分，属扬子铅锌成矿区。成矿区内，沉积盖层发育，岩浆活动较弱。区内，岩浆（火山）岩及沉积盖层 Pb、Zn 丰度值较高，沉积时的“同生断裂”及燕山末期强烈的构造运动，对铅锌矿床的形成及富集起到了重要作用，铅锌矿床主要为层控型（沉积-改造）矿床，仅在局部地区有与酸性-中酸性岩浆岩有关的热液矿床分布			矿床（点）地质特征	矿区内出露下二叠统白云质灰岩及上二叠统玄武岩，矿化沿断裂产于下二叠统白云质灰岩中。 矿区内发育南北、北东两组断裂
矿体规模、形态、产状、品位	见一条方解石、石英铅锌矿脉，厚 0.1～0.2 米，脉体倾向 205°，倾角 80°～85°，矿脉有分叉，脉长不清。 刻槽取样品位：Pb 11.35%，Zn 12.62%			矿石类型，矿石结构、构造，矿物共生组合	金属矿物：方铅矿、闪锌矿、白铅矿、孔雀石。 矿石呈小团块状。 脉石矿物：方解石、石英
围岩蚀变	强硅化、方解石化			矿石可选性	
勘查程度	预查			现状	
资料来源	1/20 万武定幅			找矿远景	
资源储量				备注	

矿产地名	乾龙包包	规模	矿点	1/20 万图幅	曲靖幅
编号	63			所在行政区	云南省寻甸县
地理坐标	东经 103°11′54″，北纬 25°57′50″			成因类型	沉积-改造矿床
主要矿产	Pb、Zn、Cu			伴（共）生矿产	
地质背景	矿床大地构造位于扬子准地台西南缘，按铅锌成矿单元划分，属扬子铅锌成矿区。成矿区内，沉积盖层发育，岩浆活动较弱。区内，岩浆（火山）岩及沉积盖层 Pb、Zn 丰度值较高，沉积时的“同生断裂”及燕山末期强烈的构造运动，对铅锌矿床的形成及富集起到了重要作用，铅锌矿床主要为层控型（沉积-改造）矿床，仅在局部地区有与酸性-中酸性岩浆岩有关的热液矿床分布			矿床（点）地质特征	矿区位于小江大断裂以西，鲁纳窝断裂旁侧。 含矿围岩为震旦系灯影组中部燧石条带白云岩。 矿点与重砂、土壤、分散流异常重合
矿体规模、形态、产状、品位	沿走向北东、北西两组断裂的铅锌重晶石脉状矿体，1998 年踏勘矿石目估 Pb+Zn 品位大于 10%			矿石类型，矿石结构、构造，矿物共生组合	矿石矿物：方铅矿、闪锌矿、辉铜矿、白铅矿、孔雀石、蓝铜矿、黄铁矿；矿石呈星点状、细脉状、团块状。 脉石矿物：萤石、重晶石
围岩蚀变	重晶石化、黄铁矿化			矿石可选性	
勘查程度	预查			现状	民采点
资料来源	《滇东北铅锌矿床规律与预测》、1/20 万曲靖幅、317 队资料			找矿远景	
资源储量				备注	

矿产地名	发落箐	规模	矿点	1/20 万图幅	曲靖幅
编号	64			所在行政区	云南省寻甸县
地理坐标	东经 103°13′21″，北纬 25°56′34″			成因类型	沉积-改造矿床
主要矿产	Pb、Zn、Cu			伴（共）生矿产	
地质背景	矿床大地构造位于扬子准地台西南缘，按铅锌成矿单元划分，属扬子铅锌成矿区。成矿区内，沉积盖层发育，岩浆活动较弱。区内，岩浆（火山）岩及沉积盖层 Pb、Zn 丰度值较高，沉积时的“同生断裂”及燕山末期强烈的构造运动，对铅锌矿床的形成及富集起到了重要作用，铅锌矿床主要为层控型（沉积-改造）矿床，仅在局部地区有与酸性-中酸性岩浆岩有关的热液矿床分布			矿床（点）地质特征	矿区位于小江大断裂以西，鲁纳窝断裂旁侧。 含矿围岩为震旦系灯影组燧石条带白云岩。矿点于重砂、土壤、分散流异常重合
矿体规模、形态、产状、品位	沿断裂的铅锌重晶石脉状矿体，20 世纪 80 年代，云南地矿局一大队曾在该区施工钻孔 2 个，发现有沿层产出的铅锌矿体存在，但厚度较小			矿石类型，矿石结构、构造，矿物共生组合	矿石矿物：方铅矿、闪锌矿、白铅矿、孔雀石、蓝铜矿、黄铁矿；矿石呈星点状、细脉状、团块状。 脉石矿物：萤石、重晶石
围岩蚀变	重晶石化、黄铁矿化			矿石可选性	
勘查程度	预查			现状	民采点
资料来源	《滇东北铅锌矿床规律与预测》、1/20 万曲靖幅、317 队资料			找矿远景	
资源储量				备注	

矿产地名	白龙潭	规模	小型	1/20 万图幅	曲靖幅
编号	65			所在行政区	云南省寻甸县
地理坐标	东经 103°12′27″，北纬 25°56′19″			成因类型	沉积-改造矿床
主要矿产	Pb、Zn、Cu			伴（共）生矿产	
地质背景	矿床大地构造位于扬子准地台西南缘，按铅锌成矿单元划分，属扬子铅锌成矿区。成矿区内，沉积盖层发育，岩浆活动较弱。区内，岩浆（火山）岩及沉积盖层 Pb、Zn 丰度值较高，沉积时的“同生断裂”及燕山末期强烈的构造运动，对铅锌矿床的形成及富集起到了重要作用，铅锌矿床主要为层控型（沉积-改造）矿床，仅在局部地区有与酸性-中酸性岩浆岩有关的热液矿床分布			矿床（点）地质特征	矿区位于小江大断裂以西，鲁纳窝断裂旁侧。 含矿围岩为震旦系灯影组、下寒武统渔户村组白云岩。 矿点于重砂、土壤、分散流异常重合
矿体规模、形态、产状、品位	沿走向北东、北西两组断裂的铅锌重晶石脉状矿体共 5 条，脉带长 800 米，厚 1～2 米，最厚 6 米，地表出露宽 200～300 米，矿石品位：Pb 1.69%～2.77%，Zn 0.41%～1.49%，Ag 9.14～12.25g/t。沿层间破碎带的似层状矿体也有一定规模			矿石类型，矿石结构、构造，矿物共生组合	矿石矿物：方铅矿、闪锌矿、辉铜矿、白铅矿、孔雀石、蓝铜矿、黄铁矿；矿石呈星点状、细脉状、团块状。 脉石矿物：萤石、重晶石
围岩蚀变	重晶石化、黄铁矿化			矿石可选性	
勘查程度	预查			现状	民采点
资料来源	《滇东北铅锌矿床规律与预测》、1/20 万曲靖幅、317 队资料			找矿远景	
资源储量	Pb 7623 吨，　Zn 2138 吨			备注	

矿产地名	花木箐	规模	矿点	1/20 万图幅	曲靖幅
编号	66			所在行政区	云南省寻甸县
地理坐标	东经 103°11′29″，北纬 25°55′48″			成因类型	沉积-改造矿床
主要矿产	Pb			伴（共）生矿产	
地质背景	矿床大地构造位于扬子准地台西南缘，按铅锌成矿单元划分，属扬子铅锌成矿区。成矿区内，沉积盖层发育，岩浆活动较弱。区内，岩浆（火山）岩及沉积盖层 Pb、Zn 丰度值较高，沉积时的“同生断裂”及燕山末期强烈的构造运动，对铅锌矿床的形成及富集起到了重要作用，铅锌矿床主要为层控型（沉积-改造）矿床，仅在局部地区有与酸性-中酸性岩浆岩有关的热液矿床分布			矿床（点）地质特征	矿区断裂发育，对矿化有一定控制作用。赋矿地层为寒武系白云岩
矿体规模、形态、产状、品位	区内矿化产于断裂破碎带中。			矿石类型，矿石结构、构造，矿物共生组合	矿石矿物：方铅矿；矿石呈星点状、细脉状
围岩蚀变				矿石可选性	
勘查程度	预查			现状	
资料来源	《寻甸县 2001～2010 地质矿产规划》			找矿远景	
资源储量				备注	

矿产地名	老厂箐	规模	矿点	1/20 万图幅	曲靖幅
编号	67			所在行政区	云南省昆明市东川区
地理坐标	东经 103°09′29″，北纬 25°55′37″			成因类型	沉积-改造矿床
主要矿产	Pb			伴（共）生矿产	
地质背景	矿床大地构造位于扬子准地台西南缘，按铅锌成矿单元划分，属扬子铅锌成矿区。成矿区内，沉积盖层发育，岩浆活动较弱。区内，岩浆（火山）岩及沉积盖层 Pb、Zn 丰度值较高，沉积时的“同生断裂”及燕山末期强烈的构造运动，对铅锌矿床的形成及富集起到了重要作用，铅锌矿床主要为层控型（沉积-改造）矿床，仅在局部地区有与酸性-中酸性岩浆岩有关的热液矿床分布			矿床（点）地质特征	矿化产于上震旦统灯影组燧石条带白云岩中
矿体规模、形态、产状、品位	为沿裂隙的零星矿化			矿石类型，矿石结构、构造，矿物共生组合	金属矿物：方铅矿、闪锌矿。 脉石矿物：方解石
围岩蚀变				矿石可选性	
勘查程度	预查			现状	
资料来源	《云南省区域矿产总结》			资源储量	
资源储量				备注	

矿产地名	田坝	规模	矿点	1/20 万图幅	曲靖幅
编号	68			所在行政区	云南省寻甸县
地理坐标	东经 103°30′42″，北纬 25°57′21″			成因类型	沉积-改造矿床
主要矿产	Pb			伴（共）生矿产	
地质背景	矿床大地构造位于扬子准地台西南缘，按铅锌成矿单元划分，属扬子铅锌成矿区。成矿区内，沉积盖层发育，岩浆活动较弱。区内，岩浆（火山）岩及沉积盖层 Pb、Zn 丰度值较高，沉积时的“同生断裂”及燕山末期强烈的构造运动，对铅锌矿床的形成及富集起到了重要作用，铅锌矿床主要为层控型（沉积-改造）矿床，仅在局部地区有与酸性-中酸性岩浆岩有关的热液矿床分布			矿床（点）地质特征	矿化点为走向北西的次级断裂控矿。 赋矿围岩为下寒武统渔户村组白云岩
矿体规模、形态、产状、品位	断裂带中重晶石脉最大脉体宽 0.35 米，长 15 米，为铅矿化，矿化较弱			矿石类型，矿石结构、构造，矿物共生组合	矿石矿物：方铅矿为主，黄铁矿较少；矿石呈星点状。脉石矿物：重晶石
围岩蚀变				矿石可选性	
勘查程度	预查			现状	
资料来源	1/20 万曲靖幅			找矿远景	
资源储量				备注	

矿产地名	黑本利	规模	矿点	1/20 万图幅	武定幅
编号	69			所在行政区	云南省禄劝县
地理坐标	东经 102°43′16″，北纬 25°53′42″			成因类型	沉积-改造矿床
主要矿产	Pb、Zn			伴（共）生矿产	
地质背景	矿床大地构造位于扬子准地台西南缘，按铅锌成矿单元划分，属扬子铅锌成矿区。成矿区内，沉积盖层发育，岩浆活动较弱。区内，岩浆（火山）岩及沉积盖层 Pb、Zn 丰度值较高，沉积时的“同生断裂”及燕山末期强烈的构造运动，对铅锌矿床的形成及富集起到了重要作用，铅锌矿床主要为层控型（沉积-改造）矿床，仅在局部地区有与酸性-中酸性岩浆岩有关的热液矿床分布			矿床（点）地质特征	矿点位于南北向普渡河大断裂西侧，矿区发育两条次一级断裂。矿体产于震旦系灯影组硅质白云岩中
矿体规模、形态、产状、品位	两条细脉带走向南北，倾向西，倾角 48°～70°。1 号细脉带宽 0.78 米，有铅细脉 2 条，分别厚 0.14 米、0.28 米，二者间隔 0.40 米，品位 Pb 3.26%～11.28%；2 号细脉带宽 0.60 米，有细脉 3 条，品位：Pb 1.48%			矿石类型，矿石结构、构造，矿物共生组合	金属矿物：方铅矿；矿石呈细脉浸染状、小团块状。 脉石矿物：方解石
围岩蚀变				矿石可选性	
勘查程度	预查			现状	
资料来源	1/20 万武定幅			找矿远景	
资源储量				备注	

矿产地名	铅厂	规模	矿点	1/20 万图幅	武定幅
编号	70			所在行政区	云南省禄劝县
地理坐标	东经 102°43′07″，北纬 25°52′36″			成因类型	沉积-改造矿床
主要矿产	Pb、Zn			伴（共）生矿产	
地质背景	矿床大地构造位于扬子准地台西南缘，按铅锌成矿单元划分，属扬子铅锌成矿区。成矿区内，沉积盖层发育，岩浆活动较弱。区内，岩浆（火山）岩及沉积盖层 Pb、Zn 丰度值较高，沉积时的“同生断裂”及燕山末期强烈的构造运动，对铅锌矿床的形成及富集起到了重要作用，铅锌矿床主要为层控型（沉积-改造）矿床，仅在局部地区有与酸性-中酸性岩浆岩有关的热液矿床分布			矿床（点）地质特征	矿点位于南北向铅厂-龙泉村（普渡河）断裂旁侧。 矿体产于震旦系灯影组硅质白云岩中，其距渔户村组假整合面 50～100 米
矿体规模、形态、产状、品位	矿化为层状、似层状、囊状，大小约 0.30 米。 矿石品位：Pb 最低 2.39%，一般 11.30%			矿石类型，矿石结构、构造，矿物共生组合	金属矿物：方铅矿、闪锌矿，其次为白铅矿。 脉石矿物：方解石、石英
围岩蚀变	强硅化、重晶石化			矿石可选性	
勘查程度	预查			现状	
资料来源	1/20 万武定幅			找矿远景	
资源储量				备注	

矿产地名	白岩子	规模	矿点	1/20 万图幅	武定幅
编号	71			所在行政区	云南省禄劝县
地理坐标	东经 102°44′56″，北纬 25°51′57″			成因类型	沉积-改造矿床
主要矿产	Pb、Zn			伴（共）生矿产	光谱分析矿石尚有 Cu、Ag、Ge、Cd
地质背景	矿床大地构造位于扬子准地台西南缘，按铅锌成矿单元划分，属扬子铅锌成矿区。成矿区内，沉积盖层发育，岩浆活动较弱。区内，岩浆（火山）岩及沉积盖层 Pb、Zn 丰度值较高，沉积时的“同生断裂”及燕山末期强烈的构造运动，对铅锌矿床的形成及富集起到了重要作用，铅锌矿床主要为层控型（沉积-改造）矿床，仅在局部地区有与酸性-中酸性岩浆岩有关的热液矿床分布			矿床（点）地质特征	矿点位于南北向铅厂-龙泉村（普渡河）断裂旁侧。 矿体产于震旦系灯影组硅质白云岩中，其距渔户村组假整合面 50～100 米
矿体规模、形态、产状、品位	见一条方解石方铅矿脉，脉厚 0.4 米，产状不明。 废石堆目估矿石品位：Pb＞1%			矿石类型，矿石结构、构造，矿物共生组合	金属矿物：方铅矿、闪锌矿；矿石呈细脉浸染状、小团块状。 脉石矿物：方解石
围岩蚀变				矿石可选性	
勘查程度	预查			现状	
资料来源	1/20 万武定幅			找矿远景	
资源储量				备注	

矿产地名	铅厂坪	规模	矿点	1/20 万图幅	武定幅
编号	72			所在行政区	云南省禄劝县
地理坐标	东经 102°40′33″，北纬 25°50′10″			成因类型	沉积-改造矿床
主要矿产	Pb、Zn			伴（共）生矿产	
地质背景	矿床大地构造位于扬子准地台西南缘，按铅锌成矿单元划分，属扬子铅锌成矿区。成矿区内，沉积盖层发育，岩浆活动较弱。区内，岩浆（火山）岩及沉积盖层 Pb、Zn 丰度值较高，沉积时的“同生断裂”及燕山末期强烈的构造运动，对铅锌矿床的形成及富集起到了重要作用，铅锌矿床主要为层控型（沉积-改造）矿床，仅在局部地区有与酸性-中酸性岩浆岩有关的热液矿床分布			矿床（点）地质特征	矿点位于南北向铅厂-龙泉村（普渡河）断裂旁侧。 矿体产于震旦系灯影组硅质白云岩中，其距渔户村组假整合面 50～100 米。 该点为铅厂北东延
矿体规模、形态、产状、品位	矿化为层状、囊状，矿体规模较小			矿石类型，矿石结构、构造，矿物共生组合	金属矿物：方铅矿、闪锌矿，其次为白铅矿。 脉石矿物：方解石、石英
围岩蚀变	强硅化、重晶石化			矿石可选性	
勘查程度	预查			现状	
资料来源	1/20 万武定幅			找矿远景	
资源储量				备注	

矿产地名	达虐	规模	矿点	1/20 万图幅	武定幅
编号	73			所在行政区	云南省禄劝县
地理坐标	东经 102°40′16″，北纬 25°45′52″			成因类型	沉积-改造矿床
主要矿产	Pb、Zn			伴（共）生矿产	光谱分析矿石尚有 Cu、Ag、Ge、Cd
地质背景	矿床大地构造位于扬子准地台西南缘，按铅锌成矿单元划分，属扬子铅锌成矿区。成矿区内，沉积盖层发育，岩浆活动较弱。区内，岩浆（火山）岩及沉积盖层 Pb、Zn 丰度值较高，沉积时的“同生断裂”及燕山末期强烈的构造运动，对铅锌矿床的形成及富集起到了重要作用，铅锌矿床主要为层控型（沉积-改造）矿床，仅在局部地区有与酸性-中酸性岩浆岩有关的热液矿床分布			矿床（点）地质特征	矿点位于南北向铅厂-龙泉村（普渡河）断裂旁侧。 矿体产于震旦系灯影组硅质白云岩中，其距渔户村组假整合面 50～100 米
矿体规模、形态、产状、品位	见铅锌矿矿石废石堆，矿体产状、规模不清。 废石堆矿石品位：Pb 2.86%～11.98%、Zn 3.05%			矿石类型，矿石结构、构造，矿物共生组合	金属矿物：方铅矿、闪锌矿，白铅矿；矿石呈细脉浸染状、小团块状。 脉石矿物：方解石、石英
围岩蚀变				矿石可选性	
勘查程度	预查			现状	
资料来源	1/20 万武定幅			找矿远景	
资源储量				备注	

<table>
<tr><td>矿产地名</td><td>达虐-足格</td><td>规模</td><td>矿点</td><td>1/20 万图幅</td><td>武定幅</td></tr>
<tr><td>编号</td><td colspan="3">74</td><td>所在行政区</td><td>云南省禄劝县</td></tr>
<tr><td>地理坐标</td><td colspan="3">东经 102°38′29″，北纬 25°45′21″</td><td>成因类型</td><td>沉积-改造矿床</td></tr>
<tr><td>主要矿产</td><td colspan="3">Pb、Zn</td><td>伴（共）生矿产</td><td>光谱分析矿石尚有 Cu、Ag、Ge、Cd</td></tr>
<tr><td>地质背景</td><td colspan="3">矿床大地构造位于扬子准地台西南缘，按铅锌成矿单元划分，属扬子铅锌成矿区。成矿区内，沉积盖层发育，岩浆活动较弱。区内，岩浆（火山）岩及沉积盖层 Pb、Zn 丰度值较高，沉积时的“同生断裂”及燕山末期强烈的构造运动，对铅锌矿床的形成及富集起到了重要作用，铅锌矿床主要为层控型（沉积-改造）矿床，仅在局部地区有与酸性-中酸性岩浆岩有关的热液矿床分布</td><td>矿床（点）地质特征</td><td>矿点位于南北向铅厂-龙泉村（普渡河）断裂旁侧。
矿体产于震旦系灯影组硅质白云岩中，其距渔户村组假整合面 50～100 米</td></tr>
<tr><td>矿体规模、形态、产状、品位</td><td colspan="3">见铅锌矿矿石废石堆，矿体产状、规模不清。
废石堆矿石品位：Pb 2.86%～11.98%、Zn 3.05%</td><td>矿石类型，矿石结构、构造，矿物共生组合</td><td>金属矿物：方铅矿、闪锌矿，白铅矿；矿石呈细脉浸染状、小团块状。
脉石矿物：方解石、石英</td></tr>
<tr><td>围岩蚀变</td><td colspan="3"></td><td>矿石可选性</td><td></td></tr>
<tr><td>勘查程度</td><td colspan="3">预查</td><td>现状</td><td></td></tr>
<tr><td>资料来源</td><td colspan="3">1/20 万武定幅</td><td>找矿远景</td><td></td></tr>
<tr><td>资源储量</td><td colspan="3"></td><td>备注</td><td></td></tr>
</table>

矿产地名	迤土	规模	矿点	1/20 万图幅	武定幅
编号	75			所在行政区	云南省禄劝县
地理坐标	东经 102°39′33″，北纬 25°44′43″			成因类型	沉积-改造矿床
主要矿产	Pb、Zn			伴（共）生矿产	
地质背景	矿床大地构造位于扬子准地台西南缘，按铅锌成矿单元划分，属扬子铅锌成矿区。成矿区内，沉积盖层发育，岩浆活动较弱。区内，岩浆（火山）岩及沉积盖层 Pb、Zn 丰度值较高，沉积时的“同生断裂”及燕山末期强烈的构造运动，对铅锌矿床的形成及富集起到了重要作用，铅锌矿床主要为层控型（沉积-改造）矿床，仅在局部地区有与酸性-中酸性岩浆岩有关的热液矿床分布			矿床（点）地质特征	矿点位于南北向铅厂-龙泉村（普渡河）断裂旁侧。 矿体产于震旦系灯影组硅质白云岩中，其距渔户村组假整合面 50～100 米
矿体规模、形态、产状、品位	见铅锌矿矿石废石堆，规模、品位不清			矿石类型，矿石结构、构造，矿物共生组合	金属矿物：方铅矿、闪锌矿呈浸染状、星点状分布
围岩蚀变				矿石可选性	
勘查程度	预查			现状	
资料来源	1/20 万武定幅			找矿远景	
资源储量				备注	

矿产地名	足格	规模	矿点	1/20 万图幅	武定幅
编号	76			所在行政区	云南省禄劝县
地理坐标	东经 102°41′04″，北纬 25°44′25″			成因类型	沉积-改造矿床
主要矿产	Pb、Zn			伴（共）生矿产	
地质背景	矿床大地构造位于扬子准地台西南缘，按铅锌成矿单元划分，属扬子铅锌成矿区。成矿区内，沉积盖层发育，岩浆活动较弱。区内，岩浆（火山）岩及沉积盖层 Pb、Zn 丰度值较高，沉积时的“同生断裂”及燕山末期强烈的构造运动，对铅锌矿床的形成及富集起到了重要作用，铅锌矿床主要为层控型（沉积-改造）矿床，仅在局部地区有与酸性-中酸性岩浆岩有关的热液矿床分布			矿床（点）地质特征	矿点位于南北向铅厂-龙泉村（普渡河）断裂旁侧。 矿体产于下二叠系灰岩、白云质灰岩中
矿体规模、形态、产状、品位	见铅锌矿矿石废石堆			矿石类型，矿石结构、构造，矿物共生组合	金属矿物：方铅矿、闪锌矿呈浸染状、星点状分布。 脉石矿物：方解石、白云石
围岩蚀变				矿石可选性	
勘查程度	预查			现状	
资料来源	1/20 万武定幅			找矿远景	
资源储量				备注	

矿产地名	小马街	规模	矿点	1/20 万图幅	武定幅
编号	77			所在行政区	云南省禄劝县
地理坐标	东经 102°44′01″，北纬 25°42′39″			成因类型	沉积-改造矿床
主要矿产	Cu 、Pb、Zn			伴（共）生矿产	Ag、Ge、Cd
地质背景	矿床大地构造位于扬子准地台西南缘，按铅锌成矿单元划分，属扬子铅锌成矿区。成矿区内，沉积盖层发育，岩浆活动较弱。区内，岩浆（火山）岩及沉积盖层 Pb、Zn 丰度值较高，沉积时的“同生断裂”及燕山末期强烈的构造运动，对铅锌矿床的形成及富集起到了重要作用，铅锌矿床主要为层控型（沉积-改造）矿床，仅在局部地区有与酸性-中酸性岩浆岩有关的热液矿床分布			矿床（点）地质特征	矿化赋存于与玄武岩接触的下二叠统白云质灰岩中
矿体规模、形态、产状、品位	未见原生矿体。据废石堆所见，矿石为方解石、重晶石铅锌矿细脉，样品分析品位：Cu 1.30%、Pb 1.10%、Zn 13.20%			矿石类型，矿石结构、构造，矿物共生组合	金属矿物：主要有方铅矿、闪锌矿，其次为黄铁矿、黄铜矿、孔雀石。 脉石矿物：方解石、重晶石。 矿石呈浸染状、团块状
围岩蚀变	重晶石化			矿石可选性	
勘查程度	预查			现状	
资料来源	1/20 万武定幅			找矿远景	
资源储量				备注	

<table>
<tr><td>矿产地名</td><td>海桥哨</td><td>规模</td><td>矿点</td><td>1/20 万图幅</td><td>武定幅</td></tr>
<tr><td>编号</td><td colspan="3">78</td><td>所在行政区</td><td>云南省寻甸县</td></tr>
<tr><td>地理坐标</td><td colspan="3">东经 102°53′21″，北纬 25°43′03″</td><td>成因类型</td><td>沉积-改造矿床</td></tr>
<tr><td>主要矿产</td><td colspan="3">Pb</td><td>伴（共）生矿产</td><td></td></tr>
<tr><td>地质背景</td><td colspan="3">矿床大地构造位于扬子准地台西南缘，按铅锌成矿单元划分，属扬子铅锌成矿区。成矿区内，沉积盖层发育，岩浆活动较弱。区内，岩浆（火山）岩及沉积盖层 Pb、Zn 丰度值较高，沉积时的“同生断裂”及燕山末期强烈的构造运动，对铅锌矿床的形成及富集起到了重要作用，铅锌矿床主要为层控型（沉积-改造）矿床，仅在局部地区有与酸性-中酸性岩浆岩有关的热液矿床分布</td><td>矿床（点）地质特征</td><td>鲁卡-卖地逆冲断裂通过矿化点。
矿化产于与玄武岩接触的下二叠统灰岩中</td></tr>
<tr><td>矿体规模、形态、产状、品位</td><td colspan="3">为一走向长 100 米的铁帽，铅锌品位不明</td><td>矿石类型，矿石结构、构造，矿物共生组合</td><td>金属矿物：褐铁矿、黄铁矿、黄铜矿、铅矾。脉石矿物：重晶石</td></tr>
<tr><td>围岩蚀变</td><td colspan="3">重晶石化</td><td>矿石可选性</td><td></td></tr>
<tr><td>勘查程度</td><td colspan="3">预查</td><td>现状</td><td></td></tr>
<tr><td>资料来源</td><td colspan="3">武定幅</td><td>资源储量</td><td></td></tr>
<tr><td>资源储量</td><td colspan="3"></td><td>备注</td><td></td></tr>
</table>

矿产地名	大箐	规模	矿点	1/20 万图幅	武定幅
编号	79			所在行政区	云南省禄劝县
地理坐标	东经 102°40′31″，北纬 25°41′37″			成因类型	沉积-改造矿床
主要矿产	Cu 、Pb、Zn			伴（共）生矿产	Ag、Ge、Cd
地质背景	矿床大地构造位于扬子准地台西南缘，按铅锌成矿单元划分，属扬子铅锌成矿区。成矿区内，沉积盖层发育，岩浆活动较弱。区内，岩浆（火山）岩及沉积盖层 Pb、Zn 丰度值较高，沉积时的“同生断裂”及燕山末期强烈的构造运动，对铅锌矿床的形成及富集起到了重要作用，铅锌矿床主要为层控型（沉积-改造）矿床，仅在局部地区有与酸性-中酸性岩浆岩有关的热液矿床分布			矿床（点）地质特征	矿化产于震旦系灯影组硅质条带白云岩中。矿点位于南北向铅厂-龙泉村（普渡河）断裂旁侧
矿体规模、形态、产状、品位	未见原生矿体。据废石堆所见，矿石见方解石、重晶石铅锌矿细脉，分析品位：Pb 0.1%			矿石类型，矿石结构、构造，矿物共生组合	金属矿物：主要有方铅矿、闪锌矿、白铅矿。 脉石矿物：方解石、重晶石。 矿石呈浸染状、团块状
围岩蚀变	方解石化、重晶石化			矿石可选性	
勘查程度	预查			现状	
资料来源	1/20 万武定幅			找矿远景	
资源储量				备注	

矿产地名	以期	规模	矿点	1/20 万图幅	武定幅
编号	80			所在行政区	云南省禄劝县
地理坐标	东经 102°39′20″，北纬 25°35′52″			成因类型	沉积-改造矿床
主要矿产	Pb、Zn			伴（共）生矿产	
地质背景	矿床大地构造位于扬子准地台西南缘，按铅锌成矿单元划分，属扬子铅锌成矿区。成矿区内，沉积盖层发育，岩浆活动较弱。区内，岩浆（火山）岩及沉积盖层 Pb、Zn 丰度值较高，沉积时的“同生断裂”及燕山末期强烈的构造运动，对铅锌矿床的形成及富集起到了重要作用，铅锌矿床主要为层控型（沉积-改造）矿床，仅在局部地区有与酸性-中酸性岩浆岩有关的热液矿床分布			矿床（点）地质特征	矿点位于南北向铅厂-龙泉村（普渡河）断裂旁侧。 矿体产于震旦系灯影组硅质白云岩中，其距渔户村组假整合面 50～100 米
矿体规模、形态、产状、品位	见铅锌矿矿石废石堆，矿体产状、规模不清			矿石类型，矿石结构、构造，矿物共生组合	金属矿物：方铅矿、闪锌矿，白铅矿；矿石呈细脉浸染状、小团块状。 脉石矿物：方解石、石英
围岩蚀变				矿石可选性	
勘查程度	预查			现状	
资料来源	1/20 万武定幅			找矿远景	
资源储量				备注	

矿产地名	小来山	规模	矿点	1/20万图幅	武定幅
编号	81			所在行政区	云南省禄劝县
地理坐标	东经102° 31′ 10″，北纬25° 33′ 53″			成因类型	沉积-改造矿床
主要矿产	Pb			伴（共）生矿产	Ag、As、Sb
地质背景	矿床大地构造位于扬子准地台西南缘，按铅锌成矿单元划分，属扬子铅锌成矿区。成矿区内，沉积盖层发育，岩浆活动较弱。区内，岩浆（火山）岩及沉积盖层Pb、Zn丰度值较高，沉积时的“同生断裂”及燕山末期强烈的构造运动，对铅锌矿床的形成及富集起到了重要作用，铅锌矿床主要为层控型（沉积-改造）矿床，仅在局部地区有与酸性-中酸性岩浆岩有关的热液矿床分布			矿床（点）地质特征	矿点位于总官庄-椅子甸断裂东部。 矿体赋存于震旦系灯影组硅质白云岩顶部
矿体规模、形态、产状、品位	未见原生矿，但见大量残积褐铁矿，其分布长约1500米，宽500米，厚>1米。褐铁矿含Pb 0.1%～0.6%、Cu 0.08%～0.1%、Zn 0.06%～0.1%			矿石类型，矿石结构、构造，矿物共生组合	金属矿物：褐铁矿。 脉石矿物：方解石
围岩蚀变	硅化			矿石可选性	
勘查程度	预查			现状	
资料来源	1/20万武定幅			找矿远景	
资源储量				备注	

矿产地名	大窗户	规模	矿点	1/20 万图幅	曲靖幅
编号	82			所在行政区	云南省寻甸县
地理坐标	东经 102°40′32″，北纬 25°32′48″			成因类型	沉积改造矿床
主要矿产	Pb、 Zn			伴（共）生矿产	Ga、Ag、Cd、Ge
地质背景	矿床大地构造位于扬子准地台西南缘，按铅锌成矿单元划分，属扬子铅锌成矿区。成矿区内，沉积盖层发育，岩浆活动较弱。区内，岩浆（火山）岩及沉积盖层 Pb、Zn 丰度值较高，沉积时的“同生断裂”及燕山末期强烈的构造运动，对铅锌矿床的形成及富集起到了重要作用，铅锌矿床主要为层控型（沉积-改造）矿床，仅在局部地区有与酸性-中酸性岩浆岩有关的热液矿床分布			矿床（点）地质特征	含矿地层为下二叠统结晶灰岩
矿体规模、形态、产状、品位	方铅矿、闪锌矿沿裂隙成细脉分布			矿石类型，矿石结构、构造，矿物共生组合	矿石矿物：方铅矿、闪锌矿、黄铁矿呈散点状分布。 脉石矿物：方解石白云石、石英
围岩蚀变				矿石可选性	
勘查程度	预查			现状	
资料来源	《2005—2010 年寻甸县地质矿产规划》			找矿远景	
资源储量				备注	

矿产地名	罗耳箐	规模	矿点	1/20 万图幅	曲靖幅
编号	83			所在行政区	云南省寻甸县
地理坐标	东经 102°38′44″，北纬 25°31′45″			成因类型	沉积-改造矿床
主要矿产	Pb、 Zn			伴（共）生矿产	Ga、Ag、Cd、Ge
地质背景	矿床大地构造位于扬子准地台西南缘，按铅锌成矿单元划分，属扬子铅锌成矿区。成矿区内，沉积盖层发育，岩浆活动较弱。区内，岩浆（火山）岩及沉积盖层 Pb、Zn 丰度值较高，沉积时的“同生断裂”及燕山末期强烈的构造运动，对铅锌矿床的形成及富集起到了重要作用，铅锌矿床主要为层控型（沉积-改造）矿床，仅在局部地区有与酸性-中酸性岩浆岩有关的热液矿床分布			矿床（点）地质特征	含矿地层为下寒武统灰岩
矿体规模、形态、产状、品位	方铅矿、闪锌矿沿裂隙成细脉分布			矿石类型，矿石结构、构造，矿物共生组合	矿石矿物：方铅矿、闪锌矿、黄铁矿成散点状分布。 脉石矿物：方解石、白云石、石英
围岩蚀变				矿石可选性	
勘查程度	预查			现状	
资料来源	《2005—2010 年寻甸县地质矿产规划》			找矿远景	
资源储量				备注	

矿产地名	杨柳箐	规模	矿点	1/20 万图幅	曲靖幅
编号	84			所在行政区	云南省寻甸县
地理坐标	东经 102°39′01″，北纬 25°30′20″			成因类型	沉积-改造矿床
主要矿产	Pb、 Zn			伴（共）生矿产	
地质背景	矿床大地构造位于扬子准地台西南缘，按铅锌成矿单元划分，属扬子铅锌成矿区。成矿区内，沉积盖层发育，岩浆活动较弱。区内，岩浆（火山）岩及沉积盖层 Pb、Zn 丰度值较高，沉积时的“同生断裂”及燕山末期强烈的构造运动，对铅锌矿床的形成及富集起到了重要作用，铅锌矿床主要为层控型（沉积-改造）矿床，仅在局部地区有与酸性-中酸性岩浆岩有关的热液矿床分布			矿床（点）地质特征	含矿地层为下奥陶统泥质灰岩
矿体规模、形态、产状、品位	方铅矿、闪锌矿沿裂隙呈细脉分布			矿石类型，矿石结构、构造，矿物共生组合	矿石矿物：方铅矿、闪锌矿、黄铁矿呈散点状分布。 脉石矿物：方解石白云石、石英
围岩蚀变				矿石可选性	
勘查程度	预查			现状	
资料来源	《2005—2010 年寻甸县地质矿产规划》			找矿远景	
资源储量				备注	

矿产地名	小荒田	规模	矿点	1/20 万图幅	武定幅
编号	85			所在行政区	云南省武定县
地理坐标	东经 102°19′06″，北纬 25°32′04″			成因类型	沉积-改造矿床
主要矿产	Zn 、Pb、Cu			伴（共）生矿产	石英方铅矿体：Ag 0.03%～0.05%，Cd 0.2%～1%，Ge 0.02%～0.03%
地质背景	矿床大地构造位于扬子准地台西南缘，按铅锌成矿单元划分，属扬子铅锌成矿区。成矿区内，沉积盖层发育，岩浆活动较弱。区内，岩浆（火山）岩及沉积盖层 Pb、Zn 丰度值较高，沉积时的“同生断裂”及燕山末期强烈的构造运动，对铅锌矿床的形成及富集起到了重要作用，铅锌矿床主要为层控型（沉积-改造）矿床，仅在局部地区有与酸性-中酸性岩浆岩有关的热液矿床分布			矿床（点）地质特征	矿区地层有昆阳群落雪组、鹅头厂组、绿汁江组，岩浆岩有辉绿岩，法窝-中干断裂通过矿区西侧，矿区内有两条次级断裂分布
矿体规模、形态、产状、品位	石英方铅矿脉状矿体：产状 150°∠76°、290°∠79°两条，长 92.5 米，厚 3～4 米，最宽 6～7 米。矿石品位 Cu 0.28%～3.00%，Pb 0.4%～2.00%，Zn 10.00%～41.04%。 残积褐铁矿铁帽：长 65 米，宽 0.95～1.1 米，铁帽与围岩呈不规则接触，具充填特征。品位：Cu 0.26%～0.46%、Zn 9.41%～15.75%			矿石类型，矿石结构、构造，矿物共生组合	石英方铅矿矿体：金属矿物有闪锌矿、菱锌矿、异极矿、方铅矿、白铅矿、孔雀石、黄铁矿等。 铁帽型矿体：褐铁矿、赤铁矿、异极矿、菱锌矿、白铅矿、孔雀石
围岩蚀变				矿石可选性	
勘查程度	预查			现状	
资料来源	1/20 万武定幅			找矿远景	
资源储量				备注	

矿产地名	刺竹箐　规模　矿点	1/20 万图幅	武定幅
编号	86	所在行政区	云南省武定县
地理坐标	东经 102°17′16″，北纬 25°31′20″	成因类型	沉积-改造矿床
主要矿产	Cu 、Pb、Zn	伴（共）生矿产	
地质背景	矿床大地构造位于扬子准地台西南缘，按铅锌成矿单元划分，属扬子铅锌成矿区。成矿区内，沉积盖层发育，岩浆活动较弱。区内，岩浆（火山）岩及沉积盖层 Pb、Zn 丰度值较高，沉积时的“同生断裂”及燕山末期强烈的构造运动，对铅锌矿床的形成及富集起到了重要作用，铅锌矿床主要为层控型（沉积-改造）矿床，仅在局部地区有与酸性-中酸性岩浆岩有关的热液矿床分布	矿床（点）地质特征	矿区位于发窝-中干河断裂南段。 矿区出露昆阳群因民组、落雪组、鹅头厂组、绿汁江组地层。铅锌矿赋矿层位为绿汁江组灰质白云岩。 矿区有近东西、北西、北东向三组断裂，沿断裂硅化较普遍
矿体规模、形态、产状、品位	矿化走向 70°～250°，矿体呈脉状、鸡窝状产出，矿体附近石英脉发育。厚 0.4～1 米，长＞500 米。矿石品位：Pb 0.25%～0.67%、Zn 11.27%～40%、Cu 0.20%～0.90%。 矿区尚有铅异常 7 个（Pb＞0.05）、锌异常（Zn＞0.2）15 个、铜异常 6 个（Cu＞0.01）	矿石类型，矿石结构、构造，矿物共生组合	金属矿物：闪锌矿、菱锌矿、异极矿、方铅矿、白铅矿、斑铜矿、孔雀石、蓝铜矿、黄铁矿。 脉石矿物：石英。 矿石为浸染状、土状
围岩蚀变	强硅化、褐铁矿化	矿石可选性	
勘查程度	预查	现状	
资料来源	1/20 万武定幅	找矿远景	
资源储量		备注	

矿产地名	桃树箐	规模	矿点	1/20 万图幅	武定幅
编号	87			所在行政区	云南省武定县
地理坐标	东经 102°18′17″，北纬 25°31′24″			成因类型	沉积-改造矿床
主要矿产	Cu 、Pb、Zn			伴（共）生矿产	
地质背景	矿床大地构造位于扬子准地台西南缘，按铅锌成矿单元划分，属扬子铅锌成矿区。成矿区内，沉积盖层发育，岩浆活动较弱。区内，岩浆（火山）岩及沉积盖层 Pb、Zn 丰度值较高，沉积时的“同生断裂”及燕山末期强烈的构造运动，对铅锌矿床的形成及富集起到了重要作用，铅锌矿床主要为层控型（沉积-改造）矿床，仅在局部地区有与酸性-中酸性岩浆岩有关的热液矿床分布			矿床（点）地质特征	矿体位于昆阳群因民组板岩中。 矿点内构造复杂，有四组八条断裂分布。 矿点内有辉绿岩分布
矿体规模、形态、产状、品位	区内有老硐 5 处。发现铅异常 8 个，锌异常 22 个。异常分布地段有褐铁矿化、石英脉分布。异常多分布在绿汁江组灰质白云岩中			矿石类型，矿石结构、构造，矿物共生组合	金属矿物：褐铁矿。 脉石矿物：石英
围岩蚀变	强硅化、褐铁矿化			矿石可选性	
勘查程度	预查			现状	
资料来源	1/20 万武定幅			找矿远景	
资源储量				备注	

矿产地名	中干河	规模	矿点	1/20 万图幅	武定幅
编号	88			所在行政区	云南省禄劝县
地理坐标	东经 102°19′28″，北纬 25°31′26″			成因类型	沉积-改造矿床
主要矿产	Pb			伴（共）生矿产	Cu 0.09%，Zn 0.06%
地质背景	矿床大地构造位于扬子准地台西南缘，按铅锌成矿单元划分，属扬子铅锌成矿区。成矿区内，沉积盖层发育，岩浆活动较弱。区内，岩浆（火山）岩及沉积盖层 Pb、Zn 丰度值较高，沉积时的“同生断裂”及燕山末期强烈的构造运动，对铅锌矿床的形成及富集起到了重要作用，铅锌矿床主要为层控型（沉积-改造）矿床，仅在局部地区有与酸性-中酸性岩浆岩有关的热液矿床分布			矿床（点）地质特征	矿区位于法窝-中干河大断裂东侧。 矿体产于震旦系灯影组顶部硅质白云岩中。 矿区附近有辉绿岩分布
矿体规模、形态、产状、品位	已知四条方解石、石英铅锌矿脉，脉体走向 20°，倾角 90°，脉长不清。 矿石品位 Pb 27.11%			矿石类型，矿石结构、构造，矿物共生组合	金属矿物：方铅矿、闪锌矿，其次白铅矿、孔雀石。矿石呈细脉浸染状、小团块状。 脉石矿物：方解石、石英
围岩蚀变	强硅化、方解石化			矿石可选性	
勘查程度	预查			现状	
资料来源	1/20 万武定幅			找矿远景	
资源储量				备注	

矿产地名	杨柳河	规模	矿点	1/20 万图幅	武定幅
编号	89			所在行政区	云南省禄劝县
地理坐标	东经 102°26′28″，北纬 25°27′45″			成因类型	沉积-改造矿床
主要矿产	Pb、Zn			伴（共）生矿产	
地质背景	矿床大地构造位于扬子准地台西南缘，按铅锌成矿单元划分，属扬子铅锌成矿区。成矿区内，沉积盖层发育，岩浆活动较弱。区内，岩浆（火山）岩及沉积盖层 Pb、Zn 丰度值较高，沉积时的“同生断裂”及燕山末期强烈的构造运动，对铅锌矿床的形成及富集起到了重要作用，铅锌矿床主要为层控型（沉积-改造）矿床，仅在局部地区有与酸性-中酸性岩浆岩有关的热液矿床分布			矿床（点）地质特征	总官庄-鱼子甸断裂通过矿区。 矿体产于中泥盆统第四段白云质灰岩层的顶部及下部
矿体规模、形态、产状、品位	底部矿化带厚 1～3 米，延伸不清。品位：Pb 0.17%～0.50%，个别 1.0%，Zn 0.01%～0.20%。 顶部矿化带为含铅锌的白云石脉及方解石脉，分布不规则，矿化带宽 6～52 米（有用矿层厚 0.5～12 米），走向长 7 千米。矿化带含 Pb 0.001%～0.17%，个别 0.50%；Zn 0.20%～2.17%，个别 10%			矿石类型，矿石结构、构造，矿物共生组合	金属矿物：方铅矿、闪锌矿；脉石矿物：方解石、白云石。矿石呈浸染状、细脉状
围岩蚀变	白云石化、方解石化			矿石可选性	
勘查程度	预查			现状	
资料来源	1/20 万武定幅			找矿远景	
资源储量				备注	

矿产地名	杨柳箐	规模	矿点	1/20 万图幅	曲靖幅
编号	90			所在行政区	云南省寻甸县
地理坐标	东经 102°26′15″，北纬 25°27′17″			成因类型	沉积-改造矿床
主要矿产	Pb			伴（共）生矿产	
地质背景	矿床大地构造位于扬子准地台西南缘，按铅锌成矿单元划分，属扬子铅锌成矿区。成矿区内，沉积盖层发育，岩浆活动较弱。区内，岩浆（火山）岩及沉积盖层 Pb、Zn 丰度值较高，沉积时的“同生断裂”及燕山末期强烈的构造运动，对铅锌矿床的形成及富集起到了重要作用，铅锌矿床主要为层控型（沉积-改造）矿床，仅在局部地区有与酸性-中酸性岩浆岩有关的热液矿床分布			矿床（点）地质特征	矿区断裂发育，对矿化有一定控制作用。赋矿地层为寒武系白云岩
矿体规模、形态、产状、品位	区内矿化产于断裂破碎带中			矿石类型，矿石结构、构造，矿物共生组合	矿石矿物：方铅矿；矿石呈星点状、细脉状
围岩蚀变				矿石可选性	
勘查程度	预查			现状	
资料来源	《寻甸县 2001—2010 地质矿产规划》			找矿远景	
资源储量				备注	

矿产地名	银厂箐	规模	矿点	1/20 万图幅	武定幅
编号	91			所在行政区	云南省禄劝县
地理坐标	东经 102°29′31″，北纬 25°24′56″			成因类型	沉积-改造矿床
主要矿产	Pb			伴（共）生矿产	
地质背景	矿床大地构造位于扬子准地台西南缘，按铅锌成矿单元划分，属扬子铅锌成矿区。成矿区内，沉积盖层发育，岩浆活动较弱。区内，岩浆（火山）岩及沉积盖层 Pb、Zn 丰度值较高，沉积时的“同生断裂”及燕山末期强烈的构造运动，对铅锌矿床的形成及富集起到了重要作用，铅锌矿床主要为层控型（沉积-改造）矿床，仅在局部地区有与酸性-中酸性岩浆岩有关的热液矿床分布			矿床（点）地质特征	矿体产于震旦系灯影组硅质白云岩顶部
矿体规模、形态、产状、品位	20 世纪 80 年代开采过，1953 年有人进行过调查，称铅锌含量达 4%			矿石类型，矿石结构、构造，矿物共生组合	
围岩蚀变	硅化			矿石可选性	
勘查程度	预查			现状	
资料来源	1/20 万武定幅			找矿远景	
资源储量				备注	

矿产地名	保得功	规模	矿点	1/20 万图幅	武定幅
编号	92			所在行政区	云南省富民县
地理坐标	东经 102°38′05″，北纬 25°21′56″			成因类型	沉积-改造矿床
主要矿产	Pb、Zn			伴（共）生矿产	Ag
地质背景	矿床大地构造位于扬子准地台西南缘，按铅锌成矿单元划分，属扬子铅锌成矿区。成矿区内，沉积盖层发育，岩浆活动较弱。区内，岩浆（火山）岩及沉积盖层 Pb、Zn 丰度值较高，沉积时的“同生断裂”及燕山末期强烈的构造运动，对铅锌矿床的形成及富集起到了重要作用，铅锌矿床主要为层控型（沉积-改造）矿床，仅在局部地区有与酸性-中酸性岩浆岩有关的热液矿床分布			矿床（点）地质特征	沈家村断裂通过矿区西北部。 矿化产于与玄武岩接触的下二叠统白云质灰岩
矿体规模、形态、产状、品位	矿体为一铁帽，规模不清，品位未分析			矿石类型，矿石结构、构造，矿物共生组合	金属矿物：主要有方铅矿、闪锌矿、褐铁矿
围岩蚀变	重晶石化			矿石可选性	
勘查程度	预查			现状	
资料来源	1/20 万武定幅			找矿远景	
资源储量				备注	

矿产地名	厂口大公山	规模	矿点	1/20 万图幅	昆明幅
编号	93			所在行政区	云南省昆明市西山区
地理坐标	东经 102°41′14″，北纬 25°15′18″			成因类型	沉积-改造矿床
主要矿产	Pb、Zn			伴（共）生矿产	Ag
地质背景	矿床大地构造位于扬子准地台西南缘，按铅锌成矿单元划分，属扬子铅锌成矿区。成矿区内，沉积盖层发育，岩浆活动较弱。区内，岩浆（火山）岩及沉积盖层 Pb、Zn 丰度值较高，沉积时的“同生断裂”及燕山末期强烈的构造运动，对铅锌矿床的形成及富集起到了重要作用，铅锌矿床主要为层控型（沉积-改造）矿床，仅在局部地区有与酸性-中酸性岩浆岩有关的热液矿床分布			矿床（点）地质特征	矿化产于与上二叠统玄武岩与下二叠统白云质灰岩接触带灰岩一侧
矿体规模、形态、产状、品位	矿体呈不规则小囊状，长仅 1 米，厚 0.30 米。该点见残留的炉渣。 光谱分析结果：Pb 5%～10%，Zn＞5%，Ag 0.005%，Cu 0.03%～0.2%，Ge 0.005%～0.01%			矿石类型，矿石结构、构造，矿物共生组合	金属矿物：主要有方铅矿、闪锌矿、黄铁矿、辉银矿、孔雀石、铜蓝、赤铁矿、褐铁矿。 脉石矿物：石英、方解石
围岩蚀变	硅化、碳酸盐化			矿石可选性	
勘查程度	预查			现状	
资料来源	1/20 万昆明幅			找矿远景	
资源储量				备注	

<table>
<tr><td>矿产地名</td><td>天车坝</td><td>规模</td><td>矿点</td><td>1/20 万图幅</td><td>曲靖幅</td></tr>
<tr><td>编号</td><td colspan="3">94</td><td>所在行政区</td><td>云南省寻甸县</td></tr>
<tr><td>地理坐标</td><td colspan="3">东经 103°33′13″，北纬 25°41′35″</td><td>成因类型</td><td>沉积-改造矿床</td></tr>
<tr><td>主要矿产</td><td colspan="3">Pb</td><td>伴（共）生矿产</td><td>光谱分析 Zn、As、Ag 稍高</td></tr>
<tr><td>地质背景</td><td colspan="3">矿床大地构造位于扬子准地台西南缘，按铅锌成矿单元划分，属扬子铅锌成矿区。成矿区内，沉积盖层发育，岩浆活动较弱。区内，岩浆（火山）岩及沉积盖层 Pb、Zn 丰度值较高，沉积时的“同生断裂”及燕山末期强烈的构造运动，对铅锌矿床的形成及富集起到了重要作用，铅锌矿床主要为层控型（沉积-改造）矿床，仅在局部地区有与酸性-中酸性岩浆岩有关的热液矿床分布</td><td>矿床（点）地质特征</td><td>矿区内为一单斜构造，北东向的断裂及其次级断裂、褶皱发育。赋矿围岩为中寒武统陡坡寺组破碎白云岩</td></tr>
<tr><td>矿体规模、形态、产状、品位</td><td colspan="3">方铅矿沿层面分布，矿体呈扁豆状、透镜状、似层状，构造发育处矿化富集。矿石品位：Pb 1.17%～6.63%</td><td>矿石类型，矿石结构、构造，矿物共生组合</td><td>矿石矿物：方铅矿、白铅矿，闪锌矿少见，其他金属矿物有黄铁矿；矿石为条带状、网脉状、浸染状为主，团块状、细脉状较少。脉石矿物石英、重晶石</td></tr>
<tr><td>围岩蚀变</td><td colspan="3">重晶石化、硅化、黄铁矿化</td><td>矿石可选性</td><td></td></tr>
<tr><td>勘查程度</td><td colspan="3">预查</td><td>现状</td><td></td></tr>
<tr><td>资料来源</td><td colspan="3">317 队资料、1/20 万曲靖幅</td><td>找矿远景</td><td></td></tr>
<tr><td>资源储量</td><td colspan="3"></td><td>备注</td><td></td></tr>
</table>

矿产地名	座乌	规模	矿点	1/20 万图幅	曲靖幅
编号	95			所在行政区	云南省寻甸县
地理坐标	东经 103°29′20″，北纬 25°39′41″			成因类型	沉积-改造矿床
主要矿产	Pb			伴（共）生矿产	元素组合：Pb、Cu、Ag
地质背景	矿床大地构造位于扬子准地台西南缘，按铅锌成矿单元划分，属扬子铅锌成矿区。成矿区内，沉积盖层发育，岩浆活动较弱。区内，岩浆（火山）岩及沉积盖层 Pb、Zn 丰度值较高，沉积时的“同生断裂”及燕山末期强烈的构造运动，对铅锌矿床的形成及富集起到了重要作用，铅锌矿床主要为层控型（沉积-改造）矿床，仅在局部地区有与酸性-中酸性岩浆岩有关的热液矿床分布			矿床（点）地质特征	矿区位于沙谷渡断裂带，东西向一组张扭性断裂控矿。 赋矿围岩为中寒武统双龙潭组粉晶白云岩
矿体规模、形态、产状、品位	矿化产于东西向断裂带，含矿重晶石呈树枝状、串珠状，矿化不均匀			矿石类型，矿石结构、构造，矿物共生组合	矿石矿物：方铅矿；矿石呈星点状。 脉石矿物：重晶石
围岩蚀变				矿石可选性	
勘查程度	预查			现状	
资料来源	1/20 万曲靖幅			找矿远景	
资源储量				备注	

矿产地名	泛乃	规模	矿点	1/20 万图幅	曲靖幅
编号	96			所在行政区	云南省寻甸县
地理坐标	东经 103°31′48″，北纬 25°39′38″			成因类型	沉积-改造矿床
主要矿产	Pb			伴（共）生矿产	元素组合：Pb、Zn、As、Ag
地质背景	矿床大地构造位于扬子准地台西南缘，按铅锌成矿单元划分，属扬子铅锌成矿区。成矿区内，沉积盖层发育，岩浆活动较弱。区内，岩浆（火山）岩及沉积盖层 Pb、Zn 丰度值较高，沉积时的“同生断裂”及燕山末期强烈的构造运动，对铅锌矿床的形成及富集起到了重要作用，铅锌矿床主要为层控型（沉积-改造）矿床，仅在局部地区有与酸性-中酸性岩浆岩有关的热液矿床分布			矿床（点）地质特征	矿点位于必寨断裂东侧，次一级张扭性断裂控矿。 含矿围岩为中寒武统双龙潭组粉晶白云岩
矿体规模、形态、产状、品位	矿化范围 2 平方千米，矿体呈脉状，矿化不均匀			矿石类型，矿石结构、构造，矿物共生组合	矿石矿物：方铅矿为主，白铅矿、闪锌矿少见；矿石呈星点状。 脉石矿物：重晶石
围岩蚀变				矿石可选性	
勘查程度	预查			现状	
资料来源	1/20 万曲靖幅			找矿远景	
资源储量				备注	

矿产地名	鲁吾	规模	矿点	1/20 万图幅	曲靖幅
编号	97			所在行政区	云南省寻甸县
地理坐标	东经 103°27′42″，北纬 25°36′27″			成因类型	沉积-改造矿床
主要矿产	Pb、Cu			伴（共）生矿产	
地质背景	矿床大地构造位于扬子准地台西南缘，按铅锌成矿单元划分，属扬子铅锌成矿区。成矿区内，沉积盖层发育，岩浆活动较弱。区内，岩浆（火山）岩及沉积盖层 Pb、Zn 丰度值较高，沉积时的“同生断裂”及燕山末期强烈的构造运动，对铅锌矿床的形成及富集起到了重要作用，铅锌矿床主要为层控型（沉积-改造）矿床，仅在局部地区有与酸性-中酸性岩浆岩有关的热液矿床分布			矿床（点）地质特征	矿化点受北东向压扭性断裂控制。 赋矿围岩为中寒武统双龙潭组白云岩
矿体规模、形态、产状、品位	长 50 米，宽 10 米范围内，含矿重晶石脉群密集分布，单脉宽可达 2 米			矿石类型，矿石结构、构造，矿物共生组合	矿石矿物：方铅矿、孔雀石、黄铜矿。 脉石矿物：重晶石
围岩蚀变				矿石可选性	
勘查程度	预查			现状	
资料来源	1/20 万曲靖幅			找矿远景	
资源储量				备注	

矿产地名	沙谷渡	规模	矿点	1/20 万图幅	曲靖幅
编号	98			所在行政区	云南省寻甸县
地理坐标	东经 103°28′40″，北纬 25°36′45″			成因类型	沉积-改造矿床
主要矿产	Pb			伴（共）生矿产	元素组合：Pb、Ag
地质背景	矿床大地构造位于扬子准地台西南缘，按铅锌成矿单元划分，属扬子铅锌成矿区。成矿区内，沉积盖层发育，岩浆活动较弱。区内，岩浆（火山）岩及沉积盖层 Pb、Zn 丰度值较高，沉积时的“同生断裂”及燕山末期强烈的构造运动，对铅锌矿床的形成及富集起到了重要作用，铅锌矿床主要为层控型（沉积-改造）矿床，仅在局部地区有与酸性-中酸性岩浆岩有关的热液矿床分布			矿床（点）地质特征	矿区位于沙谷渡断裂带，北西、北东两组次一级断裂控矿。 含矿围岩为中寒武统双龙潭组白云岩
矿体规模、形态、产状、品位	矿化产于断裂带，含矿重晶石脉形态复杂，极不规则，分支复合、尖灭再现明显。较好矿脉中，Pb 品位为 9.08%			矿石类型，矿石结构、构造，矿物共生组合	矿石矿物：方铅矿； 矿石呈星点状。 脉石矿物：重晶石
围岩蚀变				矿石可选性	
勘查程度	预查			现状	
资料来源	1/20 万曲靖幅			找矿远景	
资源储量				备注	

矿产地名	北大营	规模	矿点	1/20 万图幅	曲靖幅
编号	99			所在行政区	云南省寻甸县
地理坐标	东经 103°25′18″，北纬 25°35′14″			成因类型	沉积-改造矿床
主要矿产	Pb			伴（共）生矿产	元素组合：Pb、Zn、Cu、Ag
地质背景	矿床大地构造位于扬子准地台西南缘，按铅锌成矿单元划分，属扬子铅锌成矿区。成矿区内，沉积盖层发育，岩浆活动较弱。区内，岩浆（火山）岩及沉积盖层 Pb、Zn 丰度值较高，沉积时的“同生断裂”及燕山末期强烈的构造运动，对铅锌矿床的形成及富集起到了重要作用，铅锌矿床主要为层控型（沉积-改造）矿床，仅在局部地区有与酸性-中酸性岩浆岩有关的热液矿床分布			矿床（点）地质特征	矿区位于沙谷渡断裂东侧。 赋矿围岩为中寒武统双龙潭组白云岩
矿体规模、形态、产状、品位	铅、锌矿物呈细脉状、网脉状充填于破碎白云岩裂隙中，矿化不均匀			矿石类型，矿石结构、构造，矿物共生组合	矿石矿物：方铅矿、闪锌矿少见。 脉石矿物：方解石、重晶石
围岩蚀变				矿石可选性	
勘查程度	预查			现状	
资料来源	1/20 万曲靖幅			找矿远景	
资源储量				备注	

矿产地名	金家冲	规模	矿点	1/20 万图幅	曲靖幅
编号	100			所在行政区	云南省寻甸县
地理坐标	东经 103°28′16″，北纬 25°35′17″			成因类型	沉积-改造矿床
主要矿产	Pb、Cu			伴（共）生矿产	
地质背景	矿床大地构造位于扬子准地台西南缘，按铅锌成矿单元划分，属扬子铅锌成矿区。成矿区内，沉积盖层发育，岩浆活动较弱。区内，岩浆（火山）岩及沉积盖层 Pb、Zn 丰度值较高，沉积时的“同生断裂”及燕山末期强烈的构造运动，对铅锌矿床的形成及富集起到了重要作用，铅锌矿床主要为层控型（沉积-改造）矿床，仅在局部地区有与酸性-中酸性岩浆岩有关的热液矿床分布			矿床（点）地质特征	矿区位于必寨断裂带。赋矿围岩为中寒武统双龙潭组粉晶白云岩
矿体规模、形态、产状、品位	走向北东的断裂旁侧与其平行的一组裂隙为含矿重晶石脉充填，脉宽 1～2 厘米			矿石类型，矿石结构、构造，矿物共生组合	矿石矿物：方铅矿及少量孔雀石
围岩蚀变				矿石可选性	
勘查程度	预查			现状	
资料来源	1/20 万曲靖幅			找矿远景	
资源储量				备注	

矿产地名	十八车	规模	矿点	1/20 万图幅	曲靖幅
编号	101			所在行政区	云南省寻甸县
地理坐标	东经 103°26′49″，北纬 25°34′57″			成因类型	沉积-改造矿床
主要矿产	Pb			伴（共）生矿产	
地质背景	矿床大地构造位于扬子准地台西南缘，按铅锌成矿单元划分，属扬子铅锌成矿区。成矿区内，沉积盖层发育，岩浆活动较弱。区内，岩浆（火山）岩及沉积盖层 Pb、Zn 丰度值较高，沉积时的“同生断裂”及燕山末期强烈的构造运动，对铅锌矿床的形成及富集起到了重要作用，铅锌矿床主要为层控型（沉积-改造）矿床，仅在局部地区有与酸性-中酸性岩浆岩有关的热液矿床分布			矿床（点）地质特征	矿区位于必寨断裂两侧，次级北东向断裂带控矿。 赋矿围岩为中寒武统双龙潭组粉晶白云岩
矿体规模、形态、产状、品位	矿体呈脉状，沿断裂产出，长 80 米，宽 3～5 米，矿石品位较富			矿石类型，矿石结构、构造，矿物共生组合	矿石矿物：方铅矿，矿石呈块状、浸染状。 脉石矿物：重晶石
围岩蚀变				矿石可选性	
勘查程度	预查			现状	
资料来源	1/20 万曲靖幅			找矿远景	
资源储量				备注	

矿产地名	老厂	规模	矿点	1/20 万图幅	曲靖幅
编号	102			所在行政区	云南省寻甸县
地理坐标	东经 103°27′02″，北纬 25°33′37″			成因类型	沉积-改造矿床
主要矿产	Pb			伴（共）生矿产	
地质背景	矿床大地构造位于扬子准地台西南缘，按铅锌成矿单元划分，属扬子铅锌成矿区。成矿区内，沉积盖层发育，岩浆活动较弱。区内，岩浆（火山）岩及沉积盖层 Pb、Zn 丰度值较高，沉积时的“同生断裂”及燕山末期强烈的构造运动，对铅锌矿床的形成及富集起到了重要作用，铅锌矿床主要为层控型（沉积-改造）矿床，仅在局部地区有与酸性-中酸性岩浆岩有关的热液矿床分布			矿床（点）地质特征	矿区位于必寨断裂中部，其次级断裂为直接控矿构造。 赋矿围岩为中寒武统陡坡寺组白云岩
矿体规模、形态、产状、品位	共发现 3 个矿化段，断续长 780 米，宽 15～20 米。矿化段中，矿化不均匀，品位不稳定，最高 Pb 1.76%、Zn 8.29%			矿石类型，矿石结构、构造，矿物共生组合	矿石矿物：方铅矿、闪锌矿、白铅矿、菱锌矿；矿石呈星点状、细脉状
围岩蚀变				矿石可选性	
勘查程度	预查			现状	
资料来源	1/20 万曲靖幅			找矿远景	
资源储量				备注	

矿产地名	乌龙潭	规模	矿点	1/20 万图幅	曲靖幅
编号	103			所在行政区	云南省寻甸县
地理坐标	东经 103°24′09″，北纬 25°33′11″			成因类型	沉积-改造矿床
主要矿产	Pb			伴（共）生矿产	
地质背景	矿床大地构造位于扬子准地台西南缘，按铅锌成矿单元划分，属扬子铅锌成矿区。成矿区内，沉积盖层发育，岩浆活动较弱。区内，岩浆（火山）岩及沉积盖层 Pb、Zn 丰度值较高，沉积时的“同生断裂”及燕山末期强烈的构造运动，对铅锌矿床的形成及富集起到了重要作用，铅锌矿床主要为层控型（沉积-改造）矿床，仅在局部地区有与酸性-中酸性岩浆岩有关的热液矿床分布			矿床（点）地质特征	矿区位于沙谷渡断裂带次一级断裂中。 赋矿围岩为下寒武统龙王庙组白云岩
矿体规模、形态、产状、品位	走向北东 50°次级张扭性断裂控制矿化，铅矿物呈星点状、细脉状充填于角砾状白云岩中，矿化较弱			矿石类型，矿石结构、构造，矿物共生组合	矿石矿物：方铅矿；矿石呈星点状、细脉状。 脉石矿物：方解石
围岩蚀变				矿石可选性	
勘查程度	预查			现状	
资料来源	1/20 万曲靖幅			找矿远景	
资源储量				备注	

<table>
<tr><td>矿产地名</td><td>小树梁子</td><td>规模</td><td>矿点</td><td>1/20 万图幅</td><td>曲靖幅</td></tr>
<tr><td>编号</td><td colspan="3">104</td><td>所在行政区</td><td>云南省寻甸县</td></tr>
<tr><td>地理坐标</td><td colspan="3">东经 103°27′07″，北纬 25°33′06″</td><td>成因类型</td><td>沉积-改造矿床</td></tr>
<tr><td>主要矿产</td><td colspan="3">Pb</td><td>伴（共）生矿产</td><td></td></tr>
<tr><td>地质背景</td><td colspan="3">矿床大地构造位于扬子准地台西南缘，按铅锌成矿单元划分，属扬子铅锌成矿区。成矿区内，沉积盖层发育，岩浆活动较弱。区内，岩浆（火山）岩及沉积盖层 Pb、Zn 丰度值较高，沉积时的“同生断裂”及燕山末期强烈的构造运动，对铅锌矿床的形成及富集起到了重要作用，铅锌矿床主要为层控型（沉积-改造）矿床，仅在局部地区有与酸性-中酸性岩浆岩有关的热液矿床分布</td><td>矿床（点）地质特征</td><td>矿化点位于普家屯-哈螃沟断裂带，区内南东、北东两组断裂及层间破碎带发育。赋矿围岩为中寒武统双龙潭组白云岩</td></tr>
<tr><td>矿体规模、形态、产状、品位</td><td colspan="3">平行于断裂带的层间破碎带铅锌矿化普遍，地表矿化露头长 450～500 米，宽 12～50 米，品位不稳定，最高 Pb 0.87%、Zn 0.76%</td><td>矿石类型，矿石结构、构造，矿物共生组合</td><td>矿石矿物：方铅矿、闪锌矿，氧化矿物少见；矿石呈细脉状</td></tr>
<tr><td>围岩蚀变</td><td colspan="3"></td><td>矿石可选性</td><td></td></tr>
<tr><td>勘查程度</td><td colspan="3">预查</td><td>现状</td><td></td></tr>
<tr><td>资料来源</td><td colspan="3">1/20 万曲靖幅</td><td>找矿远景</td><td></td></tr>
<tr><td>资源储量</td><td colspan="3"></td><td>备注</td><td></td></tr>
</table>

矿产地名	大官坝	规模	矿点	1/20 万图幅	曲靖幅
编号	105			所在行政区	云南省寻甸县
地理坐标	东经 103°26′24″，北纬 25°32′53″			成因类型	沉积-改造矿床
主要矿产	Pb			伴（共）生矿产	
地质背景	矿床大地构造位于扬子准地台西南缘，按铅锌成矿单元划分，属扬子铅锌成矿区。成矿区内，沉积盖层发育，岩浆活动较弱。区内，岩浆（火山）岩及沉积盖层 Pb、Zn 丰度值较高，沉积时的“同生断裂”及燕山末期强烈的构造运动，对铅锌矿床的形成及富集起到了重要作用，铅锌矿床主要为层控型（沉积-改造）矿床，仅在局部地区有与酸性-中酸性岩浆岩有关的热液矿床分布			矿床（点）地质特征	矿化受必赛断裂旁侧的走向北北西向次级张扭性断裂直接控制。 中寒武统陡坡寺组白云岩层间破碎带发育，区内地层产状 82°∠8°
矿体规模、形态、产状、品位	矿化分布于陡坡寺组白云岩层间破碎带内，地表控制矿化带长 150 米，厚 3.5～4.5 米，延伸 100 米左右。矿化不均匀，矿体呈似层状、透镜状产出。矿石品位 Pb 0.92%			矿石类型，矿石结构、构造，矿物共生组合	矿石矿物：方铅矿；矿石呈条带状、细脉状
围岩蚀变				矿石可选性	
勘查程度	预查			现状	
资料来源	1/20 万曲靖幅			找矿远景	
资源储量				备注	

矿产地名	小碗冲	规模	矿点	1/20 万图幅	曲靖幅
编号	106			所在行政区	云南省寻甸县
地理坐标	东经 103°26′58″，北纬 25°32′51″			成因类型	沉积-改造矿床
主要矿产	Pb、Cu			伴（共）生矿产	元素组合：Pb、Zn、Cu、As、Ag
地质背景	矿床大地构造位于扬子准地台西南缘，按铅锌成矿单元划分，属扬子铅锌成矿区。成矿区内，沉积盖层发育，岩浆活动较弱。区内，岩浆（火山）岩及沉积盖层 Pb、Zn 丰度值较高，沉积时的“同生断裂”及燕山末期强烈的构造运动，对铅锌矿床的形成及富集起到了重要作用，铅锌矿床主要为层控型（沉积-改造）矿床，仅在局部地区有与酸性-中酸性岩浆岩有关的热液矿床分布			矿床（点）地质特征	矿点受北北东向、北北西向两组次级断裂控制。 赋矿围岩为中寒武统双龙潭组粉晶白云岩
矿体规模、形态、产状、品位	走向北北东断裂为 Pb、Zn、Cu 的控矿断裂；走向北北西断裂为 Cu 的控矿断裂。含铅、铜重晶石脉，多呈群出现，但矿化不均匀			矿石类型，矿石结构、构造，矿物共生组合	矿石矿物：方铅矿、黄铜矿；矿石呈星点状、细脉状。 脉石矿物：重晶石
围岩蚀变				矿石可选性	
勘查程度	预查			现状	
资料来源	1/20 万曲靖幅			找矿远景	
资源储量				备注	

矿产地名	陡箐	规模	矿点	1/20 万图幅	宜良幅
编号	107			所在行政区	云南省马龙县
地理坐标	东经 103°34′28″，北纬 25°17′59″			成因类型	沉积-改造矿床
主要矿产	Pb、Zn			伴（共）生矿产	
地质背景	矿床大地构造位于扬子准地台西南缘，按铅锌成矿单元划分，属扬子铅锌成矿区。成矿区内，沉积盖层发育，岩浆活动较弱。区内，岩浆（火山）岩及沉积盖层 Pb、Zn 丰度值较高，沉积时的“同生断裂”及燕山末期强烈的构造运动，对铅锌矿床的形成及富集起到了重要作用，铅锌矿床主要为层控型（沉积-改造）矿床，仅在局部地区有与酸性-中酸性岩浆岩有关的热液矿床分布			矿床（点）地质特征	赋矿围岩为上震旦系灯影组白云岩
矿体规模、形态、产状、品位	矿化沿层或沿裂隙产出。 品位：Pb 2.08%、Zn 0.62%			矿石类型，矿石结构、构造，矿物共生组合	金属矿物：方铅矿、闪锌矿、黄铁矿、黄铜矿。 脉石矿物：重晶石、白云石
围岩蚀变				矿石可选性	
勘查程度	预查			现状	
资料来源	《云南省区域地质矿产总结》			找矿远景	
资源储量				备注	

矿产地名	土地庙	规模	矿点	1/20 万图幅	宜良幅
编号	108			所在行政区	云南省马龙县
地理坐标	东经 103°27′15″，北纬 25°16′49″			成因类型	沉积-改造矿床
主要矿产	Pb、Zn			伴（共）生矿产	
地质背景	矿床大地构造位于扬子准地台西南缘，按铅锌成矿单元划分，属扬子铅锌成矿区。成矿区内，沉积盖层发育，岩浆活动较弱。区内，岩浆（火山）岩及沉积盖层 Pb、Zn 丰度值较高，沉积时的“同生断裂”及燕山末期强烈的构造运动，对铅锌矿床的形成及富集起到了重要作用，铅锌矿床主要为层控型（沉积-改造）矿床，仅在局部地区有与酸性-中酸性岩浆岩有关的热液矿床分布			矿床（点）地质特征	赋矿围岩为下寒武统筇竹寺组黑色薄层粉砂岩
矿体规模、形态、产状、品位	含铅锌矿重晶石脉厚 0.8 米			矿石类型，矿石结构、构造，矿物共生组合	金属矿物：方铅矿、闪锌矿、黄铜矿。 脉石矿物：重晶石、白云石
围岩蚀变				矿石可选性	
勘查程度	预查			现状	
资料来源	《云南省区域地质矿产总结》			找矿远景	
资源储量				备注	

矿产地名	大米槽	规模	矿点	1/20 万图幅	宜良幅
编号	109			所在行政区	云南省马龙县
地理坐标	东经 103°28′54″，北纬 25°15′17″			成因类型	沉积-改造矿床
主要矿产	Pb、Zn			伴（共）生矿产	
地质背景	矿床大地构造位于扬子准地台西南缘，按铅锌成矿单元划分，属扬子铅锌成矿区。成矿区内，沉积盖层发育，岩浆活动较弱。区内，岩浆（火山）岩及沉积盖层 Pb、Zn 丰度值较高，沉积时的“同生断裂”及燕山末期强烈的构造运动，对铅锌矿床的形成及富集起到了重要作用，铅锌矿床主要为层控型（沉积-改造）矿床，仅在局部地区有与酸性-中酸性岩浆岩有关的热液矿床分布			矿床（点）地质特征	矿化围岩为上震旦系灯影组白云岩
矿体规模、形态、产状、品位	矿化为沿层或沿裂隙产出。 品位：Pb 0.21%、Zn 1.75%			矿石类型，矿石结构、构造，矿物共生组合	金属矿物：方铅矿、闪锌矿等。 脉石矿物：方解石、白云石
围岩蚀变				矿石可选性	
勘查程度	预查			现状	
资料来源	《云南省区域地质矿产总结》			找矿远景	
资源储量				备注	

<table>
<tr><td>矿产地名</td><td>大洞门前</td><td>规模</td><td>矿点</td><td>1/20 万图幅</td><td>宜良幅</td></tr>
<tr><td>编号</td><td colspan="3">110</td><td>所在行政区</td><td>云南省马龙县</td></tr>
<tr><td>地理坐标</td><td colspan="3">东经 103°32′17″，北纬 25°15′48″</td><td>成因类型</td><td>沉积-改造矿床</td></tr>
<tr><td>主要矿产</td><td colspan="3">Pb、Zn</td><td>伴（共）生矿产</td><td></td></tr>
<tr><td>地质背景</td><td colspan="3">矿床大地构造位于扬子准地台西南缘，按铅锌成矿单元划分，属扬子铅锌成矿区。成矿区内，沉积盖层发育，岩浆活动较弱。区内，岩浆（火山）岩及沉积盖层 Pb、Zn 丰度值较高，沉积时的“同生断裂”及燕山末期强烈的构造运动，对铅锌矿床的形成及富集起到了重要作用，铅锌矿床主要为层控型（沉积-改造）矿床，仅在局部地区有与酸性-中酸性岩浆岩有关的热液矿床分布</td><td>矿床（点）地质特征</td><td>矿区位于哑巴山背斜西翼。
赋矿围岩为下石炭统灰岩</td></tr>
<tr><td>矿体规模、形态、产状、品位</td><td colspan="3">矿化为沿层或沿裂隙产出的重晶石脉铅锌矿化。
矿化规模、品位不清</td><td>矿石类型，矿石结构、构造，矿物共生组合</td><td>金属矿物：方铅矿、闪锌矿、黄铁矿。
脉石矿物：重晶石、白云石</td></tr>
<tr><td>围岩蚀变</td><td colspan="3">重晶石化</td><td>矿石可选性</td><td></td></tr>
<tr><td>勘查程度</td><td colspan="3">预查</td><td>现状</td><td></td></tr>
<tr><td>资料来源</td><td colspan="3">1/20 万武定幅</td><td>找矿远景</td><td></td></tr>
<tr><td>资源储量</td><td colspan="3"></td><td>备注</td><td></td></tr>
</table>

矿产地名	大兑冲	规模	中型	1/20 万图幅	宜良幅
编号	111			所在行政区	云南省宜良县
地理坐标	东经 103°23′08″，北纬 25°03′36″			成因类型	沉积-改造矿床
主要矿产	Pb、Zn			伴（共）生矿产	Ag 20g/t,Cd
地质背景	矿床大地构造位于扬子准地台西南缘，按铅锌成矿单元划分，属扬子铅锌成矿区。成矿区内，沉积盖层发育，岩浆活动较弱。区内，岩浆（火山）岩及沉积盖层 Pb、Zn 丰度值较高，沉积时的“同生断裂”及燕山末期强烈的构造运动，对铅锌矿床的形成及富集起到了重要作用，铅锌矿床主要为层控型（沉积-改造）矿床，仅在局部地区有与酸性-中酸性岩浆岩有关的热液矿床分布			矿床（点）地质特征	矿区位于哑巴山背斜西翼。矿化围岩为上震旦统灯影组灰岩、陡山沱组砂岩，下寒武统渔户村组砂页岩所夹的灰岩透镜体。3 个沿层产出的重晶石脉矿体走向北东 30°～40°，倾向北西，倾角 30°～40°。矿体中，Ⅰ号矿体位于上震旦统陡山沱组砂岩、灯影组灰岩之间，Ⅱ号矿体位于 F2 断裂上盘陡山沱组地层中。此外，矿区也有沿裂隙产出的走向北东 30°～50°、北西 70°～50°，陡倾（65°～90°）的含矿重晶石脉
矿体规模、形态、产状、品位	矿体多呈沿层透镜体、似层状产出。Ⅰ号矿体地表宽 1.5～30 米，一般 15～20 米，长 1000 米，延伸＞300 米；Ⅱ号矿体长约 400 米，水平厚约 1.5 米；Ⅲ号矿体长度、厚度不清。矿体地表多氧化强烈，多为铁帽。矿石品位地表 Pb 0.81%、Zn 3.20%；深部平均 Pb、Zn 均为 1%左右			矿石类型，矿石结构、构造，矿物共生组合	地表为氧化矿，深部为硫化矿。 金属矿物：方铅矿、闪锌矿、黄铜矿、黄铁矿、褐铁矿、黄钾铁矾、菱锌矿、白铅矿；脉石矿物以重晶石为主，尚有方解石、石英、白云石。 矿石呈块状、蜂窝状、土状、细脉浸染状
围岩蚀变	黄铁矿化、重晶石化、硅化、碳酸盐化、绿泥石化			矿石可选性	氧化矿难选，硫化矿可选
勘查程度	预查			现状	民采矿山
资料来源	1/20 万武定幅、柳贺昌《滇东北铅锌矿床规律与预测》			找矿远景	
资源储量	表外 C_1 级金属量：Pb 57470 吨，Zn 68538 吨，Ag 60.19 吨，Cd 90.27 吨			备注	

矿产地名	胡家坝	规模	矿点	1/20 万图幅	宜良幅
编号	112			所在行政区	云南省宜良县
地理坐标	东经 103°36′07″，北纬 25°03′31″			成因类型	沉积-改造矿床
主要矿产	Pb、Zn			伴（共）生矿产	
地质背景	矿床大地构造位于扬子准地台西南缘，按铅锌成矿单元划分，属扬子铅锌成矿区。成矿区内，沉积盖层发育，岩浆活动较弱。区内，岩浆（火山）岩及沉积盖层 Pb、Zn 丰度值较高，沉积时的“同生断裂”及燕山末期强烈的构造运动，对铅锌矿床的形成及富集起到了重要作用，铅锌矿床主要为层控型（沉积-改造）矿床，仅在局部地区有与酸性-中酸性岩浆岩有关的热液矿床分布			矿床（点）地质特征	矿区位于哑巴山背斜西翼。 赋矿围岩为中泥盆统曲靖组灰岩
矿体规模、形态、产状、品位	矿化受构造控制，地表方解石脉常沿走向北东 60°～80°，近直立的张性裂隙充填，脉宽 0.1～0.8 厘米，单脉长 1 米左右，常成组出现，向深部脉密度减小，脉幅增大，并常有沿层的似层状、透镜状矿体出现			矿石类型，矿石结构、构造，矿物共生组合	金属矿物：方铅矿、闪锌矿、黄铁矿。 脉石矿物：方解石、白云石
围岩蚀变	方解石化			矿石可选性	
勘查程度	预查			现状	
资料来源	1/20 万武定幅			找矿远景	
资源储量				备注	

矿产地名	螺丝塘	规模	小型	1/20 万图幅	宜良幅
编号	113			所在行政区	云南省石林县
地理坐标	东经 103°23′08″，北纬 24°59′01″			成因类型	沉积-改造矿床
主要矿产	Pb、Zn			伴（共）生矿产	精矿 Cd 0.1%～0.5%，Ag 15～40g/t，Ge 0.003%～0.004%
地质背景	矿床大地构造位于扬子准地台西南缘，按铅锌成矿单元划分，属扬子铅锌成矿区。成矿区内，沉积盖层发育，岩浆活动较弱。区内，岩浆（火山）岩及沉积盖层 Pb、Zn 丰度值较高，沉积时的“同生断裂”及燕山末期强烈的构造运动，对铅锌矿床的形成及富集起到了重要作用，铅锌矿床主要为层控型（沉积-改造）矿床，仅在局部地区有与酸性-中酸性岩浆岩有关的热液矿床分布			矿床（点）地质特征	矿区位于哑巴山背斜西翼。区内下石炭统大塘阶上司段鲕状灰岩呈假整合伏于上震旦统陡山沱组石英砂岩、砂质白云岩之上，沿假整合面层间滑动发育，铅锌矿化即产于滑动面上、下地层中。矿体主要受北东向构造控制：①工业矿体为隐伏矿体，其位于北东 60°轴向的“隔槽式”次一级褶皱向斜翼部；②地表北东 60°含矿方解石脉成群、成组分布于隐伏矿体上方
矿体规模、形态、产状、品位	查明工业矿体 5 个，呈扁豆状产于层间滑动面上、下盘，一般长 28～68 米，最长 110 米，宽 10～20 米，厚 1.47～20 米。矿石品位 Zn 0.98%～6.61%、Pb 0.73%～3.64%。区内铅锌矿层之下，有拣块样分析，Co 0.326%～0.78%、Ni 0.195%～0.30%,Cu 最高达 1.25%，宽 0.5～0.7 米，呈细脉浸染状成带状分布			矿石类型，矿石结构、构造，矿物共生组合	金属矿物以闪锌矿为主，方铅矿次之，伴有黄铁矿。一般呈自形、半自形粒状，结构，脉状、浸染状、块状构造
围岩蚀变	白云岩化			矿石可选性	可选
勘查程度	预查			现状	20 世纪 90 年代曾开采
资料来源	1/20 万宜良幅			找矿远景	
资源储量	Pb+Zn：C_1 级 32920 吨			备注	

矿产地名	天生关	规模	矿点	1/20 万图幅	宜良幅
编号	114			所在行政区	云南省宜良县
地理坐标	东经 103°23′14″，北纬 24°58′06″			成因类型	沉积-改造矿床
主要矿产	Pb、Zn			伴（共）生矿产	
地质背景	矿床大地构造位于扬子准地台西南缘，按铅锌成矿单元划分，属扬子铅锌成矿区。成矿区内，沉积盖层发育，岩浆活动较弱。区内，岩浆（火山）岩及沉积盖层 Pb、Zn 丰度值较高，沉积时的“同生断裂”及燕山末期强烈的构造运动，对铅锌矿床的形成及富集起到了重要作用，铅锌矿床主要为层控型（沉积-改造）矿床，仅在局部地区有与酸性-中酸性岩浆岩有关的热液矿床分布			矿床（点）地质特征	矿区位于哑巴山背斜西翼。 赋矿围岩为下石炭统大塘阶上司段白云岩、灰岩
矿体规模、形态、产状、品位	矿化受构造控制，地表方解石脉常沿走向北东 60°～80°、近直立的张性裂隙充填，脉宽 0.1～0.8 厘米，单脉长 1 米左右。常成组出现，向深部脉密度减小，脉幅增大，并常有沿层的似层状、透镜状矿体出现			矿石类型，矿石结构、构造，矿物共生组合	金属矿物：方铅矿、闪锌矿、黄铁矿。 脉石矿物：方解石、白云石
围岩蚀变	白云石化、方解石化			矿石可选性	
勘查程度	预查			现状	
资料来源	1/20 万宜良幅			找矿远景	
资源储量				备注	

矿产地名	放马坝	规模	矿点	1/20 万图幅	昭通幅
编号	115			所在行政区	昭通市昭阳区盘河乡
地理坐标	东经 103°53′50″，北纬 27°32′58″			成因类型	沉积-改造矿床
主要矿产	Pb、Zn			伴（共）生矿产	Cu、Ag、Ge、Cd
地质背景	矿床大地构造位于扬子准地台西南缘，按铅锌成矿单元划分，属扬子铅锌成矿区。成矿区内，沉积盖层发育，岩浆活动较弱。区内，岩浆（火山）岩及沉积盖层 Pb、Zn 丰度值较高，沉积时的“同生断裂”及燕山末期强烈的构造运动，对铅锌矿床的形成及富集起到了重要作用，铅锌矿床主要为层控型（沉积-改造）矿床，仅在局部地区有与酸性-中酸性岩浆岩有关的热液矿床分布			矿床（点）地质特征	矿区位于被北东向纵断层（F1）破坏的放马坝背斜倾没端，断裂、背斜、地层、岩性对矿化均有控制作用，矿体受层间滑动带、破碎带控制 矿体赋存于下石炭统摆佐组（317 队报告认为应属中石炭统威宁组）碳酸盐岩中。放马坝与青龙硐、银厂沟同处于 F1 断裂上盘，317 队共施工 29 孔，见矿 5 孔
矿体规模、形态、产状、品位	矿区分东、西两个矿带： 西矿带已知 3 个矿化带、26 个小矿体，矿体沿层间滑动、破碎带呈透镜体、囊状体、扁豆体产出，长 40～100 米，厚 1～3.8 米，延深 80～100 米；品位 Pb 0.32%～1.90%，Zn 0.90%～23.29%； 东矿带见已知 3 个矿化层，由上而下：第一矿化层厚 1～1.5 米，第二矿化层厚 1 米，第三矿化层厚 1 米；品位 Pb 2.56%～18.59%，Zn 28.89%～38.57%			矿石类型，矿石结构、构造，矿物共生组合	主要为硫化矿，次为氧化矿。矿石呈细脉状、浸染状、块状、皮壳状、蜂窝状；金属矿物主要见方铅矿、闪锌矿、黄铁矿、菱锌矿、白铅矿、水锌矿、褐铁矿。 脉石矿物有白云石、方解石、重晶石等
围岩蚀变	白云岩化、方解石化、褐铁矿化、黄铁矿化			矿石可选性	
勘查程度	普查			现状	
资料来源	317 队普查资料			找矿远景	
资源储量				备注	

矿产地名	哑吧山	规模	矿点	1/20 万图幅	宜良幅幅
编号	116			所在行政区	云南省宜良县
地理坐标	东经 103°28′20″，北纬 24°55′24″			成因类型	沉积-改造矿床
主要矿产	Pb、Zn			伴（共）生矿产	
地质背景	矿床大地构造位于扬子准地台西南缘，按铅锌成矿单元划分，属扬子铅锌成矿区。成矿区内，沉积盖层发育，岩浆活动较弱。区内，岩浆（火山）岩及沉积盖层 Pb、Zn 丰度值较高，沉积时的“同生断裂”及燕山末期强烈的构造运动，对铅锌矿床的形成及富集起到了重要作用，铅锌矿床主要为层控型（沉积-改造）矿床，仅在局部地区有与酸性-中酸性岩浆岩有关的热液矿床分布			矿床（点）地质特征	矿区位于哑巴山背斜西翼。 赋矿围岩为下石炭统灰岩、白云岩，中泥盆统曲靖组
矿体规模、形态、产状、品位	矿化受构造控制，地表方解石脉常沿走向北东 60°～80°，近直立的张性裂隙充填，脉宽 0.1～0.8 厘米，单脉长 1 米左右。常成组出现，向深部脉密度减小，脉幅增大，并常有沿层的似层状、透镜状矿体出现			矿石类型，矿石结构、构造，矿物共生组合	金属矿物：方铅矿、闪锌矿、黄铁矿。 脉石矿物：重晶石、白云石
围岩蚀变				矿石可选性	
勘查程度	预查			现状	
资料来源	1/20 万宜良幅			找矿远景	
资源储量				备注	

矿产地名	老坞村	规模	矿点	1/20 万图幅	宜良幅
编号	117			所在行政区	云南省宜良县
地理坐标	东经 103°04′04″，北纬 24°49′08″			成因类型	沉积-改造矿床
主要矿产	Pb、Zn			伴（共）生矿产	
地质背景	矿床大地构造位于扬子准地台西南缘，按铅锌成矿单元划分，属扬子铅锌成矿区。成矿区内，沉积盖层发育，岩浆活动较弱。区内，岩浆（火山）岩及沉积盖层 Pb、Zn 丰度值较高，沉积时的“同生断裂”及燕山末期强烈的构造运动，对铅锌矿床的形成及富集起到了重要作用，铅锌矿床主要为层控型（沉积-改造）矿床，仅在局部地区有与酸性-中酸性岩浆岩有关的热液矿床分布			矿床（点）地质特征	矿区位于哑巴山背斜西翼。 赋矿围岩为中志留统马龙群上部灰岩
矿体规模、形态、产状、品位	重晶石细脉沿层分布或呈不规则团块状分布，脉宽 0.001～0.10 米，团块大小不一，大者 0.4×0.5 米，脉侧及团块周围有方铅矿、黄铁矿、孔雀石散点，细脉带宽可达 0.4～0.5 米，含铅品位最高可达 5.40%，含锌甚微。矿点与铅异常重合，矿区有铅异常 2 个，面积：1800×（11～250）平方米、900×（5～150）平方米			矿石类型，矿石结构、构造，矿物共生组合	金属矿物：方铅矿、黄铁矿、孔雀石。 脉石矿物：重晶石、白云石。 矿石呈浸染状、团块状
围岩蚀变	白云石化、方解石化			矿石可选性	
勘查程度	预查			现状	
资料来源	1/20 万宜良幅			找矿远景	
资源储量				备注	

矿产地名	旧城	规模	矿点	1/20 万图幅	玉溪幅
编号	118			所在行政区	云南省华宁县盘溪乡
地理坐标	东经 103°01′59″，北纬 24°37′42″			成因类型	沉积-改造矿床
主要矿产	Pb、Zn			伴（共）生矿产	银
地质背景	矿床大地构造位于扬子准地台西南缘，按铅锌成矿单元划分，属扬子铅锌成矿区。成矿区内，沉积盖层发育，岩浆活动较弱。区内，岩浆（火山）岩及沉积盖层 Pb、Zn 丰度值较高，沉积时的“同生断裂”及燕山末期强烈的构造运动，对铅锌矿床的形成及富集起到了重要作用，铅锌矿床主要为层控型（沉积-改造）矿床，仅在局部地区有与酸性-中酸性岩浆岩有关的热液矿床分布			矿床（点）地质特征	矿区出露地层有：昆阳群大理岩，震旦系下统白云岩、钙质板岩。矿区内南北向断裂及走向北西 50°～60°、倾向北东或南西、倾角 70°～80°，羽状裂隙发育
矿体规模、形态、产状、品位	铅锌矿化产于北西向羽状裂隙中，品位 Pb 0.79%～3.70%、Zn 0.42%～4.44%。矿区外围有铅锌矿扩散晕			矿石类型，矿石结构、构造，矿物共生组合	矿石以浸染状、细脉状为主，个别致密块状。 金属矿物：主要是方铅矿、闪锌矿，伴生有黄铁矿、黄铜矿、磁黄铁矿，氧化矿物为铅华、孔雀石、褐铁矿。 脉石矿物：石英、重晶石、方解石
围岩蚀变	绿泥石化、硅化与矿化关系密切，其次有重晶石化、绢云母化			矿石可选性	
勘查程度	预查			现状	
资料来源	1/20 万玉溪幅			找矿远景	
资源储量				备注	

矿产地名	麦地山	规模	矿点	1/20 万图幅	弥勒幅
编号	119			所在行政区	云南省宜良县
地理坐标	东经 103°10′23″，北纬 24°38′22″			成因类型	沉积-改造矿床
主要矿产	Zn			伴（共）生矿产	
地质背景	矿床大地构造位于扬子准地台西南缘，按铅锌成矿单元划分，属扬子铅锌成矿区。成矿区内，沉积盖层发育，岩浆活动较弱。区内，岩浆（火山）岩及沉积盖层 Pb、Zn 丰度值较高，沉积时的“同生断裂”及燕山末期强烈的构造运动，对铅锌矿床的形成及富集起到了重要作用，铅锌矿床主要为层控型（沉积-改造）矿床，仅在局部地区有与酸性-中酸性岩浆岩有关的热液矿床分布			矿床（点）地质特征	矿区内出露下寒武统渔户村组、筇竹寺组、沧浪铺组地层。地层倾向北北西，倾角较缓。 铅矿体产于东西、北北西向两组断裂锐角交汇顶端的北北西向断裂西侧，渔户村组白云岩中的东西向裂隙内
矿体规模、形态、产状、品位	东西向裂隙中断续分布的方铅矿细脉厚 1～5 厘米，分布范围不大。另在废矿石堆中见细脉状、浸染状、网脉状矿石，目估品位 Pb 1%～3% 、Cu＜0.5%			矿石类型，矿石结构、构造，矿物共生组合	矿石为细脉状、浸染状、网脉状。金属矿物主要为方铅矿，少量黄铁矿、黄铜矿、闪锌矿以及白铅矿、孔雀石。 脉石矿物：方解石、重晶石
围岩蚀变	硅化、绿泥石化、碳酸盐化			矿石可选性	
勘查程度	预查			现状	
资料来源	1/20 万弥勒幅			找矿远景	
资源储量				备注	

矿产地名	凤阳村	规模	矿点	1/20 万图幅	弥勒幅
编号	120			所在行政区	云南省华宁县
地理坐标	东经 103°02′38″，北纬 24°28′27″			成因类型	沉积-改造矿床
主要矿产	Pb、Zn			伴（共）生矿产	
地质背景	矿床大地构造位于扬子准地台西南缘，按铅锌成矿单元划分，属扬子铅锌成矿区。成矿区内，沉积盖层发育，岩浆活动较弱。区内，岩浆（火山）岩及沉积盖层 Pb、Zn 丰度值较高，沉积时的“同生断裂”及燕山末期强烈的构造运动，对铅锌矿床的形成及富集起到了重要作用，铅锌矿床主要为层控型（沉积-改造）矿床，仅在局部地区有与酸性-中酸性岩浆岩有关的热液矿床分布			矿床（点）地质特征	下寒武统渔户村组、筇竹寺组出露于矿区西部，中志留统马龙群上段分布于矿区东北，二者均为北东向断层接触。 赋矿地层为马龙群上段
矿体规模、形态、产状、品位	马龙群上段白云岩中见老硐 2 个，其中一个硐口可见方铅矿散点，取光谱分析样 52 个，部分含铅 0.1%，最高 3%；锌一般 0.1%，个别 2%			矿石类型，矿石结构、构造，矿物共生组合	金属矿物有方铅矿、闪锌矿
围岩蚀变				矿石可选性	
勘查程度	预查			现状	
资料来源	1/20 万弥勒幅			找矿远景	
资源储量				备注	

矿产地名	银场	规模	矿点	1/20 万图幅	弥勒幅
编号	121			所在行政区	云南省华宁县
地理坐标	东经 103°02′39″，北纬 24°27′40″			成因类型	沉积-改造矿床
主要矿产	Zn			伴（共）生矿产	
地质背景	矿床大地构造位于扬子准地台西南缘，按铅锌成矿单元划分，属扬子铅锌成矿区。成矿区内，沉积盖层发育，岩浆活动较弱。区内，岩浆（火山）岩及沉积盖层 Pb、Zn 丰度值较高，沉积时的“同生断裂”及燕山末期强烈的构造运动，对铅锌矿床的形成及富集起到了重要作用，铅锌矿床主要为层控型（沉积-改造）矿床，仅在局部地区有与酸性-中酸性岩浆岩有关的热液矿床分布			矿床（点）地质特征	中志留统马龙群上段白云岩出露于矿区西部，玉龙寺组泥灰岩、白云岩、粉砂质页岩分布于矿区东部，二者均为北东向断层接触。赋矿地层为玉龙寺白云岩马龙群上段白云岩
矿体规模、形态、产状、品位	见老硐 3 个，其中一个硐中岩石碎块上可见菱锌矿。光谱分析仅一样含锌＞0.5%，其他样品铅锌含量很低			矿石类型，矿石结构、构造，矿物共生组合	金属矿物有菱锌矿
围岩蚀变				矿石可选性	
勘查程度	预查			现状	
资料来源	1/20 万弥勒幅			找矿远景	
资源储量				备注	

矿产地名	路丫	规模	矿点	1/20 万图幅	弥勒幅
编号	122			所在行政区	云南省弥勒县
地理坐标	东经 103°11′37″，北纬 24°26′38″			成因类型	沉积-改造矿床
主要矿产	Pb			伴（共）生矿产	
地质背景	矿床大地构造位于扬子准地台西南缘，按铅锌成矿单元划分，属扬子铅锌成矿区。成矿区内，沉积盖层发育，岩浆活动较弱。区内，岩浆（火山）岩及沉积盖层 Pb、Zn 丰度值较高，沉积时的“同生断裂”及燕山末期强烈的构造运动，对铅锌矿床的形成及富集起到了重要作用，铅锌矿床主要为层控型（沉积-改造）矿床，仅在局部地区有与酸性-中酸性岩浆岩有关的热液矿床分布			矿床（点）地质特征	矿区从西向东依次出露中志留统马龙群，中泥盆统宣武田组、曲靖组，下第三系路美邑组。曲靖组、路美邑组间为近东西向的断层接触。 曲靖组婆兮段白云质灰岩为赋矿地层
矿体规模、形态、产状、品位	厚 1～50 厘米，长<1 米的方铅矿、褐铁矿脉断续分布于婆兮段白云岩中，组成宽 0.5～2 米，长 55 米的复脉型铅锌矿体，矿体受倾向、倾角不一的裂隙控制。矿体含铅 0.81%～2.82%，最高 4.73%；含锌 0.64%～1.83%，局部含铜 6.43%。在铅锌矿体附近有同样受北东向裂隙控制的黄铁矿脉，黄铁矿地表氧化的褐铁矿脉中局部含铅 2.82%、锌 0.64%			矿石类型，矿石结构、构造，矿物共生组合	金属矿物以方铅矿、白铅矿为主，少量闪锌矿、黄铁矿、褐铁矿。脉石矿物为白云石、方解石
围岩蚀变	硅化、铁锰碳酸盐化			矿石可选性	
勘查程度	预查			现状	
资料来源	1/20 万弥勒幅			找矿远景	
资源储量				备注	

矿产地名	打场处	规模	矿点	1/20 万图幅	弥勒幅
编号	123			所在行政区	云南省华宁县
地理坐标	东经 103°04′38″，北纬 24°22′45″			成因类型	沉积-改造矿床
主要矿产	Pb、Zn			伴（共）生矿产	
地质背景	矿床大地构造位于扬子准地台西南缘，按铅锌成矿单元划分，属扬子铅锌成矿区。成矿区内，沉积盖层发育，岩浆活动较弱。区内，岩浆（火山）岩及沉积盖层 Pb、Zn 丰度值较高，沉积时的“同生断裂”及燕山末期强烈的构造运动，对铅锌矿床的形成及富集起到了重要作用，铅锌矿床主要为层控型（沉积-改造）矿床，仅在局部地区有与酸性-中酸性岩浆岩有关的热液矿床分布			矿床（点）地质特征	矿区出露地层有：中志留统马龙群下段泥灰岩夹钙质页岩，上段假鲕状灰岩、白云岩夹泥灰岩；上志留统玉龙寺组粉砂质页岩。地层倾向东，倾角较陡，局部倒转褶皱。 矿区东侧北东向断裂发育。 赋矿地层为马龙群上段白云岩
矿体规模、形态、产状、品位	在大龙村-小清明-打场处-老独田一带揭露矿体 11 个，矿体一般长 50～200 米，平均厚 0.5～1.5 米，最大平均厚 2.75 米。矿体平均含铅 1.117%～3.438%			矿石类型，矿石结构、构造，矿物共生组合	矿石以浸染状为主，细脉状次之，方铅矿多产于重晶石脉边缘。 金属矿物：以方铅矿为主，次有黄铜矿、闪锌矿、黄铁矿。 脉石矿物：白云石，少量重晶石、方解石、石英
围岩蚀变				矿石可选性	
勘查程度	预查			现状	
资料来源	1/20 万弥勒幅			找矿远景	
资源储量	C_1+C_2 级金属储量 3499 吨			备注	

矿产地名	龙树沟	规模	矿点	1/20 万图幅	弥勒幅
编号	124			所在行政区	云南省华宁县盘溪乡
地理坐标	东经 103°02′30″，北纬 24°15′01″			成因类型	沉积-改造矿床
主要矿产	Pb、Zn			伴（共）生矿产	
地质背景	矿床大地构造位于扬子准地台西南缘，按铅锌成矿单元划分，属扬子铅锌成矿区。成矿区内，沉积盖层发育，岩浆活动较弱。区内，岩浆（火山）岩及沉积盖层 Pb、Zn 丰度值较高，沉积时的“同生断裂”及燕山末期强烈的构造运动，对铅锌矿床的形成及富集起到了重要作用，铅锌矿床主要为层控型（沉积-改造）矿床，仅在局部地区有与酸性-中酸性岩浆岩有关的热液矿床分布			矿床（点）地质特征	矿区出露地层有：中志留统马龙群下段泥灰岩夹钙质页岩，上段假鲕状灰岩、白云岩夹泥灰岩；上志留统玉龙寺组粉砂质页岩。地层倾向北西，倾角 15°～23°。有北东、北西向两断裂发育，北西向断裂切割北东向断裂。 赋矿地层为马龙群上段白云岩
矿体规模、形态、产状、品位	龙树沟西 20×10 米露头见直径<1 米囊状褐铁矿数处，褐铁矿中见赤铜矿、孔雀石，含铅 1.91%，锌 3.12%，铜 0.09%。在龙树沟-石卷槽-凤山脚 2 千米的地段有与地层走向一致的褐铁矿转石，褐铁矿含铁 34.8%～36.5%，铅 0.1%～0.13%。土壤测量的铅锌晕与褐铁矿分布区一致：一般含铅 0.01%～0.03%，最高 0.08%；锌 0.15%～0.3%，最高 0.7%；在铅锌晕西侧有铜晕，含铜 0.01%～0.015%			矿石类型，矿石结构、构造，矿物共生组合	金属矿物：赤铜矿、孔雀石、褐铁矿
围岩蚀变				矿石可选性	
勘查程度	预查			现状	
资料来源	1/20 万弥勒幅			找矿远景	
资源储量				备注	

矿产地名	河外	规模	矿点	1/20 万图幅	玉溪幅
编号	125			所在行政区	云南省华宁县盘溪乡
地理坐标	东经 102°11′32″，北纬 24°15′23″			成因类型	与酸性-中酸性岩有关的热液脉状矿床
主要矿产	Pb、Zn			伴（共）生矿产	银
地质背景	矿床大地构造位于扬子准地台西南缘，按铅锌成矿单元划分，属扬子铅锌成矿区。成矿区内，沉积盖层发育，岩浆活动较弱。区内，岩浆（火山）岩及沉积盖层 Pb、Zn 丰度值较高，沉积时的“同生断裂”及燕山末期强烈的构造运动，对铅锌矿床的形成及富集起到了重要作用，铅锌矿床主要为层控型（沉积-改造）矿床，仅在局部地区有与酸性-中酸性岩浆岩有关的热液矿床分布			矿床（点）地质特征	矿区出露地层有昆阳群石英岩，岩浆岩有燕山期花岗岩及闪长岩脉侵入。 矿点内外接触带走向北西 50°～60°，倾向北东或南西，倾角 70°～80°，羽状裂隙发育
矿体规模、形态、产状、品位	铅锌矿化产于北西向羽状裂隙中，矿体规模一般呈 28～80 米，少数 120～220 米，厚 1.5～3 米，少数 6～8 米。品位 Pb 0.79%～3.70%，Zn 0.42%～4.44%。矿区外围有铅锌矿扩散晕			矿石类型，矿石结构、构造，矿物共生组合	矿石以浸染状、细脉状为主，个别致密块状。 金属矿物：主要为方铅矿、闪锌矿，伴生有黄铁矿、黄铜矿、磁黄铁矿，氧化矿物为铅华、孔雀石、褐铁矿。 脉石矿物：石英、重晶石、方解石
围岩蚀变	绿泥石化、硅化与矿化关系密切，其次有重晶石化、绢云母化			矿石可选性	
勘查程度	预查			现状	
资料来源	1/20 万玉溪幅			找矿远景	
资源储量				备注	

矿产地名	柏木租	规模	矿点	1/20 万图幅	玉溪幅
编号	126			所在行政区	云南省华宁县盘溪乡
地理坐标	东经 102°20′08″，北纬 24°04′44″			成因类型	与酸性-中酸性岩有关的热液脉状矿床
主要矿产	Pb、Zn			伴（共）生矿产	银
地质背景	矿床大地构造位于扬子准地台西南缘，按铅锌成矿单元划分，属扬子铅锌成矿区。成矿区内，沉积盖层发育，岩浆活动较弱。区内，岩浆（火山）岩及沉积盖层 Pb、Zn 丰度值较高，沉积时的“同生断裂”及燕山末期强烈的构造运动，对铅锌矿床的形成及富集起到了重要作用，铅锌矿床主要为层控型（沉积-改造）矿床，仅在局部地区有与酸性-中酸性岩浆岩有关的热液矿床分布			矿床（点）地质特征	矿区出露地层有昆阳群石英岩，岩浆岩有燕山二期花岗岩。 走向北西 50°～60°，倾向北东或南西，倾角 70°～80°，裂隙发育
矿体规模、形态、产状、品位	铅锌矿化产于北西向裂隙中，矿体规模一般长 28～80 米，少数 120～220 米，厚 1.5～3 米，少数 6～8 米。品位 Pb 0.79%～3.70%、Zn 0.42%～4.44%。 矿区外围有铅锌矿扩散晕			矿石类型，矿石结构、构造，矿物共生组合	矿石以浸染状、细脉状为主，个别致密块状。 金属矿物：主要是方铅矿、闪锌矿，伴生有黄铁矿、黄铜矿、磁黄铁矿，氧化矿物为铅华、孔雀石、褐铁矿。 脉石矿物：石英、重晶石、方解石
围岩蚀变	绿泥石化、硅化与矿化关系密切，其次有重晶石化、绢云母化			矿石可选性	
勘查程度	预查			现状	
资料来源	1/20 万玉溪幅			找矿远景	
资源储量				备注	

矿产地名	左合莫	规模	矿点	1/20 万图幅	玉溪幅
编号	127			所在行政区	云南省石屏县
地理坐标	东经 102°19′08″，北纬 24°03′04″			成因类型	与酸性-中酸性岩有关的含铅石英脉型矿床
主要矿产	Pb、Zn			伴（共）生矿产	钨
地质背景	矿床大地构造位于扬子准地台西南缘，按铅锌成矿单元划分，属扬子铅锌成矿区。成矿区内，沉积盖层发育，岩浆活动较弱。区内，岩浆（火山）岩及沉积盖层 Pb、Zn 丰度值较高，沉积时的“同生断裂”及燕山末期强烈的构造运动，对铅锌矿床的形成及富集起到了重要作用，铅锌矿床主要为层控型（沉积-改造）矿床，仅在局部地区有与酸性-中酸性岩浆岩有关的热液矿床分布			矿床（点）地质特征	矿区内有燕山二期的花岗岩。 铅锌矿产于花岗岩内外接触带
矿体规模、形态、产状、品位	南北向的含铅石英脉呈脉状贯入花岗岩中，含铅石英脉无色、透明，疏松多孔，矿体长 55 米，厚 10 米，含矿石英脉品位：Pb 4%～5%			矿石类型，矿石结构、构造，矿物共生组合	矿石呈浸染状。 金属矿物：主要是方铅矿、闪锌矿、黄铁矿、白钨矿，氧化矿物为白铅矿。 脉石矿物：石英
围岩蚀变				矿石可选性	
勘查程度	预查			现状	
资料来源	1/20 万玉溪幅			找矿远景	
资源储量				备注	

矿产地名	育英村	规模	矿点	1/20 万图幅	玉溪幅
编号	128			所在行政区	云南省石屏县
地理坐标	东经 102°17′53″，北纬 24°00′32″			成因类型	与酸性-中酸性岩有关的热液脉状矿床
主要矿产	Pb、Zn			伴（共）生矿产	银
地质背景	矿床大地构造位于扬子准地台西南缘，按铅锌成矿单元划分，属扬子铅锌成矿区。成矿区内，沉积盖层发育，岩浆活动较弱。区内，岩浆（火山）岩及沉积盖层 Pb、Zn 丰度值较高，沉积时的“同生断裂”及燕山末期强烈的构造运动，对铅锌矿床的形成及富集起到了重要作用，铅锌矿床主要为层控型（沉积-改造）矿床，仅在局部地区有与酸性-中酸性岩浆岩有关的热液矿床分布			矿床（点）地质特征	矿区出露地层为昆阳群富良棚组，大龙口组，其组成一轴向近东西的倒转背斜。 矿区西部为燕山二期的中粒黑云母花岗岩及后期的细粒花岗岩脉侵入，其与围岩接触面呈北平整的波状。 含铅锌的铁矿体围岩为大龙口组大理岩、局部富良棚组片岩
矿体规模、形态、产状、品位	含铅锌的铁矿体共 9 个，呈脉状、透镜状沿层间裂隙充填。矿体产状：走向北东 30°～50°，个别近东西，倾向北西或西，倾角 20°～70°。矿体规模：一般长 20～80 米，厚 1～3 米，个别长 220 米，平均厚 7.55 米，延深＞110 米。矿体中Ⅰ、Ⅳ、Ⅴ、Ⅵ、Ⅶ号矿体品位：Pb 1.16%～3.70%，Zn 1.01%～3.94%，TFe 22%～46%。本区古炉渣中含 Zn 0.36%，Pb 9.16%。矿区外围有铅锌银、白钨矿扩散晕。白钨矿扩散晕含量最高 0.02g/30kg			矿石类型，矿石结构、构造，矿物共生组合	矿石呈土状、块状、碎屑状、角砾状、条带状。 金属矿物：主要是方铅矿、黄铁矿呈星点状分布，氧化矿物为褐铁矿、氧化铅、氧化锌。 脉石矿物：石英、方解石
围岩蚀变	硅化、矽卡岩化、重晶石化、萤石化、黄铁矿化、透辉石化			矿石可选性	
勘查程度	预查			现状	
资料来源	1/20 万玉溪幅			找矿远景	
资源储量				备注	

矿产地名	法乌	规模	矿点	1/20 万图幅	玉溪幅
编号	129			所在行政区	云南省石屏县
地理坐标	东经 102°19′25″，北纬 24°00′15″			成因类型	与酸性-中酸性岩有关的含铅石英脉型
主要矿产	Pb、Zn			伴（共）生矿产	钨
地质背景	矿床大地构造位于扬子准地台西南缘，按铅锌成矿单元划分，属扬子铅锌成矿区。成矿区内，沉积盖层发育，岩浆活动较弱。区内，岩浆（火山）岩及沉积盖层 Pb、Zn 丰度值较高，沉积时的“同生断裂”及燕山末期强烈的构造运动，对铅锌矿床的形成及富集起到了重要作用，铅锌矿床主要为层控型（沉积-改造）矿床，仅在局部地区有与酸性-中酸性岩浆岩有关的热液矿床分布			矿床（点）地质特征	矿区内有燕山期的花岗岩。 含铅石英脉成脉状贯入花岗岩俘虏体的透辉石角岩中，脉体走向北西 45°
矿体规模、形态、产状、品位	含铅石英脉宽 2.4 米，长度不清。含铅石英脉无色、透明，疏松多孔，矿体长 55 米，厚 10 米，含矿石英脉品位：Pb 4%～5%。矿点外围有一白钨矿重砂扩散晕，伴生矿物有白铅矿、锡石。白钨矿主要来自透辉石角岩，透辉石角岩含白钨矿 2.44～32.37g/30kg			矿石类型，矿石结构、构造，矿物共生组合	矿石呈浸染状。 金属矿物：主要是方铅矿、闪锌矿、黄铁矿、白钨矿，氧化矿物为白铅矿。 脉石矿物：石英
围岩蚀变				矿石可选性	
勘查程度	预查			现状	
资料来源	1/20 万玉溪幅			找矿远景	
资源储量				备注	

矿产地名	里山	规模	矿点	1/20 万图幅	玉溪幅
编号	130			所在行政区	云南省通海县
地理坐标	东经 102°47′12″，北纬 24°04′05″			成因类型	沉积-改造矿床
主要矿产	Pb、Zn			伴（共）生矿产	银
地质背景	矿床大地构造位于扬子准地台西南缘，按铅锌成矿单元划分，属扬子铅锌成矿区。成矿区内，沉积盖层发育，岩浆活动较弱。区内，岩浆（火山）岩及沉积盖层 Pb、Zn 丰度值较高，沉积时的“同生断裂”及燕山末期强烈的构造运动，对铅锌矿床的形成及富集起到了重要作用，铅锌矿床主要为层控型（沉积-改造）矿床，仅在局部地区有与酸性-中酸性岩浆岩有关的热液矿床分布			矿床（点）地质特征	矿区出露地层有：昆阳群大理岩，震旦系下统白云岩、钙质板岩。矿区位于北东向里山背斜轴部，铅锌矿产于走向北东 50°张性裂隙内，倾向北西或南东，倾角 20°～70°羽状裂隙发育
矿体规模、形态、产状、品位	铅锌矿化产于北东向张性裂隙中，矿体规模一般呈 28～80 米，少数 120～220 米，厚 1.5～3 米，少数 6～8 米。品位 Pb 0.79%～3.70%、Zn 0.42%～4.44%。矿区外围有铅锌矿扩散晕			矿石类型，矿石结构、构造，矿物共生组合	矿石以浸染状、细脉状为主，个别致密块状。金属矿物：主要是方铅矿、闪锌矿，伴生有黄铁矿、黄铜矿、磁黄铁矿，氧化矿物为铅华、孔雀石、褐铁矿。脉石矿物：石英、重晶石、方解石
围岩蚀变	绿泥石化、硅化与矿化关系密切，其次有重晶石化、绢云母化			矿石可选性	
勘查程度	预查			现状	
资料来源	1/20 万玉溪幅			找矿远景	
资源储量				备注	

矿产地名	黑慕	规模	矿点	1/20 万图幅	弥勒幅
编号	131			所在行政区	云南省建水县盘江乡
地理坐标	东经 103°05′58″，北纬 24°08′00″			成因类型	沉积-改造矿床
主要矿产	Pb、Zn			伴（共）生矿产	
地质背景	矿床大地构造位于扬子准地台西南缘，按铅锌成矿单元划分，属扬子铅锌成矿区。成矿区内，沉积盖层发育，岩浆活动较弱。区内，岩浆（火山）岩及沉积盖层 Pb、Zn 丰度值较高，沉积时的“同生断裂”及燕山末期强烈的构造运动，对铅锌矿床的形成及富集起到了重要作用，铅锌矿床主要为层控型（沉积-改造）矿床，仅在局部地区有与酸性-中酸性岩浆岩有关的热液矿床分布			矿床（点）地质特征	矿区出露地层为中泥盆统曲靖组婆兮段泥灰岩，三道箐段白云岩，地层倾 140°～160°，倾角 50°。 矿点东侧发育一走向断裂，倾向南东，倾角 80°。 铅锌矿产于中泥盆统三道箐段白云岩中
矿体规模、形态、产状、品位	矿化顺层产出，矿化带走向长＞800 米，宽 100 米。其中一个矿体长 200 米，厚 13 米，走向北东，矿体平均品位：Pb 2.74%、Zn＜1%			矿石类型，矿石结构、构造，矿物共生组合	矿石为土状氧化矿，氧化矿物有白铅矿、菱锌矿
围岩蚀变				矿石可选性	
勘查程度	普查			现状	
资料来源	1/20 万弥勒幅			找矿远景	
资源储量				备注	

矿产地名	百里	规模	小型	1/20 万图幅	弥勒幅
编号	132			所在行政区	云南省建水县盘江乡
地理坐标	东经 103°07′31″，北纬 24°07′15″			成因类型	沉积-改造矿床
主要矿产	Pb、Zn			伴（共）生矿产	银、镉、镓，未系统查定
地质背景	矿床大地构造位于扬子准地台西南缘，按铅锌成矿单元划分，属扬子铅锌成矿区。成矿区内，沉积盖层发育，岩浆活动较弱。区内，岩浆（火山）岩及沉积盖层 Pb、Zn 丰度值较高，沉积时的“同生断裂”及燕山末期强烈的构造运动，对铅锌矿床的形成及富集起到了重要作用，铅锌矿床主要为层控型（沉积-改造）矿床，仅在局部地区有与酸性-中酸性岩浆岩有关的热液矿床分布			矿床（点）地质特征	矿区出露地层有昆阳群美党组，下寒武统渔户村组、筇竹寺组、沧浪铺组，中泥盆统曲靖组地层。除美党组地层倾向北西外，其他地层均倾向南东或南东东。 矿区断裂北东组发育，为成矿前断裂；北西向为成矿后断裂。 本矿与暮阳、铜厂同位于红坡头断层西侧，矿体赋存于渔户村组白云岩中，受北东向断层裂隙控制。除 1 号矿体倾向北西，倾角 50°外，其他矿体倾向南东，倾角一般 64°
矿体规模、形态、产状、品位	揭露 8 条相互平行矿体，其中：3、5～8 号矿体为表外矿，5～8 号矿体一般长 50 米，3 号矿体长 487 米，矿体平均厚 2～5 米，平均品位 Pb 0.57%～1.51%、Zn 1.2%～1.42%。1、2、4 号有 3 个铅表内矿，长 100～120 米，平均厚 1.5～2.7 米，平均品位 Pb 2.6%～6.22%。此外，1、2、4 号矿体尚有 3 个铅锌共生的表外矿，矿体长 327～527 米，铅厚 4.5～11 米，锌厚 3～17.5 米，平均品位 Pb 1.69%～2.3%、Zn 1.29%～191%			矿石类型，矿石结构、构造，矿物共生组合	矿石为土状、网格状氧化矿，无单独硫化矿矿体。矿区平均氧化率铅 70.2%～82.1%，锌93.6%～98.1%。氧化矿物有白铅矿、菱锌矿、铅矾、异极矿；硫化矿物有：方铅矿、闪锌矿，次为黄铁矿及微量黄铜矿。脉石矿物：白云石、方解石、石英
岩蚀变	赤铁矿化、碳酸盐化、微弱硅化			矿石可选性	
勘查程度	普查			现状	
资料来源	《云南省主要矿区简况》、1/20 万弥勒幅			找矿远景	
资源储量	C_1+C_2 级金属储量：铅 4500 吨，锌 3800 吨			备注	

矿产地名	百拉箐	规模	矿点	1/20 万图幅	弥勒幅
编号	133			所在行政区	云南省建水县盘江乡
地理坐标	东经 103°07′04″，北纬 24°05′54″			成因类型	沉积-改造矿床
主要矿产	Pb			伴（共）生矿产	
地质背景	矿床大地构造位于扬子准地台西南缘，按铅锌成矿单元划分，属扬子铅锌成矿区。成矿区内，沉积盖层发育，岩浆活动较弱。区内，岩浆（火山）岩及沉积盖层 Pb、Zn 丰度值较高，沉积时的“同生断裂”及燕山末期强烈的构造运动，对铅锌矿床的形成及富集起到了重要作用，铅锌矿床主要为层控型（沉积-改造）矿床，仅在局部地区有与酸性-中酸性岩浆岩有关的热液矿床分布			矿床（点）地质特征	矿区出露地层为昆阳群美党组炭质板岩、粉砂质板岩、绢云母板岩。地层倾向 125°，倾角 70°～85°。矿区褶皱、断裂发育，断裂及与其平行的倾向 120°、倾角 60°层间滑动面对矿脉有明显的控制作用
矿体规模、形态、产状、品位	沿层间滑动面产出的石英复脉型铅矿体 1 个，含铅石英脉呈短小的脉群或团块状产出。可见矿体长 70 米，厚 2 米，斜长＞20 米，平均品位 Pb 2%			矿石类型，矿石结构、构造，矿物共生组合	硫化矿矿石为细脉、浸染状，金属矿物有方铅矿，少量黄铁矿。脉石矿物主要为石英
围岩蚀变				矿石可选性	
勘查程度	预查			现状	
资料来源	1/20 万弥勒幅			找矿远景	
资源储量				备注	

<table>
<tr><td>矿产地名</td><td>老鹰窝头（新矿洞）</td><td>规模</td><td>矿点</td><td>1/20 万图幅</td><td>弥勒幅</td></tr>
<tr><td>编号</td><td colspan="3">134</td><td>所在行政区</td><td>云南省建水县盘江乡</td></tr>
<tr><td>地理坐标</td><td colspan="3">东经 103°02′36″，北纬 24°04′36″</td><td>成因类型</td><td>沉积-改造矿床</td></tr>
<tr><td>主要矿产</td><td colspan="3">Pb、Zn</td><td>伴（共）生矿产</td><td></td></tr>
<tr><td>地质背景</td><td colspan="3">矿床大地构造位于扬子准地台西南缘，按铅锌成矿单元划分，属扬子铅锌成矿区。成矿区内，沉积盖层发育，岩浆活动较弱。区内，岩浆（火山）岩及沉积盖层 Pb、Zn 丰度值较高，沉积时的“同生断裂”及燕山末期强烈的构造运动，对铅锌矿床的形成及富集起到了重要作用，铅锌矿床主要为层控型（沉积-改造）矿床，仅在局部地区有与酸性-中酸性岩浆岩有关的热液矿床分布</td><td>矿床（点）地质特征</td><td>矿区出露地层中泥盆统曲靖组三道箐段白云岩地层，倾向北西，倾角 50°。
矿体产于中泥盆统三道箐段下部白云岩中，层位与苏租铅锌矿下部矿群接近</td></tr>
<tr><td>矿体规模、形态、产状、品位</td><td colspan="3">有铅锌矿体 3 个，矿体相互平行，矿体倾向 120°～130°，倾角 50°～60°，矿体长 100～250 米，分别厚 23.2 米、3.9 米、5.3 米，平均品位 Pb 0.8%～1%、Zn 1.27%～4.01%</td><td>矿石类型，矿石结构、构造，矿物共生组合</td><td></td></tr>
<tr><td>围岩蚀变</td><td colspan="3"></td><td>矿石可选性</td><td></td></tr>
<tr><td>勘查程度</td><td colspan="3">预查</td><td>现状</td><td></td></tr>
<tr><td>资料来源</td><td colspan="3">1/20 万弥勒幅</td><td>找矿远景</td><td></td></tr>
<tr><td>资源储量</td><td colspan="3"></td><td>备注</td><td></td></tr>
</table>

矿产地名	龙潭（老黑山）	规模	矿点	1/20万图幅	弥勒幅
编号	135			所在行政区	云南省建水县盘江乡
地理坐标	东经103°02′59″，北纬24°03′39″			成因类型	沉积-改造矿床
主要矿产	Pb、Zn			伴（共）生矿产	
地质背景	矿床大地构造位于扬子准地台西南缘，按铅锌成矿单元划分，属扬子铅锌成矿区。成矿区内，沉积盖层发育，岩浆活动较弱。区内，岩浆（火山）岩及沉积盖层Pb、Zn丰度值较高，沉积时的“同生断裂”及燕山末期强烈的构造运动，对铅锌矿床的形成及富集起到了重要作用，铅锌矿床主要为层控型（沉积-改造）矿床，仅在局部地区有与酸性-中酸性岩浆岩有关的热液矿床分布			矿床（点）地质特征	矿区东北、东南部出露中泥盆统曲靖组婆兮段泥灰岩，三道箐段白云岩分布于矿区西部，两段地层呈断层接触。地层倾向南东，倾角60°。 区内断裂有北东、北西两组。 矿点为苏租铅锌矿上部矿群的东北延长部分，矿体产于中泥盆统三道箐段白云岩中
矿体规模、形态、产状、品位	矿体产状与地层一致，矿化体厚约34米，长度不明。矿化层近上部有近3米表内锌矿，其余为表外锌矿			矿石类型，矿石结构、构造，矿物共生组合	
围岩蚀变				矿石可选性	
勘查程度	预查			现状	
资料来源	1/20万弥勒幅			找矿远景	
资源储量				备注	

矿产地名	恒格	规模	矿点	1/20 万图幅	弥勒幅
编号	136			所在行政区	云南省建水县盘江乡
地理坐标	东经 103°04′20″，北纬 24°02′31″			成因类型	沉积-改造矿床
主要矿产	Pb、Zn			伴（共）生矿产	
地质背景	矿床大地构造位于扬子准地台西南缘，按铅锌成矿单元划分，属扬子铅锌成矿区。成矿区内，沉积盖层发育，岩浆活动较弱。区内，岩浆（火山）岩及沉积盖层 Pb、Zn 丰度值较高，沉积时的“同生断裂”及燕山末期强烈的构造运动，对铅锌矿床的形成及富集起到了重要作用，铅锌矿床主要为层控型（沉积-改造）矿床，仅在局部地区有与酸性-中酸性岩浆岩有关的热液矿床分			矿床（点）地质特征	昆阳群美党组板岩出露于矿区西北部，中泥盆统曲靖组婆兮段泥灰岩分布于矿区东北，三道箐段白云岩分布于矿区东南部，三者均为断层接触。一般地层倾向南东，倾角 30° 左右。 矿体产于北东、北西向两组断裂交汇的钝角处中泥盆统三道箐段白云岩中
矿体规模、形态、产状、品位	分两个矿段：北部山顶矿段有相互平行的脉状矿体 5 个，矿脉长 100～200 米，平均厚一般 1～1.3 米，最厚 6 米（3 号矿脉）。平均品位 Zn 1.3%～3.6% 、Pb 含量很低			矿石类型，矿石结构、构造，矿物共生组合	矿石为土状、半土状氧化矿，少数细脉浸染状硫化矿。金属矿物有菱锌矿、闪锌矿
围岩蚀变				矿石可选性	
勘查程度	预查			现状	
资料来源	1/20 万弥勒幅			找矿远景	
资源储量				备注	

矿产地名	铜厂	规模	小型	1/20 万图幅	弥勒幅
编号	137			所在行政区	云南省建水县利民乡
地理坐标	东经 103°03′59″，北纬 24°03′06″			成因类型	沉积-改造矿床
主要矿产	Pb、Zn			伴（共）生矿产	银、镉、锗、镓含量微，钒含量较高，未系统查定
地质背景	矿床大地构造位于扬子准地台西南缘，按铅锌成矿单元划分，属扬子铅锌成矿区。成矿区内，沉积盖层发育，岩浆活动较弱。区内，岩浆（火山）岩及沉积盖层 Pb、Zn 丰度值较高，沉积时的“同生断裂”及燕山末期强烈的构造运动，对铅锌矿床的形成及富集起到了重要作用，铅锌矿床主要为层控型（沉积-改造）矿床，仅在局部地区有与酸性-中酸性岩浆岩有关的热液矿床分布			矿床（点）地质特征	矿区出露地层有昆阳群美党组板岩，下寒武统渔户村组砂岩、白云岩，中泥盆统曲靖组砂岩夹页岩、白云岩。铜厂为暮阳矿区东北延长部分，两矿均位于红坡头断层西北侧。区内矿体产于泥盆系三道箐段白云岩中，地层倾向 120°～140°，倾角 30°～50°，矿体产状与围岩一致。矿体受北东向断裂裂隙控制
矿体规模、形态、产状、品位	揭露矿体 16 个（表内矿 9 个，表外矿 7 个）。表内矿一般长 130～297 米，少数 23～80 米，铅矿体厚 0.6～4 米，平均 1～2.4 米；锌矿体平均厚 1～2 米。矿体沿层呈脉状产出。单矿体平均品位 Pb 2.25%～3.76%，最高 5.88%；Zn 16.3%～17.26%			矿石类型，矿石结构、构造，矿物共生组合	矿石为土状、半土状氧化矿，仅在 1、2、3、8、9 号矿体有部分硫化矿石。矿区平均氧化率 89%。已知少数矿体氧化深度达 180 米。氧化矿物有白铅矿、菱锌矿、铅矾、异极矿；硫化矿物有：方铅矿、闪锌矿，次为黄铁矿及微量黄铜矿。脉石矿物：白云石、方解石、石英
围岩蚀变	赤铁矿化、碳酸盐化、微弱硅化			矿石可选性	
勘查程度	普查			现状	
资料来源	《云南省主要矿区简况》、1/20 万弥勒幅			找矿远景	
资源储量	C_1+C_2 级金属储量：铅 4000 吨，锌 12000 吨			备注	

矿产地名	苏租	规模	中型	1/20 万图幅	弥勒幅
编号	138			所在行政区	云南省建水县盘江乡
地理坐标	东经 103°03′32″，北纬 24°01′13″			成因类型	沉积-改造矿床
主要矿产	Pb、Zn			伴（共）生矿产	银、镉、锗、镓含量微，钒含量较高，未系统查定
地质背景	矿床大地构造位于扬子准地台西南缘，按铅锌成矿单元划分，属扬子铅锌成矿区。成矿区内，沉积盖层发育，岩浆活动较弱。区内，岩浆（火山）岩及沉积盖层 Pb、Zn 丰度值较高，沉积时的“同生断裂”及燕山末期强烈的构造运动，对铅锌矿床的形成及富集起到了重要作用，铅锌矿床主要为层控型（沉积-改造）矿床，仅在局部地区有与酸性-中酸性岩浆岩有关的热液矿床分布			矿床（点）地质特征	矿区出露地层有昆阳群美党组、下寒武统渔户村组、中泥盆统曲靖组、石炭系、下二叠统的板岩、砂页岩、灰岩白云岩。地层走向北北东，倾向北西，倾角 40°～60°。矿区断裂发育，北北东向的纵向断裂规模大，为成矿前断裂，对矿床有明显控制作用；北西向断裂为成矿后断裂，一般规模小，多错断矿体。矿体产于泥盆系地层中
矿体规模、形态、产状、品位	破碎带内揭露三个矿群，56 条相互平行的似层状、脉状、透镜状矿体，矿体倾 120°～130°，倾角 50°～60°，矿体长一般 100～300 米，最长 1077 米；厚度一般 12～13.5 米，最厚 51.5 米。单矿体平均品位 Pb 4.12%、Zn 7.83%；矿区平均品位 Pb 4.12%、Zn 7.83%；富矿平均品位 Pb 6.79%、Zn 15.65%			矿石类型，矿石结构、构造，矿物共生组合	矿石为土状、网格状氧化矿，无单独硫化矿矿体。矿区氧化率 63%～100%，平均氧化率 92%。已知少数矿体氧化深度达 180 米。氧化矿物有白铅矿、菱锌矿、铅矾、异极矿；硫化矿物有：方铅矿、闪锌矿，次为黄铁矿及微量黄铜矿。脉石矿物：白云石、方解石、石英
围岩蚀变	赤铁矿化、碳酸盐化、微弱硅化			矿石可选性	难选矿石：重选铅回收率 62.48%，品位 9.02%；锌 42.89%，品位 24.52%；V_2O_5 84.52%,品位 2.62%
勘查程度	普查			现状	
资料来源	《云南省主要矿区简况》、《截止 2009 年底云南省矿床资源储量简表》			找矿远景	
资源储量	截止 2009 年底累计查明资源储量：铅金属量 31979 吨，平均品位 Pb 1.9318%；锌金属量 119938 吨，平均品位 Zn 5.7285%			备注	

矿产地名	暮阳	规模	中型	1/20 万图幅	弥勒幅
编号	139			所在行政区	云南省建水县利民乡
地理坐标	东经 103°01′40″，北纬 24°00′25″			成因类型	沉积-改造矿床
主要矿产	Pb、Zn			伴（共）生矿产	银、镉、锗、镓含量微，钒含量较高，未系统查定
地质背景	矿床大地构造位于扬子准地台西南缘，按铅锌成矿单元划分，属扬子铅锌成矿区。成矿区内，沉积盖层发育，岩浆活动较弱。区内，岩浆（火山）岩及沉积盖层 Pb、Zn 丰度值较高，沉积时的“同生断裂”及燕山末期强烈的构造运动，对铅锌矿床的形成及富集起到了重要作用，铅锌矿床主要为层控型（沉积-改造）矿床，仅在局部地区有与酸性-中酸性岩浆岩有关的热液矿床分布			矿床（点）地质特征	矿区出露地层有昆阳群美党组板岩，中泥盆统曲靖组三道箐段白云岩夹灰岩、婆兮段泥灰岩夹灰岩，皆为断层接触。地层倾向南东，倾角 35°～40°。矿区北东向断裂发育，为成矿前断裂，对矿床有明显控制作用；北西向断裂为成矿后断裂，一般规模小。矿体位于阿已北断层东侧，产于三道箐段地层中，受次级北东向断裂破碎带控制
矿体规模、形态、产状、品位	矿区在长 2981 米的矿化带内揭露矿体 67 条，矿体产状：走向北北东、倾向北西，倾角 40°～55°，一般呈与纵断裂平行的薄脉状、细脉状。矿体一般长 100 余米至数百米，最长 1624 米；厚度 1～16.7 米，一般 1～7 米，矿区平均品位 Pb 3.17%、Zn 3.54%；富矿平均品位 Pb 13.72%、Zn 16.77%			矿石类型，矿石结构、构造，矿物共生组合	矿石以土状氧化矿为主，少部分呈块状矿。块状矿中，一般细脉状、网脉状矿分布在矿床中部，浸染状矿石分布在矿床两端。氧化深度达 80～120 米，平均氧化率 88%。无单独硫化矿矿体。氧化矿物有白铅矿、菱锌矿、铅矾、异极矿；硫化矿物有：方铅矿、闪锌矿，次为黄铁矿及微量黄铜矿。脉石矿物：白云石、方解石、石英
围岩蚀变	硅化、碳酸盐化、微弱黄铁矿化			矿石可选性	难选：重、浮联合工艺铅回收率 68.79%，锌 9.11%
勘查程度	普查			现状	
资料来源	《云南省主要矿区简况》、《截止 2009 年底云南省矿产资源储量简表》			找矿远景	
资源储量	截止 2009 年底累计查明资源储量：锌金属量 4299 吨，全为资源；铅金属量 127153 吨，其中基础储量 12045 吨			备注	

矿产地名	大冲	规模	矿点	1/20 万图幅	建水幅
编号	140			所在行政区	云南省建水县
地理坐标	东经 102°59′19″，北纬 23°59′20″			成因类型	与酸性岩浆作用有关的矿床
主要矿产	Pb、Zn			伴（共）生矿产	Ag、Sn、V
地质背景	矿床大地构造位于华南褶皱系，按铅锌成矿单元划分，属华南铅锌锡多金属成矿区滇东南铅锌多金属成矿亚区西端。成矿亚区内，构造活动强烈，岩浆活动发育，对铅锌矿床的形成及富集起到了重要作用。区内铅锌矿床主要为与酸性-中酸性岩浆岩有关的热液矿床			矿床（点）地质特征	矿体产于三叠系个旧组白云岩的断裂裂隙及层间裂隙中
矿体规模、形态、产状、品位	矿体呈脉状产于断裂带			矿石类型，矿石结构、构造，矿物共生组合	主要矿物有方铅矿、闪锌矿，次要矿物有黄铁矿、黄铜矿
围岩蚀变				矿石可选性	
勘查程度				现状	
资料来源	1/20 万建水幅			远景评价	
资源储量				备注	

矿产地名	丁家冲	规模	矿点	1/20 万图幅	建水幅
编号	141			所在行政区	云南省建水县
地理坐标	东经 102°58′51″，北纬 23°57′54″			成因类型	与酸性岩浆作用有关的矿床
主要矿产	Pb、Zn			伴（共）生矿产	Ag、Sn、V
地质背景	矿床大地构造位于华南褶皱系，按铅锌成矿单元划分，属华南铅锌锡多金属成矿区滇东南铅锌多金属成矿亚区西端。成矿亚区内，构造活动强烈，岩浆活动发育，对铅锌矿床的形成及富集起到了重要作用。区内铅锌矿床主要为与酸性-中酸性岩浆岩有关的热液矿床			矿床（点）地质特征	矿体产于丁家冲背斜的三叠系个旧组白云岩中
矿体规模、形态、产状、品位	矿体呈脉状产出			矿石类型，矿石结构、构造，矿物共生组合	主要矿物：方铅矿、闪锌矿、黄铁矿、黄铜矿
围岩蚀变				矿石可选性	
勘查程度				现状	
资料来源	1/20 万建水幅			远景评价	
资源储量				备注	

矿产地名	白沙沟	规模	矿化点	1/20 万图幅	建水幅
编号	142			所在行政区	云南省石屏县
地理坐标	东经 102°44′36″，北纬 23°44′56″			成因类型	沉积-改造矿床
主要矿产	Pb、Zn			伴（共）生矿产	
地质背景	矿床大地构造位于扬子准地台西南缘，按铅锌成矿单元划分，属扬子铅锌成矿区。成矿区内，沉积盖层发育，岩浆活动较弱。区内，岩浆（火山）岩及沉积盖层 Pb、Zn 丰度值较高，沉积时的“同生断裂”及燕山末期强烈的构造运动，对铅锌矿床的形成及富集起到了重要作用，铅锌矿床主要为层控型（沉积-改造）矿床，仅在局部地区有与酸性-中酸性岩浆岩有关的热液矿床分布			矿床（点）地质特征	矿区分布地层为三叠系干海子组、火把冲组，岩性为石英砂岩、长石石英砂岩
矿体规模、形态、产状、品位	矿化见于砂岩中，并见大量矿渣堆积			矿石类型，矿石结构、构造，矿物共生组合	
围岩蚀变	硅化、绿泥石化			矿石可选性	
勘查程度	普查			现状	
资料来源	1/20 万玉溪幅			找矿远景	
资源储量				备注	

矿产地名	新寨	规模	矿点	1/20 万图幅	建水幅
编号	143			所在行政区	云南省石屏县
地理坐标	东经 102°17′30″，北纬 23°44′12″			成因类型	热液脉状矿床
主要矿产	Pb、Zn			伴（共）生矿产	
地质背景	矿床大地构造位于扬子准地台西南缘，按铅锌成矿单元划分，属扬子铅锌成矿区。成矿区内，沉积盖层发育，岩浆活动较弱。区内，岩浆（火山）岩及沉积盖层 Pb、Zn 丰度值较高，沉积时的“同生断裂”及燕山末期强烈的构造运动，对铅锌矿床的形成及富集起到了重要作用，铅锌矿床主要为层控型（沉积-改造）矿床，仅在局部地区有与酸性-中酸性岩浆岩有关的热液矿床分布			矿床（点）地质特征	位于小河底断裂东侧，为一单斜构造。 矿体产于昆阳群黑山头组硅质板岩中。 矿区多处见基性岩脉
矿体规模、形态、产状、品位	矿体产于走向北西西向的断裂破碎带中，矿体呈脉状，长约 150 米，厚 0.3～0.4 米。Pb 2.92%，Zn 0.26%～1.28%			矿石类型，矿石结构、构造，矿物共生组合	铅锌矿物聚集成团块状分布
围岩蚀变	绿泥石化、硅化与矿化关系密切，其次有重晶石化、绢云母化			矿石可选性	
勘查程度	预查			现状	
资料来源	1/20 万建水幅			找矿远景	
资源储量				备注	

<table>
<tr><td>矿产地名</td><td>惊天山</td><td>规模</td><td>矿点</td><td>1/20 万图幅</td><td>建水幅</td></tr>
<tr><td>编号</td><td colspan="3">144</td><td>所在行政区</td><td>云南省建水县</td></tr>
<tr><td>地理坐标</td><td colspan="3">东经 102°08′50″，北纬 23°39′46″</td><td>成因类型</td><td>与酸性岩浆作用有关的矿床</td></tr>
<tr><td>主要矿产</td><td colspan="3">Pb、Zn</td><td>伴（共）生矿产</td><td>Ag、Sn、V</td></tr>
<tr><td>地质背景</td><td colspan="3">矿床大地构造位于华南褶皱系，按铅锌成矿单元划分，属华南铅锌锡多金属成矿区滇东南铅锌多金属成矿亚区西端。成矿亚区内，构造活动强烈，岩浆活动发育，对铅锌矿床的形成及富集起到了重要作用。区内铅锌矿床主要为与酸性-中酸性岩浆岩有关的热液矿床</td><td>矿床（点）地质特征</td><td>矿区出露黑山头组板岩夹石英岩，灰岩透镜体，呈北东向单斜构造。断裂为北东东正断层。有燕山早期第二亚期花岗闪长岩，及辉绿岩小岩体。矿体分别产于花岗闪长岩及变质岩中的破碎带和石英脉中</td></tr>
<tr><td>矿体规模、形态、产状、品位</td><td colspan="3">矿体大致为北东向分布，呈脉状产出，共有 8 条，厚度一般为 20～40 厘米，个别可达 2 米。
铅的平均品位为 1.35%，钼平均品位为 0.1%</td><td>矿石类型，矿石结构、构造，矿物共生组合</td><td>有用矿物以方铅矿为主，其次为白钨矿、辉银矿、黑铜矿、孔雀石、白铅矿、铅矾、褐铁矿</td></tr>
<tr><td>围岩蚀变</td><td colspan="3">绿泥石化、硅化、黄铁矿化</td><td>矿石可选性</td><td></td></tr>
<tr><td>勘查程度</td><td colspan="3">详查</td><td>现状</td><td></td></tr>
<tr><td>资料来源</td><td colspan="3">1/20 万建水幅</td><td>远景评价</td><td></td></tr>
<tr><td>资源储量</td><td colspan="3"></td><td>备注</td><td></td></tr>
</table>

矿产地名	海糯	规模	矿点	1/20 万图幅	建水幅
编号	145			所在行政区	云南省建水县
地理坐标	东经 102°19′14″，北纬 23°40′17″			成因类型	与酸性岩浆作用有关的矿床
主要矿产	Pb、Zn			伴（共）生矿产	
地质背景	矿床大地构造位于华南褶皱系，按铅锌成矿单元划分，属华南铅锌锡多金属成矿区滇东南铅锌多金属成矿亚区西端。成矿亚区内，构造活动强烈，岩浆活动发育，对铅锌矿床的形成及富集起到了重要作用。区内铅锌矿床主要为与酸性-中酸性岩浆岩有关的热液矿床			矿床（点）地质特征	矿区出露昆阳群大龙口组灰岩和辉绿岩小岩体
矿体规模、形态、产状、品位	矿体产于辉绿岩与灰岩的接触带，呈脉状，走向 80°～100°，厚度 50～60 厘米。品位：Pb 44.23％、Ag 225.2g/T			矿石类型，矿石结构、构造，矿物共生组合	矿石矿物为方铅矿
围岩蚀变	碳酸盐化			矿石可选性	
勘查程度	预查			现状	
资料来源	1/20 万建水幅			远景评价	
资源储量				备注	

矿产地名	嘎作白	规模	矿点	1/20 万图幅	建水幅
编号	146			所在行政区	云南省建水县
地理坐标	东经 102°16′31″，北纬 23°34′10″			成因类型	与酸性岩浆作用有关的矿床
主要矿产	Pb、Zn			伴（共）生矿产	Ag、Sn、V
地质背景	矿床大地构造位于华南褶皱系，按铅锌成矿单元划分，属华南铅锌锡多金属成矿区滇东南铅锌多金属成矿亚区西端。成矿亚区内，构造活动强烈，岩浆活动发育，对铅锌矿床的形成及富集起到了重要作用。区内铅锌矿床主要为与酸性-中酸性岩浆岩有关的热液矿床			矿床（点）地质特征	赋矿地层为昆阳群大龙口组白云岩、灰岩、薄层泥质灰岩夹页岩。 北东向断层通过矿区北部
矿体规模、形态、产状、品位	矿体呈星点状浸染于白云岩中；局部富集为小条带或小矿团，规模较小。平均品位：Pb 3.18%、Zn 5.48%			矿石类型，矿石结构、构造，矿物共生组合	矿石矿物：方铅矿、闪锌矿及少量的黄铁矿。星点状、浸染状构造
围岩蚀变				矿石可选性	
勘查程度	普查			现状	
资料来源	1/20 万建水幅			远景评价	
资源储量				备注	

矿产地名	洼垤新寨	规模	矿点	1/20 万图幅	建水幅
编号	147			所在行政区	云南省建水县
地理坐标	东经 102°16′41″，北纬 23°32′46″			成因类型	与酸性岩浆作用有关的矿床
主要矿产	Pb、Zn			伴（共）生矿产	Ag、Sn、V
地质背景	矿床大地构造位于华南褶皱系，按铅锌成矿单元划分，属华南铅锌锡多金属成矿区滇东南铅锌多金属成矿亚区西端。成矿亚区内，构造活动强烈，岩浆活动发育，对铅锌矿床的形成及富集起到了重要作用。区内铅锌矿床主要为与酸性-中酸性岩浆岩有关的热液矿床			矿床（点）地质特征	矿体赋存于泥盆系中统东岗岭阶南盘江段白云岩和页岩互层的破碎带内。岩层走向 50°，倾向南东，倾角 55°
矿体规模、形态、产状、品位	矿体产状不明。根据产于破碎带，可能呈脉状			矿石类型，矿石结构、构造，矿物共生组合	
围岩蚀变				矿石可选性	
勘查程度	预查			现状	
资料来源	1/20 万建水幅			远景评价	
资源储量				备注	

矿产地名	热水塘	规模	小型	1/20 万图幅	建水幅
编号	148			所在行政区	云南省建水县
地理坐标	东经 102°27′10″，北纬 23°36′08″			成因类型	与酸性岩浆作用有关的矿床
主要矿产	Pb、Zn			伴（共）生矿产	
地质背景	矿床大地构造位于华南褶皱系，按铅锌成矿单元划分，属华南铅锌锡多金属成矿区滇东南铅锌多金属成矿亚区西端。成矿亚区内，构造活动强烈，岩浆活动发育，对铅锌矿床的形成及富集起到了重要作用。区内铅锌矿床主要为与酸性-中酸性岩浆岩有关的热液矿床			矿床（点）地质特征	矿区出露中寒武统白云山组，双龙潭组及下奥陶统地层，铅矿主要产于双龙潭组白云岩中。矿区断裂发育，较大的为走向 310° 的石屏逆断层，次级断裂有北西向和近南北向两组，裂隙主要为北西向，局部为北东向，铅矿往往沿裂隙富集成矿
矿体规模、形态、产状、品位	矿体呈脉状产出，有一号矿带三、五、七号矿体，其中一号矿带占矿区总储量的 95%以上、长 1800 米，呈北北东向分布，内有 32 条矿脉（其中 9 条表外矿体），自北向南呈雁行式排列。 铅品位 1%～4%，锌含量较低。伴生元素为银，含量 20～50 克/吨。且随着铅含量的增加而增高			矿石类型，矿石结构、构造，矿物共生组合	金属矿物：方铅矿、白铅矿、硫酸铅矿，有时伴生少量的黄铁矿和黄铜矿。脉石矿物：重晶石、方解石、石英及玉髓。局部有褐铁矿化，矿石呈脉状及致密状，或星点状浸染于强烈硅化的白云岩中
围岩蚀变	硅化、重晶石化、褐铁矿化			矿石可选性	
勘查程度	普查			现状	
资料来源	1/20 万建水幅、《截止 2009 年底云南省资源储量简表》			远景评价	
资源储量	截至 2009 年年底累计查明资源储量 Zn 6902 吨，全为资源量，Pb 38956 吨。其中资源量 22956 吨，基础储量 16000 吨。平均品位 Zn 0.525%，Pb 3.0901% ，Ag 5.6835 克/吨			备注	

矿产地名	黑里	规模	矿点	1/20 万图幅	建水幅
编号	149			所在行政区	云南省建水县
地理坐标	东经 102°24′25″，北纬 23°30′00″			成因类型	与酸性岩浆作用有关的矿床
主要矿产	Pb、Zn			伴（共）生矿产	
地质背景	矿床大地构造位于华南褶皱系，按铅锌成矿单元划分，属华南铅锌锡多金属成矿区滇东南铅锌多金属成矿亚区西端。成矿亚区内，构造活动强烈，岩浆活动发育，对铅锌矿床的形成及富集起到了重要作用。区内铅锌矿床主要为与酸性-中酸性岩浆岩有关的热液矿床			矿床（点）地质特征	矿区出露二叠系茅口组灰岩和辉绿岩小岩体
矿体规模、形态、产状、品位	矿体产于辉绿岩与灰岩的接触带，呈脉状、透镜状产出			矿石类型，矿石结构、构造，矿物共生组合	主要金属矿物为方铅矿
围岩蚀变	碳酸盐化			矿石可选性	
勘查程度	普查			现状	
资料来源	1/20 万建水幅			远景评价	
资源储量				备注	

矿产地名	木喜格	规模	矿点	1/20 万图幅	建水幅
编号	150			所在行政区	云南省建水县
地理坐标	东经 102°17′48″，北纬 23°26′30″			成因类型	与酸性岩浆作用有关的矿床
主要矿产	Pb、Zn			伴（共）生矿产	Ag、Sn、V
地质背景	矿床大地构造位于华南褶皱系，按铅锌成矿单元划分，属华南铅锌锡多金属成矿区滇东南铅锌多金属成矿亚区西端。成矿亚区内，构造活动强烈，岩浆活动发育，对铅锌矿床的形成及富集起到了重要作用。区内铅锌矿床主要为与酸性-中酸性岩浆岩有关的热液矿床			矿床（点）地质特征	矿区内有两条北西向的断层。 矿体赋存于三叠系火把冲组灰白-灰黑色灰岩所形成破碎角砾岩中
矿体规模、形态、产状、品位	矿体呈不规则的浸染状产于断层角砾岩中，长 30 米，宽 3 米。 平均品位：铅 21.25%，锌 0.17%，铜 0.03%			矿石类型，矿石结构、构造，矿物共生组合	金属矿物：方铅矿、闪锌矿
围岩蚀变				矿石可选性	
勘查程度	预查			现状	
资料来源	1/20 万建水幅			远景评价	
资源储量				备注	

矿产地名	大冷山	规模	小型	1/20 万图幅	建水幅
编号	151			所在行政区	云南省建水县
地理坐标	东经 102°30′08″，北纬 23°23′34″			成因类型	与酸性岩浆作用有关的矿床
主要矿产	Pb、Zn			伴（共）生矿产	锗、银
地质背景	矿床大地构造位于华南褶皱系，按铅锌成矿单元划分，属华南铅锌锡多金属成矿区滇东南铅锌多金属成矿亚区西端。成矿亚区内，构造活动强烈，岩浆活动发育，对铅锌矿床的形成及富集起到了重要作用。区内铅锌矿床主要为与酸性-中酸性岩浆岩有关的热液矿床			矿床（点）地质特征	矿区出露中三叠统个旧组、下三叠统及二叠系玄武岩，铅矿赋存于下三叠统中部青灰、深灰色灰岩，显角砾岩。区内为倾向北东、平缓的单斜构造
矿体规模、形态、产状、品位	矿体呈扁豆状，长 200 米，平均厚度 5.66 米。 平均品位：铅 2.79%、锌 1.09%。 伴生锗、银已够综合利用品位			矿石类型，矿石结构、构造，矿物共生组合	氧化矿，矿石多呈疏松土状。 主要金属矿物：白铅矿、硫酸铅矿、铅铁矾、褐铁矿 脉石矿物：方解石、白云石、石英等
围岩蚀变	硅化、赭石化、碳酸盐化、褐铁矿化，褐铁矿化和硅化为找矿标志			矿石可选性	
勘查程度				现状	
资料来源	1/20 万建水幅、《截止 2009 年底云南省资源储量简表》			远景评价	
资源储量	截至 2009 年年底累计查明资源储量：Pb 9625 吨。其中资源量 2544 吨，基础储量 7081 吨。Zn 3950 吨，其中资源量 1266 吨，基础储量 2684 吨。平均品位 Zn 1.160%、Pb 2.831%			备注	

<table>
<tr><td>矿产地名</td><td>白砂沟</td><td>规模</td><td>矿点</td><td>1/20 万图幅</td><td>建水幅</td></tr>
<tr><td>编号</td><td colspan="3">152</td><td>所在行政区</td><td>云南省建水县</td></tr>
<tr><td>地理坐标</td><td colspan="3">东经 102°48′51″，北纬 23°22′46″</td><td>成因类型</td><td>沉积-改造矿床</td></tr>
<tr><td>主要矿产</td><td colspan="3">Pb、Zn</td><td>伴（共）生矿产</td><td></td></tr>
<tr><td>地质背景</td><td colspan="3">矿床大地构造位于华南褶皱系，按铅锌成矿单元划分，属华南铅锌锡多金属成矿区滇东南铅锌多金属成矿亚区西端。成矿亚区内，构造活动强烈，岩浆活动发育，对铅锌矿床的形成及富集起到了重要作用。区内铅锌矿床主要为与酸性-中酸性岩浆岩有关的热液矿床</td><td>矿床（点）地质特征</td><td>矿区出露地层有三叠系干海子组、火把冲组，岩性主要为石英砂岩、长石石英砂岩、粉砂岩。
矿化主要产于干海子组、火把冲组的砂岩中</td></tr>
<tr><td>矿体规模、形态、产状、品位</td><td colspan="3">矿区内仅见铅锌矿矿渣堆积。
铅锌矿化可能沿裂隙产出</td><td>矿石类型，矿石结构、构造，矿物共生组合</td><td>方铅矿、闪锌矿</td></tr>
<tr><td>围岩蚀变</td><td colspan="3"></td><td>矿石可选性</td><td></td></tr>
<tr><td>勘查程度</td><td colspan="3">预查</td><td>现状</td><td></td></tr>
<tr><td>资料来源</td><td colspan="3">317 队、建水幅</td><td>远景评价</td><td></td></tr>
<tr><td>资源储量</td><td colspan="3"></td><td>备注</td><td></td></tr>
</table>

矿产地名	畔山	规模	矿点	1/20 万图幅	建水幅
编号	153			所在行政区	云南省建水县
地理坐标	东经 103°01′51″，北纬 23°30′19″			成因类型	洪积、残积-坡积砂矿
主要矿产	Pb、Zn			伴（共）生矿产	
地质背景	矿床大地构造位于华南褶皱系，按铅锌成矿单元划分，属华南铅锌锡多金属成矿区滇东南铅锌多金属成矿亚区西端。成矿亚区内，构造活动强烈，岩浆活动发育，对铅锌矿床的形成及富集起到了重要作用。区内铅锌矿床主要为与酸性-中酸性岩浆岩有关的热液矿床			矿床（点）地质特征	矿体产于第四系松散堆积中，呈面型展布
矿体规模、形态、产状、品位	含铅平均品位 3.5%，水平方向上 1、2、3、4 号剖面较高，一般为 1.82%～6.02%,往西品位逐渐升高，一般平均 1.10%～2.78%，至第 8 号剖面品位不足 1%。绝大部分为人工堆积，故品位从地表以下 1～10 米较高，下部较贫，平均含矿层厚度 7.8 米，东部厚西部薄			矿石类型，矿石结构、构造，矿物共生组合	金属矿物主要为方铅矿、褐铁矿
围岩蚀变				矿石可选性	
勘查程度	普查			现状	
资料来源	1/20 万建水幅			远景评价	
资源储量				备注	

矿产地名	普雄	规模	小型	1/20 万图幅	建水幅
编号	154			所在行政区	云南省建水县
地理坐标	东经 102°59′41″，北纬 23°31′44″			成因类型	与酸性、中酸性岩浆岩有关的热液矿床
主要矿产	Pb			伴（共）生矿产	
地质背景	矿床大地构造位于华南褶皱系，按铅锌成矿单元划分，属华南铅锌锡多金属成矿区滇东南铅锌多金属成矿亚区西端。成矿亚区内，构造活动强烈，岩浆活动发育，对铅锌矿床的形成及富集起到了重要作用。区内铅锌矿床主要为与酸性-中酸性岩浆岩有关的热液矿床			矿床（点）地质特征	赋矿地层岩性为三叠系个旧组灰岩、白云岩
矿体规模、形态、产状、品位	矿体沿层呈似层状产出，据观察到的一个矿体，矿体长大于 100 米，厚 1～5 米			矿石类型，矿石结构、构造，矿物共生组合	矿石矿物主要为方铅矿，有少量闪锌矿、黄铁矿
围岩蚀变				矿石可选性	
勘查程度	普查			现状	
资料来源	《截止 2009 年云南省矿产资源储量简表》			找矿远景	
资源储量	截至 2009 年年底累计查明资源储量：Pb 42300 吨，品位 3.64%			备注	《截止 2009 年云南省矿产资源储量简表》中所载矿产地未获取完整资料，表中矿床有关的描述，为录入者现场观察

矿产地名	落水洞	规模	矿点	1/20 万图幅	建水幅
编号	155			所在行政区	云南省建水县
地理坐标	东经 103°02′28″，北纬 23°29′54″			成因类型	洪积、残积-坡积砂矿
主要矿产	Pb、Zn			伴（共）生矿产	
地质背景	矿床大地构造位于华南褶皱系，按铅锌成矿单元划分，属华南铅锌锡多金属成矿区滇东南铅锌多金属成矿亚区西端。成矿亚区内，构造活动强烈，岩浆活动发育，对铅锌矿床的形成及富集起到了重要作用。区内铅锌矿床主要为与酸性-中酸性岩浆岩有关的热液矿床			矿床（点）地质特征	矿体产于第四系松散堆积中，呈面型展布
矿体规模、形态、产状、品位	含铅平均品位 3.12%，水平方向品位以近中部的 3、4 号剖面较富，一般为 1.76%～3.53%，往东北、东南、西南变贫，垂直方向上地表富，下部较贫，平均含矿层厚度 3.3 米，中部厚边缘部薄			矿石类型，矿石结构、构造，矿物共生组合	金属矿物主要为方铅矿、褐铁矿
围岩蚀变				矿石可选性	
勘查程度	普查			现状	
资料来源	1/20 万建水幅			远景评价	
资源储量				备注	

矿产地名	白象山	规模	小型	1/20 万图幅	建水幅
编号	156			所在行政区	云南省建水县
地理坐标	东经 102°57′16″，北纬 23°28′38″			成因类型	与酸性岩浆作用有关的矿床
主要矿产	Pb、Zn			伴（共）生矿产	
地质背景	矿床大地构造位于华南褶皱系，按铅锌成矿单元划分，属华南铅锌锡多金属成矿区滇东南铅锌多金属成矿亚区西端。成矿亚区内，构造活动强烈，岩浆活动发育，对铅锌矿床的形成及富集起到了重要作用。区内铅锌矿床主要为与酸性-中酸性岩浆岩有关的热液矿床			矿床（点）地质特征	矿区位于王德冲背斜西南端，矿区出露三叠系永宁镇组及个旧组，矿体产于三叠系个旧组上部灰岩及白云岩中，断裂发育有东西向、北东向，南北向三组
矿体规模、形态、产状、品位	已知矿体有 4 条，其中两个为氧化矿，两个为硫化矿。 硫化矿体主要为囊状、扁豆状。长 21～23 米，宽 0.5～10 米，由细脉状及浸染状细脉组成，向下延伸 10 米左右尖灭，最大的 502 硐矿体品位：铅 5%～20%，平均 5.77%。 氧化矿：512 硐矿体呈脉状，长 120 米，平均厚度 0.1 米，下延 5～6 米尖灭，铅品位 2%～5%。534 硐矿体为筒状，直径 1.5 米，下延 30 米，铅品位 1%～3%			矿石类型，矿石结构、构造，矿物共生组合	以硫化矿为主。 金属矿物：黄铁矿、方铅矿、闪锌矿
围岩蚀变	黄铁矿化、褐铁矿化、赭石化、大理岩化			矿石可选性	
勘查程度	勘查			现状	
资料来源	1/20 万建水幅			远景评价	
资源储量				备注	

矿产地名	吴蜡山	规模	矿点	1/20 万图幅	建水幅
编号	157			所在行政区	云南省建水县
地理坐标	东经 102°55′23″，北纬 23°29′18″			成因类型	与酸性岩浆作用有关的矿床
主要矿产	Pb、Zn			伴（共）生矿产	
地质背景	矿床大地构造位于华南褶皱系，按铅锌成矿单元划分，属华南铅锌锡多金属成矿区滇东南铅锌多金属成矿亚区西端。成矿亚区内，构造活动强烈，岩浆活动发育，对铅锌矿床的形成及富集起到了重要作用。区内铅锌矿床主要为与酸性-中酸性岩浆岩有关的热液矿床			矿床（点）地质特征	赋矿地层为三叠系个旧组白云岩
矿体规模、形态、产状、品位	矿区见两处矿化：①几条矿脉组成矿化带，呈 45°延伸，长 20～100 米，宽 1～0.5 米，倾向东南；②另一处矿脉呈群体，沿 40°方向分布			矿石类型，矿石结构、构造，矿物共生组合	金属矿物：方铅矿、闪锌矿、褐铁矿
围岩蚀变				矿石可选性	
勘查程度	预查			现状	
资料来源	1/20 万建水幅			远景评价	
资源储量				备注	

矿产地名	杨朝冲	规模	矿点	1/20 万图幅	建水幅
编号	158			所在行政区	云南省建水县
地理坐标	东经 102°55′30″，北纬 23°28′33″			成因类型	与酸性岩浆作用有关的矿床
主要矿产	Pb、Zn			伴（共）生矿产	
地质背景	矿床大地构造位于华南褶皱系，按铅锌成矿单元划分，属华南铅锌锡多金属成矿区滇东南铅锌多金属成矿亚区西端。成矿亚区内，构造活动强烈，岩浆活动发育，对铅锌矿床的形成及富集起到了重要作用。区内铅锌矿床主要为与酸性-中酸性岩浆岩有关的热液矿床			矿床（点）地质特征	赋矿地层为三叠系个旧组白云岩、白云质灰岩。 构造：区内为一开阔北东向复式褶皱。杨朝冲断裂走向北东，倾向南东，为成矿控制因素
矿体规模、形态、产状、品位	矿体呈脉状群体产出，北东向延伸，大多数沿背斜轴两侧的张裂隙或层间裂隙充填。矿体产状 30°～70°，少数近南北和东西向，宽几厘米到几米，长几十米到几百米			矿石类型，矿石结构、构造，矿物共生组合	金属矿物：方铅矿、闪锌矿、黄铁矿，其次为菱锌矿、水锌矿
围岩蚀变	硅化、黄铁矿化、褪色现象			矿石可选性	
勘查程度	普查			现状	民采矿点
资料来源	1/20 万建水幅			远景评价	
资源储量				备注	

矿产地名	下纸厂	规模	矿点	1/20 万图幅	建水幅
编号	159			所在行政区	云南省建水县
地理坐标	东经 102°59′52″，北纬 23°27′54″			成因类型	与酸性岩浆作用有关的矿床
主要矿产	Pb、Zn			伴（共）生矿产	Ag、Sn、V
地质背景	矿床大地构造位于华南褶皱系，按铅锌成矿单元划分，属华南铅锌锡多金属成矿区滇东南铅锌多金属成矿亚区西端。成矿亚区内，构造活动强烈，岩浆活动发育，对铅锌矿床的形成及富集起到了重要作用。区内铅锌矿床主要为与酸性-中酸性岩浆岩有关的热液矿床			矿床（点）地质特征	位于个旧西区花岗岩基接触带，含矿层为三叠系个旧组中部中厚层破碎灰岩和板状灰岩夹泥岩。矿区有两组断裂：沿东西向组断裂有囊状赤铁矿及铁锰细脉充填；沿走向北北东、北北西，东倾，倾角 70°的断裂组，断裂两侧钼铅矿化较富集
矿体规模、形态、产状、品位	矿带走向北东，长约 500 米，宽度变化大，平均 50 米。工业钼铅矿分布于铁锰氧化带中。形态复杂，平面上呈透镜状、囊状、脉状、树枝状，剖面上呈漏斗状。倾向以向南为主，部分北倾，倾角＞65°。已揭露矿体 6 个，最大的 2 号矿体长 80 米，宽 5～8 米；其他矿体一般长 10～70 米不等，延深一般 20～40 米。最富的 1、2、3、5 号矿体铅平均 4.96%，矿区钼平均品位 0.51%～1.41%。伴生元素有：银、锡、钒			矿石类型，矿石结构、构造，矿物共生组合	金属矿物：彩钼铅矿、白铅矿、赤铁矿、软锰矿、褐铁矿，次为硅锌矿、菱锌矿、黄铁矿。 脉石矿物：方解石、高岭土、透闪石、云母。矿石为多孔状、蜂窝状、葡萄状、网格状、裂隙脉状
围岩蚀变	赭石化、白云岩化、大理岩化			矿石可选性	
勘查程度	普查			现状	
资料来源	1/20 万建水幅			远景评价	
资源储量				备注	

<table>
<tr><td>矿产地名</td><td>马鹿塘</td><td>规模</td><td>矿点</td><td>1/20 万图幅</td><td>建水幅</td></tr>
<tr><td>编号</td><td colspan="3">160</td><td>所在行政区</td><td>云南省建水县</td></tr>
<tr><td>地理坐标</td><td colspan="3">东经 102°54′47″，北纬 23°26′34″</td><td>成因类型</td><td>与酸性岩浆作用有关的矿床</td></tr>
<tr><td>主要矿产</td><td colspan="3">Pb、Zn</td><td>伴（共）生矿产</td><td></td></tr>
<tr><td>地质背景</td><td colspan="3">矿床大地构造位于华南褶皱系，按铅锌成矿单元划分，属华南铅锌锡多金属成矿区滇东南铅锌多金属成矿亚区西端。成矿亚区内，构造活动强烈，岩浆活动发育，对铅锌矿床的形成及富集起到了重要作用。区内铅锌矿床主要为与酸性-中酸性岩浆岩有关的热液矿床</td><td>矿床（点）地质特征</td><td>赋矿地层为三叠系个旧组灰岩。
构造：为一倾向北西的单斜及倾向南东、走向北东的成矿前断裂。南面出露花岗岩</td></tr>
<tr><td>矿体规模、形态、产状、品位</td><td colspan="3">矿体受断层控制，呈脉状产出，已揭露长 70 米，厚 5 米，铅品位 13.53%</td><td>矿石类型，矿石结构、构造，矿物共生组合</td><td>主要矿物为白铅矿</td></tr>
<tr><td>围岩蚀变</td><td colspan="3"></td><td>矿石可选性</td><td></td></tr>
<tr><td>勘查程度</td><td colspan="3">普查</td><td>现状</td><td></td></tr>
<tr><td>资料来源</td><td colspan="3">1/20 万建水幅</td><td>远景评价</td><td></td></tr>
<tr><td>资源储量</td><td colspan="3"></td><td>备注</td><td></td></tr>
</table>

矿产地名	岩峰硐	规模	矿点	1/20 万图幅	建水幅
编号	161			所在行政区	云南省建水县
地理坐标	东经 102°56′07″，北纬 23°26′56″			成因类型	与酸性岩浆作用有关的矿床
主要矿产	Pb、Zn			伴（共）生矿产	
地质背景	矿床大地构造位于华南褶皱系，按铅锌成矿单元划分，属华南铅锌锡多金属成矿区滇东南铅锌多金属成矿亚区西端。成矿亚区内，构造活动强烈，岩浆活动发育，对铅锌矿床的形成及富集起到了重要作用。区内铅锌矿床主要为与酸性-中酸性岩浆岩有关的热液矿床			矿床（点）地质特征	矿体产于中粒斑状二长花岗岩之外接触带法郎组上部大理岩中，距离岩体250 米
矿体规模、形态、产状、品位	矿体呈囊状，规模 40cm×60cm，20cm×20cm			矿石类型，矿石结构、构造，矿物共生组合	矿石矿物：方铅矿、白铅矿、褐铁矿
围岩蚀变	大理岩化			矿石可选性	
勘查程度	普查			现状	
资料来源	1/20 万建水幅			远景评价	
资源储量				备注	

<table>
<tr><td>矿产地名</td><td>打厂小冲</td><td>规模</td><td>矿点</td><td>1/20 万图幅</td><td>建水幅</td></tr>
<tr><td>编号</td><td colspan="3">162</td><td>所在行政区</td><td>云南省建水县</td></tr>
<tr><td>地理坐标</td><td colspan="3">东经 102°53′50″，北纬 23°25′28″</td><td>成因类型</td><td>与酸性岩浆作用有关的矿床</td></tr>
<tr><td>主要矿产</td><td colspan="3">Pb、Zn</td><td>伴（共）生矿产</td><td></td></tr>
<tr><td>地质背景</td><td colspan="3">矿床大地构造位于华南褶皱系，按铅锌成矿单元划分，属华南铅锌锡多金属成矿区滇东南铅锌多金属成矿亚区西端。成矿亚区内，构造活动强烈，岩浆活动发育，对铅锌矿床的形成及富集起到了重要作用。区内铅锌矿床主要为与酸性-中酸性岩浆岩有关的热液矿床</td><td>矿床（点）地质特征</td><td>赋矿地层为个旧组灰岩。
矿区内为一倾向北西的单斜及倾向南东、走向北东的成矿前断裂。南面出露花岗岩</td></tr>
<tr><td>矿体规模、形态、产状、品位</td><td colspan="3">矿体受断裂带控制，已经揭露三处，为铁锰帽、锰土矿、石英脉，厚度 0.5～2 米，其中铁锰帽含铅 0.96%，其余含铅很低</td><td>矿石类型，矿石结构、构造，矿物共生组合</td><td>主要金属矿物为方铅矿</td></tr>
<tr><td>围岩蚀变</td><td colspan="3">黄铁矿化</td><td>矿石可选性</td><td></td></tr>
<tr><td>勘查程度</td><td colspan="3">预查</td><td>现状</td><td></td></tr>
<tr><td>资料来源</td><td colspan="3">1/20 万建水幅</td><td>远景评价</td><td></td></tr>
<tr><td>资源储量</td><td colspan="3"></td><td>备注</td><td></td></tr>
</table>

矿产地名	太平村	规模	矿点	1/20 万图幅	建水幅
编号	163			所在行政区	云南省建水县
地理坐标	东经 102°54′53″，北纬 27°23′56″			成因类型	与酸性岩浆作用有关的矿床
主要矿产	Pb、Zn			伴（共）生矿产	
地质背景	矿床大地构造位于华南褶皱系，按铅锌成矿单元划分，属华南铅锌锡多金属成矿区滇东南铅锌多金属成矿亚区西端。成矿亚区内，构造活动强烈，岩浆活动发育，对铅锌矿床的形成及富集起到了重要作用。区内铅锌矿床主要为与酸性-中酸性岩浆岩有关的热液矿床			矿床（点）地质特征	位于燕山晚期个旧岩基细粒斑状黑云母花岗岩
矿体规模、形态、产状、品位	含矿云英岩脉产于花岗岩中，脉长 15 米、宽 0.8 米，矿石呈浸染状、细脉状			矿石类型，矿石结构、构造，矿物共生组合	方铅矿为主，伴生黄铁矿
围岩蚀变				矿石可选性	
勘查程度	预查			现状	
资料来源	1/20 万建水幅			远景评价	
资源储量				备注	

矿产地名	永成寨	规模	小型	1/20 万图幅	建水幅
编号	164			所在行政区	云南省建水县
地理坐标	东经 102°52′14″，北纬 23°21′19″			成因类型	与酸性岩浆作用有关的矿床
主要矿产	Pb、Zn			伴（共）生矿产	
地质背景	矿床大地构造位于华南褶皱系，按铅锌成矿单元划分，属华南铅锌锡多金属成矿区滇东南铅锌多金属成矿亚区西端。成矿亚区内，构造活动强烈，岩浆活动发育，对铅锌矿床的形成及富集起到了重要作用。区内铅锌矿床主要为与酸性-中酸性岩浆岩有关的热液矿床			矿床（点）地质特征	永成寨矿区位于黄草坝向斜的南东翼，褶皱、断裂相对复杂。出露地层以个旧组上部和法郎组（T_3f）为主，石头寨以南沿冲沟分布有长条状第四系坡积物。矿区处于个旧花岗岩体西缘外接触带，由于受花岗岩体上侵影响，褶皱和断裂较发育。具一定规模的褶皱有永成寨向斜，倮寨背斜；断裂有北北西向和东西向两组
矿体规模、形态、产状、品位	共圈定九个矿体。除Ⅰ号为铅锌矿体外，其余Ⅱ号～Ⅷ号均为锰矿体；Ⅰ号铅锌矿体特征：该矿体位于个旧花岗岩体西缘平距 1.6 千米左右。围绕花岗岩体外围接触蚀变带较宽，可达 1～2 千米，矿体沿 F7 断裂出露，走向近南北，倾角变化较大，产状 270°∠45°～55°，呈脉状、囊状、透镜状产出。矿体断续长约 250 米，单工程控制矿体最大厚度 1.00 米，最小 0.50 米，平均厚 0.75 米，矿体厚度变化系数 30.13%，厚度变化较大；矿体单工程铅锌品位 17.03%～20.19%，矿体中铅锌平均品位 19.38%，品位变化系数 7.64%，品位变化较稳定。该矿体总体氧化程度较高，工程控制内矿石以氧化铅和氧化锌为主，少量方铅矿和闪锌矿			矿石类型，矿石结构、构造，矿物共生组合	由于矿区内存在不同的矿石类型和不同成因类型的矿体，出现的矿石类型亦较复杂。①铅锌矿体的矿石类型由于氧化程度较高，该类矿石主要呈泥质、粉砂质结构，土状构造。由菱锌矿、白铅矿、铅钒组成；少量未风化的则为星点状，浸染状闪锌矿及方铅矿；②次生氧化锰的矿石类型主要产出于Ⅱ号锰矿体，其成因为淋滤富集，氧化程度较高。据其矿石的结构、构造，该矿体中常见的矿石有层状及块状构造的矿石、土状构造的矿石、皮壳状构造的矿石及胶状构造的矿石。其矿物成分主要为软锰矿、黝锰矿、氢氧锰矿和硬锰矿；③原生碳酸锰矿石区内Ⅲ号～Ⅷ号矿体其成因类型和所出露层位相同，矿石类型也相同。主要为碳酸锰矿矿石
围岩蚀变	碳酸盐岩大理岩化和矽卡岩化较强烈，粉砂岩则角岩化			矿石可选性	
勘查程度	普查			现状	
资料来源	1/20 万建水幅			远景评价	
资源储量	区内共累计查明铅、锌矿体 332+333 类 Pb+Zn 金属量 6000 吨，其中 Pb 金属量 1900 吨，Zn 金属量 4100 吨			备注	

<table>
<tr><td>矿产地名</td><td>荒田</td><td>规模</td><td>大型</td><td>1/20 万图幅</td><td>建水幅</td></tr>
<tr><td>编号</td><td colspan="3">165</td><td>所在行政区</td><td>云南省建水县</td></tr>
<tr><td>地理坐标</td><td colspan="3">东经 102°42′21″，北纬 23°20′11″</td><td>成因类型</td><td>与酸性岩浆作用有关的矿床</td></tr>
<tr><td>主要矿产</td><td colspan="3">Pb、Zn</td><td>伴（共）生矿产</td><td>Ag、Sn、V</td></tr>
<tr><td>地质背景</td><td colspan="3">矿床大地构造位于华南褶皱系，按铅锌成矿单元划分，属华南铅锌锡多金属成矿区滇东南铅锌多金属成矿亚区西端。成矿亚区内，构造活动强烈，岩浆活动发育，对铅锌矿床的形成及富集起到了重要作用。区内铅锌矿床主要为与酸性-中酸性岩浆岩有关的热液矿床</td><td>矿床（点）地质特征</td><td>矿区为走向 300°，倾向 210°的倒转背斜，矿体产于背斜西南翼茅口组与玄武岩的接触处的灰岩中，沿破碎带及其附近形成的似层状矿体，也有沿裂隙充填，形成的脉状矿体</td></tr>
<tr><td>矿体规模、形态、产状、品位</td><td colspan="3">已知矿体 6 个，以 1、2 号矿体为主（占矿区铅储量的 83%，锌储量的 95%），1、2 号矿体原系统一矿体由坝河断层所错断，总长 550 米，厚度 1～60 米。已控制深度 107 米。
铅品位 1.31%～2.37%、锌品位 6.7%～9.92%，主要的伴生元素有镉、银、锑</td><td>矿石类型，矿石结构、构造，矿物共生组合</td><td>主要矿石矿物为方铅矿、闪锌矿，次之为黄铁矿，偶见黄铜矿。脉石矿物有重晶石、石英-玉髓、方解石、泥质矿物</td></tr>
<tr><td>围岩蚀变</td><td colspan="3"></td><td>矿石可选性</td><td></td></tr>
<tr><td>勘查程度</td><td colspan="3"></td><td>现状</td><td></td></tr>
<tr><td>资料来源</td><td colspan="3">1/20 万建水幅</td><td>远景评价</td><td></td></tr>
<tr><td>资源储量</td><td colspan="3">截至 2009 年年底累计查明资源储量：Pb 88762 吨。其中资源量 29346 吨，基础储量 59416 吨。Zn 476981 吨，其中资源量 137664 吨，基础储量 339317 吨。平均品位 Pb 1.3744%，Ag 8.7400 克/吨，Cd 0.032%</td><td>备注</td><td></td></tr>
</table>

矿产地名	老熊洞	规模	矿点	1/20 万图幅	会理幅
编号	166			所在行政区	云南省昆明市禄劝
地理坐标	东经 102°48′21″～02°49′21″，北纬 26°07′20″～26°08′56″			成因类型	沉积-改造矿床
主要矿产	Pb、Zn			伴（共）生矿产	
地质背景	矿区在区域上位于扬子古陆块、康滇基地断隆带中部，落雪褶皱隆起与嵩明上叠裂谷盆地（V 的过渡地带，断裂发育，以 SN 向为主，矿区东有小江断裂，西部有普渡河大断裂。岩浆活动较弱，未见较大侵入岩。区域上主要出露地层有第四系（Q）、二叠系上统（P_2）、寒武系下统（$\in_1$）、震旦系上统灯影组（Zb*dn*）			矿床（点）地质特征	矿区内出露地层为二叠系上统峨眉山（$P_2\beta$）、寒武系下统（$\in_1$）和震旦系上统灯影组（Zb*dn*）。区内主要为南北向的普渡河大断裂，分布于矿区外西侧。矿区内构造主要为南北向及东西向的节理及小裂隙。铅锌矿体赋存于前震旦系上统灯影组的白云岩、条带状含磷白云岩等碳酸盐类岩石中
矿体规模、形态、产状、品位	矿体呈似层状沿断裂（裂隙）产出，受断裂控制明显。矿体厚度与矿石品位沿走向、倾向变化较稳定。据取样化验，矿石品位较低，平均矿石品位为 Zn 2.01%，以锌的硫化矿为主，矿体倾向为 72°，倾角为 23°～38°，总体上，矿体最大长度约 280 米，矿体最大垂直深度约 20 米；矿体厚约 2 米			矿石类型，矿石结构、构造，矿物共生组合	矿石矿物：菱锌矿、含铁菱锌矿，其次为闪锌矿、方铅矿及零星锌矿化混合矿；脉石矿物：方解石、石英、白云石等。 矿石结构为自形晶粒结构、自形-他形晶粒结构；矿石构造为脉状构造、浸染状至斑点状构造
围岩蚀变	硅化、重晶石化			矿石可选性	
勘查程度	详查			现状	已停止采矿
资料来源	禄劝惠东矿业开发有限责任公司			找矿远景	
资源储量	核实截至 2012 年 12 月 31 日，老熊洞铅锌矿矿区范围内累计查明锌矿石资源储量（332+333）共 9.77 万吨，金属量 1955.33 吨，平均品位 Zn 2 %			备注	

矿产地名	噜鲁	规模	小型	1/20 万图幅	会理幅
编号	167			所在行政区	云南省昆明市禄劝
地理坐标	东经 102°51′04″～102°54′45″，北纬 25°57′27″～26°00′11″			成因类型	沉积-改造矿床
主要矿产	Pb、Zn			伴（共）生矿产	
地质背景	噜鲁铅锌矿床大地构造位置位于扬子地块西南边缘，西昌-易门深大断裂与普渡河-滇池深大断裂之间，靠近普渡河-滇池断裂的西侧			矿床（点）地质特征	矿区内地层出露为震旦系灯影组（Zb*dn*）、寒武系下统梅树组（$\in_1 m$）、筇竹寺组（$\in_1 q$）、沧浪铺组（$\in_1 c$）、龙王庙组（$\in_1 l$）、陡坡寺+双龙潭组（$\in_1 d+s$）、二叠系下统茅口+栖霞组（$P_1 q+m$）、二叠系上统峨眉山玄武岩组（$P_2\beta$）。铅锌矿体赋存于寒武系下统梅树组下段（$\in_1 y^1$）。构造为宏宽背斜东翼的单斜岩层构造，走向北北西（NNW），倾向约 70°，倾角大多为 12°～20°，断裂构造不发育。岩浆活动较强，主要为二叠系中上统（$P_2\beta$）岩浆喷发活动
矿体规模、形态、产状、品位	矿体赋存于寒武系下统梅树村组下段（$\in_1 m^1$）顶部白云岩地层中，矿体产状与地层基本一致，呈似层状产出，地表出露长约 150 米，倾向南，倾角 15°～20°。矿体厚度变化较大，厚度变化范围一般为 1.70～10.71 米，平均厚约 3.26 米，矿体倾向控制延深约 350 米。铅锌矿体矿化不均匀，矿体 Pb 品位变化范围较大，变化范围为 0.44%～20.00%，Pb 平均品位为 1.78%，Zn 品位变化范围为 0.56%～9.06%，平均品位为 2.01%			矿石类型，矿石结构、构造，矿物共生组合	金属矿物：方铅矿、闪锌矿、黄铁矿、白铁矿、毒砂等。 脉石矿物：重晶石、石英、方解石。 矿石构造：块状构造、网脉状构造、浸染状构造、脉状构造、条带状-条纹状构造。 矿石结构：自形-他形中细晶状结构、压碎结构、呈纤维状结构、交代溶蚀结构
围岩蚀变	黄铁矿化、硅化及重晶石化、碳酸盐化			矿石可选性	
勘查程度	详查			现状	由个体进行开采
资料来源	本文			找矿远景	
资源储量				备注	由于地下水涌水问题，现已停产

彩　　图

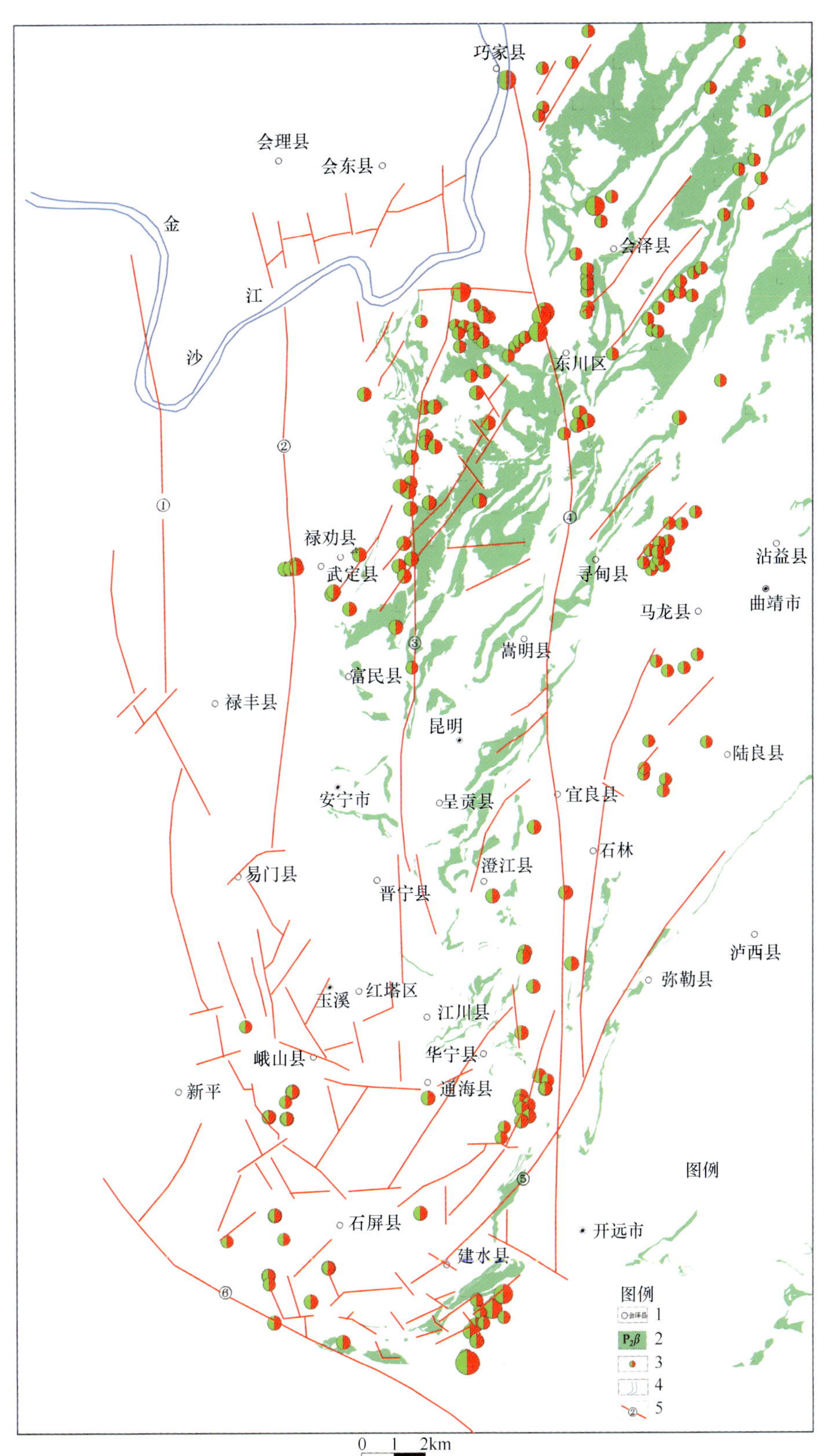

彩图 1　滇中地区基性玄武岩与铅锌矿床（点）分布略图

1. 地名；2. 峨眉山玄武岩；3. 铅锌矿床（点）；4. 水系；5. 岩石圈断裂和壳断裂：①元谋 - 绿汁江断裂；②西昌 - 易门断裂；③普渡河 - 滇池断裂；④小江断裂；⑤弥勒 - 师宗断裂；⑥红河断裂

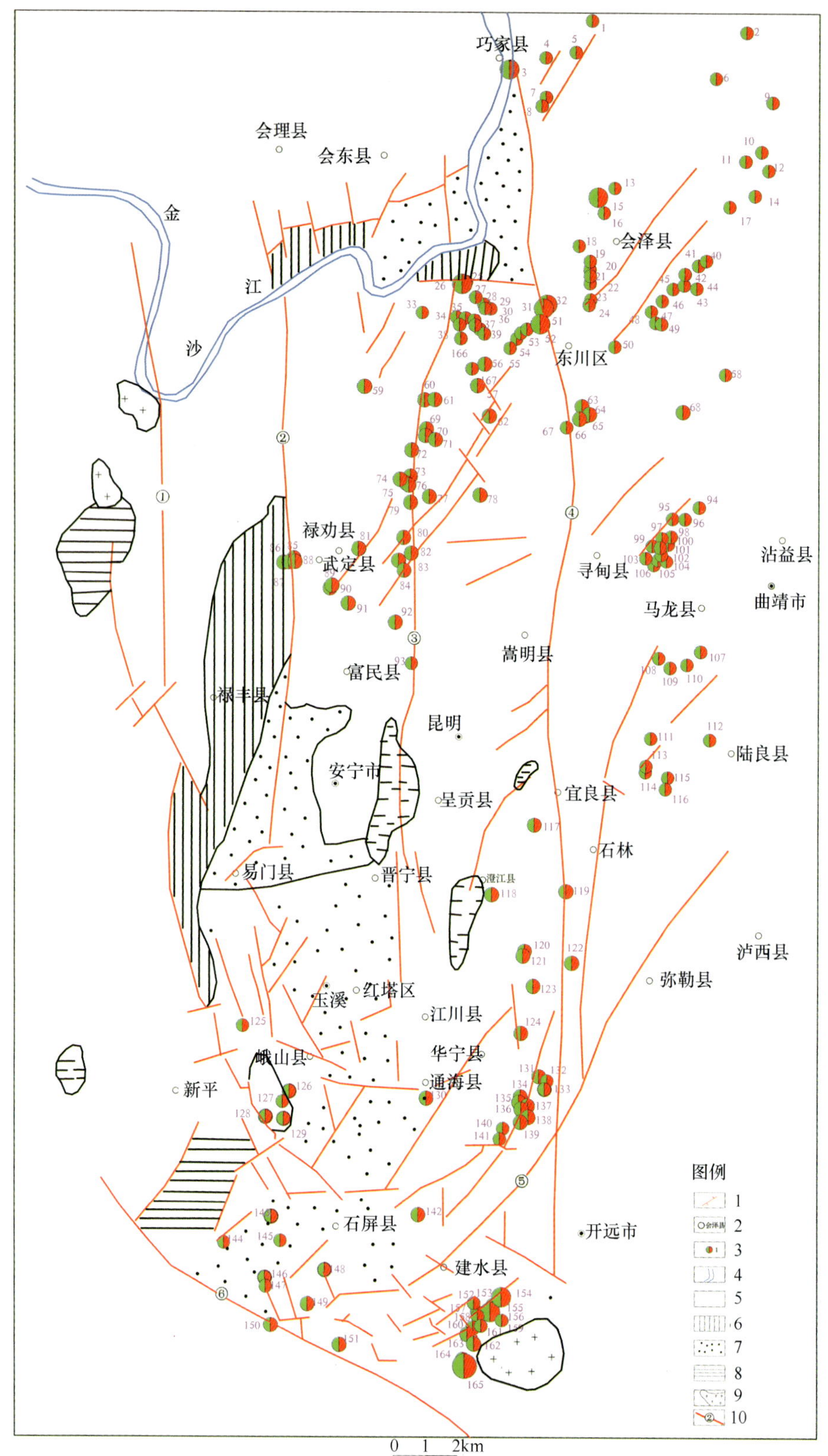

彩图 2　滇中铅锌成矿区赋矿地层、矿床（点）分布略图

1. 断层；2. 地名；3. 铅锌矿床（点）编号；4. 水系；5. 震旦系、古生界和中生界；6. 昆阳群上亚群；7. 昆阳群下亚群；8. 大红山群和苴林群；9. 花岗岩；10. 岩石圈断裂和壳断裂：①元谋 - 绿汁江断裂；②西昌 - 易门断裂；③普渡河 - 滇池断裂；④小江断裂；⑤弥勒 - 师宗断裂；⑥ 红河断裂

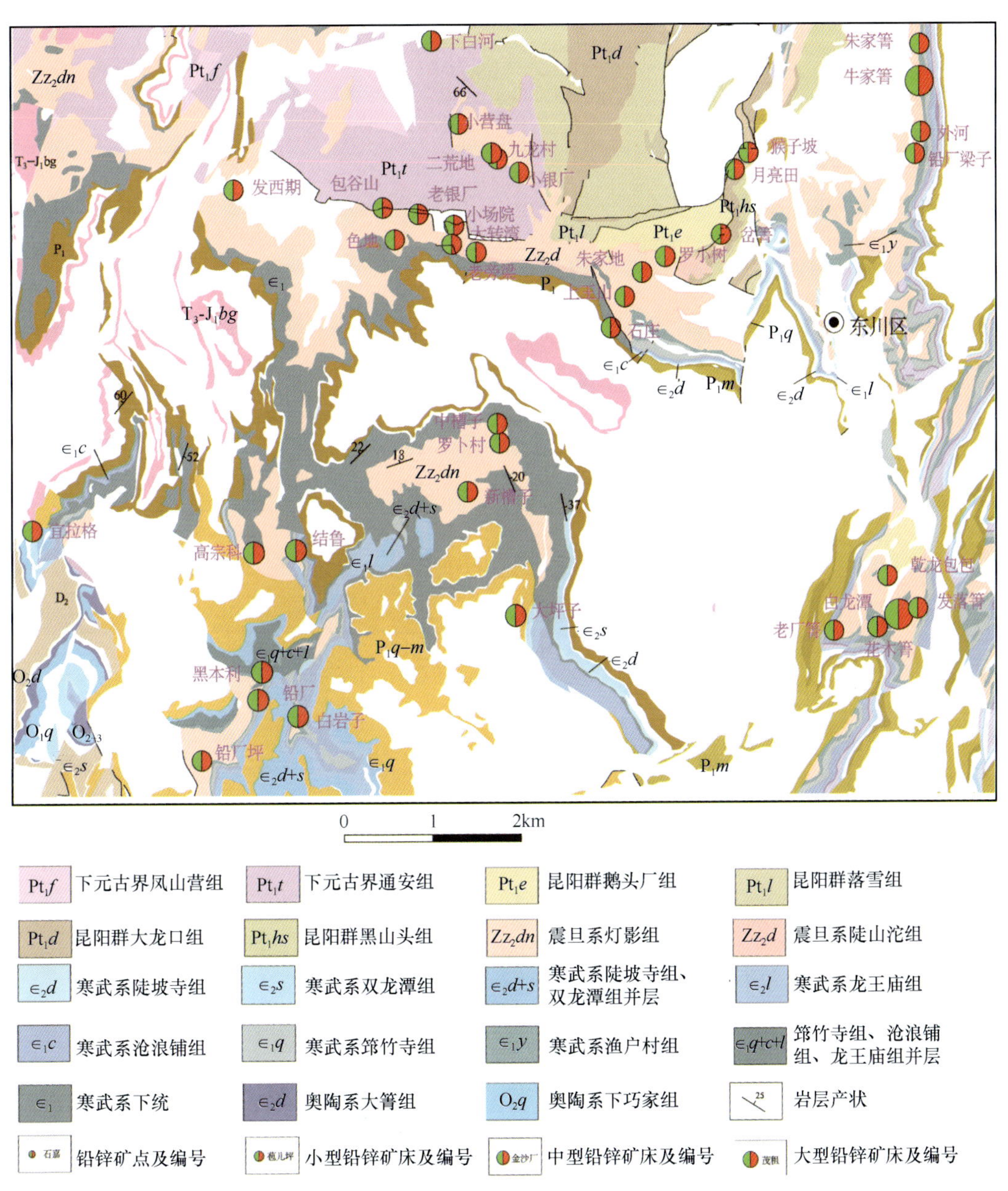

彩图 3　禄劝中槽子 - 东川大笑、朱家地成矿远景区

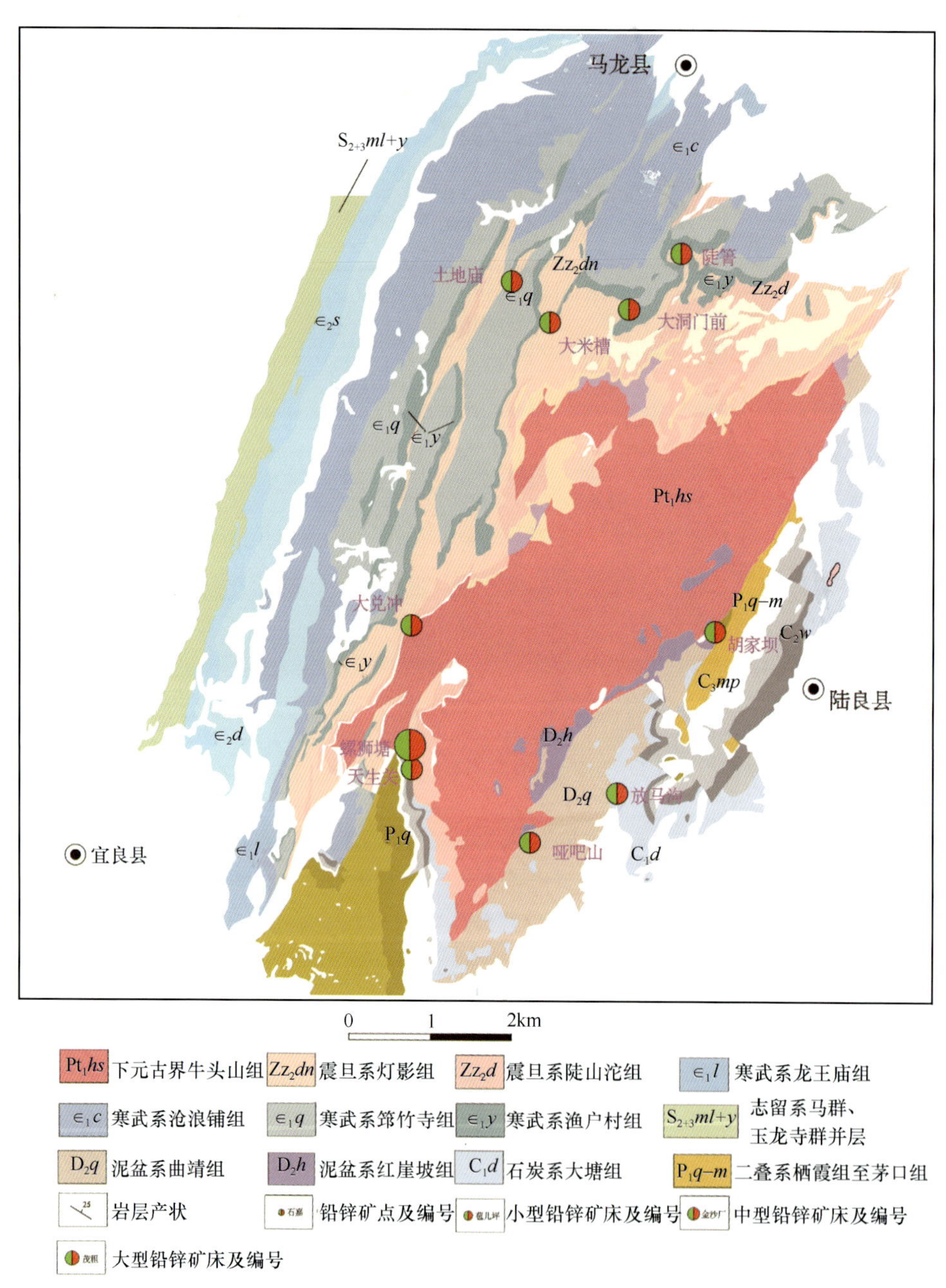

彩图 4　宜良大兑冲 - 马龙大米槽地区成矿远景区

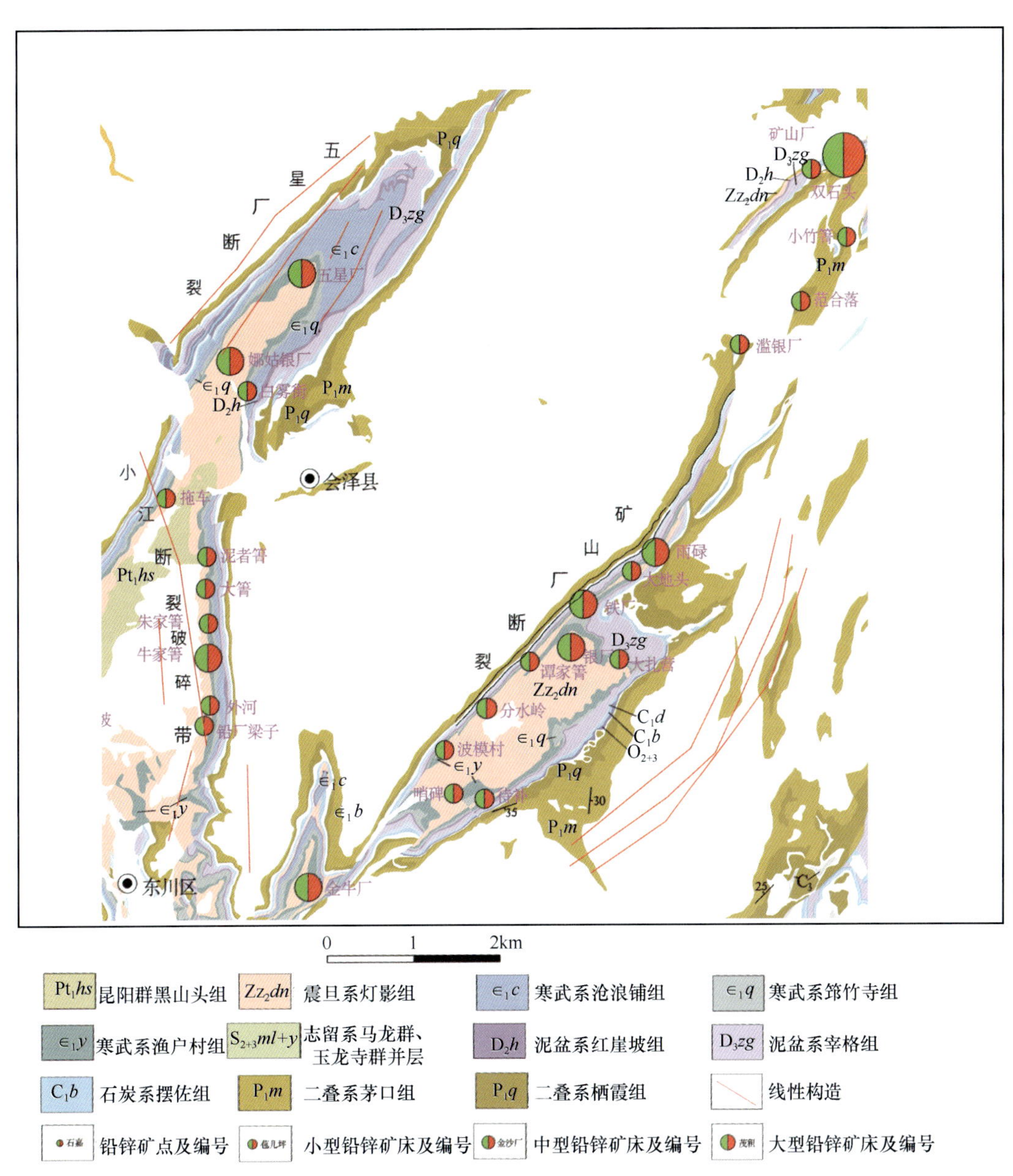

彩图 5　东川 - 会泽铅锌成矿远景区

图　　版

图版Ⅰ　东川大笑铅锌矿

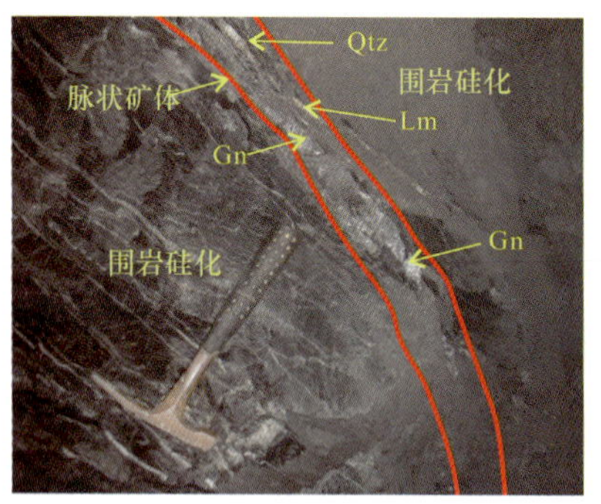

图版Ⅰ-1　脉状矿体，矿物方铅矿(Gn)，石英(Qtz)，局部见褐铁矿(Lm)化，围岩硅化

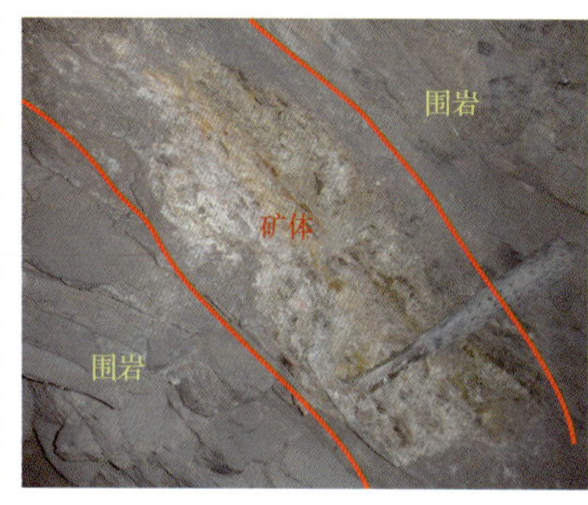

图版Ⅰ-2　构造破碎带中的矿体与围岩界线清晰

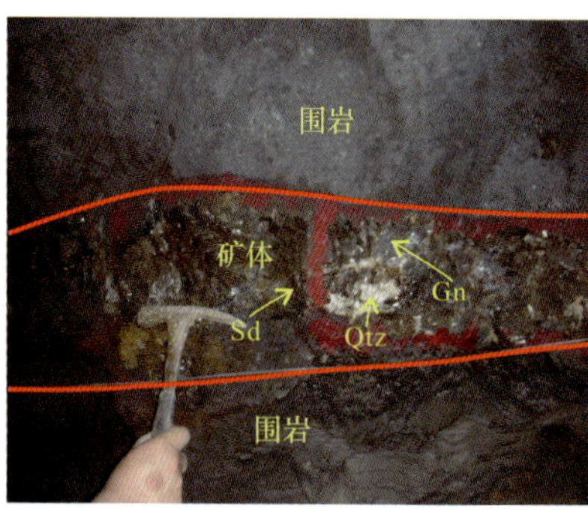

图版Ⅰ-3　层状产出4#矿体，矿物有石英(Qtz)、方铅矿(Gn)、菱铁矿(Sd)

图版Ⅰ-4　4#矿体矿物组成：闪锌矿(Sp)、石英(Qtz)

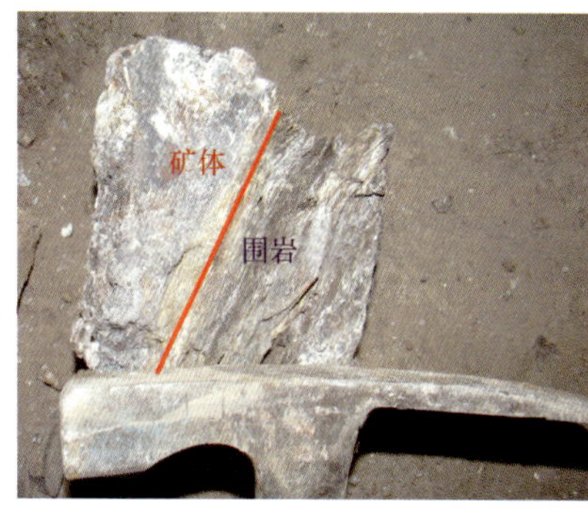

图版Ⅰ-5　矿体与围岩接触界线明显

图版Ⅰ-6　巷道内氧化矿石，矿石矿物方铅矿(Gn)和黄铁矿氧化形成褐铁矿(Lm)

图版Ⅰ-7　矿体出露地表部分被氧化，表面为褐铁矿(Lm)化、孔雀石(Cv)化

图版Ⅰ-8　矿体出露地表风化为蜂窝状

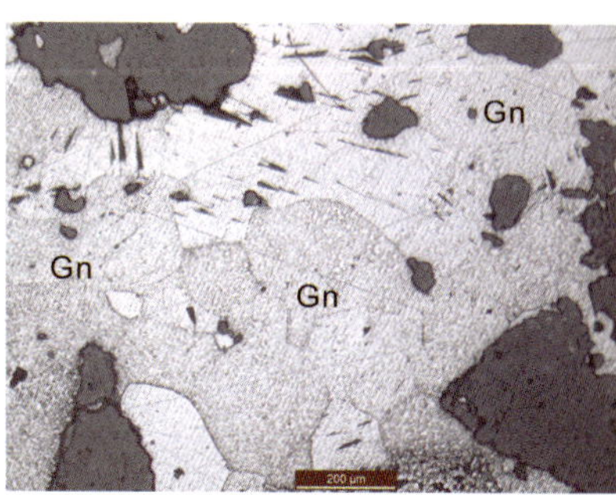

图版Ⅰ-9　方铅矿(Gn)呈他形-半自形粒状集合体分布(1∶1 HNO_3浸蚀显现)

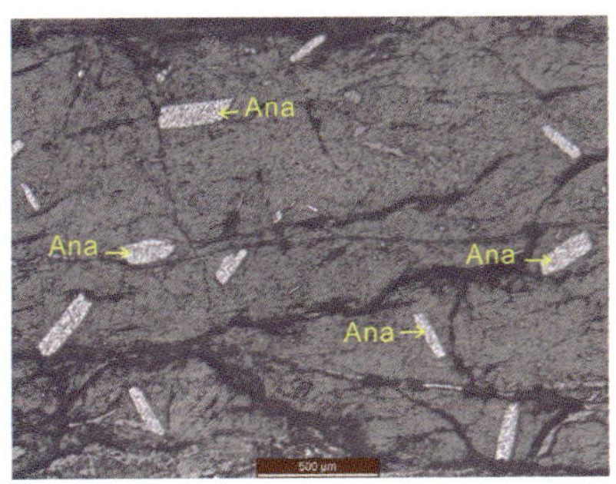

图版Ⅰ-10　锐钛矿 (Ana) 呈锥 - 柱状自形晶，星散分布

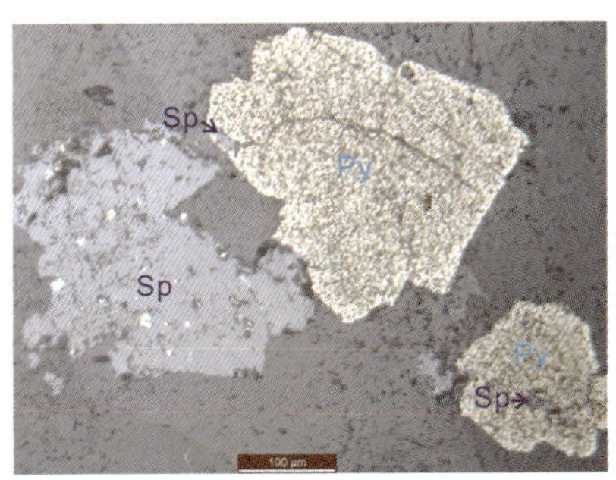

图版Ⅰ-11　半自形 - 自形黄铁矿 (Py) 被闪锌矿 (Sp) 交代，呈溶蚀残余结构

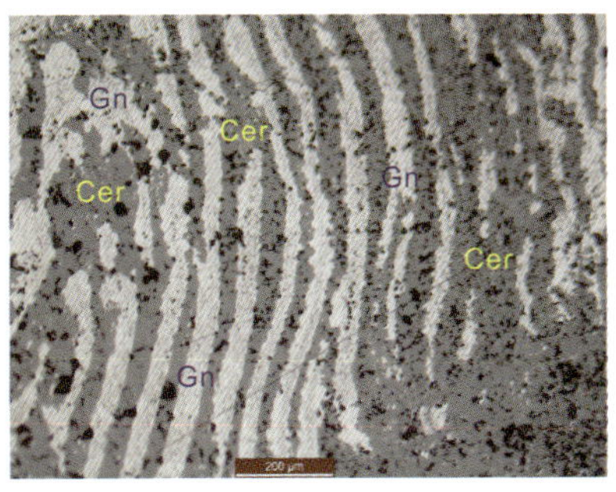

图版Ⅰ-12　白铅矿 (Cer) 沿方铅矿 (Gn) 的解理交代呈条纹状残余结构

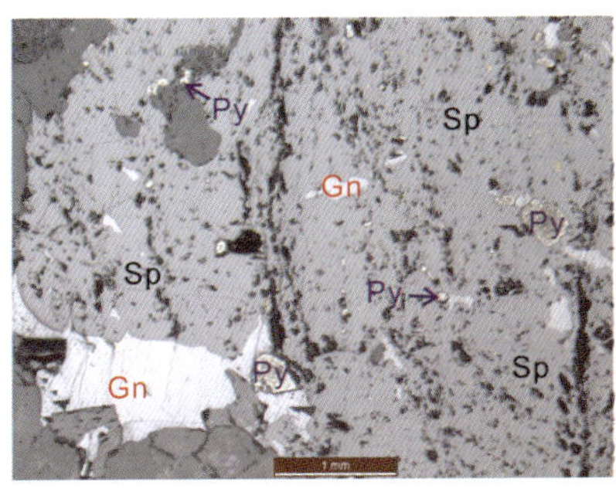

图版Ⅰ-13　闪锌矿 (Sp) 呈不规则他形粒状集合体产出，其内含有被溶蚀的细粒半自形黄铁矿 (Py) 以及交代的乳浊状、叶片状黄铁矿，方铅矿 (Gn) 交代闪锌矿呈交代残余结构

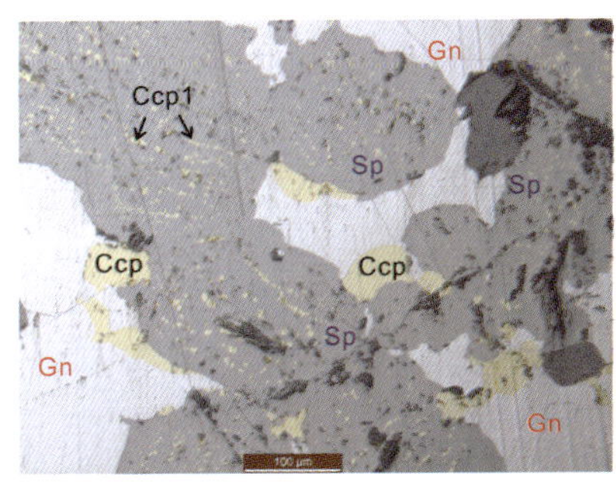

图版Ⅰ-14　方铅矿 (Gn) 穿插交代闪锌矿 (Sp)，同时又被黄铜矿 (Ccp) 穿插交代，闪锌矿中可见出溶的乳浊状黄铜矿(Ccp1)

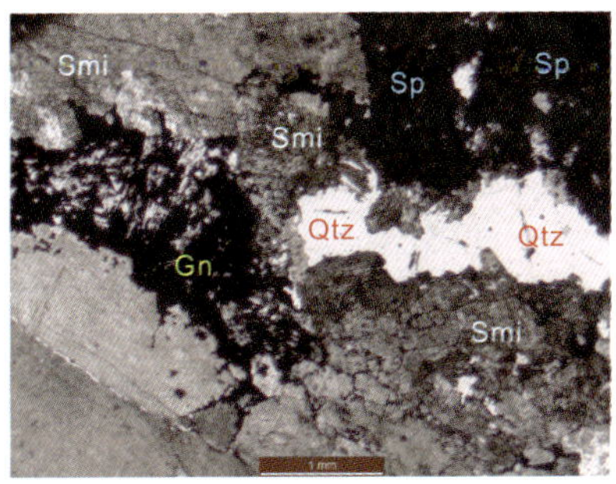

图版Ⅰ-15　压碎粗晶的菱锌矿 (Smi)，压碎粒间有方铅矿 (Gn)、闪锌矿 (Sp)、石英 (Qtz) 充填

图版Ⅰ-16　闪锌矿 (Sp)、方铅矿 (Gn) 以他形细粒状分布于非金属矿物粒间，呈填隙结构。方铅矿穿插交代闪锌矿

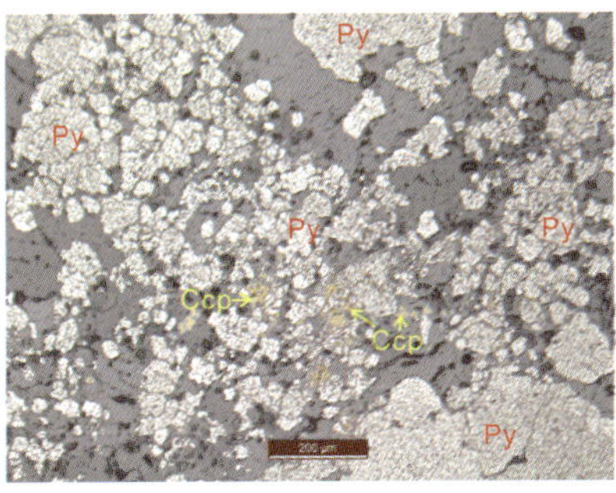

图版Ⅰ-17　黄铜矿 (Ccp) 沿碎裂带黄铁矿(Py) 的裂隙分布，呈网状结构

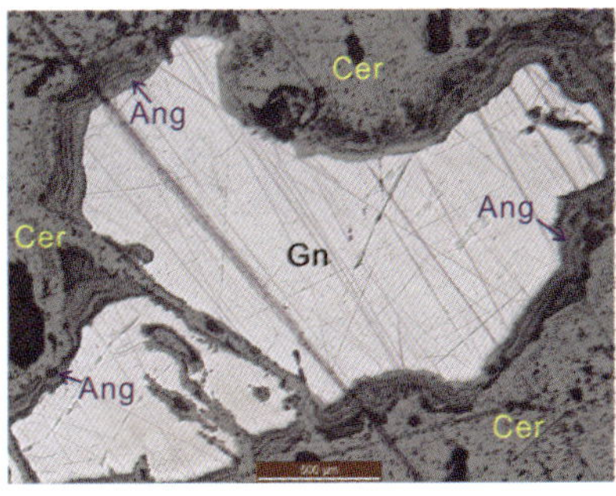

图版Ⅰ-18　铅矾 (Ang) 呈韵律状皮膜包围方铅矿 (Gn)，外围为白铅矿 (Cer)

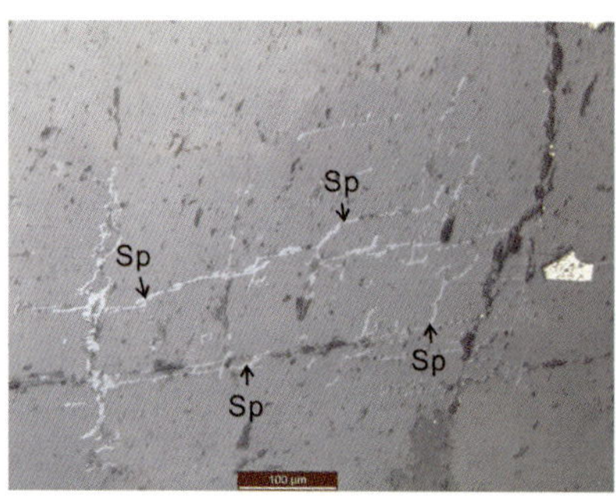

图版Ⅰ-19　闪锌矿 (Sp) 呈细脉穿插交代围岩，构成网脉状构造

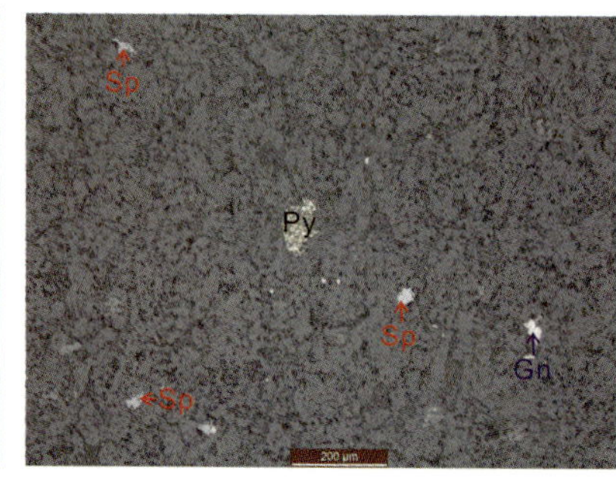

图版Ⅰ-20　方铅矿 (Gn)、闪锌矿 (Sp)、黄铁矿 (Py) 均呈他形细粒状，星散分布

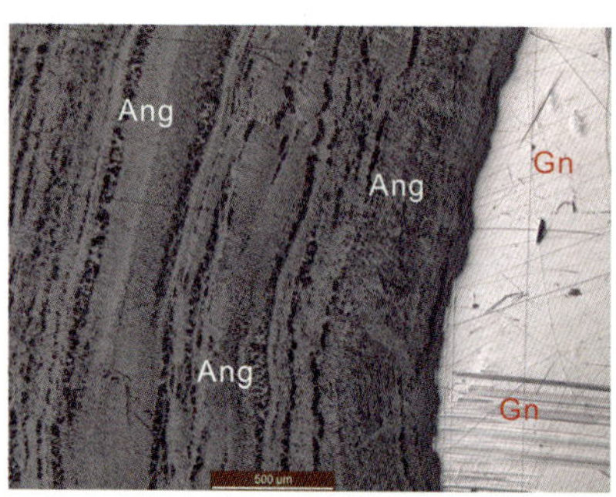

图版Ⅰ-21　铅矾 (Ang) 沿方铅矿 (Gn) 边缘交代，呈韵律状皮壳包围方铅矿，呈皮壳构造

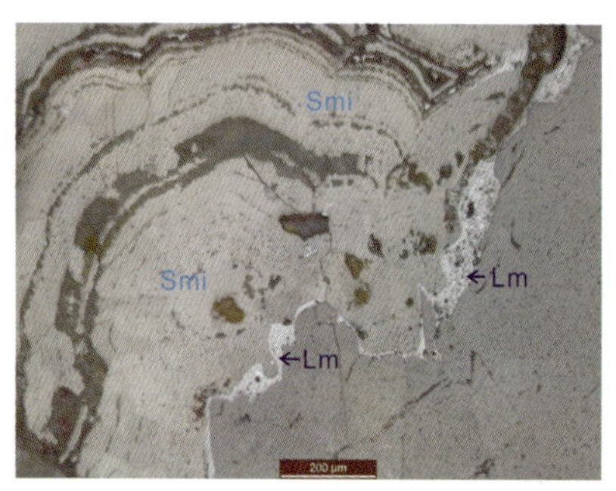

图版Ⅰ-22　菱锌矿 (Smi) 呈他形粒状集合体构成皮壳、同心环带等变胶状构造，外围为褐铁矿 (Lm)

图版Ⅰ-23　胶状隐晶质硬锰矿 (Aph-Psi)、晶质硬锰矿 (Spa-Psi) 构成同心环带构造，外围为褐铁矿 (Lm)

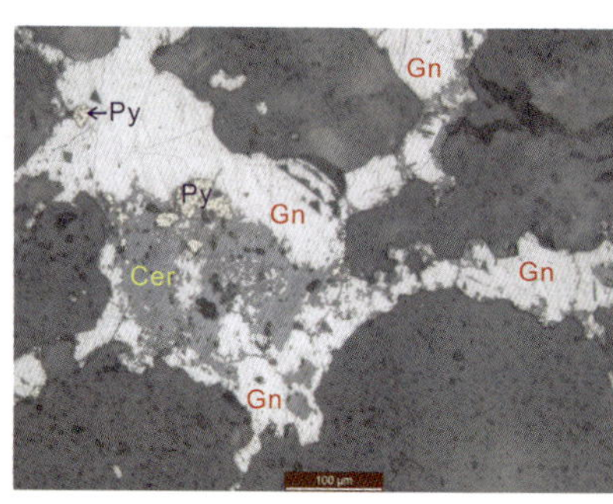

图版Ⅰ-24　方铅矿 (Gn)、黄铁矿 (Py) 沿围岩裂隙网状充填，呈网脉状构造。方铅矿穿插交代黄铁矿，并被白铅矿 (Cer) 交代

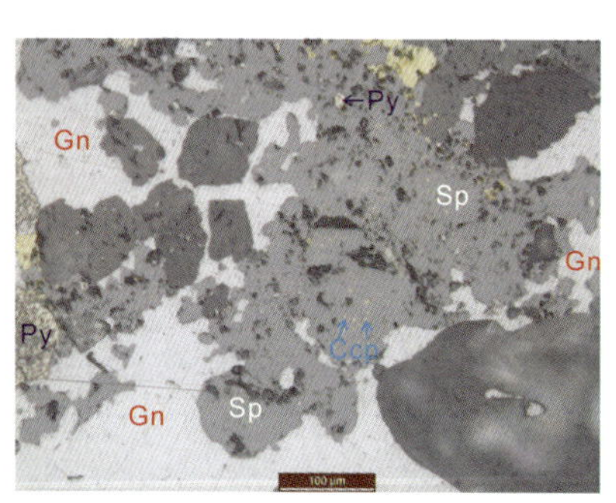

图版Ⅰ-25　闪锌矿 (Sp) 被方铅矿 (Gn) 穿插交代，呈溶蚀 - 残余结构；闪锌矿及方铅矿中均含有黄铁矿 (Py) 残余体，闪锌矿中局部含有乳浊状黄铜矿 (Ccp)

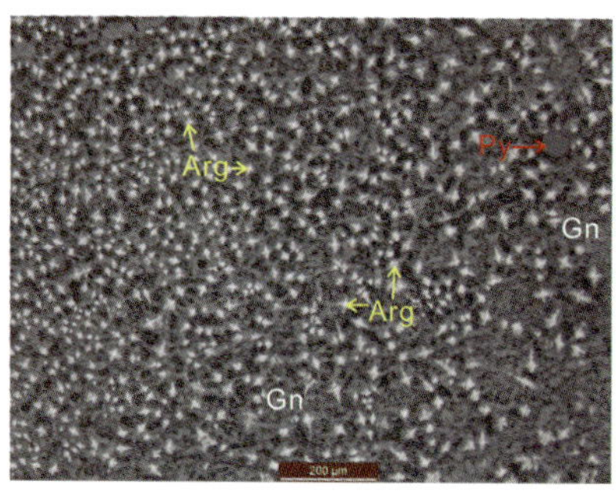

图版Ⅰ-26　辉银矿 (Arg) 呈乳浊状出溶物分布于方铅矿 (Gn) 中 (1:1 HNO_3 浸染显现)，方铅矿中偶见自形黄铁矿 (Py)

图版Ⅰ-27　白铅矿 (Cer) 被褐铁矿 (Lm) 交代呈残余体分布

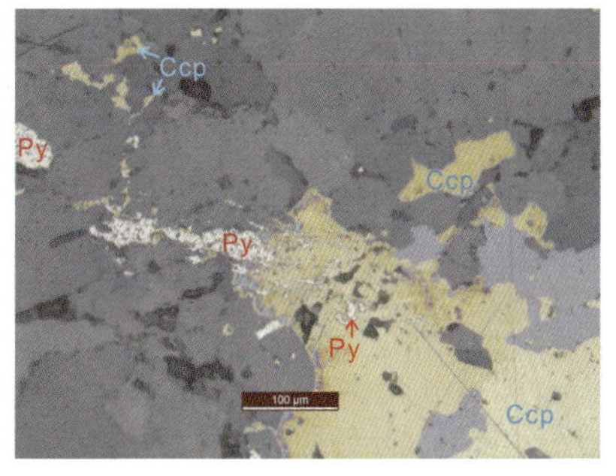

图版Ⅰ-28　微粒状黄铁矿 (Py) 呈细脉状穿入黄铜矿 (Ccp) 中

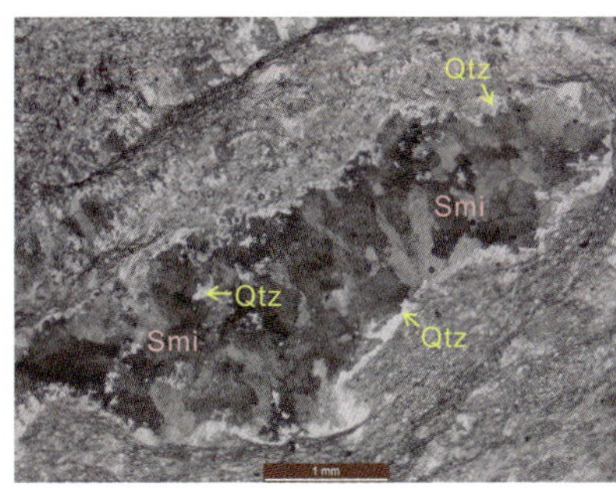

图版Ⅰ-29　石英 (Qtz)、菱锌矿 (Smi) 呈团块状沿着劈理分布

图版Ⅰ-30　被压碎的粗晶菱锌矿 (Smi) 粒间充填有黄铁矿 (Py)、石英 (Qtz)

图版Ⅱ　东川 - 寻甸花木箐铅锌矿床

图版Ⅱ-1　层状矿体矿石矿物主要为闪锌矿 (Sp)，脉石矿物主要为石英 (Qtz)

图版Ⅱ-2　矿体出露地表部分风化，矿石形成土块状，表面呈褐铁矿 (Lm) 化

图版Ⅱ-3　角砾状矿石，矿石表面因为氧化，出现孔雀石 (Cv) 化

图版Ⅱ-4　角砾状矿石

图版Ⅱ-5　闪锌矿 (Sp)、方铅矿 (Gn) 沿脉状矿物的粒间及裂隙充填交代，方铅矿又交代闪锌矿 (Sp)，使其呈溶蚀结构；可见少量黄铁矿 (Py)

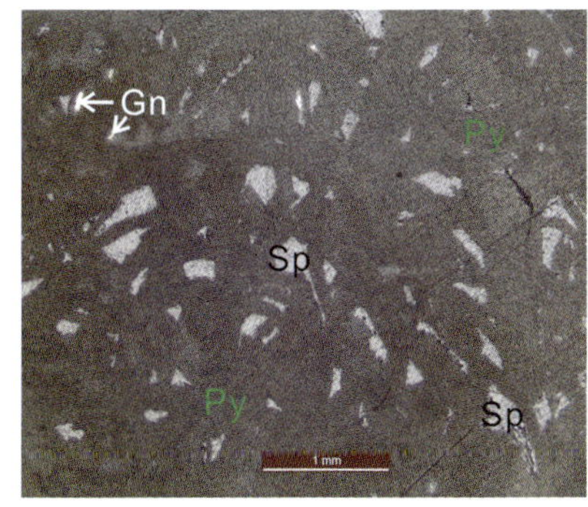

图版Ⅱ-6　闪锌矿 (SP)、方铅矿 (Gn) 呈尖角状穿插交代粗粒黄铁矿 (Py)

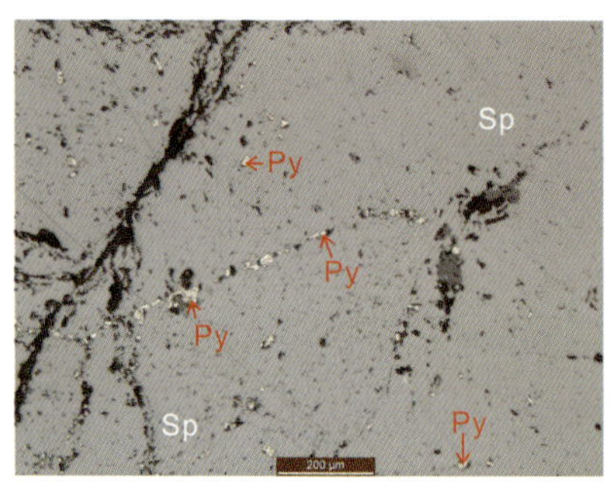

图版Ⅱ-7 晚期微粒黄铁矿 (Py)，沿闪锌矿 (Sp) 粒间分布，呈填隙结构

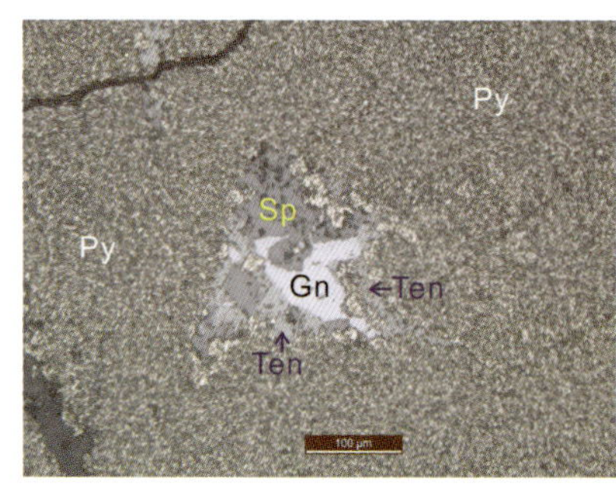

图版Ⅱ-8 方铅矿 (Gn) 穿插交代闪锌矿 (Sp)、黄铁矿 (Py) 及砷黝铜矿 (Ten)，呈溶蚀结构

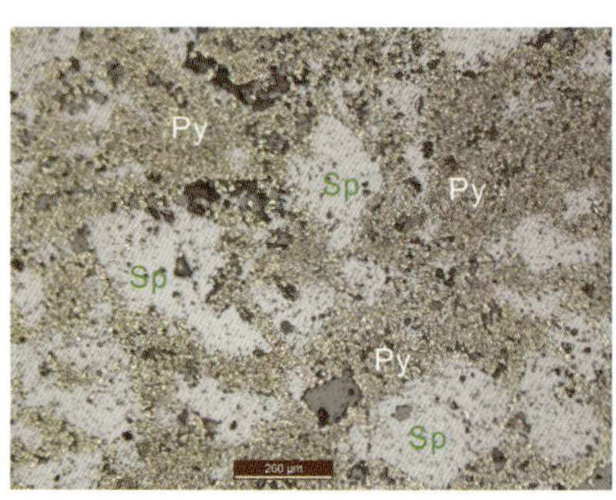

图版Ⅱ-9 细粒黄铁矿 (Py) 沿闪锌矿 (Sp) 粒间充填，呈填隙结构

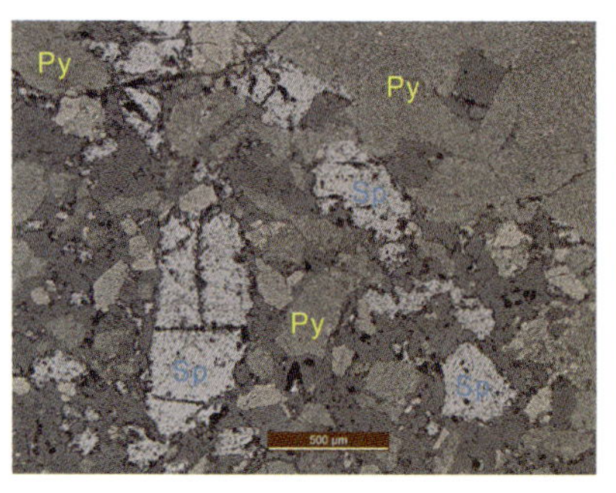

图版Ⅱ-10 闪锌矿 (Sp) 沿压碎黄铁矿 (Py) 的碎粒间隙充填交代

图版Ⅱ-11 闪锌矿 (Sp)、方铅矿 (Gn) 呈斑点状分布于脉石矿物组成的基质中，浅黄色细粒者为黄铁矿 (Py)

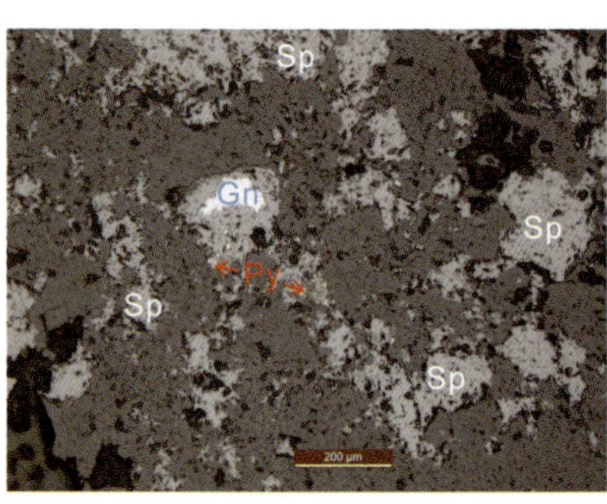

图版Ⅱ-12 闪锌矿 (Sp) 沿非金属矿物的粒间孔隙充填 - 交代，呈星点状分布

图版Ⅱ-13 细粒黄铁矿(Py) 呈他形等轴粒状沿闪锌矿 (Sp) 的裂隙充填，呈脉状构造

图版Ⅱ-14 砷黝铜矿 (Ten)- 方铅矿 (Gn) 呈尖角状交代黄铁矿 (Py)，其中可见球粒状黄铁矿，具有被方铅矿、砷黝铜矿充填的星状空心

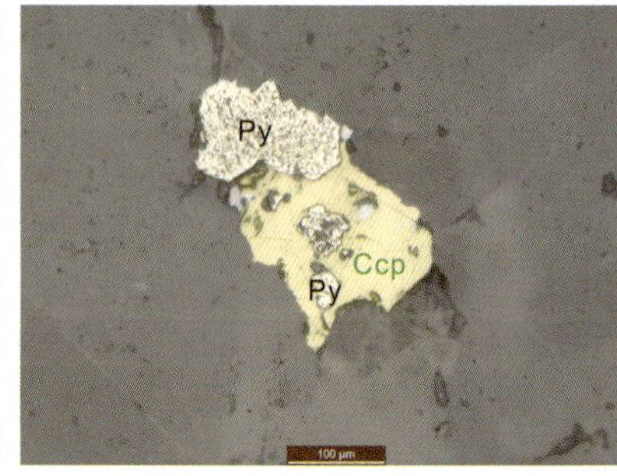

图版Ⅱ-15 黄铜矿 (Ccp)、黄铁矿 (Py) 沿围岩孔隙充填，黄铜矿交代黄铁矿，呈残余结构

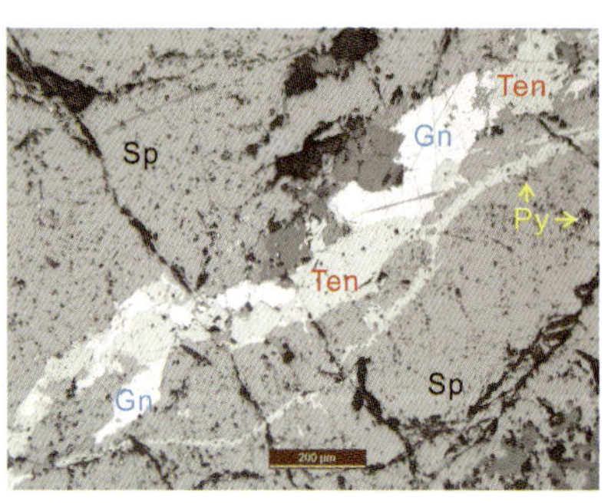

图版Ⅱ-16 方铅矿 (Gn)、砷黝铜矿 (Ten) 呈细脉状分布于闪锌矿 (Sp) 裂隙中，方铅矿交代砷黝铜矿

图版Ⅲ　禄劝噜鲁铅锌矿床

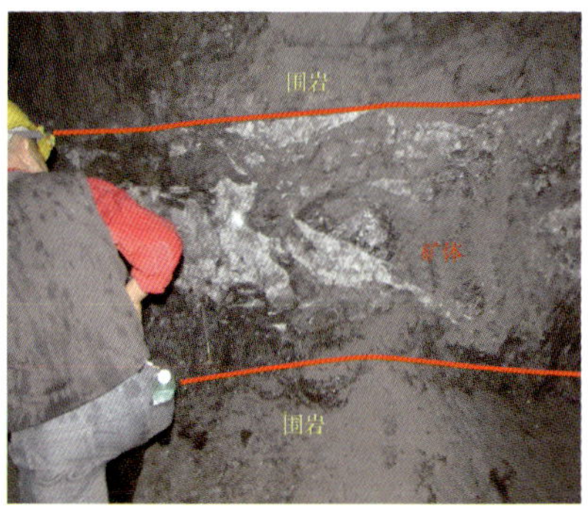

图版Ⅲ-1　围岩与矿体成“整合接触”，矿体呈层状

图版Ⅲ-2　层状铅锌矿体

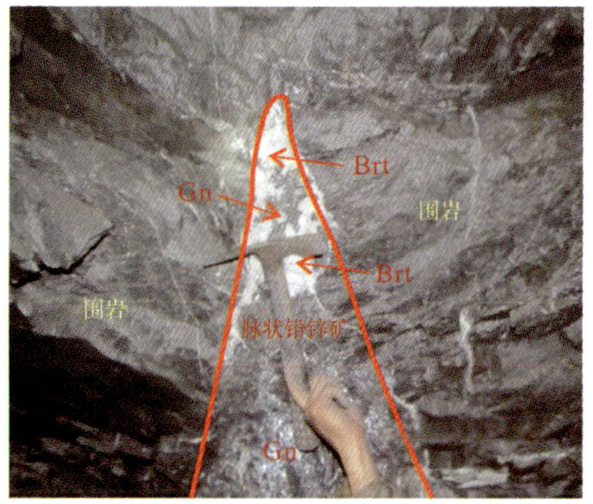

图版Ⅲ-3　脉状铅锌矿，矿石矿物为方铅矿 (Gn)，脉石矿物为重晶石 (Brt)

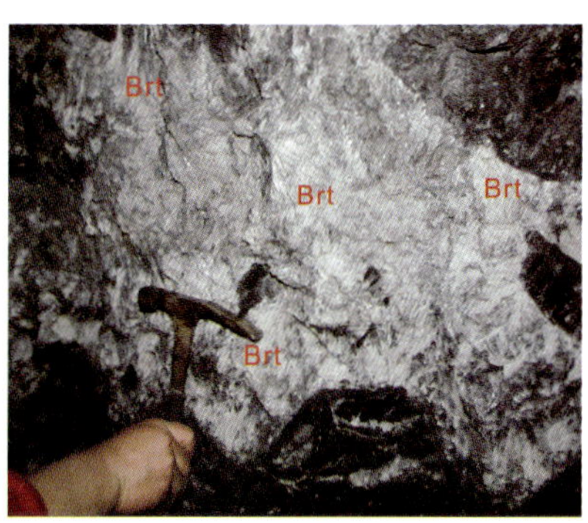

图版Ⅲ-4　矿体中常常发育有“菊花状”重晶石 (Brt)

图版Ⅲ-5　矿体中常常发育有“放射状”重晶石 (Brt)

图版Ⅲ-6　层状矿体中可见沥青、方铅矿 (Gn)

图版Ⅲ-7　闪锌矿 (Sp)、方铅矿 (Gn) 呈网脉状分布于白云石中，表面有褐铁矿 (Lm) 化

图版Ⅲ-8　黄铁矿 (Py)、重晶石 (Brt) 形成条带状、纹层状矿石

图版Ⅲ-9　方铅矿 (Gn)、闪锌矿 (Sp)、重晶石 (Brt) 等矿物呈现星点状分布

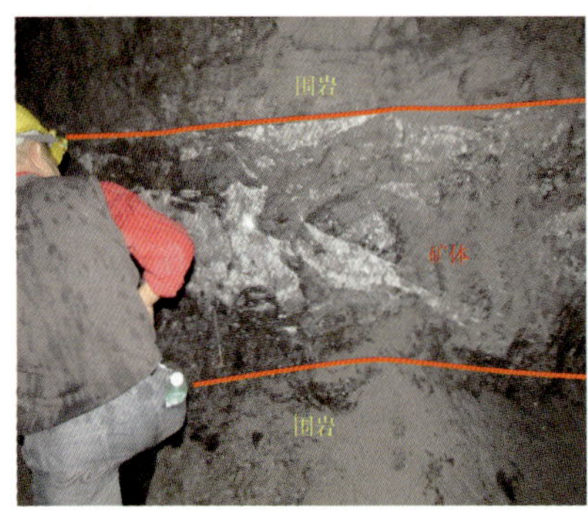

图版Ⅲ-10　块状矿石，矿石矿物组合为：方铅矿 (Gn)、黄铁矿 (Py)、重晶石 (Brt)

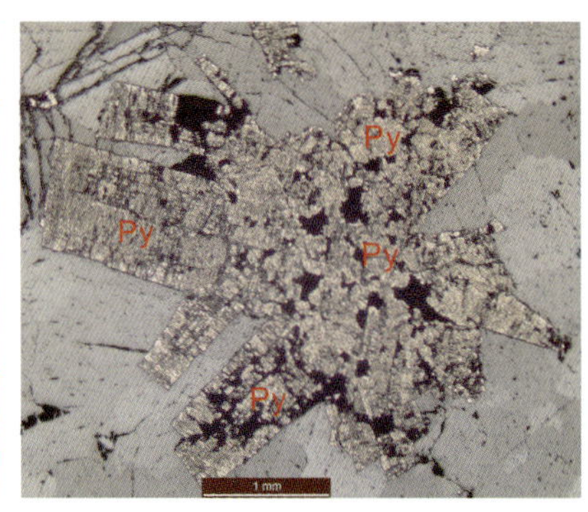

图版Ⅲ-11　黄铁矿 (Py) 沿孔洞充填，呈花瓣状构造

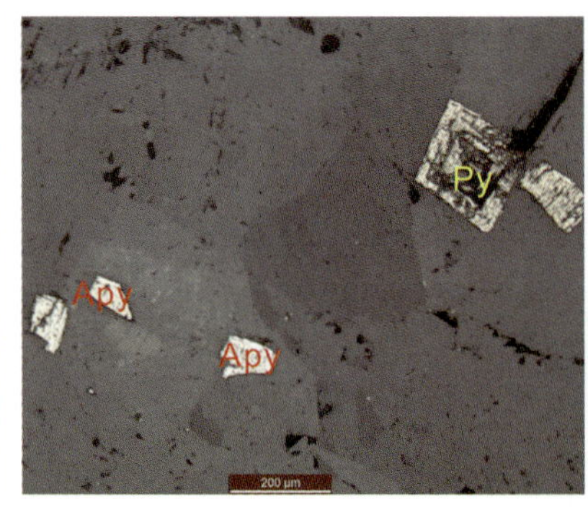

图版Ⅲ-12　毒砂 (Apy)、黄铁矿 (Py) 呈半自形 - 自形粒状星散分布，有的黄铁矿具环带结构

图版Ⅲ-13　不规则状黄铁矿 (Py) 呈星点状分布于脉石矿物中

图版Ⅲ-14　白铁矿 (Mrg) 呈纤维束状交代碎裂黄铁矿 (Py)，其间隙中充填有闪锌矿 (Sp)

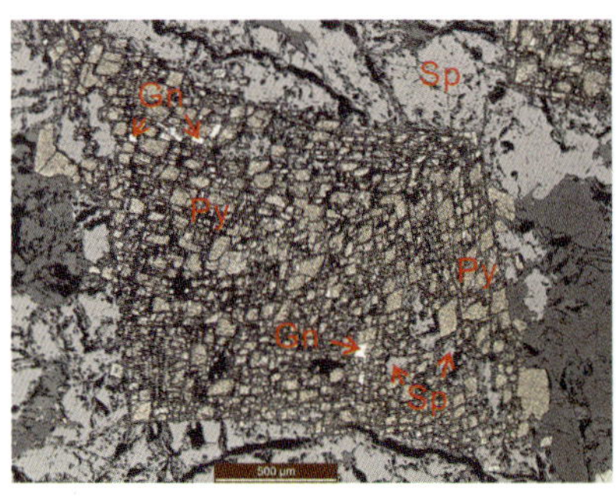

图版Ⅲ-15　黄铁矿 (Py) 被压碎成菱形碎粒的裂隙中充填有闪锌矿 (Sp)、方铅矿 (Gn)

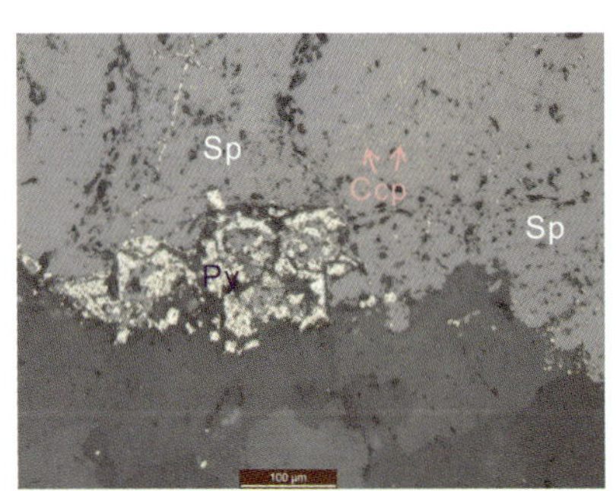

图版Ⅲ-16　黄铁矿 (Py) 被闪锌矿 (Sp) 交代呈骸晶结构，闪锌矿中出溶乳浊状黄铜矿

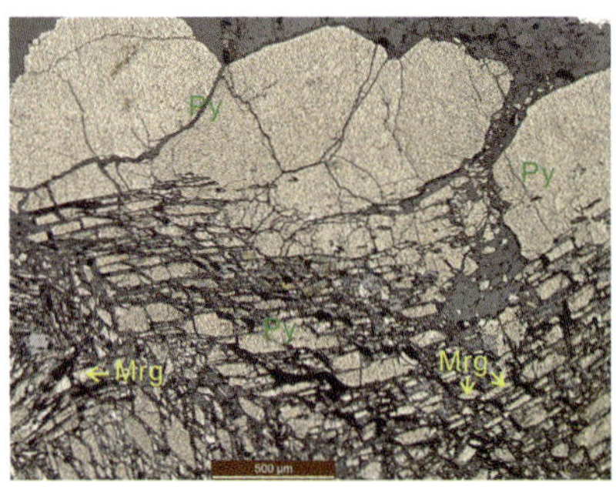

图版Ⅲ-17　等轴粒状黄铁矿 (Py) 被纤维状白铁矿 (Mrg) 交代，呈溶蚀结构

图版Ⅲ-18　闪锌矿 (Sp) 沿围岩裂隙交代，呈网脉状构造

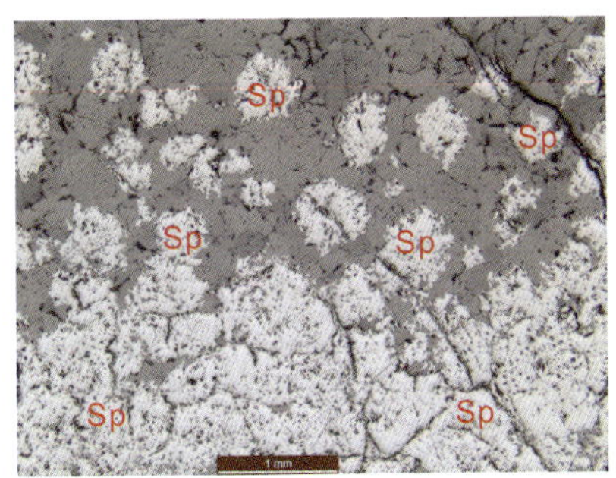

图版Ⅲ-19　他形粒状闪锌矿 (Sp) 星散分布于脉状闪锌矿附近

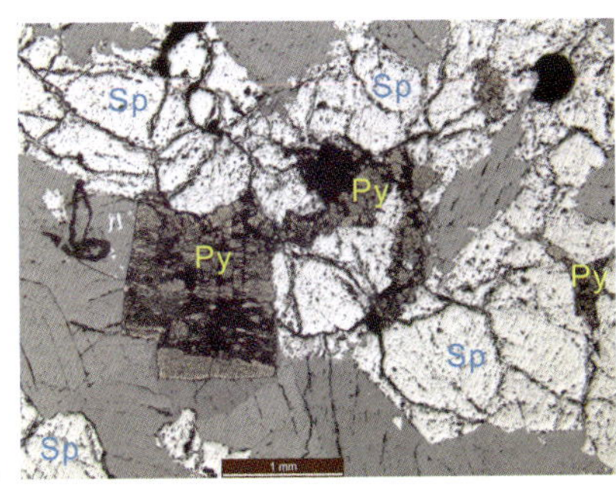

图版Ⅲ-20　黄铁矿 (Py) 沿闪锌矿 (Sp) 的粒间充填交代，呈不规则状分布

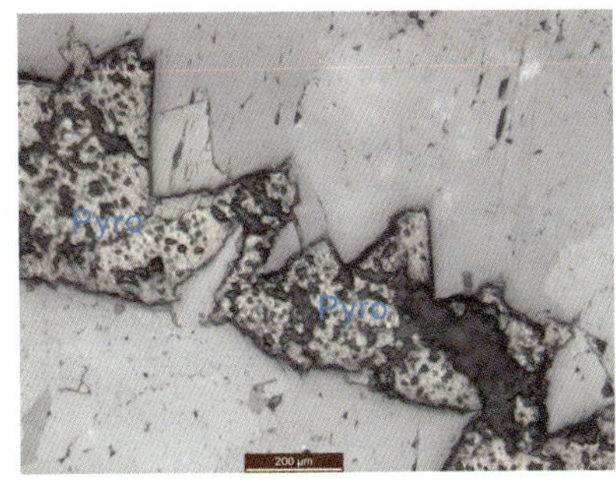

图版Ⅲ-21　软锰矿 (Pyro) 沿裂隙呈脉状分布

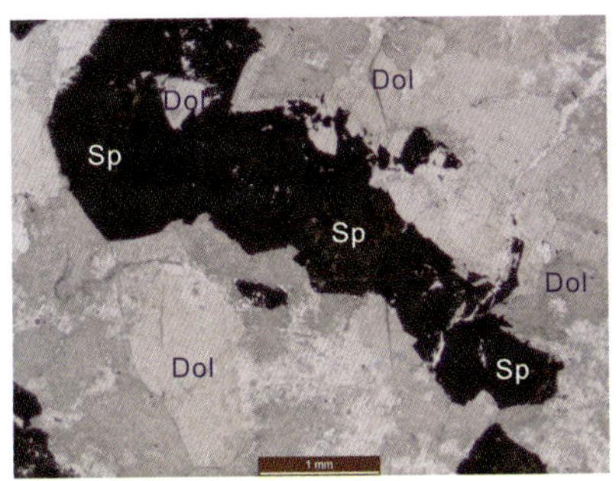

图版Ⅲ-22　半自形粗晶闪锌矿 (Sp) 分布于粗晶白云石 (Dol) 脉中

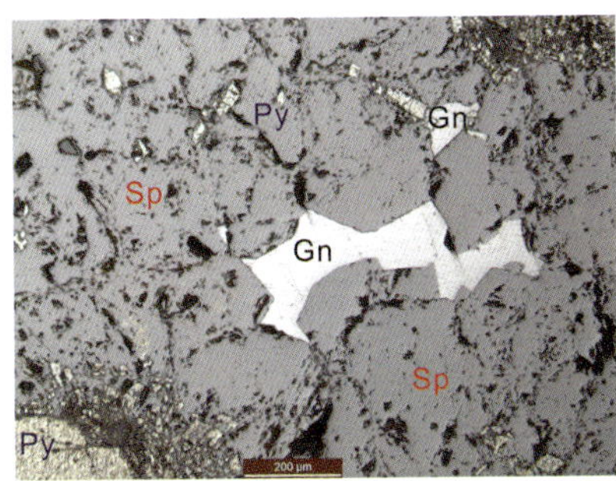

图版Ⅲ-23　方铅矿 (Gn) 穿插交代闪锌矿 (Sp)，少量黄铁矿 (Py) 包含于闪锌矿中

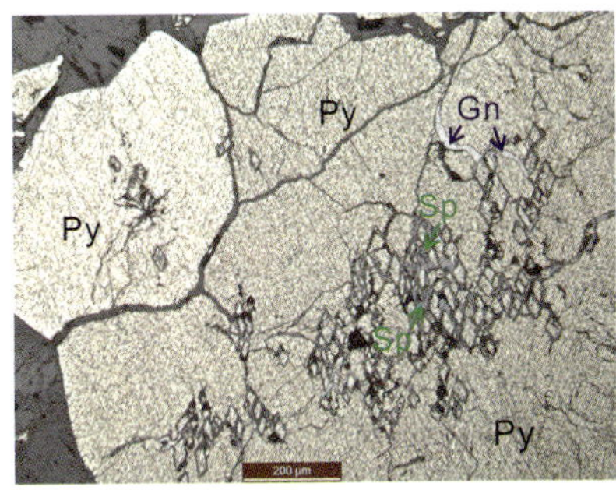

图版Ⅲ-24　等轴粒状黄铁矿 (Py) 中含有碎裂黄铁矿的菱形碎粒 (Py1)，其裂隙及碎粒间隙中充填有闪锌矿 (Sp) 及方铅矿 (Gn)

图版Ⅳ　石屏热水塘铅锌矿床

图版Ⅳ-1　网脉状铅锌矿

图版Ⅳ-2　方铅矿 (Gn)、闪锌矿 (Sp)、石英 (Qtz) 构成细脉交代硅质白云质角砾，形成网脉状矿石

图版Ⅳ-3　脉状铅锌矿体

图版Ⅳ-4　浸染状矿石

图版Ⅳ-5　方铅矿 (Gn) 呈星点状赋存于硅质岩或者石英中

图版Ⅳ-6　团块状黄铜矿 (Ccp)、方铅矿 (Gn)、闪锌矿 (Sp)

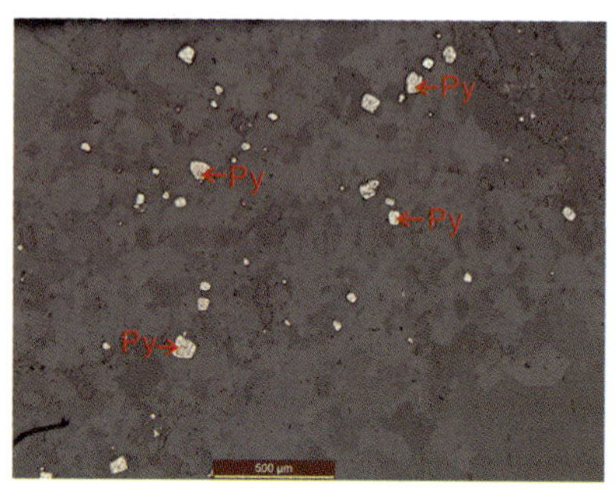

图版Ⅳ-7　半自形 - 自形晶黄铁矿 (Py) 星散分布于围岩中

图版Ⅳ-8　自形闪锌矿 (Sp) 分布于围岩中

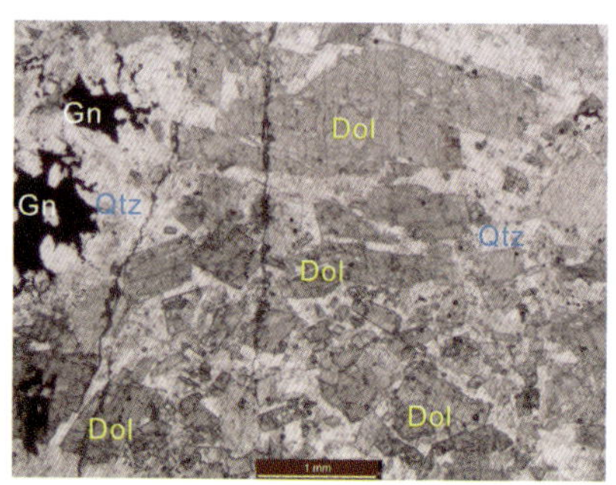

图版Ⅳ-9　粗晶白云石 (Dol) 被压碎呈碎块状角砾，晶屑被硅质石英 (Qtz)、方铅矿 (Gn) 充填

图版Ⅳ-10　方铅矿 (Gn) 的揉皱结构

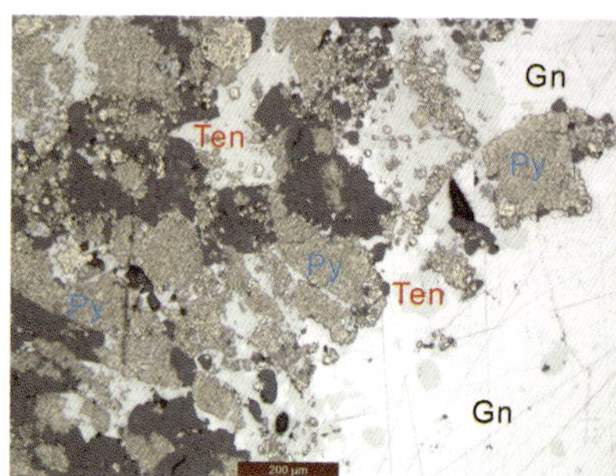

图版Ⅳ-11　方铅矿 (Gn)、砷黝铜矿 (Ten) 沿黄铁矿 (Py) 的粒间充填交代，呈胶结状结构

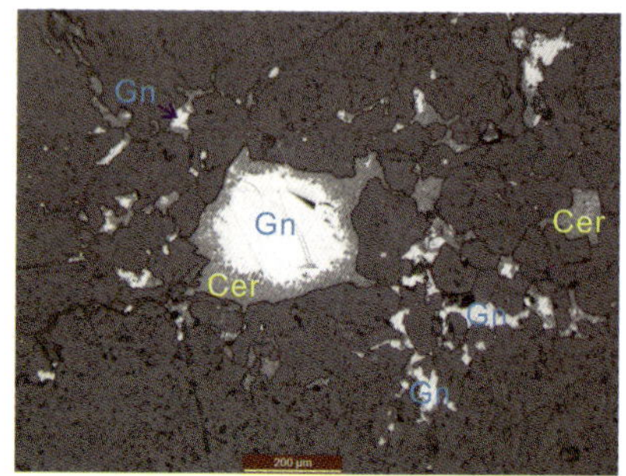

图版Ⅳ-12　方铅矿 (Gn) 沿围岩孔隙及微裂隙交代，并被白铅矿 (Cer) 沿四周呈环边交代，形成交代残余结构

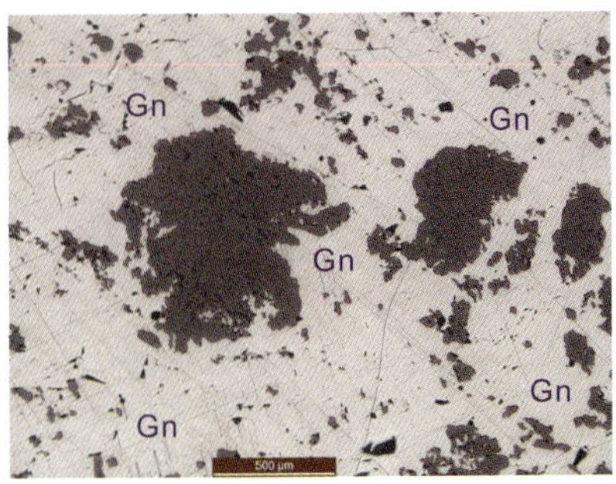

图版Ⅳ-13　方铅矿 (Gn) 中含有较多的围岩交代残余体 (深灰色)

图版Ⅳ-14　方铅矿 (Gn) 沿围岩的矿物粒间及孔隙交代，呈网脉状分布，其含有较多非金属矿物包体，形成嵌晶结构、溶蚀结构

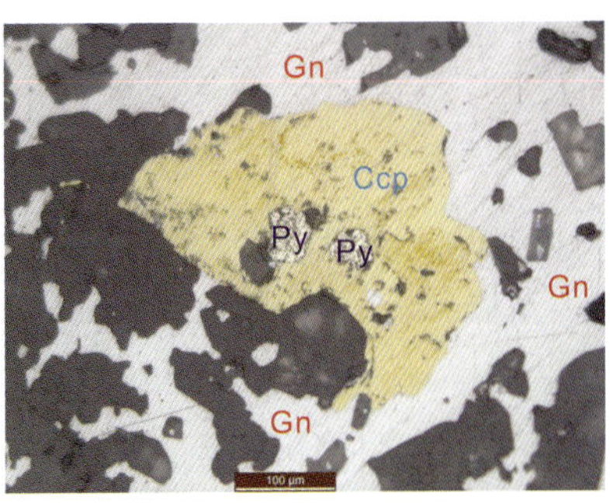

图版Ⅳ-15　方铅矿 (Gn) 呈网脉状分布，其内含有黄铜矿 (Ccp)，接触界线光滑，交代现象不明显，黄铜矿中包含黄铁矿 (Py)，形成包含结构

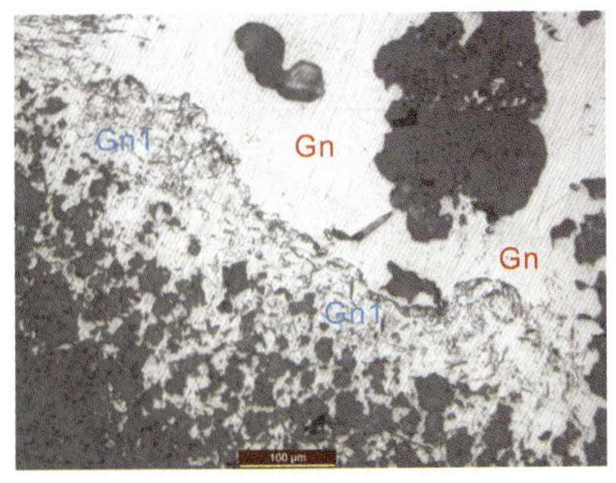

图版Ⅳ-16　细粒方铅矿 (Gn1) 呈脉状沿中粒方铅矿脉边缘分布，并具穿插现象

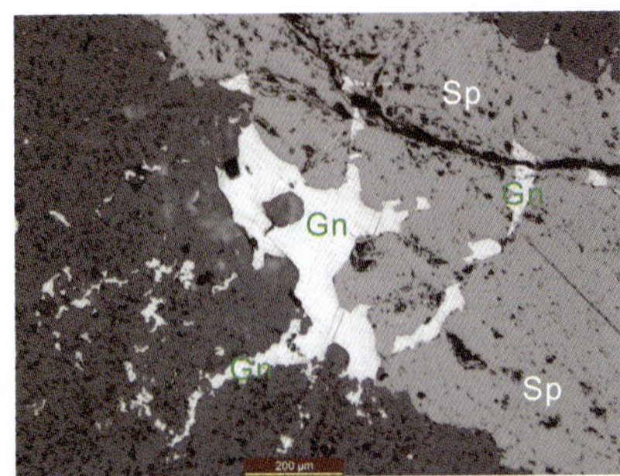

图版Ⅳ-17　方铅矿 (Gn) 呈细脉状穿插交代闪锌矿 (Sp)

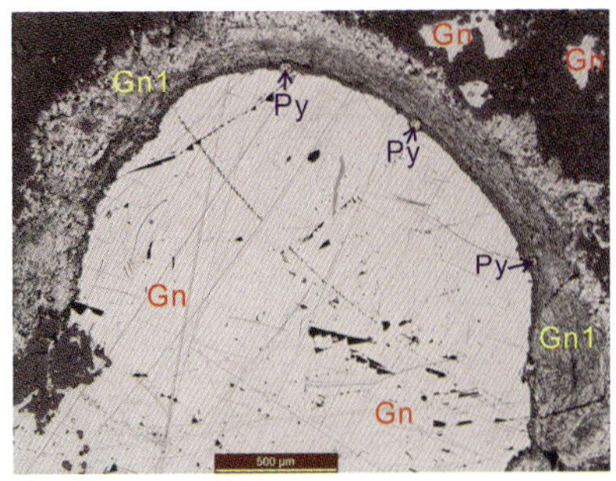

图版Ⅳ-18　细粒方铅矿 (Gn1) 沿粗粒方铅矿 (Gn) 边缘呈环状包围，形成环状构造，少量黄铁矿 (Py) 沿细、粗粒方铅矿环状边缘分布

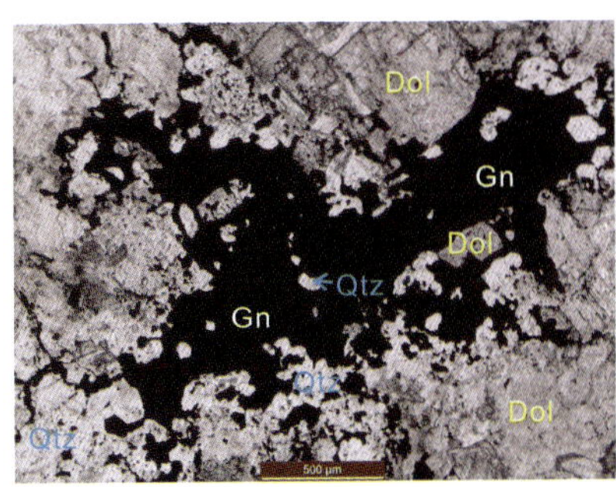

图版Ⅳ-19　方铅矿 (Gn) 分布于石英 (Qtz) 脉中，其中包裹有细粒石英和白云石 (Dol)

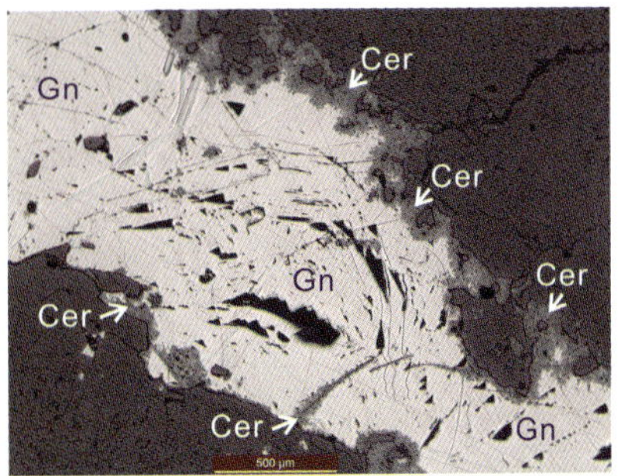

图版Ⅳ-20　方铅矿 (Gn) 沿围岩的裂隙交代呈脉状分布，白铅矿 (Cer) 沿其边缘交代

图版Ⅴ　建水苏租 - 暮阳铅锌矿床

图版Ⅴ-1　苏租 - 暮阳铅锌矿床似层状矿体

图版Ⅴ-2　苏租 - 暮阳铅锌矿似层状矿体

图版Ⅴ-3　块状硫化矿，矿石矿物方铅矿 (Gn)，脉石矿物方解石 (Cal)

图版Ⅴ-4　块状矿石

图版Ⅴ-5　网脉状铅锌矿石

图版Ⅴ-6　土状铅锌矿石

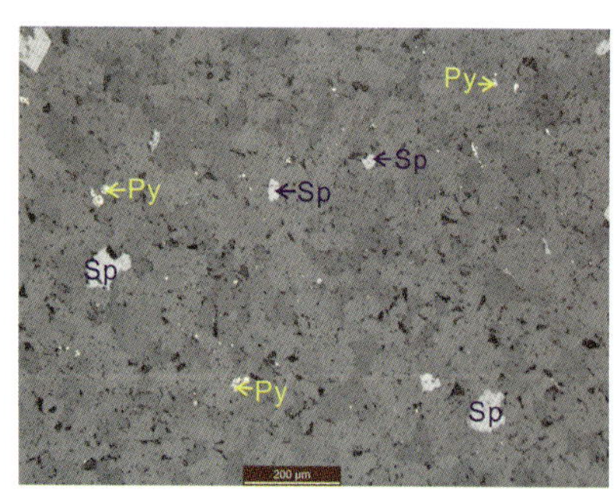

图版Ⅴ-7　闪锌矿 (Sp)、黄铁矿 (Py) 呈他形粒状星散分布于围岩中，呈星散浸染状构造

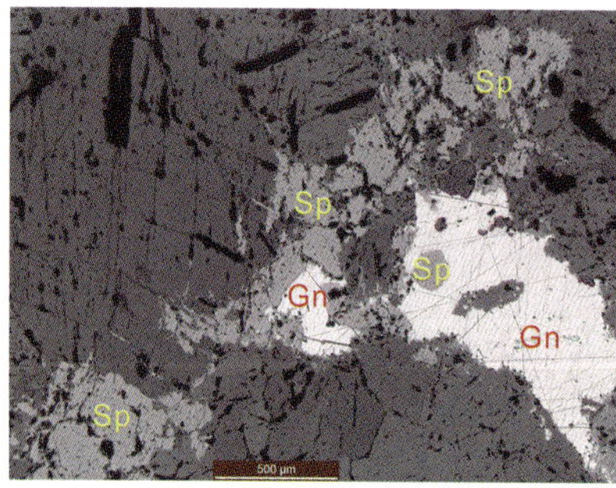

图版Ⅴ-8　方铅矿 (Gn) 穿插交代闪锌矿 (Sp)，使其呈溶蚀结构

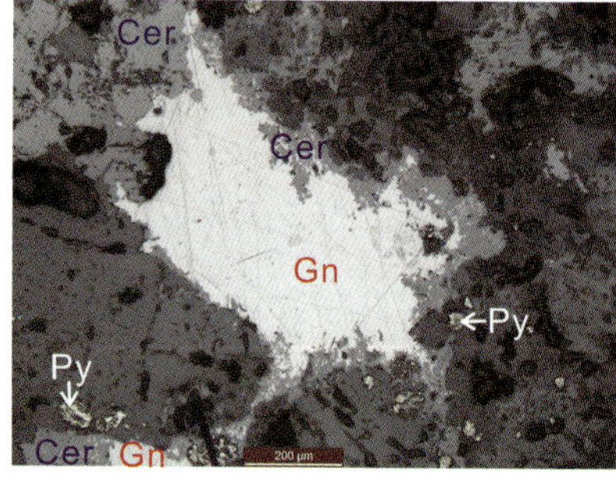

图版Ⅴ-9　白铅矿 (Cer) 沿方铅矿 (Gn) 边缘交代，使其呈残余结构，黄铁矿 (Py) 星散分布于围岩中

图版Ⅴ-10　致密方铅矿 (Gn) 与浸染闪锌矿 (Sp) 组成细脉沿白云石 (Dol) 脉边缘分布，浅黄色微粒状者为黄铁矿 (Py)

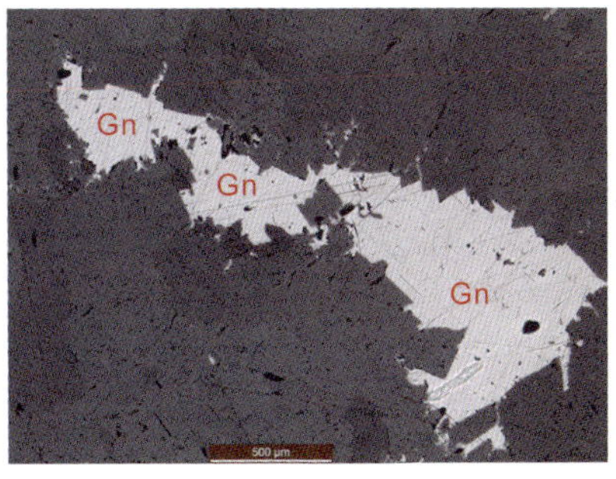

图版Ⅴ-11　方铅矿 (Gn) 沿碳酸盐脉的孔隙交代

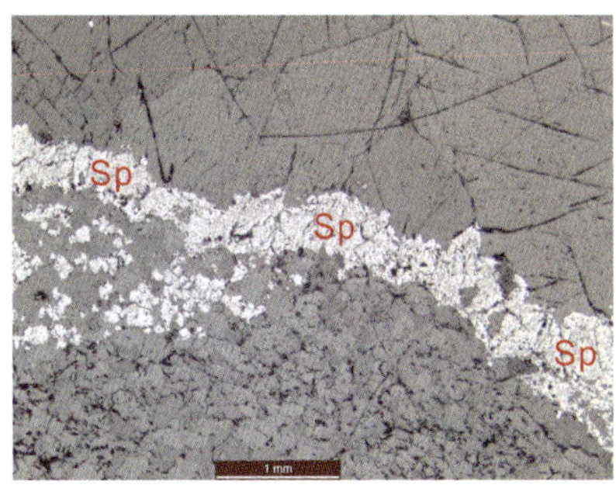

图版Ⅴ-12　闪锌矿 (Sp) 呈脉状分布于围岩中

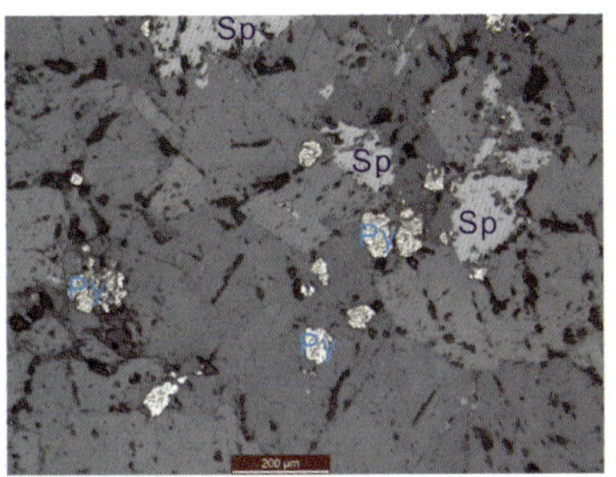

图版Ⅴ-13　闪锌矿 (Sp)，黄铁矿 (Py) 沿围岩的孔隙分布，形成浸染状构造

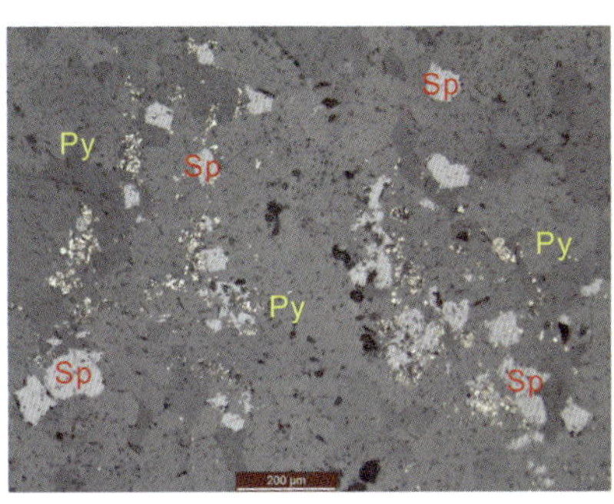

图版Ⅴ-14　晚期微粒黄铁矿 (Py)，闪锌矿 (Sp) 呈星点状分布于围岩中，呈星散浸染状构造

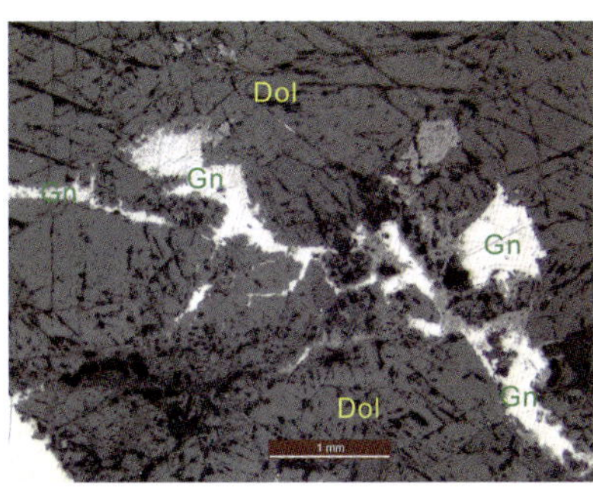

图版Ⅴ-15　方铅矿 (Gn) 呈网脉状穿插交代白云石 (Dol) 脉

图版Ⅴ-16　方铅矿 (Gn)，晚期黄铁矿 (Py1) 呈细脉状穿插交代闪锌矿 (Sp)。闪锌矿交代早期黄铁矿 (Py)，白铅矿 (Cer) 交代方铅矿

图版Ⅴ-17　白铅矿 (Cer) 交代方铅矿 (Gn)，方铅矿穿插交代早期黄铁矿 (Py)

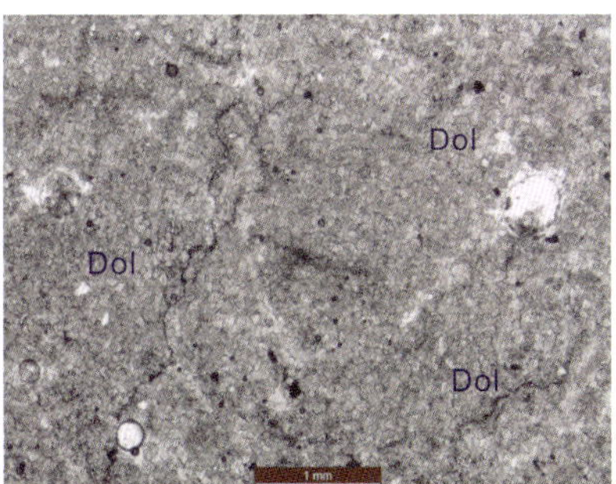

图版Ⅴ-18　细晶结构，由白云石 (Dol) 和少量不透明矿物组成

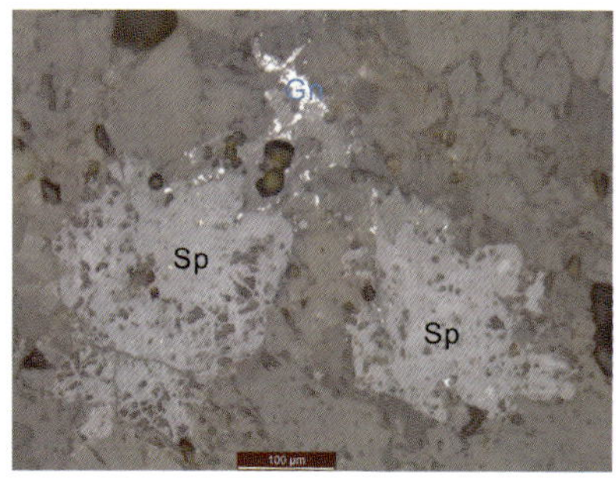

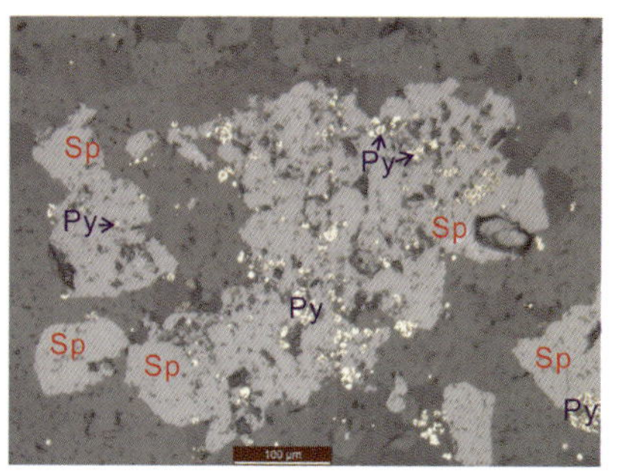

图版Ⅴ-19　闪锌矿 (Sp) 呈他形粒状集合体分布于围岩中，白色为方铅矿 (Gn)

图版Ⅴ-20　黄铁矿 (Py) 呈星点状沿闪锌矿 (Sp) 粒间充填交代

图版Ⅵ　建水荒田铅锌矿床

图版Ⅵ-1　角砾状矿石

图版Ⅵ-2　块状矿石

图版Ⅵ-3　浸染状铅锌矿石

图版Ⅵ-4　脉状矿石

图版Ⅵ-5　斑杂状矿石

图版Ⅵ-6　茅口组灰岩发生大理岩化

图版Ⅵ-7　黄铁矿 (Py) 呈他形 - 半自形粒状分布，呈细脉状构造，方铅矿 (Gn) 零星可见

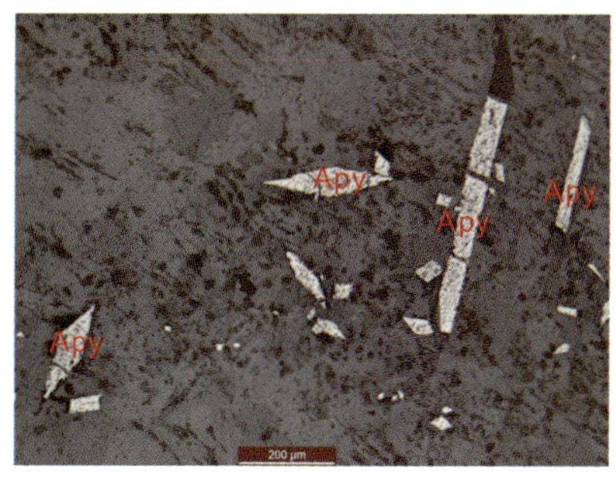

图版Ⅵ-8　毒砂 (Apy) 呈长柱状自形晶，星散分布，可见菱形切面

图版Ⅵ-9　方铅矿 (Gn) 沿黄铁矿 (Py) 颗粒内的裂隙交代，呈交叉结构

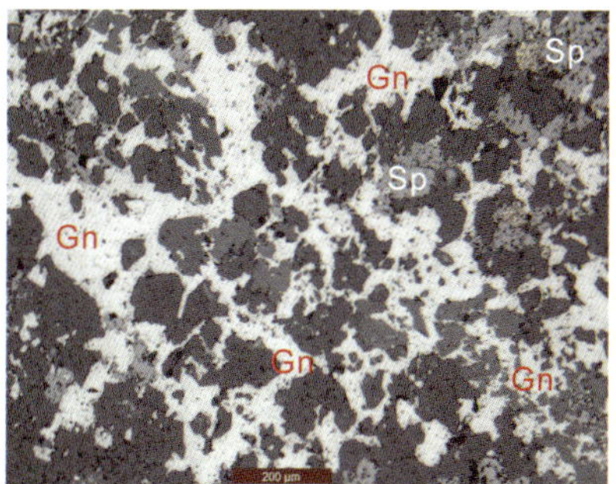

图版Ⅵ-10　方铅矿 (Gn)、闪锌矿 (Sp) 沿非金属矿物的粒间及孔隙交代，形成填隙结构

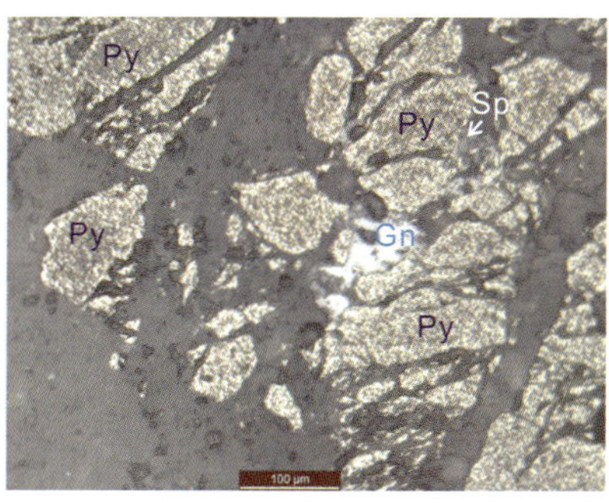

图版Ⅵ-11　方铅矿 (Gn)、闪锌矿 (Sp) 沿压碎黄铁矿 (Py) 颗粒的网状裂隙分布

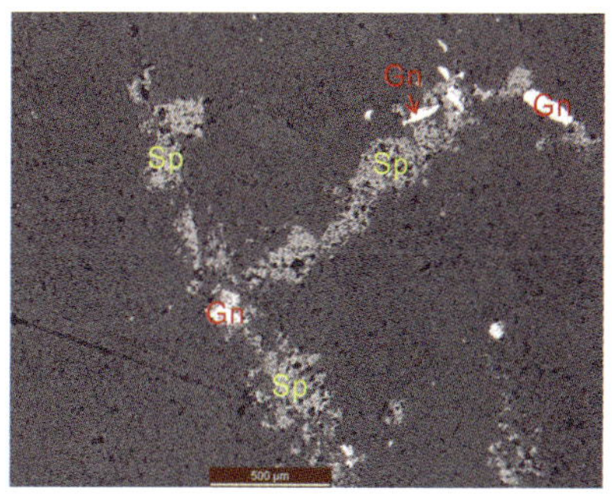

图版Ⅵ-12　方铅矿 (Gn)、闪锌矿 (Sp) 交代围岩呈交错脉状构造

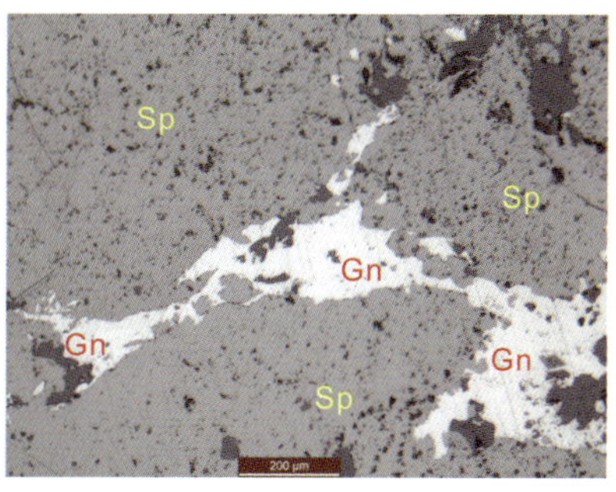

图版Ⅵ-13　方铅矿 (Gn) 穿插交代闪锌矿 (Sp)，使其呈残余结构

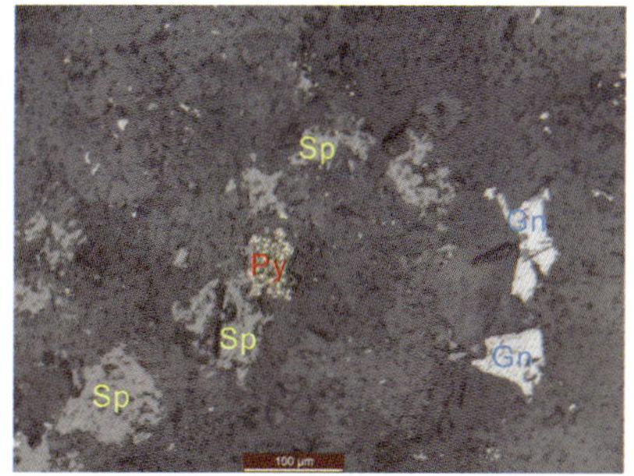

图版Ⅵ-14　方铅矿 (Gn)、闪锌矿 (Sp)、黄铁矿 (Py) 呈星散状分布，闪锌矿有交代黄铁矿的现象

图版Ⅵ-15　方铅矿 (Gn) 沿围岩的孔隙、微裂隙及矿物粒间交代，呈稠密浸染状构造

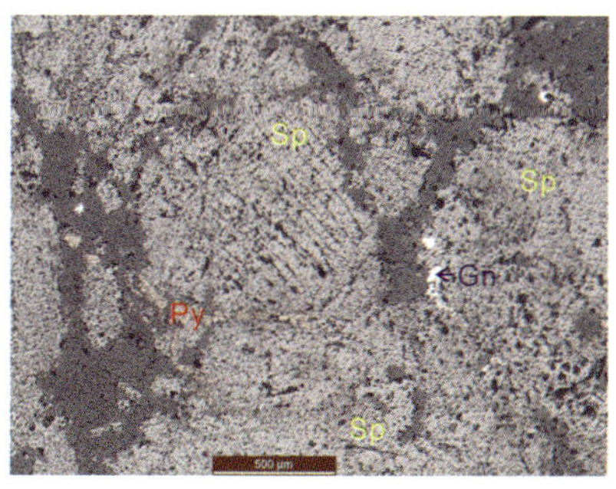

图版Ⅵ-16　黄铁矿 (Py) 及方铅矿 (Gn) 呈细脉状穿插交代闪锌矿 (Sp)